经以济世
建行尚美
贺教育部
重大项目
心王玉题

李瑞林
题于南方八

教育部哲学社會科学研究重大課題攻關項目
"十三五"国家重点出版物出版规划项目

生态文明制度建设研究

RESEARCH ON CONSTRUCTION OF THE ECOLOGICAL CIVILIZATION SYSTEM

陈晓红 等著

中国财经出版传媒集团
经济科学出版社
Economic Science Press

图书在版编目（CIP）数据

生态文明制度建设研究/陈晓红等著. —北京：
经济科学出版社，2018.5
教育部哲学社会科学研究重大课题攻关项目
ISBN 978 - 7 - 5141 - 9426 - 5

Ⅰ.①生…　Ⅱ.①陈…　Ⅲ.①生态文明 - 制度建设 -
研究 - 中国　Ⅳ.①X321.2

中国版本图书馆 CIP 数据核字（2018）第 126031 号

责任编辑：孙丽丽　朱　涛
责任校对：杨　海
责任印制：李　鹏

生态文明制度建设研究

陈晓红　等著

经济科学出版社出版、发行　新华书店经销
社址：北京市海淀区阜成路甲 28 号　邮编：100142
总编部电话：010 - 88191217　发行部电话：010 - 88191522
网址：www.esp.com.cn
电子邮件：esp@ esp. com. cn
天猫网店：经济科学出版社旗舰店
网址：http://jjkxcbs. tmall. com
北京季蜂印刷有限公司印装
787 × 1092　16 开　30.25 印张　600000 字
2018 年 10 月第 1 版　2018 年 10 月第 1 次印刷
ISBN 978 - 7 - 5141 - 9426 - 5　定价：98.00 元
（图书出现印装问题，本社负责调换。电话：010 - 88191510）
（版权所有　侵权必究　打击盗版　举报热线：010 - 88191661
QQ：2242791300　营销中心电话：010 - 88191537
电子邮箱：dbts@ esp. com. cn）

课题组主要成员

首席专家　陈晓红
主要成员　陈晓红　　游达明　　袁兴中　　任胜钢
　　　　　　　李大元　　周志方　　粟路军　　王傅强
　　　　　　　李喜华　　汪阳洁

编审委员会成员

总　序

哲学社会科学是人们认识世界、改造世界的重要工具，是推动历史发展和社会进步的重要力量，其发展水平反映了一个民族的思维能力、精神品格、文明素质，体现了一个国家的综合国力和国际竞争力。一个国家的发展水平，既取决于自然科学发展水平，也取决于哲学社会科学发展水平。

党和国家高度重视哲学社会科学。党的十八大提出要建设哲学社会科学创新体系，推进马克思主义中国化、时代化、大众化，坚持不懈用中国特色社会主义理论体系武装全党、教育人民。2016 年 5 月 17 日，习近平总书记亲自主持召开哲学社会科学工作座谈会并发表重要讲话。讲话从坚持和发展中国特色社会主义事业全局的高度，深刻阐释了哲学社会科学的战略地位，全面分析了哲学社会科学面临的新形势，明确了加快构建中国特色哲学社会科学的新目标，对哲学社会科学工作者提出了新期待，体现了我们党对哲学社会科学发展规律的认识达到了一个新高度，是一篇新形势下繁荣发展我国哲学社会科学事业的纲领性文献，为哲学社会科学事业提供了强大精神动力，指明了前进方向。

高校是我国哲学社会科学事业的主力军。贯彻落实习近平总书记哲学社会科学座谈会重要讲话精神，加快构建中国特色哲学社会科学，高校应发挥重要作用：要坚持和巩固马克思主义的指导地位，用中国化的马克思主义指导哲学社会科学；要实施以育人育才为中心的哲学社会科学整体发展战略，构筑学生、学术、学科一体的综合发展体系；要以人为本，从人抓起，积极实施人才工程，构建种类齐全、梯队衔接的高校哲学社会科学人才体系；要深化科研管理体制改革，发挥高校人才、智力和学科优势，提升学术原创能力，激发创新创造活力，建设中国特色新型高校智库；要加强组织领导、做好统筹规划、营造良好学术生态，形成统筹推进高校哲学社会科学发展新格局。

哲学社会科学研究重大课题攻关项目计划是教育部贯彻落实党中央决策部署的一项重大举措，是实施"高校哲学社会科学繁荣计划"的重要内容。重大攻关项目采取招投标的组织方式，按照"公平竞争，择优立项，严格管理，铸造精品"的要求进行，每年评审立项约 40 个项目。项目研究实行首席专家负责制，鼓励跨学科、跨学校、跨地区的联合研究，协同创新。重大攻关项目以解决国家现代化建设过程中重大理论和实际问题为主攻方向，以提升为党和政府咨询决策服务能力和推动哲学社会科学发展为战略目标，集合优秀研究团队和顶尖人才联合攻关。自 2003 年以来，项目开展取得了丰硕成果，形成了特色品牌。一大批标志性成果纷纷涌现，一大批科研名家脱颖而出，高校哲学社会科学整体实力和社会影响力快速提升。国务院副总理刘延东同志做出重要批示，指出重大攻关项目有效调动各方面的积极性，产生了一批重要成果，影响广泛，成效显著；要总结经验，再接再厉，紧密服务国家需求，更好地优化资源，突出重点，多出精品，多出人才，为经济社会发展做出新的贡献。

作为教育部社科研究项目中的拳头产品，我们始终秉持以管理创新服务学术创新的理念，坚持科学管理、民主管理、依法管理，切实增强服务意识，不断创新管理模式，健全管理制度，加强对重大攻关项目的选题遴选、评审立项、组织开题、中期检查到最终成果鉴定的全过程管理，逐渐探索并形成一套成熟有效、符合学术研究规律的管理办法，努力将重大攻关项目打造成学术精品工程。我们将项目最终成果汇编成"教育部哲学社会科学研究重大课题攻关项目成果文库"统一组织出版。经济科学出版社倾全社之力，精心组织编辑力量，努力铸造出版精品。国学大师季羡林先生为本文库题词："经时济世　继往开来——贺教育部重大攻关项目成果出版"；欧阳中石先生题写了"教育部哲学社会科学研究重大课题攻关项目"的书名，充分体现了他们对繁荣发展高校哲学社会科学的深切勉励和由衷期望。

　　伟大的时代呼唤伟大的理论，伟大的理论推动伟大的实践。高校哲学社会科学将不忘初心，继续前进。深入贯彻落实习近平总书记系列重要讲话精神，坚持道路自信、理论自信、制度自信、文化自信，立足中国、借鉴国外，挖掘历史、把握当代，关怀人类、面向未来，立时代之潮头、发思想之先声，为加快构建中国特色哲学社会科学，实现中华民族伟大复兴的中国梦做出新的更大贡献！

教育部社会科学司

前　言

生态文明是指人类遵循人、自然、社会和谐发展这一客观规律而取得的物质与精神成果的总和，是指以人与自然、人与人、人与社会和谐共生、良性循环、全面发展、持续繁荣为基本宗旨的文化伦理形态。生态文明是人类文明的一种形态，它以尊重和维护自然为前提，以人与人、人与自然、人与社会和谐共生为宗旨，以建立可持续的生产方式和消费方式为内涵，以引导人们走上持续、和谐的发展道路为着眼点。党的十八大报告指出："保护生态环境必须依靠制度。"生态文明建设的途径之一是加强生态文明的制度建设。把生态文明建设落实于制度建设标志着生态文明建设进入实质性推进的阶段。

本书是教育部哲学社会科学研究重大课题攻关项目（批准号：13JZD0016）。全书分为六篇，共二十九章，系统研究了我国生态文明制度建设问题，主要内容包括生态文明制度建设现状、一些国家和地区生态文明制度建设的状况和经验、我国生态文明制度建设的总体战略和发展思路、我国生态文明建设的制度体系研究、我国生态文明制度建设的保障政策与措施，并以湖南省为例进行了生态文明制度建设的实证研究。

生态文明制度建设需要贯彻以改革为动力推动生态文明制度创新，以体系化建设增强生态文明制度合力，以政策为保障促进生态文明制度建设的发展思路和实现资源节约利用，实现环境友好发展、美丽中国建设和人与自然和谐发展的战略目标。在生态文明制度建设的战略重点方面，要强化生态文明制度建设的顶层设计、实行最严格的源头保护制度、建立完善环境损害赔偿制度、建立健全环境责任追究制度、完善环境治理和生态修复制度、改革生态环境保护管理体制等。生态文明制度建设的推进路径方面，在 2015～2025 年这个阶段，我国生态文明制度建设的推进路径由重点攻克、系统完善、持续发展三阶段组成。

生态文明制度建设指的是构建一整套制度体系，而不是单一地设计某项制度。党的十八届三中全会通过的《中共中央关于全面深化改革若干重大问题的决定》中指出："建设生态文明，必须建立系统完整的生态文明制度体系。"在借鉴国外相关经验和结合本国国情的基础上，我国的生态文明制度体系建设应当包含着强制性制度、选择性制度和引导性制度。其中，强制性制度是规范，作为经济主体在该地区市场生存发展所必须达到的最低标准；引导性制度是主体，作为政府将采取的主要手段；选择性制度是辅助，作为前两种制度的补充。三者一同构成完整有序的生态文明制度体系。生态文明建设的强制性制度，需要从国土空间开发保护制度、自然资源资产产权制度和用途管制制度、环境标准和总量控制制度、环境保护责任追究制度、环境损害赔偿制度、产业准入制度、价格管制制度等方面进行创新。生态文明建设的选择性制度，需要从资源有偿使用制度、生态环境财税制度、生态环境交易制度、生态环境金融制度、环境（能源）合同管理制度和生态技术创新制度等方面进行创新。生态文明建设的引导性制度，需要从环境宣传与教育制度、环境保护公众参与制度、环境公益文化引领制度、环境自治制度和生态保护意识养成制度等方面进行创新。

尽管本书的出版标志着此项课题正式完成，但我国生态文明制度建设还有大量的理论与实践问题有待解决。因此，本书仅是抛砖引玉，希望有更多的专家和学者提出宝贵的意见，并加入到这一有意义的研究中，让我们一道为生态文明制度建设献计献策，早日实现美丽中国梦！

摘　要

党的十八大报告将生态文明建设提升到了前所未有的战略高度，首次将生态文明建设纳入中国特色社会主义"五位一体"的总体布局，提出要"大力推进生态文明建设，把生态文明建设融入经济建设、政治建设、文化建设、社会建设各方面和全过程，努力建设美丽中国，实现中华民族永续发展"，同时明确提出并突出强调要"加强生态文明制度建设"。因此，对于什么是生态文明制度建设的内涵，如何科学设计生态文明制度体系，如何合理制定生态文明各项专项制度，回答这些问题是当前我国发展生态文明的迫切需要。

本项目通过对科学发展观、资源经济学、环境经济学、生态经济学、循环经济理论、可持续发展理论等生态文明有关论述进行梳理，分析生态文明建设的宏观背景、制度渊源和制度变迁，明确了生态文明和生态文明制度建设的内涵和特征，基于我国生态文明建设的现状和问题，以及美国、日本、德国、英国、新加坡等国家和地区生态文明制度建设经验，提出我国生态文明建设的总体战略和发展思路，构建我国生态文明建设的制度体系，给出我国生态文明制度建设的保障政策与措施，并以湖南省为例进行了实证分析，丰富完善了中国特色的生态文明制度建设理论。

首先，针对我国生态文明制度建设的总体战略和发展思路问题，从生态文明制度建设的思路和战略目标、生态文明制度建设的战略重点、生态文明制度建设的推进路径等方面入手展开研究。生态文明制度建设的思路和战略目标方面，明确了生态文明制度建设的指导思想和指导原则，提出了以改革为动力推动生态文明制度创新，以体系化建设增强生态文明制度合力，以政策为保障促进生态文明制度建设的发展思路和实现资源节约利用，实现环境友好发展、美丽中国建设和人与自然和谐发展的战略目标。生态文明制度建设的战略重点方面，指出要强化生态文明制度建设的顶层设计、实行最严格的源头保护制度、建立完善环境损害赔偿制度、建立健全环境责任追究制度、完善环境治理和生态修复制度、改革生态环境保护管理体制等。生态文明制度建设的推进路径方面，提出 2015~2025 年我国生态文明制度建设的推进路径由重点攻克、系统完善、持续发展三阶段组成。该路径的提出，为今后一段时间我国生态文明制度建设指明了方向。

其次，针对我国生态文明建设的制度体系设计问题，从生态文明制度建设的体系构建、生态文明制度建设的总体框架、生态文明建设的强制性制度、生态文明建设的选择性制度、生态文明建设的引导性制度等方面入手开展研究。生态文明制度建设的体系构建方面，在借鉴国外相关经验和结合本国国情的基础上，提出我国完整的生态文明制度体系应当包含强制性制度、选择性制度和引导性制度。生态文明制度建设的总体框架方面，根据不同的经济主体或生态文明建设战略，构建生态文明制度建设的框架体系，并针对不同的生态文明制度，对其替代性和互补性关系进行分析，根据适用条件和彼此关系进行生态文明制度的优化选择。生态文明建设的强制性制度方面，明确了生态文明建设的强制性制度的内涵与特征，基于此改革创新了国土空间开发保护制度、自然资源资产产权制度和用途管制制度、环境标准和总量控制制度、环境保护责任追究制度、环境损害赔偿制度、产业准入制度、价格管制制度等。生态文明建设的选择性制度方面，明确了生态文明建设的选择性制度的内涵与特征，基于此改革创新了资源有偿使用制度、生态环境财税制度、生态环境交易制度、生态环境金融制度、环境（能源）合同管理制度和生态技术创新制度等。生态文明建设的引导性制度方面，明确了生态文明建设的引导性制度的内涵与特征，基于此改革创新了环境宣传与教育制度、环境保护公众参与制度、环境公益文化引领制度、环境自治制度和生态保护意识养成制度等。

再次，针对我国生态文明建设的保障政策与措施问题，从生态文明管理体制改革、产业政策保障、财税政策保障、投融资政策保障、科技创新政策保障和其他保障制度与措施等方面现状和问题入手，分析生态文明建设国际经验，进而提出政策建议。生态文明管理体制改革方面，提出梳理职责，分离自然资源行政监管和资产管理职能；划清关系，明确国有自然资源资产代理或托管制度体系；明确事权，形成统一的自然资源管理体制；独立执法，设置独立监管和行政执法体制。产业政策保障方面，从产业结构政策、产业组织政策、产业技术政策、产业布局政策四个方面提出政策建议；财税政策保障方面，从资金渠道、财政激励措施、财政转移支付力度、财政补贴、污染减排税制等方面提出建议；投融资政策保障方面，从向生态环保倾斜的货币金融政策体系、新型生态环保建设投融资主体、生态产权制度改革、生态补偿机制、生态资本市场和生态环境建设的融资方式创新等方面展开论述。科技创新政策保障方面，提出建立国家绿色发展"政产学研"协同创新联盟，完善绿色标准和标识制度，建立绿色技术验证制度，强化知识产权保护，制定绿色产业专利战略，建立企业环境信息强制披露制度，建立绿色创新和绿色产业发展监测与评估体系，完善绿色消费制度等。除此之外，从法制体系保障和公众参与制度保障等其他方面也提出保障制度和措施。

最后，以湖南省为例，着重分析了湖南生态文明制度建设的现状，明确了以长株潭试验区为龙头、以主体功能区定位为依据、以加强资源节约为突破口、以加强污染整治为着力点和以完善监管体系为抓手的湖南省生态文明制度建设战略重点，并分三阶段明确了2014～2025年湖南省生态文明制度建设的推进路径、主要任务和保障措施。

Abstract

The 18th Central Committee of the CPC rises the construction of the ecological civilization to a strategic level without precedence and bringing the ecological civilization into the "five-sphere integrated plan" which represents socialism with Chinese characteristics for the first time. The report clearly proposes to "make great efforts to promote ecological progress and incorporate it into all aspects and the whole process of advancing economic, political, cultural, and social progress, work hard to build a beautiful country, and achieve lasting and sustainable development of the Chinese nation". In the meantime, it also states clearly with the emphasis on "enhancing system building to promote ecological progress". Therefore, the urgency in the development of ecological civilization is to respond to the connotation of the construction of the ecological civilization system as well as the scientific method of designing the ecological civilization system and of establishing reasonable special system.

On the basis of classifying the relevant theories about ecological civilization including scientific development concept, resource economics, environmental economics, ecological economics, the circulation economy theory and sustainable development theory, this project analyzes the overall background of the construction of ecological civilization, the origin and the evolution of the ecological civilization. In addition, it also defines the connotation and characteristics of the ecological civilization and the ecological civilization system. Considering the current situation and existing problems of China's construction of ecological civilization as well as the experience of the construction of ecological civilization in America, Japan, Germany, Britain and Singapore, this paper proposes the overall strategy and framework of the construction of ecological civilization; and puts forward the insurance policies and measures in favor of the construction of ecological civilization. It also takes Hunan province as an example of empirical analysis to enrich and improve the theoretical construction of ecological civilization system with Chinese characteristics.

In the first place, concerning the problem of the construction of ecological civilization in overall plan and development concepts, this paper conducts study by commencing in the concepts and strategy goal, strategy key point and development path and other fields of the construction of ecological civilization system. In the concepts and strategy goal of the construction of ecological civilization, it defines the guiding ideology and principles of the construction of ecological civilization. Besides, it proposes the idea of "innovating the ecological civilization system by the impulsion of reform, strengthening synergy force of the ecological civilization and promoting the development concepts of the construction of the ecological civilization system by policies as insurance", so as to realize the economical utilization of resources, the environment-oriented development, the construction of a beautiful country and the strategic target of the harmonious development between human and nature. In the strategic key point, it points out the need of strengthening the top-level design of the construction of the ecological civilization, conducting the strictest protection system, establishing and improving compensation system against environmental damage, building and ameliorating the system of environmental responsibility, improving the system of environmental management and ecological restoration, reforming the ecological environment protection management system and so on. In the field of advancing path, the paper proposes that from 2015 to 2025, China's construction of the ecological civilization would experience three stages which are the resolution to key problems, systematical improvement and sustainable development. The proposal of this path indicates clearly the direction of China's construction of the ecological civilization system for the years to come.

Secondly, for the sake of the system design problem in the construction of ecological civilization system in China, this part conducts study by commencing in the next few fields, such as the construction of the system, the overall framework, the mandatory system, the selective system and the leading system on the basis of combining experience form foreign countries with China's situation, this paper states that a comprehensive ecological civilization system should contain mandatory system, selecting system and leading system. In terms of the overall framework of ecological civilization system conduction, according to the different economic entities or ecological civilization construction strategies, the framework system of ecological civilization construction is established. In addition, by analyzing the alternative and complementary relationship with different ecological civilization systems, this paper helps to optimize the choice of ecological civilization system. The mandatory system defines the connotation and characteristic of it. Based on this reform, it has innovated the following systems: national spatial development system of protection, the national resource asset property rights system and use control system, environmental standards and total amount control system, environmental protection responsibility system, environmental damage compensation system, industrial admittance system, price control system, etc. In terms of the selective system, it also clarifies the connotation and characteristic of it. Based on this reform, it innovates some systems, such as paid use system of resources, ecological environment fiscal and taxation system, ecological environment trading system, ecological environment financial system, environment (energy) contract management system and ecological technology innovation system. In the leading system, it defines the connotation and characteristic of it and innovates some systems, such as environmental publicity and educational system, the system of public participation in environmental protection, the public environmental welfare culture leading system, environmental autonomous system and the ecological environment protection awareness development system.

Furthermore, in view of the current situation and problem of the reform of ecological civilization in China's management system, industrial policy, fiscal and taxation policies, investment and financial policy, science and technology innovation policy and other security system and measures in China, etc. Analyze the international experience in the construction of ecological civilization, and then proposes some policy recommendations. In the reform of ecological civilization management system, it proposes sorting out responsibilities, separating the function of administrative supervision and asset management; it draws up relationship, defining the agent of the state-owned natural resources assets agency or trusteeship system; it expresses authority, forming a unified natural resource management system; it sets up an independent law enforcement, setting up independent supervision and administrative law enforcement system. In industrial policy, policy recommendations are proposed in four aspects: industrial structure policy, industrial organization policy, industrial technology policy and industrial layout policy. In fiscal and taxation policies, it put forward the policy from financing channels, fiscal incentives, the intensity of fiscal transfer payment, financial subsidies, environmental tax to help China fight pollution; in investment policy, it discusses the field of the monetary and financial policy system that prone to ecological and environmental protection, the investment entities of the new type of the ecological environmental, the reforming of the ecological property right system, ecological compensation mechanism,

3

ecological capital markets and financial innovation of ecological environment construction; in science and technology innovation policy, it is proposed to establish collaborative innovation alliance of national green development "political implication", improving green standard and identity system, building a green technology verification system, strengthen the intellectual property protection and patent, designing patent strategy for green industry, establishing enterprise environmental information mandatory disclosure system, building monitoring and evaluation system for green innovation and green industrial development and perfect green consumption system. In addition, this project security system and measures are also proposed in other fields, such as the legal system and the public participation system.

Finally, taking Hunan province as an example, the project emphatically analyses the current situation of Hunan's construction of ecological civilization system. and clarifies that the Chang-Zhu-Tan Experimental Area is the leader, based on the positioning of main functional area, and the resource conservation as a breakthrough to strengthen pollution remediation. Besides, focus on the key points of Hunan's ecological civilization system construction with the improvement of the supervision system It also points out the development path, main tasks and insurance measures of the construction of ecological civilization system in Hunan province from three stages between 2014 to 2025.

目 录

Contents

第六篇

Contents

9

生态文明制度建设研究

第一篇

中国生态文明
制度建设现状

![第一章]

中国生态文明制度建设的宏观背景分析

第一节 资源约束日趋紧张

资源约束是指经济发展因受自然资源不足或者供需不平衡等的影响，而受到限制的现象。许多因素能导致这种情况的发生，例如资源数量的减少、资源质量的下滑、资源开发难度提高等。当前我国就面临巨大的资源环境压力。

一、自然资源匮乏

我国的自然资源虽然在总量上占优势，但是人均资源占有量却远远达不到世界平均水平。生产力发展水平受到资源数量减少的约束，也导致了我国的资源利用率达不到发达国家水平。

我国水资源情况不容乐观。如图 1 - 1 所示，我国水资源总量和人均水资源量在 2012 年分别达到了 29 526.9 亿立方米、2 186.1 立方米，其中人均水资源量仅仅只有世界人均水平的 27%。严重的自然性缺水和污染性缺水是我国大部分城市需要解决的难点问题，大城市面临的形势更加严峻。

3

第一章　中国生态文明制度建设的宏观背景分析

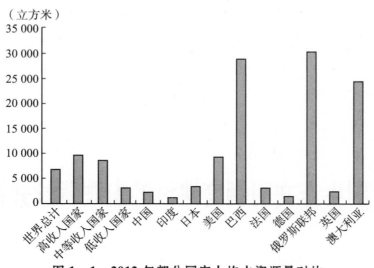

图 1－1　2012 年部分国家人均水资源量对比

资料来源：2012 年联合国世界水资源发展报告。

我国耕地资源也面临严峻形势。虽然我国地大物博，耕地总面积在世界排名靠前，但严峻的问题是我国的人均耕地面积少，同时，质量较优的耕地以及耕地后备资源都十分紧缺。如图 1－2 所示，2012 年，我国耕地总面积为 13 515.85 万公顷，人均耕地却只有 0.1 公顷；我国西部大部分地区由于海拔高、缺水、气候恶劣等因素，导致开发未利用土地的难度系数较大。与此同时，我国的耕地面积由于城市化和工业化进程不断推进而大幅度减少，大量的耕地被替代成发展区。

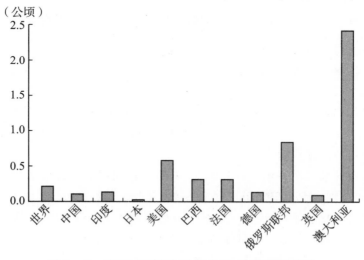

图 1－2　2012 年部分国家人均耕地面积对比

资料来源：根据公开数据整理。

我国是少林国家。缺林少绿、生态不稳定仍然是我国林业面临的两大问题，我国不仅森林覆盖率未达到世界31%的平均水平，而且人均森林面积和人均森林蓄积也分别只占了世界人均水平的1/4和1/7。目前这种局面，我国只有采取增加森林面积、优化资源质量等措施才能进行改善。

二、矿产资源枯竭

资源种类不全、部分资源储量大但品位低、难开采是我国目前矿产资源发展所面临的主要问题，同其他资源一样，我国矿产资源人均占有量同世界平均水平相比也存在明显不足。

矿产资源的需求量随着我国经济的发展越来越大。从我国能源的消耗程度上就能看出，煤炭、钢铁、铜、电力等资源和能源的消耗量位居全球第一，并且石油消耗量也位居全球第二。我国能源消耗强度高于发达国家（如图1-3所示）。以2012年为例，我国GDP虽然只占到世界GDP的11%，却消耗了全球总消耗量50.2%的煤、12.8%的石油、45.7%的钢材、43%的铜和54%的水。我国的石油和铁矿石两种资源的来源在很大程度上需要依靠其他国家，其对外依存度分别达到了60%和54%，据2012年BP统计，我国煤炭只够我们使用30年，石油仅够10年，天然气不够30年。在能源保障方面，我国面临的形势非常严峻，目前传统的经济发展模式在我国资源供需缺口不断变大的形势下是不可行的。只有探索出与国情相适应的经济发展模式，处理好生态与经济之间的平衡发展关系，我国才能实现新的发展。

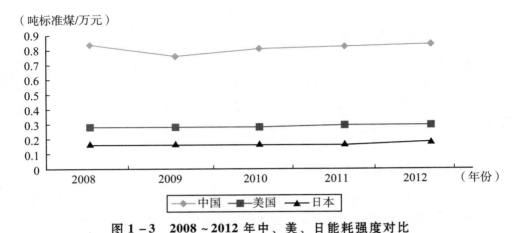

（吨标准煤/万元）

图1-3　2008~2012年中、美、日能耗强度对比

资料来源：Enerdata - Global Energy & CO_2 Data.

第二节 环境质量下降

近十几年来，我国的 GDP 总量每年都保持很快的增长速度，但我们过度地关注经济增长，忽视了对环境的保护，环境质量越来越差，我们的山不再绿了、水不再清了、天空不再蓝了。严重的环境污染使人民群众的身心健康受到严重威胁，生态安全面临严峻挑战，发展已经达到了环境所能承载的极限。

面对不断恶化的环境，人们逐渐有了危机意识，开始注重保护环境。根据调查报告显示，大部分人开始关注当前的环境，并且积极加入到生态文明的建设中。近年来，食品安全事件多发，例如湖南大米镉超标事件以及上海、浙江等地死猪事件等，而造成这些事件的原因主要是环境污染。这一系列事件表明环境污染也会影响社会的稳定性。

一、环境污染严重

（一）水污染严重

当前我国大部分的江河湖泊都出现了不同程度的污染和富营养化，其中90% 流经城市的河段受到严重污染。国土资源部 2012 年公报显示，十大流域的704 个水质断面监测中，劣 V 类水质断面占 8.9%。

（二）大气污染严重

当前我国过半的城市空气质量存在问题。2013 年，我国大部分地方受到雾霾天气的侵袭，而且强度高时间长，全年平均雾霾天数高达 29.9 天，是过去 52年里最长的。2014 年 1 月份 74 个城市空气质量状况，平均超标天数占全年天数比例高达 62.4%，平均达标天数比例仅为 37.6%。

（三）土壤污染严重

"民以食为天"。然而现在人民群众对食品安全问题感到深深的焦虑和惶恐，例如近年来不断爆发的镉大米、毒生姜等事件。不安全的农产品大多都是因为其栽种土壤受到了严重污染。近年来，农产品质量安全问题和群体性事件频繁发生（见图 1-4），影响因素也主要是土壤污染。如果不对土地污染加以控制，将会对

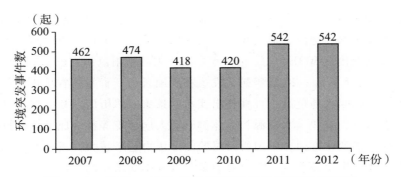

图 1－4 2007～2012 年全国环境突发事件变化趋势

资料来源：国家统计局中国统计年鉴。

人民群众身体健康造成严重损害以致造成社会的不稳定。目前，全国约有 19.4%
的耕地受到污染，其中重金属和工业"三废"是最主要的污染源。

二、生态环境恶化

我国生态环境面临不断恶化的趋势。其中，全国过半的草原出现不同程度的
退化，水土流失面积约占国土总面积的 37%，海洋自然岸线不足 42%。全国荒
漠化土地面积和沙化土地面积分别占国土面积比例为 27.33% 和 18.03%，而石
漠化土地面积占监测区国土面积的 11.2%。濒危生物种类也在逐渐增加，其中濒
危动物达 258 种，濒危植物达 354 种，濒危或接近濒危状态的高等植物有 4 000～
5 000 种。我国有过半的区域是中度以上生态脆弱区域，其中极度脆弱区域、重
度脆弱区域和中度脆弱区域分别占了全国陆地国土空间的 9.7%、19.8% 和
25.5%。我国人均生态足迹（即自然资源消耗量）和人均生态容量分别为 1.6 公
顷和 0.8 公顷，两者皆低于世界平均水平。庞大的人口规模以及较小的生态足迹
和生态容量导致了我国人均生态赤字的超标，其数值达到了将近世界平均水平的
两倍。

三、全球气候变暖

近几十年来，大量二氧化碳等温室气体的排放导致全球气候显著变暖，而温
室气体主要是由于大量化石燃料被焚烧和大量的森林被砍伐并被焚烧时所产生
的。温室效应所造成的不利影响不仅体现在人类生活上，也反映在自然环境上，
如果放任自流最终会破坏人类的可持续发展。目前，全球极端天气灾难显著增

加，例如：2010 年 1 月，持续罕见的寒流暴雪袭击美国、俄罗斯、中国以及欧洲北部等北半球国家和地区，造成 600 余人因寒冷丧生；4 月，印度遭受严重高温干旱，最高气温接近 50℃；8 月，81 年来最严重的暴雨洪涝在巴基斯坦发生，并造成了 1 800 余人死亡；2010 年初，发生在我国云南、贵州等省境内的秋冬春季特大旱情，一幅幅大地龟裂、百姓外出找水的景象依然历历在目。气候变化对地球自然生态系统、农业、水资源、人体健康和人居环境等都构成了严峻挑战。

在应对气候变化方面，中国所面对的国际压力越来越大。近年来，由于我国在全球经济体系中担任着越来越重要的角色以及不断增长的能源消费量、不断增加的温室气体排放量等因素，越来越多的发达国家强迫我国承担减排义务。以美国为首的发达国家在哥本哈根气候大会上，一致表示正因为中国未一起承担减排义务从而导致自己减排任务繁重，减排未达到预期效果。在哥本哈根气候会议后，中国等发展中国家承受的减排压力由于全球气候形势更加严峻以及发达国家的不断施压而变得越来越大。

我国的温室气体排放量排在全球首位。世界气象组织的数据显示，中国的碳排放量在 2013 年达到 85 亿吨，占全球排放量的 27%，随着时间推移，我国碳排放量还会一直处于攀升的状态。可以说，全球碳减排的成功与否具体还是得看中国的碳减排行动是否有效。为缓解国际社会的压力，承担中国在国际碳减排中相应的责任，中国在哥本哈根气候变化大会前夕向世界承诺：与 2005 年单位国内生产总值二氧化碳排放量相比较，2020 年排放量会减少近一半。在国内国际的双重压力下，中国只有坚持低碳发展才能更好地推进生态文明建设。

第三节　科学发展观的提出

胡锦涛主席于 2003 年 7 月 28 日第一次提出科学发展观，科学发展观是我国一种新的发展模式，它要求全社会以人为本，只有遵从以人为本的规律才能将我国推向可持续发展之路。此外，也要求我们要协调好城市与乡村的发展，缩小贫富差距，促进我国不同地区的经济、人以及自然和谐健康发展。

一、科学发展观是生态文明建设的助推器

人类文明从原始文明开始，最终发展到生态文明。生态文明之所以高于其他三个阶段，主要是因为它以可持续发展为基本观念，注重保护环境，符合我国现

有生态国情。在环境恶化的局势下，我国提出了发展的新思路，即实现经济与生态的和谐共进，而科学发展观也正是在此背景下提出来的。我们要深刻理解科学发展观的内涵意义，自觉履行好保护环境生态的义务，努力建设好生态文明，在提高我国经济发展的同时，也建立良好的生态环境。

二、科学发展观是人与自然和谐相处的必然选择

在当前和过去很长一段时间里，我国的发展观并不全面，只强调发展经济，重视物质、总量和增长，而忽略了社会的稳定、生产结构的巩固、环境的保护等方面，导致了自然环境污染的加剧。科学发展观的提出为我国生态文明建设指明了发展方向，是一个全新的发展理念。它强调经济的发展和环境的保护应该同时进行，切不可不管环境的承载力而盲目发展经济，提倡人与自然的和谐共存。人与环境之间互相制衡又互相影响，因此人与自然环境必须和谐相处，相得益彰。人类存在和发展受到诸多因素的制约，但如何处理好人与自然的关系是人类必须解决的最基础问题，伴随社会经济不断发展，人们接收的信息越来越多，对于自身的认识也在不断深化。中国现面临着人口多、土地有限、人均资源极少、环境污染严重、环境事故频发的严峻局面，只有坚定不移地贯彻科学发展观，形成全面协调可持续的发展模式，才能促进社会的稳定发展，人与自然的和谐相处。

第二章

中国生态文明制度建设的基本特征

第一节　生态文明建设的提出

十六届五中全会第一次明确提出建设"两型社会"（即资源节约型和环境友好型社会）的要求。党的十七大报告更是把环境保护和资源节约放到基本国策的重要位置，并首次提出"生态文明"的概念和任务。党的十八大提出生态文明建设，和"五位一体"的总体布局，并且指出当前目标就是加快"两型社会"建设，实现美丽中国。其他的四大文明建设与生态文明建设的联系非常紧密。经济建设和生态文明建设两者之间不但可以共存，而且可以互相支持、互相促进。可持续发展的经济建设需要有源源不断的物质和生产力支持，而物质和生产力支持又来源于我们赖以生存的环境，只有加强生态文明建设，经济才能又好又快地发展；生态文明建设与政治建设的关系是互相支持、互相反馈的，政治稳定和政治发展离不开良好的生态基础，而良好的生态基础又通过政治建设来维护；生态文明和文化建设之间的联系更是息息相关，只有提高全民的生态文化素养，生态文明的建设才可以有更大的进步，而文化建设中又包含了生态文化。2013 年 9 月，习近平总书记就指出我国如果还不抓紧保护环境，将来因为环境的破坏而带来的损害将会更大。十八届三中全会也对生态文明的建设做了整体规划，提出要深化生态文明制度改革，制定更全面系统的制度条例。习近平在十九大所做的报告全面阐述了加快生态文明体制改革、推进绿色发展、建设美丽中国的战略部署。十九大报告明确指出，我们要建设的现代化是人与自然和谐共生的现代化，既要创造更多物质财富和精神财富以满足人民日益增长的美好生活需要，也要提供更多优质生态产品以满足人民日益增长的优美生态环境需要。十九大报告为未来中国推进生态文明建设和绿色发展指明了路线图：第一，必须加大环境治理力度。第二，加快构建环境管控的长效机制。习近平总书记指出，"既要金山银山，又要绿水青山。"绿水青山需要绿色发展，而不是不要发展。第三，全面深化绿色发展的制度创新。

一、生态文明的内涵

一般来说，生态文明是指在处理好人、社会以及自然三者平衡关系时，所得到的物质和精神成果的总和；同时，生态文明作为一种文化伦理状态，指明了人与人、人与社会、人与自然三者之间，应该以互相和谐共生、良性循环、坚持全面发展、持续繁荣为基本宗旨，并在此种状态下共存。

作为人类文明发展史上的一个新阶段，生态文明始终把维护和尊重自然作为前提，深化建立可持续生产方式，注重带领人们走持续、和谐的发展道路。

生态文明强调全民需要提高自己的生态文化素养，以自觉和自律的态度去保护生态环境，也强调了人与自然之间需要建立起一种互惠互促的融洽关系。想建设好生态文明，不仅要求人和自然之间达到一种和谐相处的状态，同时也要求人和人之间、人和社会之间也要达到这种状态。生态文明，归结起来是人们对于资源和生态现状深刻反思后的结果，同时也是人们在发展新格局和策略上的又一次重大进步。

二、生态文明制度建设

建设生态文明，其目的在于寻找人与自然之间的和谐共处的稳态，关键在于处理好人与人、人与社会之间的关系。而如何处理好这些关系，则需要由以保护生态为目的的生态文明制度来解决。

党的十八大报告指出："保护生态环境必须依靠制度。"只有制定全面、系统的规章制度，才可能在本质上对于生态文明的建设产生推动作用。

在新的历史起点上，党十八届三中全会就怎样系统、有效地推动生态文明建设，在如何把握时代、实践以及人民的新要求的基础上，做了相关规划和部署。在该全会上，确定了全面深化生态文明体制改革的时代背景、战略重点、主攻方向、发展目标以及推进方式，形成了在生态文明建设进程上具有划时代意义的纲领性文件，对我国生态文明建设产生了重大而深远的影响。

在新的历史起点上，十九大报告指出应当全面深化绿色发展的制度创新。一是完善绿色产业的制度设计，构建市场导向的绿色技术创新体系，通过环境外部性的内部化，强化绿色技术创新、绿色生产的经济激励，促进绿色技术、绿色生产的推广应用，使之成为新的经济增长点。二是完善绿色消费的制度设计，加快建立绿色消费的法律制度和政策导向，要让绿色、生态成为生活消费的新导向，使优质生态产品成为附加价值的组成部分，从而使得绿水青山真正成为促进经济增长的自然生产力。三是完善绿色金融的制度设计，使金融系统成为经济系统绿色转型的支撑平台。四是改革生态环境监管体制，完善生态环境管理制度。十九大报告明确要求，设立国有自然资源资产管理和自然生态监管机构，统一行使所有国土空间用途管制和生态保护修复职责，统一行使监管城乡各类污染排放和行政执法职责。

第二节　生态文明制度建设具有紧迫性

在国际压力增加和社会环境恶化的情势下，建设完善系统的生态文明制度，用制度来保护环境变得越来越紧迫。《中共中央关于全面深化改革若干重大问题的决定》（以下简称《决定》）给我国设定了一个时间目标，即对于重要领域、环节的改革在 2020 年必须取得显著结果。然而实现这个目标的过程必定是艰辛又紧迫的，因为到 2020 年，我国还需制定两个五年规划，并且期间的政府换届也会给政策实施带来影响。

一、资源消耗及污染物排放难题亟须生态文明制度来解决

改革开放 30 多年以来，我国经济取得了非常显著成果，每年经济平均增长率达到了 9.4%，但过度追求快速发展，忽视资源消耗和环境问题，导致许多资源消费的速度超过了 GDP 增长速度，而且也排放了大量的污染物。除此之外，为了适应高速发展的经济，我国对资源进行了大量的开采、加工、使用，导致环境不堪重负。十七大报告指出，当前我国经济发展中最严重的问题就包括用环境换取经济增长的代价过大。

（一）中国资源消耗变化情况

2012 年的 GDP 比起 1978 年来增长了 23 倍，相应地，施肥量增长了 5.6 倍，

能源消费增长了 5.3 倍，铜增长了 20.7 倍，铝增长了 44.4 倍，钢材增长了 26 倍，水泥增长了 35.3 倍，纸和纸板增长了 19.7 倍。我国不仅存在着资源消耗速度过快的问题，还存在着很低的资源利用效率问题，其中水资源利用问题最突出。能源利用效率也不高，比如我国的煤能源人均占有量就比较低，而且存在煤多油少气不足的能源结构缺陷。我国能源消费总量在 2011 年达到世界的 1/5 左右，其中煤炭就占快一半。即使我国使用相同的技术条件，但因为我国能源结构以煤为主导致利用率远不能和发达国家相比较。以 2010 年为例，中国创造的 GDP 仅占世界的 9.5%，但一次能源的消耗率竟高达 20.3%，是日本的 5 倍。美国的经济总量将近我国的两倍，然而能源消耗却比我国还要少。此外，在能源使用中存在许多不合理现象，因政策激励不足，经常舍本逐末。

我国对矿产资源的使用量越来越大，不仅扩大了国内供需缺口，也影响了国际市场。据估计，到 2020 年，我国多数矿产探明储量将无法满足国内使用需求，导致我国矿产资源需要依靠外国供给。我国石油的出口量早在 1993 年就已经为零，其对外依存度也由 2000 年的 30.2% 飙升至 2012 年的 57.8%。我国煤炭、天然气等能源进口也迅速增加。在 2011 年，我国煤炭进口数量为世界最大，达到 1.824 亿吨，2012 年进口 3 亿吨。天然气对外依存度达到了 29.5%。铁矿石的进口量也非常大，将近全世界产出的一半。

（二）我国污染物排放的变化情况

我国的环境统计是从改革开放后开始的。据《中国环境年鉴》数据，我国在之前发展经济时并未兼顾好环境，导致我国尽管相对于以前已减少污染物的排放量，但是生态环境还是不过关。我国环境问题还是呈现"集中性、结构性、复杂性"三大特征，污染物的排放量还是远远超标的。由于我国还并未从源头遏制住环境破坏和生态退化加剧的趋势，导致我国的环境总体状况还未有效改善。

我国二氧化硫排放总量在 2012 年高达 2 117.63 万吨，超出环境容量的 76.4%；COD 排放总量为 2 423.73 万吨，超出环境容量的 203%。污染物的大量排放造成了综合型的污染，例如高频率、广范围的雾霾。流域水污染形势依旧严峻；许多新型环境问题也开始趋于严重化，例如持续性有机污染物（POPs）、持续性有毒污染物（PTS）等。此外，我国还有越来越多的耕地受到污染，据环境保护部数据，我国约有 1.5 亿亩耕地已经受到污染物的破坏，而且第二次全国土地调查得到的结果也不容乐观，我国目前有 5 000 亩左右耕地已经属于中重度污染。

资源消耗大、利用效率不高，导致污染物排放总量大，重要资源对外依存度提高，这些难题不仅直接或者间接地威胁到社会经济发展及人民群众的身体健康，也对国家和社会带来不利影响。我国当前面临的资源环境的严峻局势，使得变更资源开发利用方式变得更加必要。我们要彻底改变当前的经济发展方式，使其能够符合我国当前的资源现状。也只有这样做，我们才能真正建设好生态文明。因此，转变粗放型的增长方式，提高生态文明水平，建设生态文明制度，用制度来保护资源和环境，是我们必须做出的选择。

二、生态产品质量不能满足需求的矛盾催生生态文明制度

随着经济发展，人民群众的需求已经不再局限于温饱的需求，开始注重保护生态环境，开始呼吁绿水青山。

生态文明宣扬了一种新的概念——"生态产品"，也就是指舒适的生态环境。生态产品以节约能源无污染可再生为特点，是人们生存发展不可或缺的产品。然而，自 1996 年以来，环境群体性事件的发生呈现出每年 29% 的增长率，对社会稳定构成了极大的威胁，同时也使得人们远未达到理想状态下的环境质量。当前中国社会一个最突出的矛盾就是生态产品质量下降与人们对生态产品要求越来越高的矛盾。

只有妥善处理上述矛盾，才会促进社会稳定发展，但是，生态产品是公共物品，凡是公共物品，主观上人们就会缺乏足够的自觉意识去节约和保护。在这种情形下，亟须相关的制度来纠正人们的不良行为。现在存在的一些制度，例如自然资源有偿使用制度、生态补偿制度和自律制度，这些制度可以监督人们保护环境。然而整个制度体系还不够全面系统，对于人们的规范作用不够完善，还需要在以后的实践摸索中不断强化和完备。

三、国际社会的巨大压力迫使中国亟须加快生态文明制度建设

我国到现在为止仍然属于发展中国家。然而，随着全球整体发展与环境格局变动，特别是中国地位的提升，国际社会无论是发达国家还是发展中国家，都开始要求中国在全球事务中承担更多的责任和任务，发挥更多的作用。中国在世界舞台中的角色处于"被转换期"。

传统意义上南北国家的界限较为分明，中国也一直自视为发展中国家。随着中国对于全球的影响程度越来越大，许多国家开始认为把中国划分在发展中国家已经不太合适。从国际组织的划分来看，目前世界上各主要国际组织都没有把中国列为"发展中国家"，如联合国没有把中国列入发展中国家的援助名单，WTO不再把中国当作发展中国家来过渡。与此同时，欧盟针对发展中国家的普惠名单

中没有中国，美国甚至公开质疑中国以发展中国家身份占便宜，不仅是发达国家态度发生变化，就连原先同一战线的部分发展中国家也开始变换阵营，国际气候变化谈判中的小岛国和最不发达国家要求中国减排应向发达国家靠拢就是一个鲜明的例子。

世界上"中国责任论"呼声随着大家认知的改变而越来越高。早在 2006 年，中国的影响力就开始得到国际认可，欧盟委员会就提出过，中国在面对全球可持续发展的挑战中将起到不可或缺的作用。近年来，中国的国际地位越发重要，国内的生态环境问题也开始引起了全球的共同关注。

日本、韩国认为近年来他们所遭受的沙尘暴全部来自蒙古国和中国，一半的酸雨来源于中国；东南亚部分国家觉得自己的生态问题也来源于我们在上游修水电站；俄罗斯、马来西亚和印尼认为他们原始森林受到破坏主要是因为我国的造纸业；现在各主要西方国家已经把环境保护和人权宗教联系在一起，变成对华外交的主题，用环境问题制约中国，给我国带来越来越大的国际社会压力。

在面临前所未有的国际发展与环境挑战的情况下，中国迫切需要认真审查过去的经验和教训，科学预判未来的发展情景，加快生态文明制度建设，重新平衡环境与发展的关系，重塑未来的可持续发展战略，促进各利益相关方广泛而有效的参与合作，实现美丽中国的目标。

第三节　生态文明制度建设具有持久性

由于生态文明制度建设是最近几年提出来的一种全新理念，没有相关史料借鉴与参考，只能在摸索中不断使其变得系统完善化。与此同时，要使生态文明制度体系变得系统化，首先要保证市场经济体制的完善化，以及国家治理能力和体系的现代化。可见，建设生态文明制度是一场艰苦的持久战。

一、提高对生态文明制度建设的认识需要时间

认识是一种在感知组织的意识指挥下，主动收集客体的属性和认识、找出当前主体所面对的问题，并在此基础上，探索能够通过主体行为而解决主体问题的方法和路线的一种行为，当然这一切发生的前提是客体对主体有影响。认识是一个辩证发展的过程：从实践到认识，从认识到实践，两者不断反复和无限发展。对于生态文明制度建设而言，认识的主体就是领导干部和普通群众，客体就是制

度建设的内容。从领导干部到普通群众，对于生态文明制度建设的了解和思考都是一个不断深入的过程。

以政绩考核为例，我国传统政绩考核是以 GDP 增长作为主要指标，这样的考核制度对我国的生态环境也带来了不利影响。时代的进步要求重新制定政绩考核制度、提高发展质量。中央组织部在十八届三中全会不久后，发布了新文件，文件要求要建立起更完善的考核评价指标体系，不能仅考虑当地的经济增长，还要纳入其他考核指标；同时，考核指标应该因地区因人而异，针对不同地区、不同层级的考核对象而各有考察侧重点。考核过程中应重点考察该地区的经济发展是否有效而又可持续、社会是否和谐、生态文明和党的建设是否达标，要重点观察该地的资源消耗、环境保护、消化产能过剩、安全生产等方面。除此之外，对于政府的考核中也应该把重点放在政府债务状况上，为了杜绝追求政绩而急功近利大肆举债的现象发生，要加强对于政府举债情况的考核、审计，将责任落实；负责的领导班子和干部应该注重当地的发展思路以及发展规划的连续性，并主动解决存在的问题，同样这些指标也应该作为在考核时的重要选项。上述对于政绩考核认识的提高，无疑将会强化地方政府资源环境保护主体责任，为建设美丽中国发挥强有力的作用。

二、落实生态文明制度需要循序渐进

由于转型时期制定的新制度和现行制度相比较肯定会有冲突，在政策实施中把新制度落到实处是一个持久战。在这个持久战中，我们要针对于我国之前关于节能减排、循环经济、低碳试点等实践做一个有效的总结，并把这些经验优先实施到改革中。

在《国家城镇化规划》中，就提出了一系列财政、投资、产业、土地、人口、环境、考核等政策，并提出加快绿色建筑建设、绿色出行、产业园区循环化改造、绿色城市等政策，用这些措施来保障城镇化的质量以及绿色城市的建设。落实这些政策，一方面，要加强部门间政策制定和实施的协调配合，推动这些政策形成合力、落到实处；另一方面，要根据不同区域不同城市开展不同的试点。政策落实过程中决不可急于求成，要紧扣每一环节、抓紧实施。

三、调整生态文明制度建设中的利益需要长期奋斗

《决定》的颁布具有一定的现实意义，既要深化改革现有制度，摒弃那些对生态文明发展有不利影响的规章制度，又要创造能适应现有目标的新制度。改革

就是指抛弃掉旧事物旧制度，对现有但不完善的制度进行调整，使调整后的制度能够符合我国发展现状，当然改革肯定会使一部分人的利益遭到侵害。随着改革的深入，触动的利益也就越来越多，但是为了减缓当下资源减少、生态退化加剧的严峻形势，我们必须得坚持下去。

以生态补偿制度为例，生态补偿制度就是对无法纳入市场的生态系统的服务功能进行经济补偿的制度措施，主要有两种类型的补偿方式：一是要对生态系统服务功能进行核算，同时对于破坏环境所带来的损失，应通过公共财政补贴或者受益群众付费来进行补偿；二是对因保护生态系统在经济上受损者给予财政补贴。利益调整最难，必须靠法制来保障。而从目前有关法律及其配套规制内容和实施情况来看，有偿使用制度还存在很多缺陷，包括一些资源与生态环境领域尚未纳入有偿使用范围，政府控制了定价权限，使定价具有一定的行政色彩，导致定价方式不合理。这样的定价方式并不能正确反映出我国生态环境的损失成本，也不能反映出我国资源的稀缺程度以及当前市场急剧扩大的供求缺口，而且依照主体功能区规划和区划规定的重要生态功能区的生态补偿机制还未得到全面落实。法律执行不到位、难到位。想要实现立法的完善、执法的强化、司法体系的健全以及全民守法，是一个长久的过程。在这个过程中，还有很长的路需要去走，许多的利益需要去调整，在考虑各方面承受能力的同时，也需要把握好平衡点，不急不缓，循序渐进。

第四节　中国生态文明制度建设具有系统性

我国近几年在生态文明建设上花费了很多功夫，可见当下建设生态文明的重要性。一个良好的生态文明，给未来带来的收益是巨大的。从近几年颁发的文件和政策措施中，也能看出党中央对于建设生态文明紧迫性的认识。

一、生态文明制度建设的整体思路体现出系统性

生态文明制度体系第一次被确立是在《决定》的出台后，其制度体系的构成以及改革过程中的方向和任务也都被一一阐述。《决定》表明要建设良好的生态文明，首先要从源头下手，从源头防止破坏，其次在监管过程中要严格对待，对于破坏者的严惩也要落实到位。即源头严防是治本之策；过程严管是关键；后果严惩是重要措施。

就生态环境而言，在源头控制好是最理想的状况。只有在源头就遏制住不利因素，才能使后续监管有效实行。因此，源头严防制度建立是治本之策。同样，若想取得实际性的成功，对于建设中的项目也需要各类制度进行严格监管。因此，过程严管制度的建立是关键。当然，如果破坏者没有受到实际性的惩戒，大家对破坏环境会变得更加肆无忌惮，从而更不利于保护环境。因此，后果严惩是不可或缺的重要措施。如果不从源头、过程、后果三环节严格对待，建设良好的生态文明也就变得遥遥无期。

二、生态文明制度建设的具体内容具有系统性

生态文明制度建设的内容主要有三类：第一类是建立针对各级决策者的科学的决策和责任制度；第二类是建立针对全社会各类当事主体的有效的执行和管理制度；第三类是建立针对全社会成员的内化的道德和自律制度。

科学的决策和责任制度、有效的执行和管理制度以及内化的道德和自律制度三者是一个系统，相辅相成，缺一不可，只有三者的有机结合才能达到生态文明制度建设的最佳效果。科学的决策和责任制度为有效的执行和管理制度指明了方向，具有战略意义；有效的执行和管理制度是对科学的决策和责任制度的具体操作，具有战术意义；内化的道德和自律制度是对于决策责任制度和执行管理制度的保障，只有使人们从内心深处了解环境的重要性，才能使他们自觉加入到保护环境的队伍中来，也只有这样，才能更快地建设起美丽中国。

三、生态系统的完整性要求生态文明制度建设具有系统性

经过时间的推移，自然生态系统里的各种生物和环境已经互相反馈、互相作用于对方，并形成一个有机的整体。但是由于人们在发展经济的同时没有注重保护环境，环境污染问题日趋严重，例如，现在最突出的区域性的雾霾污染和流域性的水污染。全球都对我国的生态问题特别关注，我国如何保护环境以及治理污染更是成为重点关注项。但是，由于个别污染是流动的，导致影响的空间范围并不是行政管辖的区域，所以仅仅依靠现有管理体制无法解决这些污染问题。在结构上，不同部门分管自然环境中不同但又互相影响的要素（水、土、气等），而分管则会导致无法进行可互相协调的环境管理；功能上，环境资源的用途具有多样性，例如水在提供淡水资源的同时，也能用来提供其他功能（发电或者其他生态服务功能），要想在流域层面使得水资源在多种用途的使用中达到最大效用，统筹协调好各机构和制度也是必不可少的条件。如果仅依靠现有体制去实现环境

的协调管理，还是缺少一定的可行性。

为了解决上述问题，我们需要有一个系统的生态文明制度体系。在管理体制方面，要保证所有者和管理者是相互独立的，以保护资源和生态为核心，并坚持大部门体制改革；在关键制度和政策方面，要紧扣管理体制创新和制度创新主题，在分清政府和市场关系的基础上，强调发挥市场机制作用，使政策手段综合化，构建一个符合生态文明理念的新市场，促进自然资源产权化管理的实施，实行相关制度使得资源有偿使用和对生态进行补偿，实施政策对特许环境区进行保护，开发排污权和碳交易市场，推进资源环境税费制改革，实现高效配置能源资源、排放许可和生态服务等要素。

第五节　中国生态文明制度建设具有创新性

生态文明建设关键在于其制度建设，只有落实好制度的建设，才能为后续进一步的体制和制度建设提供源源不断的创新活力。同时，中国生态环境问题比发达国家要复杂得多，这就导致了旨在保障生态文明建设的生态文明制度建设不能简单照搬国外经验，只能一边借鉴其他发达国家的做法，一边探索自己的建设之路，具有一定的探索性和创新性。

一、制度之间的协同作用表明生态文明制度建设具有创新性

生态文明制度建设不是单方面实施的，其中每一项的制度在实行过程中也需要依靠其他制度，需要放在大系统内来考量，党中央很清醒地认识到了这一点的重要性，在制度安排上高度关注制度之间的协同性，这是一种创新。例如，在三中全会上，就针对限制开发区域和生态脆弱的扶贫开发工作重点县提出了新的制度，取消对该地区的 GDP 总量考核，这个新规定促进了生态保护红线制度的实施。以前许多地区为了追求更高的生产总值，不考虑实际环境承受力仍大肆发展重工业，让原本脆弱的生态环境更是不堪重负。想要使主体功能区制度发挥更好的作用，同时要对那些牺牲经济利益而放弃开发的生态脆弱区进行经济补贴和有效扶持。再比如，在三中全会上，提出的关于生态系统保护修复和污染防治区域的治理，建议综合陆海两方面力量形成一个联动机制，该措施有效地综合了我国陆海两方面的力量使得生态治理更加有效。

二、制度的可操作性体现了生态文明制度建设的创新性

以往为了解决环境问题也建立了不少制度，然而大多都缺乏可实施性。三中全会在总结以前失败经验的基础上给出了对于那些疑难问题的具体解决方案，丰富了生态文明制度体系，使其变得更细致化也更具有可行性。例如，现在有了更加完善的制度来规划自然资源资产产权和实行用途管制，就会使得资源的归属和权责落实到位，自然资源也会被合理开发和使用，以前那种由于归属和管理不明确而带来的大量自然资源浪费的情况也就不复存在了。

三、制度的惠民性体现生态文明制度建设的创新性

任何制度要想真正落到实处，就必须得让广大人民群众意识到这些制度是为他们自身谋福利，积极主动参与到制度建设中来。我国治理模式开始从管理走向治理，也就意味着除了政府，企业、社会组织和个人都该作为主力军参与到社会治理中来。这种惠民性政策是生态文明制度建设上的创新，表明全体人民在享受资源的同时也有保护环境的责任。

第三章

中国生态文明制度建设的机遇与挑战

第一节　中国生态文明制度建设的机遇

一、国际社会对生态文明制度建设的需求

（一）实现全球生态安全需要中国建设生态文明制度

生态问题是全球性的问题，世界各国都在探索自己的生态文明之道，但是由于生态系统的复杂性和完整性，注定很多生态问题需要全世界合作、共同努力才能解决。以大气污染为例，一国大气污染严重，由于存在季风等一系列地理因素影响，这个国家的大气污染会向外扩散，由局部发展到区域，乃至最后成为全球性的大气污染。

中国改革开放 30 多年来基本上是采取粗放型的经济发展方式，生态问题已经成为制约中国社会和经济发展最大的一个问题，并广受世界各国关注，在很长一段时间里，中国的经济发展因为以牺牲资源、环境、生态安全为代价受到了世界各国的批评。在这种情形下，中国新一届政府和领导始终把重点落实到建设生态文明上，例如十八大提出的要加快生态文明建设、十八届三中全会强调的要建

设生态文明制度。

我国为了解决当前严重的环境问题，也围绕着世界发展主题，积极推进生态文明建设。一方面，彰显了中国是一个有责任感的大国，表明了中国愿意为全球生态安全出谋划策，贡献自己的一分力量，有利于中国大国形象的提高。另一方面，中国在生态文明建设上所付出的积极行动，能够促进中国获得发达国家以及国际组织技术、资金及人力的支持，为生态文明的建设营造良好的外部条件。

（二）我国生态文明制度建设可以从其他发达国家资源节约和环境保护的先进做法中吸取宝贵经验

美国是生态文明立法最为完善的国家，而生态文明立法正是中国的薄弱环节，中国生态文明方面的法律存在许多的漏洞，亟须学习借鉴美国生态文明立法之道。如美国联邦生态保护司法系统和生态检察官制度，只对法律条文负责，突出了法律的权威。

英国从1994年到2005年，一共发表了三份可持续发展报告，将英国的生态问题、生态政策纳入到整个国家的可持续发展理念之中。为了完成生态目标，从立法执法、监督、生态教育等方面入手，其中的"污染者支付原则"和"反向社会化"生态教育很值得学习。

以20世纪50年代为例，日本政府就已经注意到环境污染问题带来的严重后果了，先后颁布了《环境基本法》《再循环法》等一系列法律法规来督促环境保护措施的实施。此外，日本政府在处理环境问题时，还特别注意先进科学技术的投入。

以俄罗斯为例，该国致力于建设生态文明，不仅颁布了大量的政策法律，而且还推崇对现有的立法制度进行创新。其中规定的生态保险、生态认证、生态审计等制度，建立以国家、主体权力机关为主的体制结构，并制定制度来督促对于环境损害行为进行赔偿等，都对我国的建设具有重大意义。

二、国内"两型社会"和生态经济建设的经验

（一）建立生态建设法律法规和政策体系

我国自从20世纪90年代以来，开始把重心从只发展经济转移到经济、社会与环境三者之间如何和谐发展共处上来，从不断颁布的一系列规章制度以及条例，都可以看出我国对于建设生态文明的决心和信心。仅"十一五"期间，被颁

布或者实施的法律法规和环境标准就高达 100 多部。为了使生态文明建设能够有效地被执行，我国制定了许多关于建设两型社会以及促进可持续发展的相关制度，并已初步形成了一个制度体系。

（二）深入开展节能减排工作

生态文明建设中一个重要环节是节约能源使用以及减少主要污染物的排放量。自"十一五"以来，党中央、国务院就设立了要把单位 GDP 能耗降低 1/5 左右、主要污染物排放量减少 1/10 左右的硬性指标。为了使得节能减排工作可以被有效执行，国务院不但发布了具体的工作方案，还专门设立了领导小组督促工作的实施。采取一系列措施，力求达到产业结构的有效调整、重点的工程以及技术被有效实现、目标责任的落实化、保护环境的全民化、以及监督管理进一步加强化。在政策的不断执行下，污染物的排放量下降，环境得到有效保护，并且能源供需关系也趋于缓和。"十一五"期间，我国节能减排工作得到有效实施，能源消耗量和污染物排放量都得到有效的降低。"十二五"将深入执行节能减排工作，规划得更为全面，在"十一五"规划的基础上还增加了氨氮和氮氧化合物等约束性指标。

（三）大力发展循环经济

只有形成经济的循环发展，才能进一步规划可持续发展。在十六届五中全会上，党中央首次提出了此概念。"十一五"以来，我国的经济发展模式在不断的实践和摸索中，已经开始呈现出具有我国特色的循环体系。例如在"十一五"期间，我国主要资源综合产出率累计提高了约 8%，而能源产出率、水资源产出率和工业水资源产出率分别提高了 23.6%、34.5% 和 58.0%。在 2012 年，废钢铁、废有色金属等八大品种再生资源回收总量约为 1.6 亿吨，减少废水排放量、二氧化硫排放量和固体废弃物排放量分别为 112.7 亿吨、374.6 万吨和 33.9 亿吨。这些数据表明，在国家的高度重视下和有关部门的有效监督下，我国的循环经济已经开始有效发挥它的作用。

（四）稳步推进生态保护

在我国持续不懈的努力下，我国生态恶化的趋势得到了缓和，例如我国实施的湿地保护网络体系、防沙治沙工程、生物多样性保护等措施都有效地保护了生态环境不被破坏。"十一五"期间，大幅度的植树造林带来全国造林面积 9.6% 的增长率，自然湿地保护率达到了 50.3%，增加了 5 个百分点。我国不仅上述成果取得了显著性的成效，还在生物多样性保护、水土流失治理等方面也都取得了不错的成绩，全国陆地自然保护区面积达到国土面积的 14.7%。

（五）积极应对气候变化

近年来，温室效应影响越来越大，气候变化也成了我国经济社会发展中长期规划中的一项。在 2007 年，我国就针对气候变化制定了相关的实施方案。到 2009 年，我国确定了 2020 年的单位国内生产总值二氧化碳排放目标，为了达到减少温室气体排放的目的，先后调整了产业和能源结构、增加碳汇、提高能源使用效率。我国不仅在控制温室效应方面实施诸多政策，也在努力提高我国对气候变化的适应能力。在"十二五"规划中，我国以发展绿色低碳为政策目标，把碳排放强度首次纳入到规划的约束性指标中。

（六）国家两型社会示范区和生态文明先行示范区建设的实践

一是两型标准体系和两型综合评价体系。政府始终坚持把两型标准体系和两型综合评价体系建设作为试验区顶层设计的核心内容，把实施两型标准和两型考评作为统筹推进试验区改革建设的重要举措和关键抓手，积极推进体制机制创新。探索形成了包括 16 项"两型"标准和 5 项公共机构用能标准的两型标准体系，创新了两型评价、绿色 GDP 核算、两型目标考核等考评机制。

二是以资源性产品价格改革为主要内容的十大改革。重点推进了以资源性产品价格改革为主要内容的十大改革，水、电、气阶梯价格改革的做法和经验得到李克强总理的高度肯定。农村环境污染治理改革在长株潭三市试点，攸县、长沙、浏阳等县市农村环境整治创造了全国经验，长沙市率先出台《长沙市境内河流生态补偿办法（试行）》。此外，联合产权交易平台及其机制、绿色出行、绿色建筑推广机制以及绿色 GDP 评价体系等各项改革也正在稳步推进。

三是产业转型升级机制改革。2007 年长株潭试验区获批以来，湖南省积极推动长株潭试验区产业转型升级机制改革，努力探索新型工业化的路子。通过建立完善产业转型升级的政策导向机制，加快推进产业准入、提升、退出机制改革，严把政策关，实现"绿水青山"与"金山银山"相得益彰；建立完善产业集聚发展机制，把产业园区作为构建现代产业体系的重要载体，加速推进工业向园区集中，实现产业的集群发展；建立完善城市群产业协同机制，注重长株潭城市群产业融合与产业创新，强化产业协同效应，实现区域与三次产业的联动。

四是以清洁低碳技术为重点的自主创新体系建设。围绕清洁低碳技术研发和推广，长株潭城市群坚持全面加强创新平台、人才、项目建设，组建了 20 多个重大创新平台，并且实施关于节能减排科技的专项活动，带动企业投入近 100 亿元，实施重大科技项目 210 个，突破 900 多项清洁低碳关键技术，其中高达 16 亿元以上的科技经费都是国家、省、市财政提供。为了更好地建设出一套自己的创新体系，长株潭也对未来发展设定了一定的目标，即 2012 年在全国率先集中大规模组织十大清洁低碳技术推广，3 年内，对于长株潭城市群的投资要达到 800 多亿元，实施的重点项目数量要达到 800 个以上，其中部分资源环境领域的严重问题也能得到解决。另外，也要鼓励企业开发新型的低碳产品。

五是加强法制创新。五年来，试验区突出生态优先，注重民生保障，强化规划引领，以法治建设为抓手，加强体制机制创新，针对两型社会建设的一些具体问题，加强配套制度建设，出台 70 多个政策文件，形成了比较完善的法制体系。坚持一手抓执法，一手抓监督，确保各项法规制度落实，为试验区两型社会建设提供强有力的法制保障。

六是积极推进先行示范区。在《国务院关于加快发展节能环保产业的意见》中提到，可以先挑选出一部分具有特色的示范区进行建设，通过几个个例的建设来探索一种可以符合当前国情的建设模式。对于那些干劲足、影响大的地区要鼓励他们先行先试，并督促该地区把每个制度都落实到具体的实践活动中，争取取得重大成果。假设每个先行示范地区成功的实施制度和经验都能被复制推广到其他的区域，那么将会取得更辉煌的成绩。

三、中共"十八大"以来的政策导向

（一）国家领导人及最高决策层的高度重视

十八大后，习近平总书记在了解我国国情之后，又重新对我国的污染治理以及环境保护给出了不同的指导意见，同时，对未来我国生态建设进行了详细具体的规划，确定详细部署，为明确我国的发展方向推进了一大步。

2013 年 4 月，习近平总书记在海南考察的时候，就提到过保护环境的重要性。指出发展不仅仅是靠科技技术，也和生态息息相关，保护环境就是提高生产力，从而经济也能得到进一步的发展。我们在发展经济的同时，也不能忽视保护环境的重要性。

2013 年 5 月，在中央政治局第六次集体学习时，习近平总书记也指出保护生态环境不仅是为了现在，也是为了未来。同时也指出生态和文明息息相关，只有生态变好了，文明才能兴盛起来。这些论断表明了国家领导人对于建立生态文明意义的高度重视，并指出了制度是建立生态文明的保障，实际上也为接下来的十八届三中全会提出"建立系统完整的生态文明制度体系，用制度来保护环境"奠定了基础。

2013 年 11 月，习近平总书记在十八届三中全会上指出，一个良好的生态环境是有利于大家也是最公平的公共产品。这是一个创新性的理念，表明我们已经不局限于温饱问题的思考，而开始把重点放到保护生态环境上，在吃祖宗饭的同时也争取为子孙开辟一条更光明的道路。

2013 年年底，全面深化改革领导小组正式成立，其中小组组长是习近平总书记。在这六个专项小组中，排第一位的就是经济体制和生态文明体制改革专项小组。从这些行动中可以得出，我国对于生态文明建设和环境保护寄予了深切的期望，生态文明体制改革已经变得刻不容缓。

（二）一系列改革政策的提出起到了良好的引领示范作用

1. 产业政策

产业政策是我国经济发展的重要政策，以产业目录的形式发布，并根据经济发展形势变化的需要进行修订完善。支持鼓励类产业加速发展，控制限制类产业产能，加快淘汰落后产能等策略都体现在新修订的目录中。

2. 价格和收费政策

原有的价格机制并不能完全反映出当前我国资源的稀缺程度、市场供求缺口以及环境损害成本，我们要在现实基础上对现有的价格机制进行深化改革。例如，推行用电阶梯价格，实行惩罚性价格，有利于节约用电。推广燃煤发电机脱硫、脱硝电价政策的实施，减轻人们受到 PM2.5 污染的影响等。

3. 财税政策

对现有资源税进行改革，在源头就对生态破坏和环境污染进行控制；通过税收杠杆抑制不合理需求，提高资源使用成本、促进资源利用的节约高效；使财政资金的引导效用最大化，使生态文明建设可以吸收到更多的社会资金；建立生态标签或绿色标签体系，提供绿色消费信息，通过财税政策的改革，激发企业和公众节约资源保护环境的内在动力等。

4. 金融政策

绿色信贷在我国金融中扮演重要的角色，扩大绿色信贷的实施范围能够有效推进我国政策的实施，保险是我国传统的金融行业，我们有必要落实环境污染责任保险和巨灾保险等政策的实施；推广"赤道原则"，严禁向污染型项目贷款；鼓励推广节能环保类企业的创办。

广泛的生态文明教育和舆论宣传营造出良好的社会氛围。在十八大上，党把生态文明建设提高到国家基本政策层面，并提出要进一步强化人们的生态文明保护意识。要把节约、环保、保护生态等意识深入人心，使人们可以自觉地有意识地参与到环境保护中来，营造出一种良好的社会氛围。这一理念表明我党对于生态文明的高度重视，同时也给宣传教育方式提供了指导方向。

近年来，公众自发自觉关注、参与环境保护的热情不断高涨，而环境保护相关部门也以开放的心态及时回应社会关心的热点问题，积极推进面向公众的环境宣传教育。进一步推进法制化的生态文明宣传教育，已经成为提升国人环保意识和生态意识的有效方法。

2011 年，环境保护部等 6 部委首次联合下发了《全国环境宣传教育行动纲要（2011 ~ 2015 年)》，该文件对于强化国人环保意识、建设人人参与的社会体系、提升生态文明水平有着重要的指导意义。

在形式上，着重提升生态新闻主流渠道传播的影响力，充分发挥新媒体对于生态宣传的积极作用。将互联网、动漫和文字、影片相结合，形成一种新的可进行全方位、长久性传播的多元化宣传模式。通过广泛持久的宣传教育手段，来提高全民的生态文化素养，让保护环境成为人们的潜意识，让大家能够主动地担负起环保责任，时时刻刻在日常工作和生活中履行环保义务。

第二节 中国生态文明制度建设的挑战

一、环境立法体系不健全

（一）环境立法理念未充分体现生态文明思想

在中国现有的法律中，大部分法律是以保护生态作为其立法理念来进行修订或者新制定的，但还有少数法律并未涉及这点。如果不能把生态文明思想体现在基础法律中，将会导致公民的生态意识薄弱，加剧生态的恶化。

（二）现行环境立法体系缺乏生态保护法

虽然防止污染以及保护环境都体现在我国制定的环境保护法律法规中，但是缺少实质性的生态保护条文规定，立法宗旨也并未以生态文明为中心。随着我国不断开展生态文明建设，在关于保护环境方面的立法工作也取得了一定成绩，但是总体还未形成一个系统科学的体系。

（三） 环境立法的可操作性低

一是整体地位低。

环境法的地位在我国还是属于较低层次，也不是我国基本法律。由于地位不高，受的重视程度也不高，自然就导致了环境法未能发挥出其最大效用。

二是法律规范力度不大。

按理说违反法律都应该严惩不贷，违反环境法的人也应该受到严厉的惩罚。然而在实际生活中，一些破坏环境者并未受到严格的法律制裁，同时也存在着部分法律只重宣传而不重实施过程，导致环境法更不受到大家严格重视，也达不到环境法预期的约束效果。除此之外，环境法也没有严格规定人们不履行保护环境的后果，使得环境法的可操作性更低了。

三是缺乏公众参与。

每个公民都肩负着保护环境的责任，也都应该参与到保护环境中来，公民参与对于环境法的贯彻执行是非常重要的。然而由于诸多因素，立法中的许多措施和制度未把人民群众的意见充分考虑进来，使环境法在一定层面上缺乏广泛性和民主性。环境立法是为了保护人民的合法权益，而缺乏公众参与的环境立法，降低了环境法的可操作性。

（四） 不同立法规定之间缺乏协调配合

只有各种立法规定之间相互配合相互协调，才能在环境保护工作中发挥环境法的最大效用。然而在实际操作过程中，环境法律法规之间却无法实现很好的协调管理。具体表现在以下两个方面：

第一，我国为了能够把环境法律解释得更细致化，导致法律法规以及法律解释条文竟高达一千多条，但是在实践的过程中这些条例却缺乏一定的可操作性。比如，缺乏处理环境问题的统一标准，对于各部门的权责划分不到位等，使得环境法空有其表，缺乏一定的可行性。

第二，我国环境法律规定大多只是单行法，只规范单独领域或事项，导致各条法规之间缺乏一定的综合协调性。部门职责划分不到位、各法律法规缺乏联系性，严重地束缚了我国环境立法的发展。

（五） 法律责任的追究形式过于单一

每个组织和公民都具有起诉和监督违法者的权利。对于违反环境法的违法者，我国不仅追究的法律责任形式过于单一，而且也没有一套完整的环境公益诉讼体系可供人们起诉那些违法者。环境公益诉讼制度赋予我们的是一种法律权利，即在发现环境即将或正被破坏的时候，可以与违法者进行抗争或者向人民法院提起诉讼的法律权利。然而《中华人民共和国民事诉讼法修正案》只给予相应机关和组织该诉讼权利，却未把权利分配到每个公民身上，而且这些相应的机关和组织也并未给出确切名单。这在一定程度上助长了破坏环境的恶势力，不利于维护受害者的正当权益，也给我国生态文明建设带来了不利影响。

（六）环境单行法律还存在立法空白

第一是环境单行法相互独立缺少联系，导致许多法律之间存在一定的冲突或者重复之处，使环境法的执行效果大打折扣；第二是单行法中规定的权利与义务定义模糊不清；第三是需要被制定的法律至今仍存在立法空白。

二、环境保护机制不完善

（一）国土空间开发保护缺乏总体格局的规划蓝图

国土资源作为重要的物质基础和空间载体以及自然环境的主体，要求国土资源管理工作不仅要强化整体意识、责任意识和忧患意识，而且要努力促进其在生态文明建设中发挥先导作用。但我国空间规划体系还不够完善，相关规划缺乏沟通协调、既有各自为政又有互相矛盾等问题，在国土空间安排上缺乏顶层设计，给全国统筹和优化国土空间开发结构、统一国土开发利用带来很大的难度。

（二）生态补偿机制的落实存在巨大阻碍

现在还没有完善的生态补偿定量分析，在这样的背景下制定不同区域生态保护标准会遇到一定困难；生态问题的出现和生态管理的发展速度早已大于生态补偿立法的速度，对于新出现的补偿管理和模式不能及时得到相关的法律支持，使一些具体补偿工作，比如土地利用、自然资源开发等缺乏法律依据；建设生态需要充足的资金，但问题是资金渠道少，所需资金短缺等。

（三）排污权交易制度的实施存在极大困难

一是有关排污权交易的政策和法律滞后。虽然一些省份如山西、河南、江苏等相继制定了一些地方性的排污权交易法规，但中国排污权交易还不成熟完善，还没有制定国家层面上有目的性的法律。

29

二是缺乏完善的市场机制。买卖双方和中介机构是组成排污权交易市场的一部分。但是，当前面临现状却是难以找到有力的制度或法律支持交易顺利进行。深究原因主要还是长期计划经济对市场的影响作用过大，排污权交易对很多人而言相对陌生。

三是排污总量难以确定。经过科学、准确的评估得出一个合理范围内的最大污染物排放允许量，然后再进行排污总量控制，最后再进行排污权交易。但是，这一系列工作，我国还在初步探索中。

四是排污权初始分配尚不合理。排污总量确定之后，应该考虑如何将排污权合理公正分配给不同企业，但是在交易过程中往往会因为多种因素造成排污权初始分配不公平等多种问题。

三、环境管理体制不健全

改革开放以来，经过 30 多年的发展，中国逐步形成了一套多部门分管、多层次决策实施、行政管理主导的资源与生态环境管理体制机制。这些管理体制机制还存在以下几个主要方面的问题：

一是政府职能转变还没有到位。政府对经济管理的职能远远超过保护资源与生态环境的职能。在政府各部门职能配置中，对经济发展具有重大决策权力的综合经济部门所承担的资源与生态环境保护职责不明确，不能有效发挥其综合决策和协调职能。在中央和地方行政决策和执行机制中，各级地方政府主要领导决策权力过大，在资源与生态环境方面难以形成独立监管的体制机制，在很多情况下法律规定的管理职责在资源与生态环境保护机构也很难正常实施。

二是政府和市场的关系不明确。自然资源的公共行政管理职能和资源市场运行管理没有分离，土地、草原、林地、海域、矿产等各种国有自然资源所有权代理的法律规定大于原则，通常原则规定由国务院代理，但实际上分属各级政府特别是地方政府的各资源行政部门管理。各级政府的职能之间存在许多矛盾，如自然资源管理部门不仅履行自然资源行政管理职能，而且可以代行自然资源资产的运行管理职能，还有开发资源和经营管理的职能，以及资源保护和生态建设的职能，明显可以看出其中存在冲突。因此，这种体制最终会造成既没有很好地保障国有自然资源所有者和利用者的资产权益，也没有很好地实现资源与生态环境保护的公共功能。

三是利益相关部门的职能交叉。综合经济部门、自然资源管理部门和环境保护部门在资源与生态环境保护的规划、政策及标准的制定、实施和监督上存在交集。机构重复设置和能力重复建设等问题比较突出，管理权未明确、标准未统

一、缺乏合理有效的协调机制。据中国环境科学研究院 2013 年在全国人大环境
与资源环境保护委员会的报告，在中央政府 53 项生态环境保护职能中，环境保
护部门承担了 40%，其他 9 个部门承担了 60%；在环境保护部门承担的 21 项职
能中，环境保护部门独立承担的占 52%，与其他部门交叉的占 48%，其中比较
突出的表现在水资源保护与污染防治、生物多样性保护与自然保护区管理等领
域。另外，综合经济部门在促进协调经济发展和资源与生态环境保护方面的职责
和作用不明显，包括资源税、环境税等在内的综合性经济制度与政策的制定和调
整进展迟缓。

四是社会基层的资源与生态环境保护治理能力薄弱。目前，县级和乡镇基层
政府资源与生态环境保护的管理能力薄弱，地方政府在一定程度上阻碍法律的执
行，同时公众不能积极有效地投身社会治理的体制安排中，关于基层村镇和社区
的自治体制和机制尚不足。从全国来看，在县乡及基层社区未能形成一套系统、
有效的资源与生态环境保护的治理体系，缺乏一定治理能力。在现有国家、省、
市、县四级政府体系下，不同层级政府之间的职能部门设置基本上层层对应，导
致政府职能部门众多，中间行政、内部行政过多。其中，层级越低，管理对象越
具体，越需要专业管理人才和能力，但实际上层级越低，相应的财政支出和人员
配备越少，管理能力越差。虽然近年来各级政府加强了基层专业执法和技术人员
队伍，加强了专业装备的配备，基层能力建设有很大提升，但很多地区特别是中
西部地区基层管理和执法能力依然非常薄弱，加之这些机构和人员直接受同级政
府领导，很多情况下形成管不好、不愿管和不能管局面，成为执法的主要瓶颈。
另外，现行社会团体管理制度不完善，公众难以有效组建民间公益组织参与资源
与生态环境保护，总体上公众参与水平较低。同时，在一些村镇和城市社区开始
了一些环境保护自治的试点和示范，但由于基层相关的自治组织制度尚未建立，
基层资源与生态环境保护基本上是空白的，极大地削弱了中国县乡及以下地方的
资源与生态环境的国家治理能力。

四、环境保护意识须增强

（一）重经济利益而轻社会效益和生态效益

我国大部分公众在追求人类三个层次的基本利益时，往往只注重追求经济利
益层次而不能考虑到社会效益和生态效益对人的影响。生态文明建设不仅需要政
府的作用更需要的是每个公民能够参与其中实践，因此国民素质的高低直接影响
到制度转轨或创新的进程和质量。此外，从世界人文发展指数中可以看出我国排

名靠后，而世界文盲总数排名我国又靠前，差距非常明显。

（二） 错误的消费观念和奢侈浪费的生活习惯难以转变

近 30 年来，我国经济发展迅速的同时也伴随着环境污染的发生，尽管国民环保意识普遍有所提升，但是错误的消费观念和铺张浪费的习惯依旧没有改变。传统思想扎根于心，长久以来养成了一股形式主义之风，使得国民整体缺乏节约资源和保护环境的意识。此外，大众消费观念扭曲，他们纯粹以商品品牌、价格为消费标准，以奢侈和浪费为荣，这种不健康的消费心理也成功地将我国推上了世界第二大奢侈品消费国的座位。种种现象表明我们需要摈弃以往的消费方式进而寻求一种符合生态伦理的科学的健康的消费方式，我们还需要传承勤俭节约的优秀传统文化，发扬正确的有目的、有节制的消费观念。

提高公众的环境保护意识的有效途径主要有环保知识宣传和思想教育。加强对环境污染危害的宣传力度就是让人们清醒意识到环境破坏不仅关系到每个人的生命健康，而且保护好环境就是保护好子孙后代，告诉人们只有可持续的环境发展才能带给子孙后代幸福，让人们从本质上意识到奢侈浪费的危害以及对环境污染造成的严重后果从而引导人们正确的消费观念。同时，加强对公众生态消费观念的教育培养，在全社会形成一种健康正确的消费文化氛围，在优秀文化的熏陶下重新发扬一种勤俭节约的时代之风，形成以节约资源、保护环境为荣，以奢侈浪费、破坏环境为耻的社会环境保护意识。

第四章

中国生态文明制度建设的现状

第一节 生态文明建设评价与考核制度

一、国内现有的主流评价体系

自 20 世纪 90 年代以来，在为了实现全面建设小康社会的背景下，党的十七大提出建设生态文明新要求，我国学界对此进行了深入研究，并形成了丰富的研究成果，目前主要评价生态文明的指标体系已经形成。其中具有代表性的主要有以下几种：

（一）可持续发展能力评估指标体系

我国可持续发展能力评估指标体系是由中国科学院可持续发展研究组研发而成，主要是从生存、发展、环境、社会和智力 5 个方面来评估各地区可持续发展能力。

（二）生态现代化指数

在经济高速发展的时代，我们应该抛弃以牺牲环境来换取经济发展的做法，持有经济和环境齐头并进发展的态度。生态现代化正是在这样的背景下产生，生态现代化指数包括社会生态化、经济生态化和生态进步三个指数，对应指数包括十项详细指标，这三十个评价指标与十二个政策领域都相关，将指标细化更能估测我国生态现代化水平。

（三）生态文明建设评价指标体系

浙江省、厦门市、贵阳市是较早提出生态文明评价的省市。其中，资源节约、环境友好、制度保障和生态安全四大系统，三十项具体指标组成了厦门市生态文明（城镇）指标体系。生态环境、生态经济、生态文化、基础设施、廉洁高效、民生改善等六个方面，三十三项指标构成了贵阳市生态文明城市指标体系的主体。

（四）生态文明水平

生态文明水平即生态效率，就是指生态资源用于满足人类需求的效率。学者提出生态文明水平等同于利用资源创造地区生产总值的效率，并将"生态文明水平"表示成 GDP/EF 具体表达式。式中评价因素包括地区生产总值和生态足迹，当生态足迹一定时，生态文明水平随着地区生产总值增加而增加；当地区生产总值一定时，生态文明水平随着生态足迹增加而减少。

（五）中国省域生态文明建设评价指标体系

从器物和行为层面，北京林业大学生态文明研究中心的课题组将生态文明建设目标分为 4 个方面，即人与自然的协调、健康安全的环境、充满活力的生态、发达的社会。考虑到不同省域间生态文明建设相互作用的影响，将考察生态文明建设评价的核心考察领域分为：协调程度、环境质量、生态活力、社会发展和转移贡献。最后，选取不同领域可信的具体指标，形成中国省域生态文明建设评价指标体系（ECCI）。

二、评价体系的不足

（一）指标设置及算法选择存在缺陷

指标设置方面，主要面临两个问题：首先是指标过于繁多，存在冗余，不能准确地相同性质的指标剔除，而且会增加统计分析的困难，容易造成对问题评估错误的后果；其次就是缺乏能够体现问题各个方面的指标。算法选择方面，现选用的算法相对简单，发展不够完善，不能严谨准确地对指标进行计算。

（二） 基础数据缺乏全面性

选取好指标后，需要通过利用具体数据将指标量化计算，但是当前的普遍现状是缺乏基础数据，数据的缺乏不仅给指标技术处理带来困难，而且寻找数据的过程中困难也会增大。其次，数据的来源多种多样、数据统计的方法也各不相同，如何将数据进行同一比较都急需解决。此外，有些数据只能通过替代指标或者空缺这类数据，这些问题都会影响评价的全面性和准确性。

（三） 评价单元选择不够合理

评价单位应该体现评价结果的普遍性，但又不能太过空洞和模糊。现有的较多体系评价单位多数为国家或省级行政区域，国家或省份评价范围过于宽泛，随着国家和省份的内部发展差距逐步增大，很明显得出的评价结果不能准确反映实际情况，更不能作为建议去指导实践。国内地方政府在对一些相对较小的区域进行生态文明评价时，由于区域特色明显具有特殊性，因此也难以推广到不同的地区。

（四） 相关的分析有待深入

虽然已经出现较多评价体系和评价指标，但是部分体系目前还是处于理论探讨阶段，能不能够运用在实践活动中还有待检验。此外，评价倾向于关注评价对象的总分及排名先后上，得出的结论不能进一步体现文明发展规律，也不能深入发现生态文明建设驱动因素、机制等。种种问题都有待于继续深入研究。

第二节　国土空间开发保护制度

国土空间开发保护是综合利用各种自然经济和社会资源实现工业化和城镇化的过程，是利用陆地以及陆上陆下自然资源为目的的行为和活动，是城镇化和工业化等经济活动在地理空间上的分布状态。我国广阔的陆地国土和海洋国土，是中华民族生生不息和长久发展的家园。党的十八大和十八届三中全会都把国土空间开发保护制度作为生态文明制度的重要组成部分，高度重视、科学规划、合理布局，通过制度来引导和规范我国国土空间开发、促使国土空间资源的科学、高效利用，已经刻不容缓。

一、新中国成立以来我国国土空间开发格局的演变

我们可以从城市、产业和人口三个方面反映国土空间开发活动的程度，主要发展经历如下，新中国成立初期这些主要集中于沿海地区，在改革开放之时向内地拓展，在 21 世纪之初再次集中在沿海地区，现在主要表现为在全国范围内分散，在特定区域内集中。对于新中国成立以来城市、产业和人口的分布格局如表4 - 1 所示。

表 4 - 1　　　　新中国成立以来城市、产业和人口分布变化

阶段	地区	占全国的比重（%）			特征
		人口	工业	城市	
新中国成立之初	东部	43.0	70.2	50.7	工业和城市在东部沿海地区集中
	中部	33.1	18.1	39.7	
	西部	24.0	11.7	9.6	
改革开放之初	东部	42.2	60.6	38.7	内地工业和城市开始较快发展
	中部	34.8	25.4	38.7	
	西部	23.0	13.9	22.7	
21 世纪之际	东部	42.5	70.1	45.0	工业和城市发展再次向东部地区聚集
	中部	32.9	19.3	34.0	
	西部	24.5	10.5	21.0	
2010 年	东部	44.7	69.1	43.3	人口向东部聚集，工业开始向内地分散
	中部	31.7	19.4	34.5	
	西部	23.5	11.5	22.1	

资料来源：肖金成、申兵：《我国当前国土空间开发格局的现状、问题与政策建议》，载于《经济研究参考》2012 年第 31 期。

二、新时期我国国土空间开发格局的基本特征

从 2000 年以来我国开始实施区域协调发展战略，"城市群为核心、发展轴为引导、政策区为重点、多种开发形态复合叠加"的空间开发模式被采用，国土空

间开发格局逐渐呈现出"三核多极、三轴四区"的多核多轴片区型的发展趋势，如表 4 - 2 和表 4 - 3 所示。

表 4 - 2   我国国土空间开发的主要轴线

轴线	交通基础设施	沿线城市与产业区
沿海轴线	干线铁路近 20 条，主要港口 50 多个，机场 27 个，高速公路 10 多条，完善的城市基础设施，通信干线骨架，强大的电力支持系统。	城市 112 个，大城市以上城市 15 个，14 个开放城市；5 个经济特区，开发区 23 个，高新区 13 个；保税区 13 个，3 个特殊开放地区。
长江轴线	长江黄金水道，重要港口 30 多个，南北向铁路干线 6 条，规划建设沿江铁路，高速公路，机场 8 个，强大的电力支持系统，通信干线骨架。	城市 40 个，大城市以上城市 17 个，9 个沿海开放城市；开发区 8 个，高新区 3 个；保税区 1 个，1 个特殊开放地区。
京广京哈轴线	复线电化铁路，与 5 条东西向铁路交会，高速公路，输油管线，机场 12 个，国家光缆干线，信息高速公路主干线。	城市 50 个，大城市以上城市 15 个，省会城市 8 个；13 个高新区和 7 个经济开发区

资料来源：肖金成、申兵：《我国当前国土空间开发格局的现状、问题与政策建议》，载于《经济研究参考》2012 年第 31 期。

表 4 - 3   我国"十二五"规划对四个地区的发展部署

地区	发展重点	重点区域
西部地区	深入实施西部大开发战略，给予特殊政策支持。加强基础设施建设和生态环境保护，构筑国家生态安全屏障。在资源富集地区建设国家重要能源、战略资源接续地和产业集聚区，发展特色农业、旅游等优势产业。	成渝、广西北部湾、呼包鄂榆、藏中南、黔中、兰州 - 西宁、关中 - 天水、天山北坡、宁夏沿黄、滇中
东北地区	努力构建现代产业体系，深化国有企业改革，迅速调整农业发展方式，重点维护好黑土地、湿地、森林和草原，改变资源枯竭地区发展方式。	沈阳、辽宁沿海、牡绥、长吉图、哈大齐

续表

地区	发展重点	重点区域
中部地区	发展现代产业体系，改善投资环境，提高资源利用效率和循环经济发展水平，加强大江大河大湖综合治理。	太原、皖江、鄱阳湖、中原、武汉、长株潭
东部地区	着力提高科技创新能力，着力培育产业竞争新优势，着力推进体制机制创新，着力增强可持续发展能力。	京津冀、珠江三角洲、长江三角洲、首都经济圈、江苏沿海、河北沿海、浙江舟山群岛、山东半岛、海峡西岸、海南

三、主体功能区战略指引下的国土空间开发格局优化

2010 年，在学习借鉴发达国家国土空间开发的先进经验后，我国出台制定了《全国主体功能区规划》，与此同时，根据《全国主体功能区规划》国家海洋局制定了全国海洋主体功能区规划，规划主要是为了海洋主体功能区战略格局更加完善，海洋资源开发更加合理、海洋经济发展又好又快以及更加有效地保护海洋环境。

作为实现我国国土空间开发和保护的重要的制度举措，《规划》明确提出了构建我国国土空间的"三大战略格局"，"三大战略格局"的形成明显强化了我国生态文明安全性。

考虑不同区域过去、现在及未来的发展情况，对各个不同区域的主体功能进行区别，同时以国家政策为依据全面考虑各种因素，进而形成我国国土空间开发格局，具体如表 4-4 所示。

四、我国国土空间开发格局存在的突出问题

纵观古今，缺少勾勒国土空间开发远景格局的规划蓝图一直是我国的突出问题。我国地大物博，拥有丰富的自然资源和辽阔的国土面积，因此，也存在不同地区差异明显，有些地区拥有独特的区域特色，根据不同的区域特点我们应该以一种"因地制宜""统筹协调""长远部署"方法进行空间开发。

然而，极端弱化和不重视空间开发格局规划由来已久，早在计划经济时代，我国政府在宏观调控和公共管理过程中，不重视人口分布、经济发展分布以及不同类型区域的发展模式。需要警觉的是我国急需国土空间开发的系统长远的规划蓝图。

表 4 - 4　　　　　　　　**国家层面主体功能区规划方案汇总表**

控制指标	国土开发强度（%）	3.48（2008 年）	3.91（2020 年）	其中：城市空间增加到 10.65 万平方公里
主体功能区类型	优先开发区域	3 个	—	面积和人口数待定
	重点开发区域	18 个	—	面积和人口数待定
	限制开发区域 —— 重点生态功能区	25 个	—	386 万平方公里，1.1 亿人
	限制开发区域 —— 农产品主产区	7 区 23 带	黄淮海平原、汾渭平原、东北平原、长江流域、河套灌区、华南、甘肃新疆主产区	面积和人口数待定
	禁止开发区域	1 443 处	319 个自然保护区、40 个世界文化自然遗产、208 个风景名胜区、738 森林公园、138 地质公园	120 万平方公里
	能源 - 矿产资源开发区	5 片 1 带	山西、鄂尔多斯盆地、西南、东北和新疆等 5 片、东中部核电开发带	注：为 4 类主体功能区的补充形式，承担特殊开发功能

资料来源：国务院文件：《全国主体功能区规划》，2010 年。

现象表明，虽然我国在改革开放以来经济得到了迅速发展，但是同时国土开发杂乱、区域发展失衡等问题相继暴露出来并且成为我国持久健康发展的主要难题。不仅如此，这一时期出现一系列以盲目追求 GDP 和城市化率为目标，而严重损害生态环境安全和粮食安全的事件。

但旧问题还没得到根本解决，新问题又陆续出现：（1）规划国土空间开发总体格局的问题仍待解决。从规划体系出发整体规划影响局部规划，如果没有完善的从上而下的合理准确空间规划，那么缺少全国的国土空间开发总体部署，更不用说各个区域的发展定位和空间结构的设计是否能够落实；（2）规划没有长远考虑。如果在 3~4 个"五年计划"中实现了东北老工业基地振兴的主要任务，那么 4 大板块的区域战略可能会过时。如果仅有阶段性的规划而缺乏长远稳健的具有纲领性、法律效应的规划作为指引，就容易造成重视短期效益和忽略长远利益的严重后果；（3）规划划分不合理。另一个新问题就是，同一个地区的土地编制名称有城乡统筹规划、国土规划、区域规划、土地利用规划，表面看名称不同，但实质上相互矛盾和冲突。过去与现在对比，明显可以看出过去是未能规划国土空间而导致开发保护失控，现在是缺乏对国土空间规划协调以致调控无力乃至无序。此外，有些区域规划重视战略或空间形态的构图以致布局规划应有的价值的丧失和布局规划的合理性大打折扣。要想拥有一个完整的规划体系需要形成一个上下层级之间以及不同部门之间良好协调的纵横规划机制，只有保持两者的高度协调一致，才能解决这一系列的问题，而我国的现实离这一点还是有相当大的差距。

第三节　资源有偿使用和生态补偿制度

近年来，尽管生态补偿机制试点已经在我国森林、流域、矿山生态环境恢复等方面开展起来，并且取得了一定成效，但是在这个过程中也存在一定的困难，建立健全生态补偿机制是一项庞大而复杂的工作，不仅时间跨度大，而且所涉及的领域以及人员也错综复杂，这造成了在执行的过程中充满了艰巨又未知的阻碍。因此，在总结试点的经验和不足的基础上，还需努力进一步完善生态补偿机制。

一、我国生态补偿试点情况与成效

（一）森林生态效益补偿

截至 2009 年底，中央财政用于补偿森林资源的各方面资金已累计为 221 亿元。2010 年，中央财政分配的补偿资金达到 74.6 亿元，并从这一年开始对于非天然林资源保护工程项目区的国家级公益林，国有的国家级公益林，平均每亩（年）补助 5 元，集体和个人所有的国家级公益林每亩每年补助 10 元，整体提高了国家级公益林的补助标准。全国纳入中央财政补助范围的公益林已达 10.49 亿亩。同时，其他省份也开展了地方森林生态效益补偿试点。

（二）区域生态补偿

2008 年我国开始对部分国家重点生态功能区进行生态补偿试点工作，如青海三江源区、南水北调中线水源区、部分天然林资源保护区。2009 年我国进行转移支付范围的拓宽，中央财政支配 120 亿元作为转移支付资金。同时，安排了专项资金去进行生态功能区补偿的省份还有辽宁、浙江等。

（三）流域生态补偿

流域生态补偿是通过在经济方面进行补偿从而协调解决流域上下游之间在水量、水质、行洪等方面的利益问题的补偿方法。在利益主体明确的情况下，提供者和受益者容易通过谈判来确定补偿金额。

（四）矿山生态补偿

矿山的开采过程中容易对环境产生负面影响，而矿山生态补偿是对这些可能发生的破坏进行补偿，这是一种对生态环境负外部性的弥补。从 2006 年起，我国逐步建立矿山环境治理和生态恢复责任制度，明确要求在考虑新矿山设计年限或已服役矿山的剩余寿命，以及环境治理和生态恢复所需要的费用等因素情况下，将矿产品的部分销售收入以及环境治理和生态恢复保证金专项用于矿山环境治理和生态恢复。

（五）草原生态补偿

我国总国土面积的 41.7% 为草原面积，草原是我国陆地生态系统的主要组成部分。自 2005 年起，退牧还草工程在云南、四川、新疆、青海、宁夏、甘肃、西藏、内蒙古等省和自治区启动，开展了草场围栏或草场补植的退牧农户会得到一定的资金补助，或者是对草场面积进行饲料粮的补助，在一定意义上也具有生态补偿的性质。2009 年，2 亿元专项资金用于草原生态补偿，开始实施草原生态补偿试点的地区有西藏那曲、阿里等地区，国家对其以草定畜、薪材替代、草原监测等方面进行补偿。

二、我国目前的生态补偿制度存在的主要问题

对保护者支付不足是我国的生态补偿机制不完善的主要表现。生态补偿主要是对生态保护的人、降低生态伤害的人和承担生态损害的人进行补偿。但是实际生活中，不止一种情况出现，有时伴随着几种交叉重叠发生，这样就给补偿带来很大的困难。在西部大开发过程中，政府会对实行退耕还林、退耕还草、退耕还牧的农、牧民给予一定数量的粮食和现金补贴。然而，也有一些方法如以粮代赈，

41

往往只对第二类主体进行补偿以致造成补偿不足的后果。出现这些问题的深层原因主要如下：第一，从政策层面看，相关法律、体制机制还不够完善；第二，从实践层面看，操作难以执行，主要因为环境和生态产品估价没有确定标准，很难进行合理有效的评估，其次是对其补偿的主体和方式以及资金来源相对单一等。

（一）生态补偿法律、体制机制还不够完善

现有的部分法律对生态保护和补偿不到位，在没有完善现有法律的同时，相关生态补偿立法也落后于生态保护和建设的发展。目前，我国还没有《生态补偿法》，对生态补偿的规定只能在不同的法律规范中查找，支撑生态补偿的完整系统法律还有待完善。我国已颁布《森林法》《土地管理法》《矿产资源法》等，这些法律虽然能够对规定的资源开发和利用的税、费问题进行一定的生态补偿，但是没有考虑自然资源固有的生态环境价值。此外，尚未制定有针对性、力度强的与环境保护相关的税收制度，虽然能够找到相关的税收，但这些不是针对生态税原理进行设计的，从而进一步造成了生态补偿资金短缺的局面。

此外，资金来源不具目标性和持续稳定性。持续的生态补偿资金渠道和稳定充足的资金投入是一项生态效益工程发挥作用的有力保障。大规模开展生态环境建设需要大量的建设资金投入，同时，还可能给周边的利益相关者造成一定的经济损失。我国的西部是进行生态建设的重点区域，但同时也是财政薄弱的地方，即使地方承担部分生态建设和生态补偿的成本，实际执行过程还是存在很大的阻碍。为了解决这些困难，非常需要有目标性和持续稳定性的资金来改变这种困境。

现在工程资金的来源主要是政府，如果政府出现财政不足，那么生态工程将面临资金不足而不能开展的局面，正是由于资金来源单一等因素限制了生态工程的顺利进行。这些不确定因素正是我们急需解决的问题，因此，完善相应法律法规势在必行。

（二）操作难以执行

第一，环境和生态产品的估价困难。理论方法运用到实践中存在许多问题，例如，方法假设与实际环境不符合，方法假设过于理想化，而实际中受诸多要素的影响不能真正实现理想状态；通过不同方法所得到的结果差异大，不能在同一水平上进行比较。此外，我国的很多方法是在国外理论的基础上演变而来，其中存在未能本土化的问题，形成的理论和模型尚不够系统完整。

第二，补偿主体和方式相对单一。生态服务具有公共性，目前主要由国家开展实施，这也决定了生态补偿的方式主要是以财政补偿为主，而且主要是财政之

间的纵向转移支付，不同地方之间以及不同社会群体之间的横向转移相对较少，这样相对单一的补偿主体和方式定会产生受益者支付不足等问题。不同地域和不同人群生态需求不同，考虑到生态补偿的公平性，更需要调动不同主体的力量，寻求多样化的补偿方式来完善生态补偿机制。

第三，补偿资金来源单一。国际上补偿资金的途径丰富多样，包括直接受益地区的企业、民间团体、个人的支持以及国家安排的专项款等。但是在我国补偿资金来源却全部来自中央财政纵向转移支付方式，并没有相关机制规定与生态补偿经济密切的企业、团体或者个人进行支付。

第四节　排污权交易制度

一、我国排污权交易的历史和现状

排污权交易最早是在 20 世纪 70 年代由美国开始实施，其作用主要是一种重要的环境管理市场化手段，在实践中发挥一定的作用。我国从 80 年代中期开始开展了排污权交易试点工作的有浙江、江苏、湖南等 19 个省市，其他省市也在积极准备。但在多年的试点实践中，大多数试点地区企业间的交易主要是由政府牵线搭桥完成的，交易数目非常少，能够独自完成的交易更是微乎其微，排污权交易面临"试点地区多、企业交易少"的问题。

从 2002 年至 2011 年 11 月，在这几年间发生在企业间的全国排污权交易笔数总计为 2 998 笔，包括一级和二级市场。交易排名第一的是浙江，共计 1 274 笔；其次，总共有 1 000 笔交易发生在安徽蚌埠市；最后发生相对较少的是重庆市，总交易 111 笔。具体如表 4 - 5 所示。

表 4 - 5　　　　　　　　我国各省市排污权交易试点情况

试点省市	实施时间	交易笔数
江苏	2002 年 10 月	178
广东	2007 年 2 月	0
山东	2007 年 11 月	2
内蒙古	2008 年 1 月	1

续表

试点省市	实施时间	交易笔数
安徽	2008 年 1 月	1 000
天津	2008 年 9 月	2
湖北	2008 年 10 月	4
上海（浦东）	2009 年 4 月	0
云南	2009 年 8 月	0
黑龙江	2009 年 9 月	1
河南	2009 年 11 月	413
辽宁（沈阳）	2009 年 12 月	0
陕西	2010 年 5 月	5
浙江	2010 年 7 月	1 274
北京	2010 年 8 月	1
重庆	2010 年 8 月	111
湖南	2010 年 11 月	4
河北	2011 年 5 月	2
山西	2011 年 9 月	1

资料来源：朱皓云、陈旭：《我国排污权交易企业参与现状与对策研究》，载于《中国软科学》2012 年第 6 期。

我国企业层面的排污权交易污染源为二氧化硫和 COD（化学需氧量）。其中从实施排污权交易以来，关于二氧化硫的累计交易数量为 5.23 万吨，关于 COD 的累计交易数量为 0.36 万吨，总计为 5.59 万吨。我国试点地区排污权交易数量具体如表 4－6 所示。

表 4－6　　　　　　**我国试点地区排污权交易数量详情**　　　单位：吨

试点省市	二氧化硫	COD	合计
江苏	3 500	817	4 317
广东*	0	0	0
山东	128	40	168
内蒙古	1 356.2	66.92	1 423.12
安徽	—	—	不详
天津	393	0	393

试点省市	二氧化硫	COD	合计
湖北	2 325.88	346.27	2 672.15
上海（浦东）*	0	0	0
云南*	0	0	0
黑龙江	65.76	0	65.76
河南	900	0	900
辽宁（沈阳）*	0	0	0
陕西	15 217.97	0	15 217.97
浙江（嘉兴、杭州）	2 502.7	1 633.5	4 136.2
北京*	50	0	50
重庆	1 603	546	2 149
湖南	8 390	117	8 507
河北	1 898.4	0	1 898.4
山西	14 000	0	14 000

注：*表示该地区还没有交易，或者没有任何数据来源；**表示该地区的污染源交易金额没有依照污染源划分。

资料来源：朱皓云、陈旭：《我国排污权交易企业参与现状与对策研究》，载于《中国软科学》2012年第6期。

从交易金额来看，截止到2011年11月，全国企业之间排污权累计交易金额总计为62 577.13万元，如表4-7所示。

表4-7　　　　　　　　我国试点地区排污权交易金额详情　　　　　单位：万元

试点省市	二氧化硫	COD 交易	合计
江苏	125.6	1 756.7	1 882.3
广东*	0	0	0
山东（潍坊）	23.04	40	63.04
内蒙古**	—	—	1 948
安徽**	—	—	20 000
天津	1 080.5	0	1 080.5
湖北	928.03	304.37	1 232.4
上海（浦东）*	0	0	0
云南*	0	0	0

续表

试点省市	二氧化硫	COD 交易	合计
黑龙江	92	0	92
河南	8 935	0	8 935
辽宁（沈阳）*	0	0	0
陕西	8 829.02	0	8 829.02
浙江（嘉兴、杭州）**	—	—	29 200
北京*	15	0	15
重庆	1 061.42	622.07	1 683.49
湖南**	—	—	2 422
河北	398.38	0	398.38
山西	4 796	0	4 796
总计	—	—	62 577.13

注：* 表示该地区还没有交易或者没有任何数据来源；** 表示该地区的污染源交易金额没有依照污染源划分。

资料来源：朱皓云、陈旭：《我国排污权交易企业参与现状与对策研究》，载于《中国软科学》2012 年第 6 期。

二、我国排污权交易制度存在的主要问题

（一）政府尚未树立整体环保观念

我国受计划经济的长期影响，对经济发展的考核指标始终是以 GDP 为中心，追求 GDP 高增长的观念根深蒂固，很难改变，也就造成排污量大幅增加，忽视了经济发展对环境的影响。此外，我国很多排污企业不能详细了解排污权交易政策，调研浙江排污权交易情况时，结果表明了解排污政策的管理人员只占 30%。因此，政府应该努力树立环保观念。

（二）政策法规制定不完善

根据实际情况，不同地区关于排污权的政策法规不尽相同，少数地域带有地方特色，这就造成不同地区相关法律适用范围差异大的问题。此外，在多数试点区目前还是缺乏可执行的细则以及系统有效的管理方法。

（三） 排污权交易支撑技术基础较弱

进行排污权交易要求对排污有高超的监测技术能力，而我国技术起步较晚，发展较缓，因此排污监测技术能力相对薄弱。主要体现在如下三个方面：一是环境检测技术落后。我国排污总量大，形式复杂多样，影响因素多，作弊手段多样等，解决这些困难需要强有力的检测技术，而这些技术正是我国急需加强努力的研究方向。二是决策信息缺乏。实践过程中，对排污权交易相关的信息、数据非常匮乏，这给学者研究带来了重重阻碍，最终造成政府难以决策指导的局面。三是监督管理乏力。环保部门不能对违规污染物排放进行有效监管，而要完善监督管理需要投入大量的资金，同时在运营过程中需要消耗大量的人力和财力，此外，还存在较多社会监管司法介入缺失的现象，种种现象都让企业为了追求经济目标而钻了法律的空子。

（四） 排污权交易总量控制难以落实

从排污权交易来看，我国总量控制政策存在两方面的问题，一是目标可预期性差，任务分解不明确。地方政府对各地总量控制任务的分配存在对象不明确、责任界限模糊和相互推卸的现象，这就导致排污企业难以规划未来较长时期内的减排总量；二是总量控制和排污权交易不能协调。排污权交易需在总量控制的前提下进行，但我国大部分交易总量没有在政策规定下执行，存在严重脱节的现象。

（五） 排污权初始指标分配不合理

我国排污初始指标分配不合理主要表现在两个方面：一是排污指标的分配方式落后。实施排污初始指标有偿发放的方式并做出了相应的立法规定的省份有湖北、湖南、江苏、浙江，但大多数省市仍无偿发放排污许可证，也没有明确立法规定分配方式。二是定价形式不多，价格不一。目前我国各地对于排污权定价模式较为单一，大多数地区以现有的污染治理成本作为定价依据，通过平均或加权获得最终的价格，没有分析不同管理和决策模式，不能起到促进企业发展的作用。

（六） 排污权交易平台市场化程度低

我国排污权交易的平台包括现有的产权交易所、能源期货交易所或证券交易所等平台和设立专门的交易机构。前者具有代表性的是浙江杭州市，其排污权交易在产权交易所开展。这两类交易平台需要政府的支持，甚至本身就是政府的事业单位或者直接投资和控股的，不足之处是针对性和专业性不足，以及缺少市场化运作的机制基础，同时伴随着较高的交易成本。

（七）我国排污权交易市场定价受政府干预过多

我国是以"市场为主，政府为辅"的市场经济体制，但在大多数地区排污权交易政府参与过多，政府会进行价格指导，在这种情况下，企业不愿主动积极参与到市场中来。在政府的参与下，南京下关电厂与江苏太仓港环保发电有限公司的排污权交易成交价每吨一千元，而它们的治污成本为每吨一千六百元，如此一来下关电厂会出现亏损，这显然不合理，但不合理的交易却能够达成。在多方的干预下，市场难以按照正常规律运行，也将导致交易价格不能准确预测，从而导致企业缺乏进入排污权交易市场的积极性。

第五节　生态环境保护责任追究制度

生态环境保护责任追究制度，是指对不考虑生态环境或不保护及严重破坏生态环境的行为进行责任追究的制度。目前，对生态环境保护实际需求而言，我国生态环境保护责任追究制度仍然存在较多不足之处。为了更好更快地建设我国生态文明，首先需要建设环境监管制度，在监管完善的情况下实行环境保护责任追究制度才能有效落实责任，通过两种制度的有效结合进一步完善生态环境保护责任追究制度，我国环境领域长期存在的违法成本低、守法成本高等问题才能得到有效解决。

一、我国生态环境保护责任追究制度的重点

生态环境保护责任追究制度的关键是对各级政府建立生态环境保护的约束性规范。首先要将环境保护指标纳入政府领导考核内容，确保环保目标责任追究制度的执行。同时，对于具体的单位，还需要规定主要污染物排放总量控制指标和其他重要指标，这些都要求健全以下几个方面的制度：

首先，环境保护直接影响干部的选拔和重用。区域发展是经济和生态环境的共同发展，应该抛弃以牺牲环境而盲目发展经济的旧观念，树立发展生态环境的新目标。因此，将环保纳入政府官员工作的考量能够有效地完善生态文明制度。

其次，对造成严重后果的官员不仅要实施行政处分，更重要的是依法追究其

法律责任，严格用法律规范各地人员的行为，用法律保护环境和治理污染是最有力的手段。

最后，地方官员离任执行生态审计制度。干部的选拔和重用直接受环境保护的影响，特别是对于离任官员更应该对其进行生态环境保护考察，考核他们在任期间是否以牺牲环境换取经济利益。生态审计制度将生态保护与官员的自身利益结合起来，强制地方政府领导在任期间进行生态建设，能够有利于当地经济、环境的全面协调发展。

二、我国目前生态环境保护责任追究制度存在的主要问题

（一）立法滞后

一是法律不完整，不够权威。我国尚未形成系统、完整的生态环境保护责任追究制度，有关的法律规定只是零散分布在环境基本法和一些单行环境法规中。

二是法律规定不统一。目前，我国生态环境保护责任追究制度的法律规定主要是地方政府规章，而且缺乏统一性和严肃性。

三是法律规定难以操作。在现有的关于生态环境保护责任追究的法律规范性文件中，大部分只是原则规定而没有详细具体可操作的规范。此外，不能因地制宜，缺少可以根据实际情况实行的切实政府规章。

（二）问责对象模糊

一是问责对象范围模糊。追究法律责任时应该具体到个人、部门，而不应该对问责对象的界定模糊不清，如果做不到用具体可操作的法律实施在具体问责对象上，则会出现问责对象模糊、法律不能有效实施的现象，实际操作过程往往也难以做到客观、公正、严谨。

二是职责权限模糊。长久以来，严重的职能交叉、职责权限模糊一直是我国各级行政机关之间、不同行政部门之间的弊病，较为明显的是没有合理安排科学的岗位，不同的岗位之间判定责任不够清楚，一直存在一些拥有权力却不能承担对应的责任或者是承担责任却没有权力的现象，这些都造成了问责操作难度大的局面。

（三）问责体系不完善

现在我国已经规定了一些问责的责任形式，能够在部分有关生态环境保护责

任追究的法律法规中查询到，但是实际生活中，还是出现各种各样的问题，具体有如下几种：

一是避重就轻，以道德责任代替法律责任。体系的不完善容易造成这种现象，对待不同责任的人，没有处以轻重不同的惩罚，基本是以引咎辞职解决事情，从而让许多本应该承担更大责任甚至刑事处罚的人逃避了责任，以至于难以真正实现环境问责。

二是以行政责任代替刑事责任。我国在判定责任归属时存在很多弊端，如政府在追究公务员行政违法责任时，往往用程度不同的行政处分掩盖刑事处罚。

三是用行政处分或刑事处罚代替经济责任。普遍现象是问责机关只是对犯法的人员处以行政处分，或移交司法机关进行刑事制裁，但实际不仅应该这样，还应该对其进行经济处罚，这样更能遏制违法行为的发生。

（四）问责程序不健全

当代法治的核心问题是程序问题，程序机制公正透明能够提高法律行为的公正性，更能够保证问责结果的公正。公正的结果既维护了公共利益和官员的利益，又能从内心激励官员提高工作水平和工作效率。环境责任问责制的问责主体、问责对象、问责内容等实体性内容在《环境保护违法违纪行为处分暂行规定》中有规范性的规定，但是却未规定程序规范。学术界对环境责任问责的程序问题也研究甚少，我国政府接下来应该确立程序原则，制定规范程序、健全问责制度。

第六节 环境损害赔偿制度

"环境损害"是指人类污染或者破坏公共环境资源的行为，这些行为不仅对自然的生态利益造成损害，甚至影响生态系统结构或功能从而造成实际损害的结果，主要表现是区域性环境质量下降或生态功能退化。法律上将责任者的补偿制度称为环境侵权损害赔偿制度，其实质是指通过否定评价责任者污染或破坏环境的行为，进一步达到加强人们保护环境的意识的目的，这个制度警告人们不能跨越法律这条红线，一旦跨越将会受到应有的赔偿惩罚。

一、我国目前环境损害赔偿制度的现状

目前，我国环境侵权损害赔偿制度包括两方面的内容：一是传统的环境侵权制度，即特定受害人对已经造成或者可能造成环境污染或破坏的行为人要求赔偿。其中《物权法》《侵权责任法》《环境保护法》以及《民事诉讼法》等系列法律都有对应规定。二是现代的环境侵权损害赔偿制度，即"环境公益诉讼"制度。公益诉讼制度最早出现在 2012 年修订的《民事诉讼法》中，这奠定了全面制定环境公益诉讼制度的基础。

二、我国目前环境损害赔偿制度存在的困难

一是立法理念滞后。从总体来看，我国现行环境立法没有将可持续发展作为指导理念，忽略了环境资源价值公益性以及不注重环境侵权责任社会化的特征。

二是环境立法体系不够合理。虽然我国对遏制环境污染做出过努力并颁布了一些法律，如《民法通则》《侵权责任法》相继规定如何对环境污染损害做出赔偿。问题是这些法律属于私法，对污染环境而造成社会公共利益损害的赔偿问题不能合理解决。同时，在环境污染损害赔偿相关的立法不完善的情况下，又缺少赔偿生态破坏的立法，没有法律的支持难以找到损失的救济依据。

三是现行立法的评估和赔偿内容缺乏。我国对环境诉讼的特殊程序问题规定相对较少，虽然 2012 年修改的《民事诉讼法》对公益诉讼问题有所规定，但在操作过程中难以落实，立法的评估和赔偿内容缺乏，造成污染受害者到法院起诉遭受阻碍的局面。

四是环境损害赔偿制度相关理论缺乏。我国在关于建设生态文明和损害环境赔偿的理论研究还不完善成熟，对一些实际问题还缺乏相当一部分有力的理论支持。如何理解环境损害？如何确定加害主体和受害主体？如何修复破坏了的自然界？谁来修复？跨国跨区域的环境损害如何赔偿？环境安全和公共环境资源受到破坏，如何追责？除此之外，还面临更多的问题，假若没有理论判定和支撑，健全环境损害赔偿制度将面临很大的困难。

五是法制还不完备。环境损害赔偿的程序、范围、原则、资金来源、数额的评估等许多问题需要权威法律规定认定。因此，当务之急也是完善法制，加强对责任的认定，从根本上解决一系列面临的问题。

第七节 生态文明文化教育制度

发展的可持续问题，始终摆在人类面前。每个人都与和发展相关联，要如何发展是我们人人需要解决的问题，我们要努力朝着发展目标前进，积极号召更多人参与进来，这也是生态文明宣传制度建设的必要性。

一、我国目前生态文明文化教育制度相关实践取得的经验

（一）湖南省两型社会文化教育制度的经验

湖南两型社会带动社会各方面力量积极创建了一个传播两型理念、塑造两型文化、扩大公众参与的载体。

一是以多样的创建类型发动群众。两型创建渗透到各个领域，由城区延伸到了农村，由机关延伸到了学校，由单个企业扩大到了园区，由家庭拓展到了社区、门店，覆盖到全社会的各行各业人群，引导公众自觉从身边点滴做起。

二是以丰富的主题活动贴近群众。举办两型社区节暨两型示范家庭评选活动，家庭代表向全省发出创建两型家庭的倡议。举办两型知识竞赛，全省 25 万人参赛。与团省委、环保组织等联合举办"争当两型小先锋"、"跟随大雁去迁徙"及护鸟营、守望湘江等两型公益活动，1 000 多万青少年踊跃参与。

三是以生动的宣教影响群众。利用媒体资源，将集中宣传和典型宣传为重点，并辅之以其他宣传。在《湖南日报》、绿网等开辟专栏，介绍典型项目、单位。开展科学发展成就辉煌——走进长株潭试验区、文艺家和作家采风等多项活动，从"两代表一委员"、老干部、工人、农民、普通市民、文艺家等视角关注和感受创建典型。课题组与教育厅联合下发中小学两型教育纲要，为长沙市的中小学编写了 30 套两型校本教材。组织现场观摩交流会、两型培训 100 多次，受众 10 000 多人次。在两型农村创建单位，那些无所事事、打牌赌钱的人很少，更多的是搞好环境卫生。创建营造了比、学、赶、帮、超的氛围，两型理念入脑入心，在社会组织得到引导发展的同时，传播着生态文明的正能量。

（二）高校低碳文化教育宣传活动的经验

一是培养健康环保绿色的观念，实现绿色低碳的生活方式。在国家政策的号

召下，我国不同级别的部门主要以发展"低碳战略"为目标，在全国范围内通过培养大学生拥有低碳环保绿色的生活观念，然后将低碳观念内化于心，从而从本质上注重环保，通过大学生带动，在全社会营造一种良好的环保氛围。

二是创建低碳环保专业。低碳、环保在 2010 年两会召开后成为流行词，受到社会各界人士的关注与研究，逐渐成为学生关注的专业之一。专业化的环保教育符合满足社会的需求，同时也为国家培养了一批专注环保研究，解决环保问题的高素质人才。

三是加强低碳环保项目研究。举例说明，由世界资源研究所发起的 BELL 可持续发展项目，这个项目主要包括：提供教材、案例和各种教学资料；改变课程的内容与形式，在这方面进行创新，同时，提高老师们对环境知识课程的教学能力；促进教学老师的沟通交流，形成密切的工作网络。到现在为止，这个成功的项目模式还在被很多学校效仿，其中我们耳熟能详的有北京大学、清华大学以及北京师范大学等，共 25 所高校相继开展了培训班。对低碳环保方面课题的研究，有利于建立一个区域内政府、公众、高校环保 NGO 及高校联盟间环境信息交流模式，有利于培养环保方面的创新人才。

四是设立低碳教育研究中心。为了促进低碳教育发展，成立教育研究中心非常有必要，这些年来我国也相继建立多个低碳教育研究中心，让人印象深刻的主要有：2008 年，清华大学建成的低碳经济研究所；2009 年，清华大学组织成立的"清华大学—剑桥大学—麻省理工学院低碳能源发展联盟"（简称"三校联盟"）；2010 年 2 月，海南大学建成的海南省低碳经济政策与产业技术研究所以及 2010 年 4 月在北京交通大学成立的低碳研究与教育中心。

二、我国目前生态文明文化教育制度存在的问题

（一）公众的生态文明意识不够

中国环境文化促进会进行过一项调查，通过对公众的生态文明意识测评得到的结果如下：一方面，86% 的公众觉得生态环境污染严重影响人们的健康；另一方面，公众的生态文明意识总体得分为 57.05 分，生态文明行为得分为 55.17 分，两者都低于及格分数。量化的数据能够形象表明我国生态文明意识还有待提升。

（二）生态文明 NGO 数量少、质量差

到目前为止，我国生态文明非政府组织尽管有所发展，但其数量规模仍没有

达到饱和状态。在市民社会发育不完整、缺乏民主传统的情况下，更需要生态文明非政府组织在规模上达到国家权力潜意识的"标准"。

目前，我国生态文明非政府组织不但数量少，在质量方面也不高。我国的一些生态文明非政府组织存在着管理混乱、工作效率低、时效性差等诸多问题。在社会公信度方面，由于我国生态文明非政府组织存在募集资金渠道的匮乏、财务上的透明度低、服务方式认可度低、服务效果难以立竿见影等问题，因而导致了社会公信力的缺乏。得不到公众和社会的信任，我国生态文明非政府组织也不可能成为联系公众、监督国家环境行为的力量。此外，我国生态文明非政府组织也存在独立性的问题，这些都影响了生态文明非政府组织的"质量"，成为制约其作用发挥的重要因素。

（三）缺乏高效的生态文明宣传教育绩效评估考核体系

虽然现在大家意识到生态文明宣传教育的重要性，并且开展相关工作，但是对宣传的力度和大小却没有具体的评估方法，因而不能分析得出何种方式最为成效。只有通过标准方法测量才能确定宣传成效，而不是在形式上下功夫。现在存在很多现象是表面可观，内容却不能让人接受。因此，我们应该将工作绩效评估指标体系作为重点研究对象，并建立高效的生态文明宣传教育绩效评估体系和生态文明意识评价体系，从而为生态文明宣传教育的有效实施提供充足有力的保障，为促进生态文明宣传教育工作科学管理、准确评估和稳健发展奠定基础。

第二篇

部分国家和地区生态文明制度建设的状况与经验

第五章

美国生态文明制度建设的状况与经验

第一节　美国生态文明制度建设的历史与现状

　　美国的环境保护历史早在 19 世纪就已经开始，那时的美洲大陆物产富饶，资源丰富，殖民者为了生产的发展，肆意破坏各种自然资源，例如，土地、森林等，在很大程度上损害了生态环境。此时绝大多数的美国人很少注意到生态环境的破坏所带来的危害，真正担忧这种环境改变的是一些知识素养较高的富有者。

　　19 世纪末到 20 世纪中叶，美国从农业国家成为工业国家，从乡村国家成为城市化的国家。但随之而来的是环境状况（这里包括自然资源环境和城市环境）的更加恶化。这一时期的环境问题是全面而深刻的，已经威胁到了人的生存，成为大多数人不可回避的现实问题。联邦政府、知识分子和普通民众开始在不同层次为环境保护做贡献。

　　第二次世界大战结束后至 20 世纪 60 年代期间，美国已成为世界上最大的污染源之一。随着逐渐扩大的美国中产阶级群体以及人民生活水平和教育质量的提高，人们寻找一个健康的生活环境的呼声开始变得空前高涨，各种运动层出不穷。这些都为环境保护提供了一个广阔的社会背景。这场运动的标志事件是 1962 年蕾切尔·卡逊出版《寂静的春天》一书，其主题是污染整治以及综合防治，最先的发起者是生态学家以及知识界的人士，随后美国公民和政府参与其中，进而将此次运动推向高潮。

自 20 世纪 80 年代以来，美国公民的环保意识逐渐形成，环保的主要理念是可持续发展。特别是最近几年，美国国内不仅以奥巴马为总统的联邦政府采取绿色新政，各州也纷纷出台节能减排、环保低碳方面的新措施，环境保护呈现出蓬勃发展之势。但是若从更深层次来看，环境保护在美国的发展面临着环保组织中不同人士观点不一，从而减弱了环保力量等很多困难；反环境运动势力壮大，给环境政策造成的影响不可忽视；利益集团与环境保护之间的博弈更加激烈，联邦政府在出台政策时，考虑更多的是工商业界的经济利益，必要的时候不得不牺牲环境。由此看来只要"帝国主义"还存在，美国的政治就不可能真正变"绿"，环境保护就不可能受到社会各个阶层的欢迎，美国的环境保护任重而道远。

第二节　美国生态文明制度建设的实践措施

一、综合运用多种环境经济政策

为了保护环境，美国采用了环境税、排污收费、排污权交易等环境经济政策。

《露天矿矿区土地管理及复垦条例》于 1977 年在美国被通过实行。复垦抵押金制度在矿区得以实行，根据条例的内容，如果复垦不能按时完成，则其押金将会资助第三方的复垦计划；为了恢复复垦老矿区的土地以便得以复垦，要求进行采矿的企业每采一吨煤就要上交一定的基金。

正是因为环境经济政策的实行，美国的二氧化硫减排效果得以迅速提升，其主要归功于排污权交易在美国领先于其他国家的实施。

"生态补偿"在美国是一种环保的选择。政府在流域的生态补偿上投入大量资金，流域上游地区对环境做贡献的居民将得到下游受益地区居民及政府的货币补偿。美国政府运用竞标机制以及责任主体自愿的方式，在不同责任主体与政府的博弈分析后，有效化解了诸多潜在的矛盾及问题，最终确定了与各地自然和经济条件相匹配的租金率。

《2005 能源政策法案》由布什总统签署，其实施目的是为了减少美国在石油方面对其他国家的依赖从而实现多样化的能源提供。

二、建立民间资源环保组织和非政府环保组织

全国野生动物联盟，成立于 1936 年，致力于保护鱼类、野生生物以及其他自然资源和环境保护。1943 年成立的水土保持协会，以促进土壤、水及相关自然资源的保护与合理开发为主旨，倡导进行更广泛的自然资源保护。这些资源环保组织的建立，极大地吸引着普通民众参与自然资源与环境保护活动，增强了民众对资源环境保护的意识。

20 世纪六七十年代，非政府环保组织纷纷建立，既是适应环境保护的潮流，同时也构成了环保大潮的组成部分，它们推动了环保大潮向纵深发展。非洲及世界野生动物基金会于 1961 年正式建立；1969 年成立了以保护、恢复和合理利用环境的地球之友；开展全球环境分析的世界研究所在 1974 年由布朗建立；1979 年米苏拉创立了"保护地球母亲绝不妥协"的地球优先组织等。这些组织虽然都有自己独特的视角和关注的重点，但共同点是关注生态环境危机，而且这一时期的环保组织在目标制定上超越了以往只关注美国自己的生态环境问题，而发展为用世界的眼光全局性地考虑环境保护。有越来越多的成员，包括生态学者、专业技术人员、律师、社会学者等人士参加到环境保护的潮流当中。随着环保组织内部的体制和组织结构日趋完善，这使得各个组织之间对在环境保护问题上采取一致行动有了可能，最有代表性的例子就是以荒野协会和塞拉俱乐部为中心，团结其他的环保组织，在它们的共同努力下，在 1964 年使《荒野保护法案》在美国国会得以通过，并在 1965 年否定了筑坝于公园和大峡谷的建议。这两项举动具有历史性的意义，同时也把战后美国的自然保护运动推向高潮。

三、出台《国家环境政策法》，建立联邦环境保护机构

在美国环境保护历史上，在环保运动潮起的年代，有两项最具建设性的举措——《国家环境政策法》的颁布以及联邦环保机构的建立，它们是美国环境政策的基本轮廓，直至今天仍然发挥着举足轻重的作用。

《国家环境政策法》在 1969 年以多数人的支持在国会得以通过，并由尼克松总统于 1970 年 1 月 1 日签署实施。此项法规凭借其立法创新奠定了美国环境法制建设的基础，与其他通过的以单项环境治理为目标的法规有所不同。同时，此项法规还是一部使环保成为联邦政府新职责并将其体系化的一部从宏观来整顿国家基本政策的法律法规。

环保局于 1970 年 12 月正式开始工作，由参议院核准、总统任命局长以及副

局长各一名。环保局对总统负有直接责任，其主要机构包括设立在哥伦比亚地区的总局和设立于美国不同地区的办公室及实验室。规定国家环境政策、监督地区环保局工作和实验室工作以及向国会申请预算资金等由总局负责；地区环保局则核实各州环保项目进展情况，地区实验室从事研究测评工作，为实施项目进行评估。在第一任局长威廉·拉克尔肖斯（William Ruckelshaus）的带领下，环保局开展了一场轰轰烈烈的反污染斗争，由于它是联邦政府一个强有力的行动机构，对造成污染的私人资本有环境执法处罚权，并且和民间自发地反对污染活动有所不同，因此在20世纪70年代兴起了一次环保运动的新高潮。

四、完善环境立法和司法程序

在环境恶化的现实危机面前和环保运动的推动下，美国政府运用立法和司法手段，制定并通过了一批在美国环境保护历史上举足轻重的法律，自此环保工作被纳入到法制化轨道。

20世纪六七十年代，联邦政府制定并通过了《多重利用与可持续生产法》《荒野保护法案》等方案来继续保护自然资源。除此之外，联邦政府开始把治理空气污染、水污染和化学污染作为环境保护工作的重心，先后对清洁空气、水质、化学杀虫剂和固体废物等予以立法。1965年修订通过的《水质法》首次宣布要建立一项以预防、控制和降低水污染的国家政策，这标志着美国环境政策正由地方性的行为上升到国家立法的层次上，体现了污染控制的国家化趋势。《联邦水污染控制法修正案》是1972年10月18日由国会通过的且经过近3年协商的一部著名法律，这部法律的通过是美国水污染控制进入一个新阶段的标志。该法案提出至1983年水质要实现可以游泳和养鱼的过渡目标。为实现上述目标，联邦政府予以重金资助，先后大量兴建城市公共污水处理工程，对工业废水的处理也提出了严格要求，与此同时，国家污物消除排放系统以及排放许可证制度得以建立和实施。

第三节　美国生态文明制度建设的经验总结

一、政府在环境保护问题上应该发挥主导作用

环境作为"公共物品"，单纯依赖市场解决其外部性和信息性的不足有些不

切实际，需要政府的参加并进行干预。从美国生态环境保护历史来看，在每一个环境保护进程中，无不体现着政府的身影，作为最高行政长官的美国总统在环境保护中起着至关重要的作用。

二、环境政策需要兼顾社会多元主体的利益和需求

制定环境政策是一个非常复杂的过程，因为要考虑诸多方面的利益需求。环境政策的制定者既包括总统、政府行政部门、国会和联邦法院等，同时还包括地方州一级的地方机构；政府、企业以及个人等都是环境政策制约的对象；环境政策的压力集团包括主流、激进和基层环保组织及环保主义者等。因此，环境政策在制定出台时要综合考虑上述各个不同主体的利益、主张和要求。

三、环境政策需要大众参与

环境政策需要大众参与，因为环境政策所要保护的是公共利益，如果公众缺乏参与，政府机构或国会议员极易为特殊利益所俘虏。《环境信息公开办法（试行）》于 2008 年 5 月正式实行，它明确提出要提高公众的参与度。公众参与环境保护是环境政治民主化的一种实现途径，公众参与不仅有利于加强公众对政府机构的监督，防止环境政策的倒退和逆转，而且有助于兼顾社会不同群体或阶层的环境权益。

四、环境政策需要不断创新

环境政策从经济学角度来看，其本身具有稀缺性，实现环境保护制度的供需平衡的条件之一就是需要环境政策的不断创新。出于环境保护的制度需要，环境政策创新显得十分必要。在政策上保持创新力的必要性在于环境与经济的关系角度方面上，需要打破经济增长—环境破坏—保护环境—经济停滞的怪圈，从而实现可持续发展。大致来说，直到 20 世纪 90 年代，美国在环境政策创新方面一直走在世界前列，它的许多制度为其他国家所效仿（最典型的是成立国家环保局、实行环境影响评估制度）。正是因为美国环境政策的创新，才保证了制度的提供，对美国乃至世界的环保事业做出了不可磨灭的贡献。

五、在加大环保投入的同时加强环境法制建设

美国在发展的过程中经历了破坏环境、污染环境、保护环境、治理环境的过程。联邦政府在加大环境保护投入的同时不断地加强环境法制建设，在早期环境遭到破坏的时期，联邦只制定有很少的相关法律，并且这些法律约束效果不佳，到了近代，联邦法规和地方法规通过法律所赋予的技术、经济等手段对一些污染企业进行约束，取得了不错的效果；20 世纪 70 年代以来，《国家环境政策法》的通过实施构建了以联邦为主导的完整的现代环境政策体系，在环境保护中发挥了重要的作用。这一过程在美国环境保护中水污染的治理上可以很好地体现出来。

第六章

日本生态文明制度建设的状况与经验

第一节　日本生态文明制度建设的历史与现状

　　1945 年后，为重振国内经济，日本遵循"产值第一主义"政策，盲目谋求经济增长，不惜忽略环境保护甚至肆意破坏环境。经济发展在一定程度上提高了日本人民的生活水平，但与之相悖的是由于对公害问题严重性的估计不足导致生态环境遭到日渐严重的破坏。

　　1970 年左右，日本在重化学领域实现了全面工业化，这种以重工业和重化学为核心的产业结构进一步催生了能源结构的调整。日本国内的主要燃料从煤炭向石油转变，直至 1960 年末流体能源全面取代固体能源。因此，随着产业结构和能源结构的转变，日本面临着日益严重的公害问题和环境破坏问题。

　　另一个因素是城市化和劳动密集工业的发展产生了超过环境自净能力的污染物。作为城市人口密度极高的国家，日本城市的汽车保有量也非常巨大。这种庞大的汽车需求引发了诸如噪音污染、震动、光化学污染等公害问题。同样的污染问题也来源于太平洋沿岸呈带状分布的密集工业带。

　　早在 20 世纪 50 年代末，日本政府便制定了一系列保护水质和空气质量的法律，比如《水质综合法》《工场排水法》《烟煤控制法》，但是由于奉行"产值第一主义"政策并没有被严格执行。因此，在六七十年代，急剧增长的经济和对环境问题的忽视积累了严重而尖锐的社会矛盾，日本民众通过大量反公害运动向政府施加压力，迫使其出台法律以控制公害。

20 世纪 70 年代，环境问题在全球范围内得到了高度重视，日本政府也开始了大规模环境立法。这段时期的大规模立法完善了单行环境法律，并更进一步地形成了两个综合性基本法，分别为对环境保护进行综合监督的《自然环境保全法》和对公害问题进行全面控制的《公害对策基本法》。1991 年，联合国环境与发展大会在可持续发展的战略思想下对国家环境管理提出了新要求和目标。1993年 11 月日本根据国内形势，将环境保护问题视为国家基本问题并制定了《环境基本法》。综上所述，日本的综合环境法律经历了漫长而持续的立法和修订过程。

第二节　日本生态文明制度建设的实践措施

一、推广环境教育与循环经济理念

20 世纪 90 年代是环境教育在日本深入发展和法律化的时期。1990 年日本成立环境教育学会。日本文部省在 1990 年和 1991 年分别发布了教师用初、高中编《环境教育指导资料》和小学编《环境教育指导资料》。

在立法的同时，日本政府采取召开环境会议的方式来宣传环境保护的信息和资料并激发公众环保热情。1999 年，环境厅长官提出"面向可持续发展的环境教育、环境学习"的发展规划，而后中央环境审议会同意并确立可持续发展为发展的基本思路，进一步提出通过利用市场机制激发民间力量来进行环境教育。2000 年，中日韩三国以商讨环境保护问题为会议议程，召开了东京环境教育研讨会。2003 年，日本政府制定并颁布继美国环境教育法之后的全世界范围内第二部"环境教育法"——《增进环保热情及推进环境教育法》。其重要意义在于完善并强制了环境教育这一理念。

在日本，"家庭"可以看作是循环型社会基本单位。随着环境宣传和教育的深入发展，日本民众对环境保护有了日益高涨的热情。日本民众需要通过改变家庭生活方式和家庭消费方式来控制生活污染的排放，进而力所能及地促进循环经济的发展。在日本，每个家庭均按照"不可燃""可燃"和"可利用资源"对垃圾进行分类。在政府进行宣传时，每个家庭在年底会收到标有备注的特殊"年历"，上面有各种垃圾的漫画，并且不同垃圾用不同颜色表示。

二、推出"新阳光计划"

1974 年，第一次石油危机促使日本政府制定了"新能源技术开发计划"，又称"阳光计划"。1978 年，"节能技术开发计划"（"月光计划"）被日本政府制定并实施。1989 年，日本政府提出了"地球环境开发技术"。1993 年，日本政府将上述三个计划合并，并提出"新阳光计划"。"新阳光计划"的主要目标为将新能源开发、节能和地球环境综合进行保护，实现经济、能源、环境之间的协同平衡。"新阳光计划"由政府主导，结合科研、产业联合，共同攻克了多项能源开发领域的难题。

三、实施环境会计和环境标识制度

日本官方和学者在 20 世纪 90 年代对环境会计展开了研究，历时近 10 年，直到 1999 年《关于环境保全成本公司指南》才得到日本环境厅通过并实施。该指南的目的是通过强制企业加强对环境保护的成本及效益的核算，激发企业投资环境友好型产品，最终激励相关环境友好型技术的研发和提升。

1989 年，为了引导消费者购买环境友好型产品，日本实施了环境标志制度，而且日本环境协会在同一年执行环境标志制度。此后，越来越多的企业开发出环境友好型的产品和用品。

日本政府于 1989 年制定了《环境标志实施要领》（1997 年修订），不论本国产品还是进口物品，为了方便消费者选购，环境标志可被用于在日本被认定为符合标准的环境友好型商品上。截至 1999 年 5 月，共有来自 70 个不同系列的 3 061 种环境友好型商品成功带有环境厅认可的环境标志，例如百分之百再生的卫生纸。

四、大力发展静脉产业

通过分析不同产业的物质流，日本学者将循环经济体系分为"动脉产业"和"静脉产业"。前者包含的产业往往存在五个过程，即开采原料、生产产品、流通产品、消费产品、产品废弃；后者包含的产业同样具有五个过程，即收集废弃物、运输废弃物、分解废弃物、废弃物资源化及最终安全处置。其中"静脉产业"便从日本发源，作为连接"动脉产业"产生的废弃物与循环再利用的纽带，其主要目的在于通过针对废弃物的处理和利用，最终实现废弃物资源化。

1990 年后，日本政府通过包括制定有关废弃物的法律法规等措施，大力推动"静脉产业"发展以至于其产业规模不断扩大。作为构建"循环型社会"的关键产业，日本决定建立"静脉产业生态工业园区"以便促进其与"动脉产业"之间的连接与结合。这一方法有效地将产品的整个生命周期与循环利用紧密结合起来。

五、制定和完善环境保护的法律法规

1993 年，日本政府颁布了其本国首个关于环境保护施政策略的规划即《环境基本法》。1997 年 6 月，日本政府颁布了《环境影响评价法》。环境保护的基本理念明确体现在《环境基本法》里。作为《环境影响评价法》的前提和基础，《环境基本法》阐释并明确了日本政府环境保护的基本理念，即把环境影响评价制度上升到基本法的高度。《环境影响评价法》标志着由末端治理转向清洁生产和污染预防的环境管理政策的开始，其重要意义在于通过法律的形式将环境影响评估制度正式确立。

1970 年的"公害国会"上，日本制定并颁布《废弃物处理法》。但是自 1985 年至 2000 年，废弃物的排放每年都递增 3% 左右，其关键原因在于消费结构和产业结构等社会经济生活的转变。1998 年，日本颁布了以家电作为立法对象的《家电资源再生利用法》，从生产、销售和使用等不同方面从不同所有人的角度对家电进行规定。在 21 世纪初期，日本国会通过了一系列环境保护相关的法律，包括《绿色采购法》《食品资源再生利用法》等。其中《推进循环型社会形成基本法》作为日本推进建设循环型社会建设的基本法，促进了日本循环社会的发展。

1958 年日本制定并实施了被称为"水质二法"的《工厂排水限制法》和《公用水域水质保护法》，并在 1970 年将两者结合制定了《水质污染防治法》，有效地控制了水污染并保护了水资源。1962 年，日本制定并实施了《煤烟控制法》，其在一定程度上有效控制了煤烟和粉尘。1968 年，日本制定并实施了《大气污染防治法》和《噪声控制法》，并在 1970 年修订版《噪声控制法》中将汽车噪声列入其立法对象。1972 年日本制定并颁布了《恶臭防治法》。由于公众在 20 世纪 60 ~ 70 年代关于公害污染对政府施加的压力越来越大，1970 年底第 64 届临时国会召开并制定了《海洋污染防止法》《防治公害事业费企业负担法》等多部新的公害法。同时修订了《农药管理法》《噪声控制法》《下水道法》等多部已有公害法。

1972 年，日本颁布作为基本法的《自然环境保护法》的同时，也设立了针对特定环境的自然环境专项法，包括以下一些：自然公园保护方面：《自然公园法》《温泉法》；都市绿地方面：《都市规划法》《城市绿化地保护法》《生态绿地法》；野生鸟兽保护方面：《关于控制特殊鸟类转让的法律》《野生鸟兽保护法》；林业地区保护方面：《森林法》；农业地区保护方面：《农地法》《农耕法》《关于整备农业振兴地域的法律》；海岸区域保护方面：《海岸法》；历史风土、名胜古迹、天然纪念物保护方面：《关于古都风土保存的特别措施法》《文物保护法》等。

六、建立从中央到地方的环境机构

日本建立了一套从中央到地方的强大且高效的环境保护机构，这种环境管理机构保障了法律法规以及环保政策的有效性和强制性。

（一）中央政府的环境管理机构

1971 年 2 月 16 日，日本颁布了《环境厅设置法》。1971 年 7 月 5 日，日本依据《环境厅设置法》成立了日本环境厅。此举标志着一体化和法制化在日本的环境管理体制中的形成。日本环境厅作为首相府的直属部门直接受首相领导。环境厅长官作为日本环境厅的最高行政首长同时兼任内阁大臣；环境厅下设五个局：水质保护局、自然保护局、官房长官、大气保护局、计划调整局；另外设有一个研究所和五个审议会。

（二）地方政府的环境管理机构

日本建立了完善的地方环境管理体制，以便增强环保针对性并促进环境政策的实施。1976 年，公害科（室）在所有都道、府、县等地方单位以及地方公共团体中都有设立，另外有 46 个不同团体均设置了公害研究所和公害中心。

从 1980 年开始，环境管理体制在日本企业普遍实施，政府此举的目的在于通过企业内部公害防治机制的建立来提升企业主动承担环境保护的责任感。

七、发展公害防治技术

日本采取了覆盖各个领域的各种防治公害的技术，并不断提高技术的防治效果，如日益发展的效果显著的防治大气污染技术。

日本通过采取以下技术来降低大气污染：第一，尽量进口含硫量低的石油以便保证燃料中的含硫量逐年降低。第二，加强对脱硫措施的研发。例如 1966 年，大型工业技术开发制度中纳入了脱硫技术研究，并通过市场化思路促进企业对公害防治设备的投资。

第三节　日本生态文明制度建设的经验总结

一、制定和不断完善环境保护的法律法规

从 20 世纪 50 年代至 21 世纪初，日本逐步建立并完善了一系列环境保护法并组成了较为完整的环境保护法律体系。基本法作为环境保护法律体系的核心，提供国家基本环境政策、方针并为专项法构建基本的制度框架。专项法在基本法的基础上，对具体领域内的环境问题进行规定和规范。

从《自然环境保护法》和《公害对策基本法》到《环境基本法》的发展过程可以看出日本环境基本法的立法目的在一步步地趋向深化，其法律覆盖范围和立法对象也逐渐扩大，最终发展到保护日本国内的整体环境以至于在保护全球环境中尽一国之力。完善的法律法规使日本成为世界上环境保护立法最为完备的国家之一，其强可操作性重要特点为日本国内环境保护的开展提供了明确的法律依据。这种对于责任和义务的法律主体都有清晰界定的法律体系，使日本不同环保机构在执法时有法可依、有章可循。

二、建立从中央到地方的环境管理体制

环境管理活动的载体与环境政策有效实施的先决条件是完善的环境管理体制，成功的环境管理离不开健全良好的环境管理体制。日本的环境管理体制是通过地方与中央分工合作，协调一致进行管理的，具体而言是建立以环境厅（后面称之为环境省）为核心的由中央再细分到地方的完整的环境行政体制。

日本中央政府是环境行政管理体制的主体，主要通过制定政策、法律法规等引导环境保护，在道路建设、土地开发、水资源开发以及港口建设等大型的区域环境管理中发挥着重要作用，控制着整个国家立法、政策的框架。由于日本地方环境管理在很大程度上要依赖于中央政府对应的财政补贴制度，日本中央政府就

可以非常方便地通过债券发放、制定修改财政补贴政策等手段直接影响地方环境管理的运作效果。

日本中央政府在日本环境保护中占主导作用，地方政府则积极发挥其环境保护的先锋作用，两者协调一致的管理很好地保证了日本环境保护政策的有效落实。日本总体环境政策有一个重要特征，就是政府职权下放（或称之为职权分散），这在很大程度上减轻了中央政府的环境管理负担。作为中央环境政策的实施主体，地方政府长官负责组织实施该地区所有环境管理活动，是该地区环境保护负责人，这也使得地方政府环境保护职能越来越重要的同时也越来越明显。并且，中央政府能更好地对环境管理进行综合协调与宏观指导，可以集中精力策划重大政策方针。

在短短十几年间，日本环境保护能取得如此显著的成果离不开日本企业界的配合。日本公司在环境管理体制建立之前已经有了很好的环境保护意识，形成了对于环境保护的相关原则与意识。

三、重视环境教育

日本非常重视环境教育，认为环境教育对环境保护的作用不可忽视。日本通过对社会、学校、企业等多领域的不同年龄层进行环境教育，以培养和提升日本国民的环境保护意识和正确的环境观，积极投身于环境保护活动中，在很大程度上促使了国民自觉节约资源、保护环境，有效地促进了日本环境保护活动的开展。经过多年的发展，日本的环境教育体系日趋成熟，目前主要包括校内教育和校外教育，两个教育体系相互独立却又相互联系。日本目前已经拥有一套覆盖全民的环境教育网络。

日本校内环境教育在中小学属于环境教育的启蒙阶段，日本主要通过确定环境教育的教学目标以及修改中小学教学大纲等方式开展环境教育；到大学阶段，由于划分为专业教育和非专业教育，所以环境教育的内容也是有所不同的，环境类专业包括环境工学、环境化学以及卫生工学等，这种专业的教育有利于培养专门的环境保护人才，并且极大地提升了环境教育的地位。

另外，作为日本校内环境教育的重要补充，校外环境教育不受时间与地点的限制，其形式更加多种多样。为了提高日本国民的环境保护意识，日本鼓励每个家庭都建立记录每个月生活垃圾排放量和煤气、电力、汽油以及自来水等使用量的"环境家计簿"。这样有利于提高居民的环境保护意识，提高家庭生活的节约化。此外，除了家庭内部的教育外，日本社会上还有专门组织不同环境教育宣传活动的环境教育机构。

四、支持和激励公众的广泛参与

日本政府通过制定各项有利政策、法律法规来赋予公众环境保护权利，保障其环境权益，这一举动极大地激励了公众参与机制的建设。日本公民的环境权分为四个部分，即监督权、索赔权、议政权和知情权，其中索赔权很大程度上提高了公民参与环保的可操作性和积极性。

随着经济社会的快速发展，日本国民的环境保护意识由 20 世纪六七十年代公害严重时期体现出的一种切实保护自身利益的本能转化为自觉主动关注周围的环境，积极投身到环境保护中，成为日本环境保护过程中不可缺少的一部分，有效地推动了日本环境保护。

第七章

德国生态文明制度建设的状况与经验

第一节　德国生态文明制度建设的历史与现状

德国政府自 20 世纪 70 年代开始重视到环境保护的重要性，花费巨资对其废弃的厂区等地区进行了生态环境修复并且先后关闭造成严重环境污染的煤炭、化工等企业。除此之外，在从工业化社会向信息化社会过渡的过程中，由于德国的生物、信息以及环保等技术的快速发展，德国社会经济发展对生态环境的污染破坏程度在很大程度上被降低了。经过 30 多年在环境与生态保护管理上面的不懈努力，德国的生态环境得到了很大的改善，现今已成为世界上生态环境最好的国家之一。

德国在环境污染治理方面主要经历了三个阶段：由末端治理到源头控制再到强调预防原则。该国环境与发展的关系从相互对立转变为合作共赢的状态。自从 21 世纪以后，德国等发达国家几乎完全解决了工业化时期产生的污水、大气、固体废物等传统的环境污染问题。经济发展过程中造成的环境问题也给新时期的发达国家带来了巨大的环境挑战。

在相应的社会政策方面，德国现代环境运动在 20 世纪 70 年代就已经出现，而"二战"中核威慑带来的后果以及环境问题在工业化进程中激化、西方社会舆论就增长极限的探讨都极大地刺激了德国市民的环境敏感性。德国的环境运动从 20 世纪 70 年代出现后到进入 21 世纪一直没有停下。快速制度化是其特点之一。

从一个角度来说，环境议题在不到 10 年的期间内就得到了环境运动中的国家立法、政府决策的认同与支持。德国绿党（环境运动的相关组织）也是因此立即进入了德国议会，甚至变成了德国的联合执政党。

总的来讲，环境政策的演变在德国主要经历了四个时段：

（一）产生阶段（16 世纪至 1968 年）

随着德国的经济快速增长，其环境污染问题也日益严重，但是环境污染问题却未得到足够的重视。究其原因，主要是德国当时的工业化发展观、文化观念影响所致。

（二）初步阶段（1969～1974 年）

鉴于德国的环境运动、革命，以及德国国内生态环境恶化造成的严重问题，德国开始启动环境政策，而这也是当时政治机遇的产物。

（三）转变阶段（20 世纪 70 年代中期到 20 世纪 90 年代初期）

德国环境政策因为重大环境灾害的发生、国内舆论压力、德国生态哲学的发展以及绿党崛起，而经历了政策停滞、转型与巩固三个不同状态。

（四）逐渐实行阶段（20 世纪 90 年代至今）

由于绿党和社民党联合执政的政治推动力以及胡贝尔现代生态理论的共同作用而提出"社会市场经济生态化"、走生态现代化的道路等方案。

第二节　德国生态文明制度建设的实践措施

一、构建合理的环保体制，加强环保立法和严格执法

德国联邦、州及地方在内的相关环境权限与职责在德国宪法中有着清晰明确的划分与说明。联邦是德国环境政策的主要制定者，而环境政策实施者则是各州。法律和司法监督是中央对各州实现环境保护监督的主要途径，德国逐渐建立了完善的环境管理监督机制。各州则通过各种各样的监督手段或方式对地方环境

保护进行监督管理，包括法律监督、财政监督以及司法监督等，各州是德国环境管理的主要监督者。

在制定环保政策方面，德国联邦政府主要坚持以下三大基本原则，包括预防原则、合作原则以及肇事者责任原则，并且德国刑事警察当局还设立了专门侦查环境犯罪案件的相关组织。

联邦德国政府在20世纪70年代出台了一些与环境保护相关的法律法规，其中，《废弃物处理法》是联邦德国的第一部环境保护法。联邦德国政府大约是从20世纪70年代开始开展环境立法工作，《控制燃烧污染法》《垃圾处理法》《控制大气排放法》《废水征税法》《控制水污染防治法》《循环经济与废料法》等规定都是70年代以后制定与颁布的。德国议会在20世纪90年代初还在《基本法》中增加了保护环境的内容。德国联邦及各州现今已拥有制定环境法律法规共8 000多部。为了严格执行相关的环境保护法律法规，德国设立了环保警察。与普通的警察不同，他们除了履行通常警察的职能外，还需要对于环境生态污染的行为和事件进行现场执法。在德国只要被发现环境污染行为或事件，就一定会严格依法惩治，甚至直接逮捕相关的责任人或关闭违法企业。德国的环境保护标准制定得比欧盟的还要严格得多，可以称得上是世界上环境保护政策中最严格、最标准的，德国环境保护是欧洲生态环保的典范。德国目前已经开始陆续修正和补充一些旧的环保法规来适应国民经济快速发展，制定的新法规较原来的法规自然更细致与严格。德国的环境保护目标十分明确，环境保护法律中就要求应避免产生垃圾，当无法避免时就应该尽可能提高资源循环利用的效率与垃圾处理效率。德国环境保护法律中规定自2005年7月1日起，不得对未经处理（主要是焚烧）的垃圾进行堆放。德国的生产厂家和经销商自2006年开始就将电子电器产品实施回收再利用，一个完整的生产和消费系统的循环经济圈由此形成。

二、发展循环经济

循环经济其实就是垃圾经济。德国是欧洲循环经济发展水平最高的国家之一，其循环系统十分成熟。预防原则、责任原则与参与原则是德国推行的循环经济中的核心原则。预防原则主要是指要防微杜渐，避免出现环境先污染后治理的现象；责任原则主要是指造成环境污染的相关责任应当担当责任并承担补偿环境受损的费用；参与原则主要是指世界、经济界的公民和社会团体都应该积极主动参与到环境保护中。

德国的《循环经济和废物清除法》中明确规定，所有的企事业单位必须配备分类垃圾的装置，玻璃、废纸、塑料以及金属垃圾要分开，这可以保证资源得到最大程度的再利用。德国基于不同行业的实情制定了促进不同行业产生的废物循环再利用的相关法律法规，提倡将废旧电子商品、饮料的包装、矿渣以及废铁等废品都"变废为宝"，提升资源再利用的效率。为了监督企业循环经济的发展状况与垃圾处理情况，德国设立了相关的监督机构。生产企业的回收废品能力达标后，才能开展相关的生产销售活动。与此同时，对于那些较大危害性垃圾每年排放量高达 2 000 吨的生产企业，要求必须事先提交垃圾处理方案，相关部门在其生产过程中会实施监督活动。德国企业的行业自律性很大程度上提高了废物回收及再利用效率。

对废物处理做出极为详尽的规定与说明是实现循环经济的重要步骤。1972年德国颁布的《废弃物处理法》是德国开始循环经济探索的标志，且该法律在实践中得到了很好的改善，以保障德国循环经济更好地发展。德国可以称得上世界上循环经济发展最早、发展水平最高的国家之一。德国采用了如构建双元回收系统（DSD）或抵押金制度（若一次性饮料包装的回收率低于 72%，则需要实施强制的押金制度）等多种多样的经济手段以促进国内循环经济的快速发展。为了更好地提高公众绿色消费意识，德国政府通过发挥社会中介组织力量服务循环经济的发展，并且实施绿色采购。除此之外，德国还设立了专门的监督机构监督企业废物回收再利用行为，并设定了严格的监督机制以保障循环经济的有效实施。

循环经济在德国的推行很好地保护了环境并提高了资源的利用效率，与此同时，还促进了德国经济的快速发展，进一步增加了国内就业岗位，提高了就业率。德国在废弃物处理业务上的年营业额超过了 410 亿欧元，该业务上的从业人口已经超过了 100 万人。在环境保护与清洁生产的具体运作方面，北威州提出了"清洁生产"的理念，即以清洁生产为传统工业项目生产的核心指导，尽可能地在生产过程中减少乃至消除污染物的产生，并在产品设计和原材料选择过程中尽可能利用废物再循环，最大限度地节约生产资源，不断提升生产管理以及进行生产技术的改进，实现企业污染物的零排放。德国循环经济的理念则遵循"减量化，再利用，资源化和无害化"的原则。

三、构建碳排放权交易机制

《京都议定书》表明德国 2005～2007 年的减排指标为 14.85 亿吨，即平均每年减排 4.95 亿吨。与此同时，德国每年还会将 300 万吨的减排指标专门拨给新参加进来的企业。

德国通过对国内企业机器设备所产生的二氧化碳排放量实施调查后，选择碳排放参与企业。依据协定要求，在申报排放权指标时每个都要先基于技术标准核实该企业的机器设备排放二氧化碳的具体情况。对于拥有排放量达到一定数额的设备的生产企业而言，其在与德国联邦环保局达成协议的前提下，只有通过审核才能取得一定的碳排放权、进行排放交易。联邦环保局也必须详细地调查各参与企业全部机器设备的碳排放情况，并进行严格核定。某些特定的工业企业，则依据德国现行的各行业最高碳排放量标准执行。

为了保障碳排放机制的严格实施，德国制定了严格的申报审核批准程序。在排放权的取得环节及交易环节，基于相关法律法规，取得排放权的企业应缴纳开户费、交易费、登记管理费以及罚金等费用。这些征收的费用主要被联邦环保局用于机构正常业务的管理以及办公，若还有剩余部分，则将由联邦政府用于投资可再生能源的开发。

四、征收生态税

自 1999 年起，为了保护生态环境、提高能源与资源的利用效率，并且发展可再生能源，创造更多就业机会，德国通过燃油附加税的方法收取生态税，实施了生态税改革。生态税改革的主要目的是通过将收取的费用作为治理费用，以将化石燃料对生态环境带来的污染问题治理成本内部化。进一步地，为了促进就业与降低劳动成本，大部分生态税用于补充雇员养老金，降低企业养老金损耗。此外，通过收取生态税的手段，能在一定程度上减少石油的消耗，从而降低二氧化碳的排放量与能源损耗。

天然气、柴油、汽油、天然气等是生态税的主要征收对象，平均的生态税数额是油价的 12% ~ 15%，因为对于不同的化石燃料品种，其收取的生态税税率是不同的。生态税所得收入的九成用于补充企业和个人的养老金、另外一部分则用于环境保护。通过实施这一措施，德国取得了明显的成效。5 年以来企业和个人养老金费率降低了 1.7%，二氧化碳排放量减少了 2% ~ 3%。此外，"二战"后交通能耗 50 年以来一直上升的趋势也得到了缓解，单位油耗下降了 10%；公共交通的客流量也呈现出了上升趋势，道路交通压力得到了缓解。

五、创新环保科技体制机制

工业化过程中，科学技术造成的生态环境问题是人们无法避免的重要问题之一。在生态治理过程中，德国别具一格地利用科学技术，提出了一条以科学技术解决科学技术造成的生态环境问题的科技之路。

（一）利用科学技术彻底修复遭受工业和军事污染的生态环境

德国的生态环境在一百多年的工业化进程中，特别是第二次世界大战中几乎遭到了毁灭性破坏。经过30多年采取不同的生态修复手段，德国不仅恢复了绿水青山，而且土地上的各种重金属和化工有毒物质也通过一些科技手段被清除干净。由于饮用水在第二次世界大战期间被污染了，周围居民也只能到很远的地方取饮用水。联邦政府在德国统一以后，不仅在洛伊纳园区周围修建地下大坝，彻底修复园区内土地和水源，而且还花费许多资金用于拆迁和修复落后的化工企业。经过10多年的生态修复后，该化工园区的地下水虽然还是不能直接饮用，但是周围的地表已经生长出植物。据哈勒—莱比锡（Halle – Leipzig）环境研究中心的技术人员预计，洛伊纳化工园区的土壤和地下水大约还要100年才能恢复到正常的水平。

（二）通过科学技术检测控制生态环境

德国基于科学技术建立了完善的生态健康网络，并且通过地面雷达、水下传感系统、飞机和卫星，构建了国家生态环境监测体系，以此避免德国生态环境再次被污染或破坏。这些检测系统主要是实时监测德国的降水量、气候变化、空气质量、下水道系统、土壤状况以及污水处理等。举例说明，如传感器和实况录像系统会安置在企业排污口附近以监测企业的排污情况。通过这些实时监测装置，所有人都可以随时通过手机或电脑等移动设备查看监测数据，投身于生态环境的监测管理中。北威州70个空气监测站的监测结果都是实时公布的，以便公众随时通过网络查询该监测站点空气的质量状况。采用生态监控网络对环境进行有效监测，可以在很大程度上避免德国生态环境遭到再次污染，比如，科恩大学研究机构在2008年初监测到鲁尔河中化学物质PFT，这个物质是欧盟法律中禁止的物质，最终导致北威州环境部长引咎辞职，而使用PFT的公司老板入狱，及时控制了PFT对环境的进一步污染。德国从20世纪70年代就开始对土壤、空气、水域（含地下水）、物种多样性等进行监测评估，开始建立环境监测网络，这些措施为德国环境政策的制定提供了非常有力的依据，很多历史遗留的环境问题得到了解决与改善。德国早期预警监测系统最早由莱茵河沿岸各州内部的州环保局建立，建立的主要目的是为自来水厂监测水污染源以及明确造成水污染的非法排放企业。这些预警监测系统主要包括基础检测站、长期观测站、趋势监测站、预警监测站、强化测站。此外，这些预警系统要求要事先检测申请排污许可证的企业、单位的废水是否符合排放标准，尤其是国际和州际之间。政府将对超标排放的企业进行警告，并纠正其行为，否则就令其停业、予以重罚，并且没收其排污许可证和生产许可证。其中政府、企业、公众、社会团体、消费者，甚至在不同国家的政府间方方面面的共识、合作并相互配合是主要推动力。政府为了让普通市民更好地了解各种环保技术、法律法规等，除了设定高校的环境专业外，还建立了许多环境教育机构培训公民，以提升公民的环境保护知识。1960 年之前，鲁尔工业区没有一所高校，而今该区拥有一共有 47 万学生和 50 所高等院校。1983 年北莱茵·威斯特法伦州（以下简称"北威州"）政府就创立了的莱茵豪森教育培训中心对公民进行环境教育知识培训，发展到现在，每年有 5 万多名德国人民参加该培训中心的培训。

六、建立公众参与体系，提高全民环保意识

德国人的环境意识经过了重大的环境灾害后渐渐形成。随着德国公众环保意识的逐步提高，环境改善要求也不断地提出。德国政府本身为选民政治，所以环境改善要求也得到了积极回应，由此德国社会各阶层与社会团体在保护环境、改善环境质量方面达成了一致。由于德国公众和新闻媒体高度关注环境问题，各州的环境监测部门与莱茵河国际保护委员会（ICPR）为了便于公众监督，每年都会提交公开的环境检测报告给管理部门。这些检测报告在网上也能被公众方便地查找获取，这一举措能很好地满足了公众对环保的关注要求。排放超标企业也会被列在这些环境监测报告中。这些都说明了德国环保成果之所以位于国际领先水平，其环保意识的提高和公民的参与是重要原因之一。

20 世纪 70 年代以来德国环境运动的要求，使得德国在路径上做出了现代化生态建设与绿色制度反应。从另一个角度来说，绿党成为德国执政党间接证明了德国政府"绿化"的自下而上路线。也可以说，德国民间活跃的环境活动反映了德国民众环境保护的积极性，而这些积极性甚至成为德国政府环境政策偏向保守时的制衡力量。

七、发挥大众媒体舆论监督作用

德国民众参与环境治理目前主要有两大途径：大众媒体和环保组织。大众媒体在传播环保知识方面与媒体监督方面起到了不可低估的作用。正是德国西德意志报的记者独立地追踪报道了鲁尔河污染事件的真相，政府才出面责惩相关责任人；作为能够代表居民的法定权力的组织，环保组织可以参与到政府和企业在当地经济规划中涉及的环保问题。德国最大的环保组织是德国环境与自然保护联合会，它不接受任何政府、党派以及与环境有关企业的捐款，具有民间组织独立性。

八、制定完善的环保理念社会教育体系

20 世纪 60 年代中期，环境教育被纳入到基础教育体系之中。德国的环境教育针对水污染、核废料处理、臭氧层破坏等不同年代的环境问题，有不同的侧重点。环境教育的内容具有跨学科与多学科性，在 90 年代初开始被间接或直接写入联邦各州有关中、小学教学大纲。

在 1980 年联邦德国文化部长联席会议日上，环境教育被列入德国中、小学的义务教育中。各校依据文化部长联席会议的要求，需要向学生传授环境知识，使学生了解人与环境和谐相处的重要性，并且要明确环境变化中一直存在的问题，以提升中小学生的环保意识。德国巴伐利亚州宪法的规定，"关于自然——环境的责任感"是基本价值观之一，也是最高教育目标之一。

此外，巴伐利亚州制定了《环境教育引论》这部学校环境教育的指导性文件，并且规定了学校每学期环境教育的内容。这些环境教育内容具有跨学科性与多学科性，涉及到中小学的多门课程，如生物、地理、艺术、物理、语言、化学等课程。德国 16 个州各自制定了环境教育教学大纲。根据巴伐利亚州的规定，环境教育应当包括生态学基本知识，以此来培养学生的环境保护意识与高度责任感。德国成年人的强烈环保意识水平对环境教育的效果影响十分深厚，是世界绿色运动的发祥地之一。

九、实行垃圾分类，催生垃圾经济

标着简洁易懂不同图案的四种颜色：蓝、黑、黄及绿色的垃圾桶几乎是德国每家居民的住宅的标志物，这些不同颜色代表着不同垃圾分类用途，其中塑料、商品包装盒以及废弃金属应该放进黄色垃圾桶；废纸则放进蓝色垃圾桶；普通垃圾放进黑色垃圾桶；从普通垃圾中清理出来可以分解的生态垃圾如残羹剩饭、茶叶、蛋皮、树枝等则放进绿色垃圾桶。按照要求，废弃的破碎的玻璃瓶要根据不同颜色分类放进特定地点不同的箱子里；比较大件的旧家电等通过送到专门回收处进行处理等。垃圾的不同分类回收在很大程度上促进了垃圾处理效率与资源利用率，许多废品在再加工之后又变为其他有用的新产品。

德国环保产业活动的开展主要依赖德国政府的引导以及市场的具体实行，其中又以垃圾经济的开展尤为显示了政府与市场的作用。首先，政府参与建立市政污水处理厂、市政垃圾处理厂等基础设施，这些基础设施由德国政府控股的国营公司进行管理，但是运营则依赖市场。其中运营费用主要是通过向居民收取垃圾

处理的费用以及垃圾处理产生的收益。其次，德国政府鼓励中小企业发展垃圾经济，即鼓励中小型专业垃圾公司进行垃圾专门处理，如将生物垃圾堆肥，分解回收电子电器有用部分并压碎焚烧无用部分，由此形成一定规模的垃圾经济。与此同时，基于产业准入制度对企业垃圾处理的结构种类进行调整。许多垃圾专业处理公司处理的垃圾种类类型非常多。进一步地，为了降低污染物排放量，采用了价格杠杆。价格杠杆是指不对生物垃圾收费，但是为了提高居民自觉对家庭垃圾分类收集的意识，仅对垃圾分类中的剩余垃圾收费。通过这种方式，需要缴费的剩余垃圾数量会得到明显减少。基于居民自来水量使用量计算污水处理的收费标准为每吨自来水收费 1.56 欧元，由于还要缴纳每吨自来水 3.5 欧元的自来水费用，居民为了节约费用，在很大程度上提升了节约用水意识与行动。企业也是一样，需要根据垃圾的不同类型缴纳不同的费用。一般而言，专门焚烧厂处理危险固体废弃物的价格是每吨 200～250 欧元，处理液体危险废弃物交费价格是每吨 70～80 欧元，堆肥公司处理园林公司产生的树叶树枝等价格为每吨 100 欧元；生产企业需要负责电子电器产品、汽车及电池等报废处理，当然也可以通过缴纳费用后委托专门企业对这些废弃物进行处理。

第三节 德国生态文明制度建设的经验总结

一、大力推动循环经济发展

循环经济的发展既是生态文明建设的必经之路，也是可持续发展的具体实现途径。德国的循环经济系统已经十分成熟，其循环经济水平目前位居世界前列。德国的经验说明循环经济的发展能促进产业结构的升级、在很大程度上节约自然资源和降低污染物排放量。循环经济能有效地推动粗放型经济发展方式转变为集约型经济发展方式，有力地推动生态文明建设，进而为社会、经济、资源、人口环境等的协调发展提供借鉴经验。

二、建立健全环境法律体系

自 1972 年，德国第一部环保法通过后，直到现在，德国联邦与各州的环境法律法规共计有 8 000 多部，这些法律法规相互独立却又相互关联，形成了德国一个完整的环境保护法律体系，是世界上最详细、最完备的环境保护法。与此同时，德国还自觉履行欧盟制定的约400个环境相关法规。经过多年的努力，德国基于完善的环境保护法律制度，已经将之前工业化造成的严重的环境污染解决了，并且跃居成为欧洲各国中环境最好的国家之一，且其环境保护产业发展速度与发展水平也处于世界顶级。德国经验证明生态文明建设的重要保证之一是要建立完善的生态文明法律体系，法制化生态文明建设。

三、创新政府管理的生态法则

为了避免环境污染问题的发生，德国政府采取垃圾回收利用、处理与污水处理等手段，并创新政府管理的生态法则，具体如下：第一是对传统企业的清洁生产技术进行改造，依托高新科学技术大力发展清洁生产，有力地推动循环经济的发展。预防才是政府环保工作的重点之一，所以应该限制或禁止部分高污染企业的发展。第二是对个人、企业和政府的环保责任和环保义务通过法律法规进行详细界定说明，建立完善的环境保护法律法规体系，制定环保标准，并严格依法行事。举例说明，排放到市政第二污水处理厂的工业污水 COD 含量应低于 595 毫克/升，不然企业应自己通过设备处理污水达标后，才能将其排放进市政污水管网。第三是严格的政府检查。为了培养民众和企业的环境保护意识，自觉节约资源、保护环境，政府需要采取一些宣传工作；与此同时，德国还有专门负责环境犯罪案件的刑事警察组织和环境保护协会、登记局和行业协会监督企业，以加强监管企业的清洁生产工作，对企业环保指标进行严格检查。第四是加大建设基础设施。北威州政府就有完善的环境研究、监测系统与垃圾处理体系，德国政府在环保设施上的建设投入了很多。

四、建立先进的市场运作机制

自 2009 年德国环境部颁布第一个《德国环保产业报告》以后，第二个《德国环保产业报告》于 2012 年 1 月 31 日颁布，该报告指出德国环保产业的年产值占世界环保产业贸易额的 15.4%，目前已经达到了 760 亿欧元，也给德国人民带来大约 200 万的就业岗位。除此之外，德国环保产业的发展在很大程度上推动了德国的节能减排事业。德国每单位 GDP 耗能、原料消耗与废气在 1990～2010 年 20 年间分别下降了 38.6%、46.8%、56.4%；63% 的生产与生活垃圾以及 80% 的建筑垃圾都实现了回收再利用。

五、发展科学技术建设生态文明

德国长期高度重视基础研究，拥有世界瞩目的科学技术，一直处于世界科技强国阵列。运用其高端的科学技术，一方面可以实现生态污染的治理和修复；另一方面可以实现整体生态环境的监测和预警。如目前德国已经通过卫星、飞机、雷达、地面和水下传感系统，建立了全国范围的监测预警系统，实现环境的实时掌控。同时，德国也在政策方面将科技经费运用于企业的技术创新，推动了科技创新和产业升级，有利于生态环境的保护和可持续发展。

六、注意环境保护公众参与

从德国生态文明具体实践措施也可以看到公众参与在生态文明建设中的重要作用。德国政府通过合作机制建立公众参与体系，形成政府主导、企业参与的方式，发挥民间政治和经济力量在生态治理中的潜在作用，鼓励社会各界和民间团体参与到生态文明建设中，提升了公众的环保意识，推动了生态环保实践，促进了人与自然的和谐。

七、高度重视开展环境教育

从德国具体生态文明实践可以看出环境教育是德国中、小学的义务教育。具体而言，德国的环保教育可以分为环保习惯养成教育和环境专业知识教育。环保习惯养成教育着眼于环保要从孩子抓起的思想，具体包括家庭垃圾分类等，让孩子们从幼儿开始重视环保。环境专业知识教育侧重环境专业领域的知识，同时也包括一些专业环境教育机构所进行的培训，这类教育贯穿于德国整个学历教育体系。德国的经验表明，宣传教育在生态文明建设中有重要作用，只有认识到环境保护的重要性，才可能在全国范围内发起生态环境保护实践的运动。

第八章

英国生态文明制度建设的状况与经验

第一节　英国生态文明制度建设的历史与现状

1760 年左右，英国首先发动了工业革命，一举从欧洲中世纪的"第三世界"成为 100 年后的世界工厂，也将人类带入到了工业文明的时代。19 世纪后半期工业革命的完成对于英国产生了较大的影响，不仅使得英国的经济飞速发展，同时也使得英国的政治和文化发生了极大的变革；但与此同时，英国开始逐步形成一股抵制工业文明的文化运动的风潮。

英国政府的职能开始从"守夜人"的角色渗透到社会管理层次，对环境的关注也得到加强。在时任英国内政大臣帕尔默斯顿的极力游说下，英国议会在1853年成功通过了《消除烟尘危害法》。这也标志着英国的环境立法的发展进入了正轨。其中最主要的立法有 1876 年的《防治河流污染法》和 1909 年的《住宅、城镇规划法》（英国最早的土地使用法）。这一时期的立法出于各种原因大多数是技术层次的，环境法很少被当作一个整体的系统来处理。所以，在环境管制方面还存在诸多问题。

在 20 世纪六七十年代，具有现代意义的环境政治才算得上真正形成。60 年代后期，环境问题逐渐成为英国的普通民众所关注的热点问题，与此同时，政府对于环境问题的监管和管理的力度也不断加大。

同一时期，环境的行政管理体系也发生了较大的变动。政府不再被动，它们在中央和地方政府中都设立了许多新的环保机构，一些"预见性的环境政策"也开始加以实施，并且，其环保功效日渐凸显。1969年，英国政府常设性的内阁委员会——皇家环境污染问题委员会宣布成立，在此基础上，英国政府又组建了中央环境污染科学防治小组来协助政府解决与环境相关的各种事务。1970年，中央政府重组白皮书也伴随着希思的上任同时公布，同年，负责管理空气污染、水质管理、土地规划和噪音污染等与环境相关的环境事务部也于此成立。

地方政府的环保管理职能也得到加强。在"二战"前，英国的各级地方政府具有一定环境管制的权力。而到战后，英国设立了多样的环境保护机构，形成了一整套复杂的环保体系。1949年，国家公园委员会和自然资源保护局成立，负责资源与环境等相关事项的处理工作；1974年英国设立了新的环境卫生部，同时，还设立了与中央政府机构相应的各种环境委员会，提高了地方一级的环境管理水平。除此之外，环境事务部还设立了很多分支机构，来帮助中央和地方政府，尤其是对水资源的管理的实施。

环境立法在此之后更是花样齐出，1973年工党颁布了"绿皮书"，为的是通过环境问题来为下一年的大选创造对自己有利的言论。尤为重要的是英国的生态党（绿党的雏形）在70年代初成立，并迅速发展成领导英国环保运动的一支重要的生力军。

到此时英国现代性的环境政治才算正式产生，政府管制和环保运动齐头并进，在政治上迅速出现了一股绿色趋势，甚至还影响到商业和国际贸易，开始由一个知识分子和青年群体所关注的问题成为人类历史"第五次浪潮"的主旋律。长期的环境整治有了很大的成效，以伦敦来说，雾都伦敦的烟雾事件没有再发生过。

第二节　英国生态文明制度建设的实践措施

一、建立健全生态环境法律法规

为了保护乡村的自然景观和生态环境，英国政府于1949年发布了《国家农村场地和道路法》；《水资源法》的颁布标志着地表水和地下水的使用正式确立了许可证制度；林地和森林在自然环境中具有重要作用，是生态文明建设的重要基础，为了保护林地和森林，英国政府于1967年正式颁布《森林法》；为协调生态建设和农业发展的关系，英国政府颁布了《野生动植物和农村法》；城市和家庭废弃物对于环境的影响日益严重，对此，英国政府分别于 1990 年和 1992 年出台《环境保护法》和《废弃物管理法》用来管理和规范废弃物的处理等问题；1993 年，《国家公园保护法》发布，目的是对自然景观、生态环境进一步管理和维护。

二、完善生态环境保护政策

英国政府集合了国家、个人、企业等多个层面的力量，通过多种渠道和方式来促进森林的恢复。由于国有林地面积仅占全国林地面积的 34%，想要完成森林恢复的任务，最大的挑战就是如何取得足量的宜林地。为此，国家林业委员会不但以买地这个方式大批量地造林，而且使用各种途径，免费为私有林主提供技术层面上的支持。同时，政府采用种类繁多的补贴和减税的方式，来刺激非国有林主植树造林的热情，包括林地资助计划、农场主林地资助计划在内的一系列资助补贴计划，有效地调动了造林的积极性，增加了英国的森林覆盖率，提高了林地景观，为野生动物创造栖息地，也为人们创造了憩息地，农村和资源稀缺地区的人们也有了更多的就业机会。

鼓励农田退耕或休耕造林。为了充分利用国土资源，英国政府对于在退耕或休耕的农田上进行植树造林的行为进行一定的补助。1988 年，英国建立了用以补偿农民因为在退耕或休耕的农田上造林而造成一定经济损失的农用林地基金。为了进一步鼓励农民植树造林，1994 年，政府将农用林地基金正式更名为农场林地奖励基金，同时，农民或农场主只要获得了林业部门的造林认可，便能申请该基金，获得包括新植造林、更新造林、林地改良、牧业损失等在内的各式各样的造林补助和奖励。

税收优惠保险排忧。除了各式各样的补贴外，为了吸引社会投资流入造林业，英国实施了林业优惠税收保障制度，除经营林地的费用外，林业收入不纳入收入税和企业税征收范围；除此之外，国家林业委员会也采取了森林火灾险等多种保险，来保障投资者的利益。

三、重视林业可持续发展

英国政府在 20 世纪 90 年代中期发布了题为《可持续林业——英国林业政策及目标》的报告，同时制定了保障林业可持续发展的政策，旨在管理现有林木与森林，进一步提高森林覆盖率、获取多种收益等，体现了政府对于林业可持续发展的重视。具体措施包括林地的用途更改，计划采伐进度；促进更新造林；研发新型的森林病虫害防范；维护半天然林，提升生物多样性等，涵盖了林业可持续发展的各个方面。

为了创建和谐的居住环境，方便国民的休息和游玩，英国林业委员会联合乡村委员于 1989 年 7 月一同发起了"社区森林建设计划"。该计划拟在英格兰和威尔士的城镇郊区共新建 12 个社区森林，同时，社区森林的新建首先会确保日渐扩大的城区与农村景观相连接。地方社区、地方政府和志愿团体等社会各界团体和组织都将参与到社区森林的新建规划、建造、保护的过程中来。最主要的参与者是地方政府，会进行资金供给、提供相关专家的指导和配备相关人员。

林业法律是英国林业实现可持续发展目标的一大保障，除此之外，林业标准化也能提高经营管理水平，促进林业的可持续发展。与林业经营管理有关的育苗、造林、采伐、野生动物保护及林产品加工利用等各个方面都有其相应的执行标准，标准化的实施有利于充分地保护和利用林业资源，实现可持续发展的目标。为保证相关标准的科学性，所有的林业标准均是由相关科研部门经过多次研究后确定并在实践中不断修订后最终实施的。

四、创新公众参与机制

在个人层面，英国政府鼓励群众参与森林可持续的规划和管理，林业部门制定了许多政策来形成一个完整的参与机制，以制度的方式吸纳和保障各利益团体、部门、个人的参与，以此提高民众的参与度，提高国民的参与热情，这对于实现林业可持续发展起到了很大的作用。该机制的重点在于社会大众的教育和培训，通过树立其参与意识，提高参与度，通过森林经营资金投入制度、森林资产化经营管理制度和乡规民约等方式从制度上保证了社会参与的制度化。为了进一步保障和规范社会参与，英国政府还通过立法的方式来确保各利益团体和个人所拥有的相关权利和义务。

五、发展低碳技术和绿色产业

"低碳"概念是由英国最早提出的，它也极力提倡低碳经济，同时伦敦也积极建设低碳城市，在全世界范围内都担当着领跑者的角色。为了实现低碳城市的发展目标，伦敦在 2007 年发布了《气候变化行动纲要》，进一步明确了具体的低碳目标。从 1990 年起，伦敦致力于在 35 年内实现减排 60%。为此，在 2011 年，英国电力公司、高科技企业及部分高校三方在英国电监会的组织下，启动了投资高达 3 000 万英镑的"低碳伦敦"实验项目，用于研究实现智能电网建设，以推动实现节能减排的目标。

城市大气污染问题不仅与燃料结构有关，人口、交通、工业高度集聚也是产生这些问题的重要原因。综合治理才能解决这些问题，产业转型更是当中的核心问题。为此，政府大力发展服务业和高科技产业而不再仅依靠制造业，同时着力推广清洁能源，例如，对安装太阳能电池板的家庭进行补贴及利用自身的地理优势，充分利用风能。

为了提高房屋能源利用率和节能减排，英国政府开展了"绿色评级"的活动，对所有房屋节能程度进行评级。自 2016 年起，英国政府要求所有新建住宅实现"零排放"，对达标的住宅将通过免缴印花税的方式来进行补贴和鼓励。在英国，节能已俨然成为一种时尚。2012 年，在经济持续低迷的大背景下，绿色经济产业在英国实现正的经济增长。到 2015 年，该产业每年增长率将超过 4%。绿色行业目前提供了 40 万个工作岗位，5 ~ 7 年之后，绿色行业从业者将达到 120 万人之多。

第三节　英国生态文明制度建设的经验总结

一、制定严格规范的法律法规

在英国，如果有破坏环境等违法行为或犯罪行为，可以被处以无限度的罚款，相应的民事赔偿和两年的有期徒刑。同时，执行主体有三层：第一层是国家环保局，主要处理 IPPC（综合污染预防和控制）、水污染、大气污染和垃圾处理的问题。第二层是地方政府，主要管理地方性噪音尘土问题，生活垃圾和大气污染是其主要职责。最低一层的自来水公司，着力解决水道系统的排放问题。英国关于环境保护问题的法规主要由相关的法律、规定和执行规范构成，并且依据在现实中遇到的环境问题快速地进行修订和完善。

二、制定科学合理的战略编制体系

从 20 世纪 80 年代起，环境问题就已经成为英国政府关注的热点之一。90 年代以来，英国多次发布环境年报。1994 年，在环境问题成为全球关注焦点的大背景下，英国制订了第一份可持续发展战略。1997 年，新工党政府提出未来制订各种政策都将以环境问题为核心。1999 年 5 月，英国的第二份可持续发展战略发布，在第一份发展战略的基础上，报告进一步确定了衡量可持续发展的相关量化指标及社会、经济和环境协同发展的总目标，让可持续发展战略成为一个有目标、可衡量的发展战略。2005 年 3 月，结合时代特征和自身特点，英国再次公布新的可持续发展战略，指出了未来 15 年内的可持续发展方向和发展目标。这些战略中所提到的气候变化、能源问题及可持续消费和生产问题都充分体现了政府对于环境进行保护的理念和决心。

三、完善公众参与机制

通过政府管治可以有效地实现可持续发展，可如果仅仅依靠单一的政府力量是很难实现的。因此必须通过多途径的动员来整合各种社会力量，形成一套完善的公众参与机制。这就要求政府在实施可持续发展的过程中要相应地改变管治方式，比如通过协商与协议有力地加强与社会力量的合作。作为能够有效解决环境问题的三方：政府、企业和环保组织，他们之间始终建立并维持着密切的协商模式。同时，在绝大多数情况下，环境政策也是由包括英国政府在内的各个领域的利益集团来共同执行。在环保政策的制定过程中，政府也得召集一些相关的主要企业家和环保组织负责人共同协商达成一致。政府一般只是扮演"中间人"的角色，甚至连协商会议都不是由政府出面主持的。而环境组织，作为社会利益的代表机构，即使很多组织经常通过"正式"的政治渠道进行活动，他们也很少直接冲着公共权力机构发起运动。他们的运动方式仍然遵守着传统的手法和非暴力的原则；广大的工厂主认为违背这个原则所付出的代价比渐进妥协造成的损失要大得多，所以他们也都能够遵守这种"游戏规则"。

四、大力支持低碳技术创新

首先，高度重视政策的引导作用。自提出发展低碳经济的概念以来，英国政府就不断出台相关的政策和法规，通过一系列的法律法规，为技术革新提供了良好的制度环境。其次，战略与计划配合运用。除了通过相应的政策法规来引导低碳发展的方向之外，英国政府还通过制定"清洁煤炭计划""二氧化碳减排计划"等具体的实施计划，来切实保障低碳经济和低碳技术的不断发展和完善。再次，加大投入，加强融资。为实现低碳技术的创新，英国政府通过建立相应的基金和专门银行等方式，为中小型企业提供低息甚至免息的贷款，激发中小企业的创新能力，实现低碳的技术创新。最后，稳妥地推进低碳转型。向低碳型经济转型不是一个一蹴而就的事情，需要一定的时间和过程，英国政府对此有深刻的认识与了解，在转型过程中，没有操之过急，而是立足实际，一步一步稳妥地走上低碳型经济之路。

第九章

新加坡生态文明制度建设的状况与经验

第一节　新加坡生态文明制度建设的历史与现状

与多数发达国家相同，新加坡在生态文明建设和环境保护方面也走上了"先污染后治理"的道路。其主要经历分为以下几个阶段：

第一阶段（1960～1970年）：由于建国以后，新加坡经济瘫痪，失业人口众多，使得接近1/4的人口生活水平都在贫困线以下，生活难以为继。经济状况极度恶化的同时导致了生存环境的极度破坏。那时，新加坡棚户区垃圾遍地，蚊虫肆虐，助长了疾病的传播和瘟疫蔓延；岛沼泽地开发难度较大，不适合居住或耕种；商业区混乱不堪，垃圾遍地，就连新加坡河也被各种垃圾污染成了一条臭水河。为了加快经济发展，改善人民生活水平，新加坡政府开始积极发展劳动密集型制造业，大力促进经济发展，解决就业问题，但是一味地追求经济发展却导致环境污染日益加剧。

第二阶段（1970～1980年）：政府加强了对环境保护的监管并制定了相应的法律法规以应对环境的恶化。1972年，新加坡成立了环境发展部，将环境保护的各项举措落到实处，环境保护的监管力度加大，产业结构得到调整，污染企业也渐渐被淘汰。

第三阶段（1980～2000年）：经过30年坚持不懈的努力，新加坡经济基础得到稳固，得益于经济发展，政府更加注重环境保护工作，全民动员，保护环境。到 20 世纪 90 年代末，新加坡的经济发展和环境保护建设相互促进，共同发展，走上了"经济基础保障环境建设，环境保护促进经济发展"的发展道路，开始进入良性循环。新加坡成为享誉全球的"花园"城市。

第四阶段（2000 年至今）：新加坡政府通过一系列的法律规范、严格执法过程等举措使得新加坡的环境得到极大改善，城市面貌焕然一新。整个城市清洁干净，没有黑烟、尘土、垃圾等，没有裸露的土地、污染的水源，没有人随地吐痰、乱穿马路。

经过不断的努力，新加坡的环境质量发生了质的飞跃。1994 年，空气污染指数为优、良和不健康的天数占全年天数的比例分别为 49%、46% 和 5%，而 10 年后，这些数据分别为 88%、12% 和 0；在水循环和水处理方面，新加坡政府将所有使用过的水统一收集起来，进行集中处理；2004 年新生水占到了瓶装水消费的 1%，这一比例在 2011 年上升为 2.5%；从 20 世纪 70 年代到 2004 年，易受到洪水威胁的地域从 3 180 公顷减少到 150 公顷。从 1995 年到 2004 年，每人日均水消费量与原来相比减少了 10 升[①]。

2006～2008 年，新加坡连续承办了 3 届"地球卫士奖"（the Champions of the Earth Award）的颁奖活动，该奖项由联合国环境规划署评选。新加坡国立大学环境管理系硕士、顾问委员会主席许通美于 2006 年获得该奖项。为保护环境，新加坡政府还积极开展国际合作项目，例如，在 1991 年，新加坡与德国建立了"德—新环境技术署"，该机构多次组织污染防治、环境保护战略、废弃物管理等方面的专家研讨会，为新加坡的环境建设和发展提供了许多宝贵的建议。

第二节　新加坡生态文明制度建设的实践措施

一、加强生态环境基础设施建设

生态环境基础设施是污染防治和环境保护的基本保障之一。固体废物处理系统和污水处理系统，能够将海岸的水源和内地的污染程度降到最低，同时，新加坡把家庭和工业废水统一导入废水处理厂进行处理，达到国际标准后再进行排放。近年来，新加坡加大了污水处理系统的投入，并且为了方便把废水和雨水分

---

① Ministry of the Environment and Water Resources, Singapore: Towards Environmental Sustainability: State of the Environment 2005 report Singapore. C2 Design Studio Pte Ltd: 2005.

别输送到不同的处理厂进行处理，还将污水处理系统和排水系统分开设计，以提高水资源的处理和利用能力。新加坡设立的固体废物管理系统主要用于收集和处理内地日常的固体垃圾。

为平衡工业发展与环境保护的关系，新加坡政府对工业发展进行了严格的控制，从选址开始，就已经注重工业发展与环境的关系，强调发展不能以牺牲环境为代价。例如，政府规定住宅区附近只允许发展轻工业，对于重工业工厂设立专门的工业园区，除此之外，为保证水源的安全，对集水区附近的工厂也做了严格的限制。

二、制定生态环境法规，创建严格公正的执法环境

自 20 世纪 60 年代起，新加坡政府就通过制定一系列的环境保护法律，来应对日趋严重的环境污染问题，并且随着生态建设实践活动的深入，不断加以修订和完善。这些法律涵盖了环境保护和生态建设的众多方面，主要包括：《宪法》《刑法典》《海洋污染防治法》《空气清洁法》《新加坡公共环境卫生法》等。

新加坡不仅有完善的环境保护制度，还能够坚决地贯彻执行。在新加坡，任何理由都不能干预执法。执法不仅要严格而且公正。不管是法律的制定者还是法律的执行者，只要是通过了的法律，就必须严格执行，这就是新加坡执法的核心价值观。这样的价值观使得新加坡政府和公务员队伍保持廉洁、高效的作风。优秀的公务员队伍严格落实新加坡的环境法律，创造了良好的执法环境，成为循环经济在新加坡发展的保障。

三、重视环境教育，发挥民间力量

面对日益严重的随意乱扔垃圾的问题，政府意识到仅仅依靠严格的执法很难真正地解决问题，要想真正从根源上解决问题，就必须使公众养成垃圾分类和正确处理垃圾的习惯，这样才能使问题得到有效解决。为了达到这个目的，不断地向群众呼吁保护环境的重要性和培养公民的社会责任感就成为新加坡政府解决环境问题的关键所在。

1968 年 10 月，为了进一步提高全体公民的生活环境和生活质量，新加坡政府开展了一项名为保持新加坡清洁的运动，共持续一个月的时间。这是新加坡的首次大规模群众教育计划。由于新加坡是所有公民共同的家园，所以当局号召全体公民把国家视作一个大家庭。目前，新加坡在宣传方面所做的努力和所执行的计划，不再只是为了提高国民的环保意识，而是进一步地去鼓励个人参与到环境

保护的行动中来，从自己做起，从身边的小事做起。自 20 世纪 90 年代以来，新加坡每年都会定期开展"清洁绿化周"的活动。活动的目的在于增强个人对环境的责任感，鼓励环保组织、学校与企业积极参与环保行动，共同保护环境。学校也增添了与环保相关的课程，同时政府鼓励学校至少成立一个环保俱乐部以增强环境保护的实践活动，并且尝试在各个大专学府开始培养环保大使。

新加坡 66.6% 的面积都将成为集水区，这使得每个新加坡人的工作和生活都离不开集水区，由此，新加坡政府努力凝聚各方力量，共同努力，鼓励个人尽量节约用水，向每一位公民宣传保持集水区和水道清洁对于新加坡的重要性。只有依靠每一位公民的力量，才能确保每个人都能享有清洁的水资源。

四、采取"三管齐下"策略，高额投入环保事业

新加坡政府通过对垃圾进行分化、对普通垃圾进行再循环并且对无法焚化的垃圾进行再循环这三种策略，以此来达到减少废物排放的目的。而新加坡政府减少废物排放的最终目标是达到零排放，因为随着社会发展和经济水平的提高，废物的产生量必定会越来越多，以至于超过之前所减少的废物量和再循环所得到的成果。现在，政府正努力和各类企业合作并且加强对公众的教育，以此使企业和个人减少使用过度包装的产品或者使用循环物质替代相关包装产品，从而使社会废物量降低。然而，走向零废物的道路还相当漫长。

新加坡政府为了实现保护环境的长远目标，2006 年开始投入 6.4 亿新元在其南部的实马高岛岸外建设垃圾填埋场，该场也因此被称为"垃圾岛"。该项目是新加坡众多环境保护项目中的其中一个，巨额投资环保事业，不仅保护了环境，同时也提升了经济，这种双赢的局面，提升了政府的形象。新加坡政府对环保有着高额的投入，仅每年对各道路两旁的树进行保护的预算额就已经达到了 3 万元，其对环保的重视也由此可见。

五、推动生态环境政企合作和市场化运作

由于仅仅依靠政府自身不足以提供全面的环境服务，因此，新加坡政府需要商界能够积极提供相应的服务，以此达到生态环境可持续发展的目标。环境部门号召个人、企业与公共机构一起为社会提供基础的环境设施服务。在此基础上，通过三方的共同努力，提供全新的环境基础设施以及相应的配套服务。商界已经成为政府推动生态环境保护和发展方面的重要的合作伙伴。

目前，新加坡政府又相继推出了三大有关环境保护的政策。首先是新加坡

2012 年"绿色计划"，该计划旨在由集合政府、相关机构以及公众三方的力量，共同为新加坡制定生活环境保持健康的十年规划。其次，针对城市生活产生的垃圾和废物，新加坡政府出台"再循环计划"。该计划提出了 3R 方针，分别是减量（Reduce）、再利用（Reuse）、再循环（Recycle），其主要目的就是呼吁大家减少垃圾的产生，同时对一些废弃物做到再利用或者再循环，加大资源的利用率。"无垃圾行动"是为提高公民的环保意识和呼吁群众减少垃圾产生而专门设定的，由政府的环境部门设立无垃圾标志。

六、建立有效的环境保护规划制度和合理的监督管理机构

早在 1972 年，新加坡政府就成立了国家环境发展部，来应对日益恶化的环境及进行生态文明的建设，至今为止，该部门已为全国的环境保护事务做出巨大的贡献。现在，该部门正式更名为环境及水资源部，下设公用事业局和国家环境局，分别负责环境基础设施建设和环境保护的管理，是新加坡政府中负责这两方面问题管理的最高行政机构。新加坡还严格地规定了各个部门的职责和权力，防止出现各个部门推诿的现象。每个部门都对自己权限范围内的事情尽职尽责，不仅提高了效率，而且能够保证类似的事情得到相同的解决，保证了环境保护方面的公平性。

在行之有效的规划管理之下，新加坡的环境状况做到了处处达标。比如对水资源管理方面，新加坡将土地的开发利用和水源的保护相结合，设立专门的集水区高效地收集淡水资源，并且利用新加坡的优势：降雨量大，将雨水储存至已经有的十几个蓄水池，然后再将其运输至水厂进行处理，最后将净化之后的水输送到供水管网系统。这种做法不但高效地利用了天然降水，而且节约了资源。现在，已经运营的集水区范围占到新加坡国土面积的 2/3。在收集雨水的同时，新加坡还注重将其与土地开发利用相结合，尽可能地节约用地。另外，由于自身条件的限制和对环境及资源的重视，新加坡十分注重新生水的相关开发与利用。新加坡在污水处理方面一直走在时代的前端，这是因为新加坡是一个岛国，岛上淡水资源匮乏，仅仅依靠天然降水，是远远不够的，所以必须注重水资源的保护和利用才能实现可持续发展。

第三节 新加坡生态文明制度建设的经验总结

第一，在建设发展中强调绿化。在新加坡的每个城镇当中，政府都努力推广

全面的绿化，呼吁市民通过房屋顶层绿化以及垂直绿化来使其外表更美观。另外，政府还在各居住区当中建设更多的公园，以此来使更多的市民在居家范围内就能有一座公园，让民众能在公园之间徒步或者骑行任意行驶。

第二，持续尝试建设的空间。新加坡填海造地，善用土地资源。政府已经开始讨论开发地下空间，让其不用再局限于仓储以及传统运输等功能，并开始考虑其他潜在的新用途来提高地下空间的可利用度。

第三，努力维护当地生物多样性。对于如此小的国土面积，政府还能将10%的土地预留作公园、绿化带和自然保护区是极其不易的。目前，政府已经开展多个项目来保护生物的多样性，比如对冠斑犀鸟的保护就非常有效。

第四，高度重视气候和环境变化课题。新加坡正在建筑领域和其他许多领域努力地实现降低碳排放，其目标是在2030年前使得国内80%的建筑物取得绿色建筑标志的认证，该认证需要所有的新建建筑物达到能效的标准。政府还通过强制改造或翻新、引进创新和提供奖励等方法来实现这一目标。

第五，加大公共交通方面资金的投入。新加坡政府为使城市与自行车相关的基础设施得到提升，在很多区域禁止机动车行驶，使道路设施更加人性化，提升骑自行车的民众的安全感。

第六，尽力保留过去的回忆和历史。社会虽然在不断地发展，但还是需要去保护那些历史的遗迹，通过这些去保留心中对过去的那份回忆。

第七，制定全面的长期计划。对国家发展做一个全面的长期规划对于这个社会有着重要的意义。直到现在，政府还在为2030年之后港口和机场的发展而努力。实现目标的过程其实就是为了使新加坡能在国际的贸易当中继续扮演枢纽的角色。

第十章

有关国家和地区生态文明制度
建设的状况与经验

除了以上发达国家外，瑞士、瑞典、法国、澳大利亚、加拿大等国家以及巴西南部的库里蒂巴等国家和地区的生态文明建设也取得了丰硕的成果。这些从一定程度上来说都得益于政府在教育、法律、税收、政策等方面的扶持、鼓励和保护。

第一节　瑞　　士

成功打破了经济发展和环境保护之间的矛盾，使得瑞士不仅成为世界上最富裕的国家之一，同时也成为生态环境最好的国家之一。它被誉为欧洲的后花园，是非常好的健康养生之地。其成功经验和启示如下：

一、完善政府生态责任

从政府的角度来说，国家既要发展经济又要保护环境，环境建设不能让步于社会经济的发展。全球首个《适应环境变化战略》于 2012 年 3 月 2 日由瑞士政府颁布。到下一年底，瑞士政府就在此基础上，细化了政府各级部门应该采取的具体措施，将对环境的关注点延伸到了具体计划的可实现性和可操作性。为了明确生物多样性保护方面的具体目标，2014 年 4 月，瑞士政府颁发了《生物多样性战略》用以保障生物多样性建设。2012 年 11 月 30 日出台的温室气体排放法令明确规定到 2020 年，瑞士的温室气体排放至少要减少 20%。

二、推动生态科技创新

权威的科学研究、有序的科普以及呼吁大众树立生态理念这三大方面对于环保的推动来说显得尤为重要。对于政府来说，环保科技是其在制定政策时所必须考虑进去的。瑞士在以上三个方面都走在了世界前列。比如，以雪山和冰川著称的瑞士给予气候变化对于冰川的影响等类似项目以资金支持。而其在新能源方面所进行的研究项目更是数不胜数。其中有一个项目正在深入研究如何用水当作原料储存新能源，这样既环保又经济，具有很大的前景，同时还为氢太阳能的转换打开了一扇大门。

三、大力发展生态农业

为促使农民生产的方式更加环保，就必须让他们看到绿色的生产方式所能带来的实实在在的利益。所以，为了发展生态农业，实现可持续发展的目标，瑞士政府加大了对农业补贴的投入，鼓励农民采用更加科学环保的生产方式。

第二节 瑞 典

最先倡导对生态环境进行保护的欧洲国家是瑞典，在生态环境、生态生活和生态产业方面，其都达到了世界领先的水平。它的成功经验如下：

一、制定政策支持各行业开展环境保护的行动

早在 1987 年时，瑞典就参与了环境保护方面的国际讨论和规划等项目。比如，政府及欧盟各出资 50% 支持自愿开荒的农民，并且给予开展生态农业粮食生产的农民 50% 的补贴。另外，对进行荒地造林的林业主给予 50% 的补助。1994 年 4 月，瑞典通过《瑞典转向可持续发展》的提案，以法令的形式，把可

持续发展作为未来瑞典发展的主题。提案要求未来生产消费模式必须符合环保标准，同时强调对资源的节约化管理，以及对废物的循环利用。

二、利用税收减少有害物质的无序排放

利用经济政策和手段来保护环境，促进可持续发展，是瑞典政府的又一项重要措施。与世界上其他国家相比，瑞典大量运用税收等经济手段来推进环境保护的进度。瑞典关于生态环境的税收具有覆盖范围大、征收类型多的特点，其相关的税费有70多种，家庭方面要为垃圾缴税，企业为废气排放缴费，使用不同的汽车燃料也需缴纳不同数额的税款。这些税收被用来促进国家的生态文明建设。其中政府对与能源及与环境有关的税收征收尤其严格。从1957年起，瑞典就开始对燃料、化肥和电池等项目征收税款，所得的资金主要用于环境研究、治理土壤盐碱化和农业咨询等方面，促进环境发展。瑞典的能源税不仅减少了工业和家庭对能源的使用而且有效地控制了二氧化碳，过氧化氮、硫、铅等污染物的排放。瑞典每年的环保税高达730亿克朗，其中能源和交通领域的"二氧化碳税"和"能源税"比重较高，达95%～98%。为了实现有效减少二氧化碳排放量的目的，瑞典政府鼓励国民购买清洁能源的"绿色汽车"，推出了"绿色汽车奖励计划"，对于购买环保汽车的车主，政府将给予每辆10 000克朗的补贴。瑞典政府以环保可持续发展为宗旨，以税收为主要手段，将环保体现在人们生产和生活的各个方面。

三、立法保障生态环境建设的发展

作为最早提出环境保护理念的国家之一，瑞典在不断的探索和反复的实践中，制定了一系列关于生态环境保护的法律，形成了一套完整的自然资源管理法律体系。在1950年以前，瑞典就相继颁布了《水法》《狩猎法》《捕鱼法》等多部针对某一方面环境问题的法律。随着环境问题的日益增多，仅依靠单项法律，已经不能完全满足环境保护的现实要求。面对持续恶化的现实环境，瑞典政府制定了两部综合性的环境保护基本法，分别是1964年制定了《自然保护法》及1969年制定了《环境保护法》，对环境保护机制提出了明确的目标。1970年以后，环境立法方面，瑞典政府又针对在环保实践和社会发展中遇到的问题，及时地出台了《禁止海洋倾废法》《机动车尾气排放条例》《有害于健康和环境的产品法》等法律制度，保障生态文明建设的发展。在另一方面，环境保护在瑞典的宪法规定中也有所体现。1974年瑞典颁布的宪法规定：必须依法制定包括与生

态建设、环境保护和资源开发在内等适宜的规章制度。目前，瑞典为了使生态法制建设适用于现代的发展，加强对生态文明建设的保障，瑞典政府准备将所有的环境法律合并为一体。

四、培养全民节约及环保的意识

从基础教育阶段开始，加强民众节约资源、保护环境的意识是瑞典生态建设中的又一个重大举措。瑞典的生态教育往往是从基础教育阶段开始，在瑞典的义务教育学校大纲规定的 16 门课程中有一半以上的课程都涉及到环境保护与可持续发展。瑞典将学校作为一个基本的实践场所，通过激发学生创造力，鼓励他们自主地解决现实生活中的环保问题，从而培养他们的环保意识，为实现生态环境的可持续发展打好基础。与此同时，为了培养全民的节水意识，政府通过一年一度的大型宣传活动，倡导合理利用水资源，保护生态环境；瑞典政府不仅重视国内的水生态意识而且还积极在全球领域宣传水生态与水环境。迄今为止，瑞典政府已举办了 17 届世界水周活动。活动的目的在于关注水资源，促进水投资，减少穷困和保护环境。在世界水周期间，瑞典的国王或王储会亲自出面向全球对水资源保护做出突出贡献的专家学者或政府官员颁发斯德哥尔摩水奖，该奖项也被逐渐看作是全球水资源研究领域的"诺贝尔奖"。

第三节 法 国

法国的生态文明建设开始时间较早，具有丰富的经验并且取得了显著的成果。其生态文明建设的贡献和可借鉴方面主要体现在对构建绿色大国的整体规划，具体经验如下：

一、政府全力推动

法国政府通过在街头发放宣传册或在电视节目中插播广告等各种方式提出珍惜环境、减少浪费等倡议。同时政府通过举办各种保护环境的大型群众活动，来鼓励国民保护生态环境。例如巴黎政府推出自行车自由行的租赁活动，吸引大家多使用绿色交通工具，从而达到减少汽车尾气污染物的排放和保护环境的目的。

二、严格立法保障

法国政府利用立法来有效保护环境，实现可持续发展。1960 年，法国出台了第一部关于建立国家自然保护区的法律，该法律首次提出了爱护生态环境及人与自然和谐相处的生态发展理念。随着环境问题的逐渐突出，许多与国民生活息息相关的环境保护法律相继出台。这些法律涵盖了水资源保护、垃圾处理、空气质量监测和环境噪音管理等各个方面。同时在工业生产过程中，例如产品包装、电子废料和建筑新能源开发等方面也通过法律来保障其符合节能环保的理念。2005 年 2 月 28 日，法国议会表决通过了《环境宪章》，使得公民的环境权力得到了宪法的保障，这在世界范围内还属首次。

三、企业引领创新

利用符合环保理念的新技术和新产品来保证企业的不断发展已成为法国企业界的共识。法国拉法基集团总裁乐峰表示可持续发展应该融入企业文化，成为公司的一个重要核心价值理念，企业不但要追求自身的发展，同时还要承担起对社会和环境的责任。例如，在政府组织的旧房屋改造中，拉法基通过不断地对水泥生产工艺进行改进同时研发新的环保产品，实现每吨水泥生产中的二氧化碳排放量减少 20% 的目标。另外，法国米其林集团也不断通过改进自身技术进行绿色创新。在过去的 15 年中，米其林向全球销售约 5.7 亿个绿色轮胎，帮助全球节省燃油 90 多亿升，同时减少二氧化碳排放量 2 200 万吨。

第四节 澳 大 利 亚

经过数十年的不断努力，澳大利亚的环境保护与发展终于步入正轨，开始良性循环。虽然也曾有过因环境资源的过度利用，致使大面积土地沙化等生态问题，但是，在 20 世纪 70 年代初，环境不断恶化的问题引起了政府的关注，为此，政府提出了"打扫澳大利亚"的口号。通过加强环境立法和采用全新的公共管理理念，不断完善相关的制度与政策，澳大利亚政府在生态环境保护和建设中扮演了极其重要的角色，最终取得了巨大的成功。

一、政府主导多元化主体的环境管理模式

澳大利亚政府建立起了以政府为主体，营利性组织、社会公众等多元主体共同参与的环境保护管理模式，强调包括政府机构在内的各类社会成员和组织在生态保护和建设中共同发挥管理主体的重要作用。首先，以政府为主导，从各个方面为生态环境保护和建设提供政策引导和物质保障。为保证环保管理工作的有序进行，澳大利亚在联邦政府、州政府及地方政府都设立了专门的环保机构，层层递进，由上而下形成了一个完整的政府环保职能体系。各级政府就环保工作进行明确分工，进而形成从宏观到微观的管理体系。各级政府之间相互合作、互相配合，完成了环保规划的组织与实施的任务。其次，澳大利亚政府充分调动环境多元主体参与的积极性，鼓励非政府组织和个人主动参与到环保事业中来。最后，政府还利用经济手段促进生态环境的发展，利用减税和增加补贴等各种经济手段，支持生态文明和资源节约等相关项目的发展。

二、综合协调的环境管理机制

一是政府与政府有关部门的行动协调。为了避免各级政府之间相互推诿的现象，各级政府通过法律以及跨部门机构来相互协调，从而避免出现各自为政、政出多门的情况发生。这种模式既注重单个部门工作的最优化，又强调政府部门关系的协同化。二是政府与非政府部门的配合。政府把环境管理的部分政府行为特别是环境治理和技术服务转向市场化和社会化而政府则主要实行组织监督功能，这种方式不仅节省财政开支，同时提高了行政效率。三是政府与社会公众间的协调。依靠公众的力量才能更好地建设生态，保护环境。政府与公民之间的协调和配合，是鼓励个人树立主人翁意识，自觉地参与到各种环境管理的监督与活动中来。四是把生态环境建设与经济发展目标相协调。如注重污水排放和废弃物处理。把垃圾场建设成苗圃和公园（例如悉尼的奥林匹克公园）。这些举措在当地环境显著改善的同时也发展了城市环境。

第五节 加 拿 大

要评价一个国家是否适合人类居住，必须综合考虑人民生活居住条件、医疗

卫生水平、社会福利保障和自然地理、资源气候、环境质量等多个因素。联合国曾多次对世界上160多个国家开展"最适合人类居住地方"活动评选，位于北美洲的加拿大，连续三年蝉联第一。在生态环境保护方面，加拿大政府及人民有着丰富的经验：

一、在生态环境保护管理方面，建立健全的法律法规体系和完善的环境保护机构，提供有力的制度保证

加拿大政府高度重视环境保护工作，统一拨发工作经费，各部门职责分工明确，采取四级管理模式。环保机构根据环境保护法设立，负责人由政府任命，但其工作不受控于政府，享有独立的执法权，环境保护部门将环境保护状况及时向社会公布，让社会来共同参与监督。除了设有省环保部门外，安大略省还设有负责协调省内各部门关系、评估环保工作的环境专员办公室，在环境保护方面，其拥有多项权利，如申诉权、调查权和知情权等。在促进各项环境保护政策有效实施方面，这种既相互监督又相互独立的管理机制起到了举足轻重的作用。除此之外，在污染物排放标准和环境质量标准的制定上，加拿大政府以立法的形式做出了严格要求，全力保障生态环境保护管理工作的顺利进行。

二、高度重视资源综合利用，积极发展环保产业

近年来，加拿大政府加大环保技术的研发力度，在固体废物管理、水处理和资源循环利用等方面在世界范围处于领先地位。政府大力扶持绿色工业，环保产业呈现出蓬勃的生命力，目前全国有7 400家环保企业，15.9万从业人员，高达144亿加元的产值，一跃成为该国第三大产业。

三、积极开展生态资源保护工作，加强生态资源保护

加拿大政府在流域性、区域性保护方面，通过应用生态系统原理取得了显著成效，特别是在对物种和水资源的保护方面。安大略省以水资源保护和管理为核心，建立了36个包括瑟目可湖在内的生态保留区。此外，为保护环境与提升公众的环境意识，开展环境教育、科研和娱乐等一系列活动，让大众广泛地参与到环境保护中去。

第六节　巴西库里蒂巴

　　位于巴西南部的库里蒂巴，作为可持续发展的城市典范，该市受到了 WB 和 WTO 的称赞。与此同时，由于其开展的能源保护项目、垃圾回收项目及在城市交通发展史上极具代表性的导向式公交的交通系统，获得了世界的瞩目与多个奖项，库里蒂巴的建设经验如下：

一、公交导向式的城市开发规划

　　城市规划的 3 项主要任务是：沿着 5 条交通轴线进行开发活动并在开发过程中保持高密度线状；改造内城；以人为本，而非以小汽车为本。确立优先发展的内容；增加面积和改进公共交通。大多数巴西城市的发展依赖于小汽车，与这些城市不同的是，通过城市开发规划，库里蒂巴发展了低成本的交通方式，走上了人与自然和谐相处的生态之路。目前，库里蒂巴 2/3 的市民每天都使用无须财政补贴的公共汽车出行。

二、社会公益项目

　　目前几百个环保公益项目在库里蒂巴地区如火如荼地开展，随着绿地和公园建设项目的广泛开展，该市人均公共空间已从 0.5 平方米增加到 52 平方米，位居世界之最。此外已经增加植树 150 万棵。公共汽车文化渗透到各方面。这些措施大大改善了环境并且保护了宝贵的文化遗产。1988 年，库里蒂巴提出了"垃圾不是废物"的口号，开展了历史上著名的垃圾回收项目，高达 95% 的城市垃圾循环回收率，每月 50 吨的回收材料销售收入，用于大力发展社会福利项目。这些简单、实用、低成本的社会公益项目已成为库里蒂巴环境规划版图的重要组成部分，促进了城市的健康发展。

三、市民环境教育

　　市民的环境教育程度和环境责任感高低，是评价一个城市是否是生态城市的重要指标。库里蒂巴对此十分注重。儿童在学校接受环境教育，一般市民则免费接受大学的环境教育。

第七节　中国台湾地区

在台湾地区，普通居民具有良好的环保意识，环境保护的实际行动随处可见，融入人们的日常生活，成为台湾社会的一致行动。主管机关引导、政策规范和社会教育"三位一体"，构成有机整体，成为台湾生态和环保建设的重要保障。台湾地区的建设经验如下：

一、以先进理念引领环保

近20年，经过不懈的努力，可持续发展的理念在台湾人心中根深蒂固，环保工作迈入成熟期。一是环境保护被主管机关列为工作的重中之重，台湾当局提出了环境保护政策的目标——保护自然环境、维护生态平衡，以求世代永续利用，并在经济发展及生产生活中融入低碳理念，进一步规划出七个减碳措施：绿色运输、再生能源、资源循环、低碳建筑、低碳生活、节约能源、环境绿化。二是将环保置于企业生产经营中的首要地位。"爱护地球，做就对了！"的经典口号，激励企业通过开发环保产品，带头开展节能减排活动，积极投入到环保中，主动承担起自己的社会责任，实现了环保承诺，并塑造企业自身形象。三是民间环保组织开展节能环保行动。民间环保组织自觉开展环保行动，努力践行有关方面的倡导，对于节能环保，有极大的宣传作用。四是将环保意识融入日常生活。节约资源、保护环境已成为当下台湾民众日常生活的一部分，每一个人都在一点一滴中努力保护环境，节约资源。

二、以环境教育宣传环保

在台湾地区，当局十分注重环境教育在整个教育体系中的重要性。教育部门将环保教育纳入到基础教育中，构建完善的教育体系，同时努力加强实践，构建由理论到实际的环保教育机制。除此之外，作为学校教育补充的民间环境教育体系，确保学生在各个阶段都能够有效地接受环境教育。教育与环保部门通过开展联合行动，坚持不懈地推行"小手拉大手"活动，制定30多个计划方案，如为了回收废轮胎的"拿破仑计划"、为了工地污染防治"鲁班计划"等，目的都是为了让学生将环保的理念与意识带回家中，带动家人一同参与环保实践。

三、以源头治理落实环保

污染源的减量与治理是台湾环保工作的着力点。一是升级产业结构，降低污染排放。着力发展市场潜力大、产业关联效果大、技术层次高、附加价值高、污染程度低、耗能系数低的产业，与此同时，将污染严重和劳动力密集型产业做"关、停、并、转"的处理，逐步升级产业结构，降低污染排放量。二是增强流域治理，降低污染排放。通过建设污水净化工程如排水节流管、污水处理厂及截流站等，对城市工业废水和生活污水等进行净化处理后再排放。三是实行垃圾分类，降低污染排放。自1995年起，台湾地区对垃圾进行强制分类，同时采取多种措施，对垃圾进行回收和分类。例如，通过"垃圾不落地"计划，要求各个生活区内不设立垃圾桶，家庭先对垃圾进行粗分类，将一般垃圾及资源垃圾各装成一袋，厨余垃圾则装成一桶，然后在规定的时间内，直接交给垃圾车收运，省去垃圾的中转存储过程。在台湾，为了防止垃圾填埋可能引发的二次污染问题，一般采用焚烧的方式来对垃圾进行处理，这样能够有效防止垃圾污染的危害；在环保主管部门的推动下，台湾的可再生资源回收再生工作在世界上已处于领先地位，特别是对于电子垃圾的处理，取得了举世瞩目的成绩。为进一步管理固体废弃物，台湾于2006年推动限制产品过度包装；2007年，台湾要求在相关部门禁用免洗餐具，同时，减少纸杯的使用量及对废食用油回收；鼓励台湾的餐饮业循环使用台布和餐具。

四、以全体民众参与推动环保

近年来，民间环保组织如雨后春笋般出现在台湾各地，有超过5 600个像盐埕那样的环保教育站，6万多名持续投入环保工作的普通百姓，超过20多万做环保的义工。抽出空闲时间去做环保义工，奋不顾身地投身环保，为他人、为社会服务，无论是主管部门官员、企业老板、教师学生，还是退休人员，都已成为他们生活中必不可少的一部分。

五、以制定环境政策规定保障环保

放眼全球，台湾是世界上少有的以政策规范来发展环境教育的地区，其制定的"温室气体减量法""清净家园'全民'运动计划""室内空气质量管理法"
"'全民'二氧化碳减量运动项目"等诸多与环境教育相关的政策规定，构成了
一套覆盖面广且行之有效的环境教育政策规范体系，将环境保护和环保教育共同
纳入政策规范，值得其他国家和地区借鉴和学习。在执行规定方面，台湾地区环
保主管部门秉持廉洁和严格的态度，执行规定不仅严格而且公正。不管是有关规
定的制定者还是执行者，只要是获得通过的规定，就必须严格执行，对破坏环境
的现象进行严格管理和从重处罚。在污水处理方面，台湾环保主管部门坚持"谁
排污，谁治理，谁偷排，谁负责"的原则。工厂产生的污水必须先通过污水厂处
理，经由环保部门监测污水质量及核定排水量后才能将污水排放到海洋中去。无
论是所谓"国企"还是私企，没有任何企业享有排污特权，所有企业一视同仁，
一旦私自排放污水，企业将面临高额罚款及吊销营业执照的处罚。

第十章　有关国家和地区生态文明制度建设的状况与经验

第三篇

中国生态文明制度建设的总体战略和发展思路

第十一章

中国生态文明制度建设的理论基础

第一节 生态文明建设的制度渊源

一、制度经济学相关论述

工业文明在创造可观物质财富的同时也极大地增强了人类改造自然的能力，然而在此过程中对自然无节制的掠取也造成了资源枯竭与生态环境恶化的严重后果。从制度经济学的角度分析，以工业文明为背景的制度规范难以约束人类过度的社会经济行为，生态、经济和社会绩效都相继脱节、失调，从而造成了目前严峻的生态问题。

制度经济学创始人卡帕（Kappa，1970a）提出：公众行动的指导方针应当从人类生存、发展所必需的物质需求角度重新设置，资源利用应以人类必需的物质要求为标准而不是按照市场导向来使用。他认为应制定可接受污染物排放浓度或者符合环境最大容量限制的客观标准，进而决定对人类和环境构成威胁的活动的种类和程度。美国制度经济学家斯旺内（Swaney，1987）认为，一种整体性的环境问题研究方法必须以社会系统与自然系统共同进化的认识为基础。

国家与产权的相互关系是新制度经济学的研究议题之一：国家是制度的最大供给者、产权是现代市场经济的核心范畴，产权理论是以一个国家的理论为基础

109

的。道格拉斯·C.诺思（Douglass C. North，1991）指出"国家理论和产权理论是理解制度结构的两大基石"。稀缺性环境资源的产权确立，是推行产权交易制度的关键，而产权交易的顺利实施，则需国家权力的推动。具体而言（以排污交易权为例），科斯曾指出，产权界定不清晰是市场失灵导致外部性产生的根源，对于外部性问题，首先应明晰产权，然后通过产权在市场上的交易来实现其价值，从而消除外部性（蓝虹，2005）。而为了使排污交易权更好地实施，国家必须承担以下责任：有关法律政策的制定、修改和完善；各类主要污染物在全国的排放总量以及向各省市区的分配及分配标准的制定；完善交易规则以降低交易成本、活跃排污权交易市场；建立科学合理、制度健全的监控体系等，这一切都需要国家来完成（胡民，2008）。

二、环境经济学相关论述

环境经济学以经济学理论为基础，主要包括中心理论（价格理论）、效用价值理论以及稀缺理论，并将生态学、系统论、控制论以及资源学的相关理论分析框架纳入其中（吴玉萍，2001）。环境经济学研究如何在遵循自然生态平衡和物质循环规律的前提下合理调节人类的经济活动。环境与人类经济活动是作用与反作用的关系。我们提出了"生态文明制度建设"发展目标来应对当今人类经济活动给资源环境带来的各种危机。而考察人类经济活动与环境生态保护之间的关系，对理解"生态文明制度建设"的战略目标具有基础性意义，环境经济学为这种考察提供了一个理论的视角（王刚，2008）。

环境经济学是以环境污染和经济发展的相互关系为研究基础，这就决定了我们必须寻求合适的分析工具来研究二者之间关系的协调性。与此同时，环境资源拥有明显的公共特征，为了从经济上考虑全部环境费用与效益问题，我们需要从整个社会角度出发来分析费用—效益问题。而环境费用—效益分析的主要问题在于如何度量环境改善带来的效益和环境破坏所造成的损失。目前该研究领域主要使用恢复与防护费用法、市场价值法、人力资本法、机会成本法、影子工程法以及调查评价法等方法（李国斌等，2002）。

制定环境经济政策时，环境经济学能为其提供理论支撑，排污收费制度是中国主要的环境经济政策，因此排污收费制度隶属于环境经济学的理论范畴。排污费的收取原理在于使用价格杠杆，将经济主体在经济活动中由于污染造成的外部成本内在化，进而降低污染物排放量，实现社会利益最大化（伍世安，2007）。生态补偿机制是与排污收费制度占据同等地位并以法律为保障的新型环境管理制度，补偿目的是"防止生态环境破坏、促进生态系统可持续发展"，补偿对象是从事对生态环境产生或可能产生影响的生产、经营、开发、利用者，补偿内容是生态环境整治及恢复，补偿手段是通过经济调节。在经济手段广泛适用于环境保护的背景下，环境税和环境补贴成为当前普遍使用的生态补偿政策。环境税是通过市场机制来分配环境资源，从而实现将生态破坏和环境污染的社会成本内化进生产成本和市场价格当中；环境补贴是行政主体给予私人各种优惠以期达到改善环境、保护生态的目的。

三、生态经济学相关论述

人口急剧增加、资源过度利用、生态环境恶化等问题的出现对经济的发展起到很强的制约作用，生态经济不相协调的局面相继出现。传统经济学及传统生态学对已出现的现象难以解释，这促使经济学家及生态学家们重新审视传统的发展模式，生态经济学应运而生。20 世纪 60 年代，肯尼思·鲍尔丁（Kenneth E. Boulding，1966）提出了"生态经济学"的概念，生态经济学的相关研究在全球范围内迅速展开。

生态经济学家罗伯特·科斯坦萨（Robert Costanza，1989）认为生态经济学是一门从最广泛意义上来阐述经济与生态之间关系的新兴交叉学科，相对于传统经济学和生态学，它更关注当前我们所面临各种环境问题的本身，而不是一味地寻找能够解决问题的方法和工具，后者往往忽视了知识的相互融合。马传栋（1995）认为生态经济学是将经济系统和生态系统复合而成的生态经济系统的结构及其运动规律从经济学的角度来进行阐释和研究。它以研究人、经济、社会、自然之间的相互关系与作用为出发点来探究生态—经济—社会复合系统协调和可持续发展的规律性，并为资源节约、环境保护和经济可持续发展提供理论依据和分析方法。

关于生态与经济之间的和谐发展问题，莱斯特·布朗（Leste R. Brown，2001）认为为了达到经济有序增长、资源有效利用、环境保护以及人口合理控制满足生态经济和谐发展的要求，必须通过行政、法律等手段来干预生态经济。康芒和斯塔格尔（Common & Stagl，2005）则在研究人类和生态系统二者之间相互依存关系的过程中指出人类在进行生产、消费等经济活动时，应当主动将自己视为生态经济系统的一部分，不能违背自然规律，更不能置身于生态经济之外。

四、可持续发展理论论述

20 世纪 80 年代，人们对环境问题的认识随着国际政治经济关系的深刻变革也同时发生着重大改变。1987 年，在《我们共同的未来》报告中，世界环境与发展委员会（WCED）正式提出了"可持续发展"的定义，标志着国际环境制度

111

的发展进入新的阶段。此外，一系列国际会议，如 1992 年联合国环境与发展会议（UNCED）、1995 年哥本哈根社会发展世界首脑会议等都对可持续发展原则的重要性进行阐述。可持续发展战略随着新千年的到来开始实施，国际环境保护制度在改革中不断强化和完善。2002 年，世界可持续首脑会议（WSSD）在南非约翰内斯堡召开，会议发表了《约翰内斯堡宣言》并通过了可持续发展战略《实施计划》。国际可持续发展历程如表 11 - 1 所示。

表 11 - 1   国际可持续发展历程

年份	事件
1987	世界环境与发展委员会（WCED）发表《我们共同的未来》，首次提出可持续发展定义，促使国际环境制度的发展进入一个新的阶段
1992	联合国环境与发展会议（UNCED）通过全球可持续发展战略文件《21 世纪议程》，并成立专门机构可持续发展委员会（CSD）
1993	维也纳世界人权大会
1995	罗马世界粮食首脑会议纷纷强调可持续发展原则
1996	哥本哈根社会发展世界首脑会议
2002	在南非约翰内斯堡召开世界可持续发展首脑会议（WSSD），发表《约翰内斯堡宣言》并通过《实施计划》，可持续发展战略步入实施阶段

可持续发展观点的形成发端于资源，有限的不可再生资源与无限的资源需求与循环的基本原则相冲突。只有注重对生态环境的保护，才可能拥有可持续发展及高度的政治享受和精神享受。经济可持续发展，一方面要保持国民经济的持续增长和发展；另一方面要考虑生态环境的承受能力（张社强，2009）。可持续发展是生态意识的思想基础、是自然生态系统和谐统一的要求、是自然界有序发展的要求。人们要自觉形成生态文明的文化环境和舆论氛围，尊重自然、顺应自然、保护自然，决不能以牺牲生态为代价来实现经济社会的快速发展（邵红，2013）。

第二节　生态文明建设的制度变迁

一、中华人民共和国成立初期到 20 世纪 70 年代初期

中华人民共和国成立初期我国出现了部分环境问题，周恩来首先纠正了我国

作为一个社会主义国家不存在环境问题的错误观点，提出社会主义中国也有环境污染问题，而且对环境问题的处理关系到社会主义的优越性。1951年2月，林垦部发布《保护森林暂行条例（草案）》；1956年，鼎湖山自然保护区建成，成为我国第一个综合性自然保护区；1957年，国务院发布《中华人民共和国水土保持暂行纲要》，有关生态保护和自然资源的法规、制度已初具规模。

20世纪70年代初，我国环境状况每况愈下，已达到不可忽视的地步。河北怀来县及北京大兴县的民众食物中毒、大连海湾严重污染两大事件引起中央高层的密切关注。1972年，国务院批转《国家计委、国家建委关于官厅水库污染情况和解决意见的报告》，报告中要求要同时设计、施工和投产"三废利用"和"工厂建设"，主要污染点源的限期治理开始出现。

二、20世纪70~80年代

十一届三中全会后，我国对于环境保护的认识得到强化，在污染防治的基础上，积极开展对生态环境的建设工作，及时纠正"大跃进""文革"时期片面强调以粮为纲，毁林毁草围湖围海造田破坏环境的问题，高度重视植树造林对环境的重要作用（李志萌，2013）。

1979年，《中华人民共和国环境保护法（试行）》颁布，文件肯定的"谁污染谁治理"思想成为环境政策责任制后续改革的指导思想；1980年11月，我国颁布《关于基建项目、技措项目要参与执行三同时的通知》标志着我国环境政策向事前控制转变；1983年，第二次全国环境保护会议召开，会议否定"先污染后治理"的发展模式，制定了城乡建设、环境建设和经济建设同步规划实施发展的战略。这一发展战略被写进1987年党的十三大报告中，改变了以前单纯以经济增长为中心的发展战略（吴荻、武春友，2006）。

三、20世纪90年代

20世纪80年代末，生态文明建设得到发展，以江泽民为核心的党的第三代领导集体进一步丰富了生态文明思想，明确提出调整产业结构和改变消费方式是保护环境的重要途径，并将保护环境上升到促进生产力发展的高度。

1992年，国务院颁布《城市绿化条例》，城市绿化建设被正式纳入到了国民经济和社会发展计划当中。1994年3月，国务院正式颁布并实施《中国21世纪议程》。1996年，我国发布《国民经济与社会发展"九五"计划和2010年远景目标纲要》，首次将可持续发展战略列为国家基本战略，国家战略实现向走可持续发展之路的转变。与此同时,江泽民在同年召开的第四次全国环境保护会议上指出"保护环境的实质是保护生产力"。会议确定实施《跨世纪绿色工程规划》《污染物排放总量控制计划》,坚持生态保护与污染防治并重。1997年,《关于推行清洁生产的若干意见》颁布,文件将清洁生产纳入各地环保部门的已有环境管理政策。1998年,我国颁布《全国生态环境建设规划》,文件正式启动了一系列生态保护重大工程。1999年,国家环保局开展还草工程试点及退耕还林工作。2000年,国家全面启动天然林保护工程并印发《全国生态环境保护纲要》。

四、21世纪以来

21世纪以来,以胡锦涛总书记为核心的新一代党的领导集体,对生态文明思想做出了详细全面的论述,明确提出科学发展观。为了实现经济社会全面、协调、可持续的发展,国家在21世纪出台了一系列的法律法规。

(一) 在节约能源方面

2003年,我国颁布《中华人民共和国清洁生产促进法》,我国环境政策步入工业生产全过程控制的新时期。2007年10月,第10届全国人大常委会修订通过《中华人民共和国节约能源法》。2008年4月1日,《中华人民共和国节约能源法》开始实施。2012年,国务院发布《"十二五"节能减排综合性工作方案》《国家环境保护"十二五"规划》《节能减排"十二五"规划》,提出要加强主要污染物总量减排工作,明确减排措施与减排责任,加大减排资金的投入,完善减排长效机制。

(二) 在防治大气污染方面

2009年9月,我国正式实施《中华人民共和国大气污染防治法》,文件中对大气污染防治的监督管理、防治燃煤产生的大气污染法律责任、防治废气、尘和恶臭污染等方面做出了比较全面的规定。2012年2月,《环境空气质量标准》正式发布。2012年9月,国务院正式批复《重点区域大气污染防治"十二五"规划》,文件明确提出"到2015年,空气中PM10年均浓度下降10%,SO_2年均浓度下降10%、NO_2年均浓度下降7%、PM2.5年均浓度下降5%"的目标及防治PM2.5的工作思路与重点任务。2013年9月,《大气污染防治行动计划》发布,文件要求环保部和中国气象局对京津冀等重污染区域的天气监测预警问题进行详细安排部署。

（三） 在防治水污染方面

2008 年 6 月 1 日，《中华人民共和国水污染防治法》开始实施，该文件分别对《水污染防治法》的基本原则、立法目的、适用范围、水污染事故处置、水污染的防治措施、水体保护、水污染防治的监督管理、法律责任等方面给予了较详细的规定。2012 年，国务院先后批复《重点流域水污染防治规划（2011～2015年)》等法律法规，并于同一年安排 25 亿元专项资金对生态良好的湖泊进行保护。2014 年 5 月，国家环保部出台《水质 65 种元素的测定电感耦合等离子体质谱法》，并于 2014 年 7 月正式实施。该方法的建立不仅包含了《地表水环境质量标准》《地下水质量标准》《污水综合排放标准》《电镀污染物排放标准》等相关水质标准和排放标准中的多种金属元素，还预先提供了对其他大量稀土元素和未来有可能发现的重金属污染限制元素的消解方法，为防治水中重金属污染提供了有力的技术支撑。

第三节　生态文明制度建设的理论分析

一、生态文明制度建设的提出

（一） 生态文明制度建设是时代发展的要求

2003 年，十六届三中全会明确提出要"坚持以人为本，人人树立全面、协调、可持续的发展观，来推动经济、社会及人类全面发展"。2007 年 10 月，十七大报告中提到"生态文明建设"，正式提出建设生态文明的整体路线是要基本形成保护生态环境和节约能源资源的产业结构、增长方式、消费模式，标志着我国成为全球首个明确提出生态文明建设目标的国家。

（二） 生态文明制度建设是破解资源环境瓶颈的要求

中国在过去三十年中经历着前所未有的城市化进程，越来越多的人"富了起来"。与此同时，中国城市环境恶化情况愈演愈烈，空气污染、水污染、噪声、交通阻塞、生物多样性被破坏等问题十分突出。

2013 年，全国化学需氧量排放总量为 2 352.7 万吨、二氧化硫排放总量为 2 043.9 万吨、氨氮排放总量为 245.7 万吨、氮氧化物排放总量为 2 227.3 万吨。长江、珠江、黄河、淮河、松花江、浙闽片河流、辽河、西北诸河和西南诸河等十大流域的国控断面中，Ⅰ~Ⅲ类、Ⅳ~Ⅴ类和劣Ⅴ类水质断面比例分别高达 71.7%、19.3% 及 9.0%。依据《地下水质量标准》，水质优良的监测点、良好监测点、较好监测点、较差监测点与极差监测点比例为 10.4∶26.9∶3.1∶43.9∶15.7。由《环境空气质量标准》所检测的 74 个城市超标城市比例高达 95.9%，仅海口、舟山和拉萨 3 个城市空气质量达标。

当前环境状况十分严峻，我国生态环境的承载能力已接近极限，我们不得不将生态环境安全作为重点关注对象，如果我们再不转变原有的经济社会发展思路和增长模式，我国的经济社会发展终将面临不可持续发展的局面。面对这种严峻形势，建设生态文明的战略任务的提出对我国对抗生态危机意义重大。

（三）生态文明制度建设是缓解国际环保压力的要求

人类工业文明数百年的发展，带来了一系列诸如全球气候变暖、能源与资源消耗加剧、环境质量恶化等环境问题，应对气候变化、保护生态环境逐步成为全人类的共同行动，各种环保运动逐渐兴起。国际社会环保运动事件见表 11 - 2。

表 11 - 2

年份	事件
1962	《寂静的春天》出版，引发公众对环境问题的较大关注
1972	《保护世界文化和自然遗产公约》《濒临野生动植物物种国际贸易公约》
1982	《联合国海洋法公约》规定各国对海洋环境保护的一般义务
1987	《消耗臭氧层物质的蒙特利尔议定书》
1992	联合国环境与发展大会上 150 多个国家签署《联合国气候变化框架公约》
1997	《气候框架公约》第三次缔约大会上通过《京都议定书》
2007	《联合国气候变化公约》第 13 次缔约方大会上各国达成《巴厘路线图》
2009	联合国气候变化大会倡导"低碳生活"，达成《哥本哈根协议》
2010	坎昆峰会明确继续坚持《京都议定书》
2011	德班会议决定实施《京都议定书》第二承诺期并启动绿色气候基金
2012	卡塔尔会议要求落实"德班平台"
2013	第六届世界环保大会，主题为"迈向绿色低碳、深化产业变革、永续和谐发展"
2014	联合国环境大会上通过《联合国环境规划署联合国环境大会部长级成果文件》

而近年来，面对日益恶化的全球环境形势，国际社会特别是以美国为首的部分欧美国家更是对中国环境保护问题提出了质疑，指责中国经济的高速发展是以牺牲环境为代价，要求中国加强环境保护，承担更多国际社会责任。生态文明的提出是顺应这一潮流的必然结果。

二、生态文明制度的内涵

(一) 对制度的理解

制度是文明的一个重要维度，它强力地约束和激励人的行为并禁止另一些行为（卢风，2009）。凡勃伦（Veblen，1908）作为制度学派创始人，曾指出制度实质上就是一种习惯，表征个人或社会对有关某些关系或某些作用的想法，而本能产生思想和习惯，所以本能支配着制度。康芒斯（Commons，2009）认为，制度是一种集体行动，用来解放、扩展并约束人行动。关于制度理论，凡勃伦与康芒斯的观点不同在于：康芒斯（Commons，2009）的制度理论观点强调资本主义的结构改革，而霍奇森（Hodgson，1993）认为，制度是以习惯、传统和法律的约束为方式，以创造规范化及持久化行为类型的社会组织为目的的活动。

即使不同学者对制度有着不同的界定，但是具有以下几个共性：制度是在人们趋利避害的过程中形成的行为规范，是人们意识到或没有意识到的实践活动规则，是社会关系的定型表现和存在方式。

(二) 对生态文明的理解

生态文明是一种新的社会经济形态，是人类文明演进到农业文明和工业文明之后的一个新阶段。生态文明强调人类必须使用科学合理的手段改善和优化人与人之间及人与社会、自然之间的关系。生态文明的前提是尊重和保护自然，旨在建立可持续的生产方式和生活方式，最终实现经济社会可持续发展，使人口环境与社会生产力发展相适应，统筹经济发展与资源环境可持续。生态文明其实就是社会文明生态化表现，是社会的一种文明形态，它标志着社会的发展程度，其最终目的是实现人与自然、人与社会以及人与人之间的和谐相处，进而实现社会的可持续发展与和谐发展。

生态文明是人类对之前经验进行总结之后重建的一种符合人类生存发展状态的人—自然—社会整体生态系统的文明。它是人类社会进步的重要标志，反映了人类在协调自身活动与自然界关系的进步程度。它否定之前人类以自我为中心对大自然无节制索求的观念及经济增长方式，主张建立资源节约型、环境友好型的社会（杨平，2013）。

（三）对生态文明制度的理解

生态文明制度建设强调必须充分发挥制度安排对生态文明建设的引导作用，通过制度去规范人、约束人、引导人的各种可能影响环境的行为（刘丽红，2013）。生态文明制度建设并不仅仅是单一的制度建设或者制度创新，而是制度创新体系的构建。根据国内外经验，生态文明制度建设应该构建选择性制度来权衡利弊、强制性制度来规范要求、引导性制度来牵引大势。

生态文明制度建设必须遵循"尊重自然、依靠科学、责任与公平、整体和谐"四项基本原则，只有在尊重自然的前提下，依靠科学合理的手段，公平公开地落实相关政策，才能达到人、自然、经济三者为整体的和谐发展。

第十二章

中国生态文明制度建设的思路和战略目标

20 世纪 90 年代，可持续发展战略正式成为我国基本国策之一。中共十七大报告将生态文明建设提升到了新的高度，提出生态文明建设的目标是可再生能源占比显著上升，循环经济形成较大规模，基本形成保护生态环境和节约能源资源的产业结构与消费模式，形成以经济、政治、文化、社会和生态文明建设五位一体的总体布局。党的十八届三中全会强调，系统完整的制度体系是生态文明建设强有力的保证，在建设"美丽中国"为目标的基础上，生态文明制度体系的建设成为党和国家的重要战略。

第一节　生态文明制度建设的指导思想

推进生态文明制度建设要坚持以邓小平理论、"三个代表"重要思想和科学发展观为指引，以解决生态保护与经济社会发展中存在的突出问题为导向，以党的十八大和十八届三中全会重大战略部署为指导，以"制度继承与制度创新相结合""切实可行与公平高效相结合""国际经验与国内实情相结合"为原则，构建"强制性制度为前提""选择性制度为主体""引导性制度为辅助"的制度体系，逐步实现资源的节约利用、环境友好发展、美丽中国建设和人与自然和谐发展。

第二节　生态文明制度建设的指导原则

一、制度继承与制度创新相结合

随着生态文明建设的向前迈进，我国已经设立了诸多的法律法规以及相关制度。我国的生态文明制度建设应当在坚持继承现有制度的同时依据生态文明建设的进展来创新旧制度。通过对科学决策制度、道德文化制度以及法治管理制度的创新，来提高政治领导力、制度和决策的执行力以及全社会的自觉行动能力。

二、切实可行与公平高效相结合

首先，在生态文明制度的设计中，应综合考虑制度的可操作性，明确各项制度实施主体，准确把握各项制度的建设情景，对实施方案和操作流程进行规范设计。其次，生态文明制度的设计应平衡各方主体的利益关系，不断优化制度运行的环境，降低制度运行成本，形成公正高效的生态文明环境，促进生态文明的社会实践，实现生态文明建设的切实可行与公平高效相结合。

三、国际经验与国内实情相结合

首先，充分借鉴发达国家在环境保护制度建设的成果和经验。通过对美国、欧盟、日本、新加坡及澳大利亚等国家和地区在生态经济、循环经济、低碳经济以及可持续发展等领域建设的经验进行分析，从建设举措与成效、实施模式与机制、政策手段与保障措施等多方面对生态文明制度建设经验进行总结。其次，对我国生态文明制度建设的现状进行深入剖析，从需求和供给两方面掌握我国生态文明制度建设状况，明确我国生态文明制度在国际大环境下的优、劣势，建立具有"中国特色"的生态文明制度。

第三节　生态文明制度建设的发展思路

生态文明制度建设的总体战略发展思路为：在国家促进生态文明制度建设的

统一领导下，以政府、企业和社会多元主体协同建设为基础，把握我国生态文明制度建设的现状，借鉴国外成功经验，以改革为制度创新推动力、体系化建设为制度建设途径，政策为制度建设保障，来确定生态文明制度建设的推进路径，明确生态文明制度改革的重点领域、重要任务和基本思路，构建强制性、市场性、引导性制度"三位一体"化的制度体系，合理调整战略布局，稳步推进具有中国特色的生态文明制度建设进程（见图 12 – 1）。

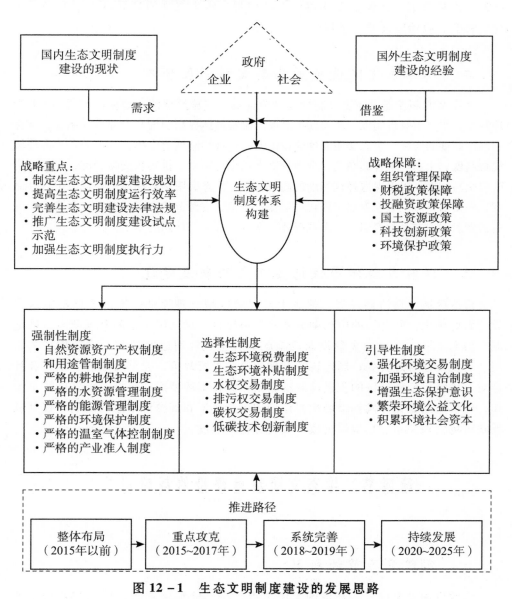

图 12 – 1　生态文明制度建设的发展思路

一、以改革为动力推动生态文明制度创新

生态文明体制改革要从规范资源和保护环境出发，以完善干部考核评价机制为重点，把生态效益、民生改善等指标和绩效纳入考核内容，摒弃地方以 GDP 为主导的发展观；推行主体功能区制度和生态补偿制度，将限制开发及禁止开发的地方保护起来，让保护者获得应有的回报，将生态文明理念融入到经济、文化、社会、政治建设的全过程。

二、以体系化建设增强生态文明制度合力

生态文明制度建设需要强制性制度为前提，实施严格的耕地保护制度、能源管理制度、水资源管理制度、环境保护制度、温室气体控制制度和产业准入制度，确保强制性制度的实施。生态文明制度建设需要以选择性制度为主体，改革完善生态环境税费制度、生态环境补贴制度，全面推进水权交易制度、排污权交易制度，积极探索碳权交易制度，以确保选择性制度的高效运行。生态文明制度建设需要辅以引导性制度，一是引导方向主要聚焦于强化环境保护意识、资源节约意识、生态权益意识、绿色消费意识，二是教育引导应采取媒体、学校、社区、社团的多主体联动形式。

三、以政策为保障促进生态文明制度建设

促进区域平衡协调发展，促进生产要素区域合理流动，推进主体功能区建设，做好国土空间开发的中长期规划并严格执行；优化国土空间开发政策，推动城乡协调发展，促进城乡建设向设施配套齐全、规划适度超前、建筑物经久耐用、功能分区合理转变；制定科学合理的绿色投资政策，充分将政府、企业和社会对发展绿色低碳经济的积极性调动起来；深化资源型产品价格及税费的改革工作，加快建立能充分发挥市场配置作用的生产要素和资源价格形成机制，使其能反映市场供求关系、环境损害成本及资源稀缺程度。

第四节　生态文明制度建设的战略目标

一、实现资源节约利用

节约资源是保护生态环境的重中之重。在土地利用方面，2012 年我国耕地

面积 20.27 亿亩，农用地面积 64 646.56 万公顷；2010 年能源综合效率为 33%，石油对外依存度为 53.8%，非化石能源消费比重为 8.6%，煤炭消费比重为 70.9%；水资源利用，2010 年我国总用水量 6 022.0 亿立方米，2012 年我国水功能区达标率 46%，农田用水效率为 0.50。

至 2020 年，土地利用方面，全国耕地面积基本保持在 18.05 亿亩左右，农用地稳定在 100.33 亿亩左右，全国通过土地整理复垦开发补充耕地不低于 0.55 亿亩；能源利用方面，能源综合效率提高到 40%，石油对外依存度控制在 70% 以内，非化石能源消费比重提高到 15%，煤炭消费比重降低到 50% 左右；水资源利用方面，重要江河湖泊水功能区水质达标率达到 80% 以上，农田用水利用系数控制在 0.55 以上，重点的受损水生态得到修复，用水效率得到有效控制（见表 12 – 1）。

表 12 – 1   资源节约利用目标

		2015 年	2020 年
土地利用	耕地	18.18 亿亩	18.05 亿亩
	农用地	992 656 万亩	1 003 253 万亩
	土地整理复垦补充耕地	2 400 万亩以上	5 500 万亩以上
		2010~2015 年	2015~2020 年
能源利用	能源综合效率	提高到 38%	提高到 40%
	石油对外依存度	61%	75%
	非化石能源消费比重	提高到 11.4%	提高到 15%
	煤炭消费比重	65%	58.5%
		2015 年	2020 年
水资源利用	用水量控制	6 350 亿立方米	6 700 亿立方米
	水功能区达标率	60% 以上	80% 以上
	农田用水效率控制	利用系数 0.53 以上	利用系数 0.55 以上

资料来源：土地利用：耕地面积 2010 年数据为 18.18 亿亩，在此做推测 2015 年也为 18.18 亿亩；农用地 2010 年数据为 992 656 万亩，在此做推测 2015 年也为 992 656 万亩；土地整理复垦补充耕地 2015 年数据来自《全国土地整治规划（2011~2015 年）》，其他数据来自《全国土地利用总体规划纲要（2006~2020 年）》。

能源利用：2010~2015 年除石油对外依存度数据源于"十二五"规划；2015~2020 年数据来自能源综合效率按均速预测；石油对外依存度 2013 年达到 58.1%，2001~2010 年均增速约为 7.2%，保守预测 2015 年、2020 年为 61% 和 75%；非化石能源消费 2020 年值为 2009 年中国在联合国会上承诺数据；煤炭消费比重 2020 年数据来自煤炭工业规划设计研究院总经理李瑞峰在 2014 年电力运行形势年中分析会上预测。

水资源利用：2015 年和 2020 年数据源自《关于实行最严格水资源管理制度的意见》。

二、实现环境友好发展

根据经济基础、环境状况、环境文化和国民生活方式等基本国情，我国制定相关的立法体系，逐步完善了相关的立法和健全生态文明制度建设，并对气体污染物排放和重金属污染排放制定了具体的减排目标。"十二五规划"明确指出，到2015年，单位GDP二氧化碳排放较2010年降低17%，二氧化硫、化学需氧量、氨氮、氮氧化合物排放量比2010年降低10%；重金属排放方面，重点区域较2007年减少15%，非重点区域不能超过2007年的排放水平。

到2020年，在主要污染物排放方面，单位国内生产总值二氧化碳排放要比2005年下降40%～45%，二氧化硫、化学需氧量、氨氮、氮氧化合物的总排放量较2015年下降控制在25%以上；重点区域的重点重金属污染排放量比2008年减少50%，非重点区域的重点重金属污染排放量不超过2013年的水平，重金属污染得到有效控制，水质得到大幅度提高；城镇环境基础设施建设和运行水平得到提升；生态环境恶化趋势得到扭转；核与辐射安全监管能力明显增强，核与辐射安全水平进一步提高；环境监管体系得到健全（见表12-2）。

表12-2　　　　　　　　　　　环境友好发展目标

		2015年	2020年
气体污染物排放	单位GDP二氧化碳排放	下降17%（较2010年）	下降20%～25%（较2005年）
	二氧化硫、化学需氧量、氨氮、氮氧化合物排放量	下降10%（较2010年）	下降25%（较2015年）
重金属污染排放	重点地区	减少15%（较2007年）	减少50%（较2008年）
	非重点地区	不超过2007年水平	不超过2013年水平

资料来源：气体污染物排放：2015年值为"十二五"规划值；单位GDP二氧化碳排放，中国向世界承诺2020年比2005年下降40%～45%。2014年上半年氨氮、氮氧化合物排放量较2013年下降5%，按这个速度推测2020年为25%。

重金属污染排放：2015年值为"十二五"规划值；2020年重点地区减少50%为《湘江流域重金属污染治理实施方案》2020年规划值，在此作为推测值，非重点地区为推测值。

三、实现美丽中国建设

生态文明是实现美丽中国的基础和保障，绿色发展、循环发展、低碳发展随着生态文明制度的实施，将有较大范围的发展。绿色发展方面，2013 年我国能源强度较 2012 年下降 3.7%，2011 年我国化学需氧量排放总量较 2010 年下降 1.63%；循环发展方面，我国在"十一五"期间，资源循环利用产业年产值超过了 1 万亿元，总产值年均增长率达到 15%，超出国内 GDP 增长率 4 个百分点；低碳发展方面，2013 年我国非化石能源消费占一次能源消费比重由 2012 年的 9.1% 提高到 2013 年的 9.8%，全国森林覆盖率上升到 21.6%。

到 2020 年，在绿色发展方面，能源强度比 2015 年下降 30% ~40%，GDP 能耗预计将实现下降 20% 以上，工业增加值用水量下降 35%，化学需氧量下降 20%，二氧化硫排放量累计下降 18%；在循环发展方面，主要资源产出率比"十二五"末期提高约 18%，资源循环利用产业总产值达到 2 万亿元；在低碳发展方面，非化石能源占一次能源消费比重、森林覆盖率分别增加 15%、23%，森林蓄积量增加 6 亿立方米（见表 12 - 3）。

四、实现人与自然和谐发展

维护自然生态的平衡，统筹人与自然的和谐发展，是人类社会可持续发展的基本前提，是人类共同的根本利益所在。通过规划、设计与实施完整、系统的生态文明制度体系，人类基本得到全面发展，经济基本实现稳定增长，生态基本实现了良性循环，资源基本实现可持续利用，逐步实现人与自然的和谐发展。

表 12 - 3　　　　　　　美丽中国建设目标

		2015 年	2020 年
绿色发展	能源强度	下降 21%（较 2010 年）	下降 30% ~40%（较 2015 年）
	工业增加值用水量	下降 30%（较 2010 年）	下降 35%（较 2015 年）
	化学需氧量	下降 10%（较 2010 年）	下降 15%（较 2015 年）

续表

		2015 年	2020 年
循环发展	资源产出率	提高 15%（较 2010 年）	提高 18%（较 2015 年）
	资源循环利用产业总产值	1.8 万亿元	2 万亿元
低碳发展	非化石能源比重	提高到 11.4%	提高到 15%
	森林覆盖率	提高 21.66%（较 2010 年）	提高 23%（较 2015 年）
	森林蓄积量	143 亿立方米	151 亿立方米

资料来源：绿色发展：2015 年数据来源于《国务院关于印发工业转型升级规划（2011～2015 年）的通知》；对于 2015～2020 年数据，2009 年中国在联合国会上作出承诺，能源强度下降 40%～45%，"十二五"规划 2015 年比 2010 年下降 16%，按均速做出推测为 20%～25%；《全国水资源综合规划》指出，到 2020 年，工业增加值用水量较 2008 年降低 50%，做出预测较 2015 年降低 35%。

循环发展：2015 年数据来源于《循环经济发展战略及近期行动计划》；《全国资源型城市可持续发展规划（2013～2020 年）》指出，2013～2020 年主要资源产出率下降 25%，按平均增速预测 2020 年为 18%；资源循环利用产业总产值按 2010～2015 年均速预测。

低碳发展：2015 年数据来源于《国民经济和社会发展第十二个五年规划纲要》；2020 年数据，非化石能源比重数据来自 2009 年中国在联合国大会上的承诺；森林覆盖率和森林蓄积量 2020 年数据来自 2013 年"国际森林日"国家林业局局长赵树丛讲话。

第十三章

中国生态文明制度建设的战略重点

第一节　强化生态文明制度建设的顶层设计

系统性的生态文明制度建设需要从总体规划、组织架构以及标准体系进行设计安排，对全国生态文明建设进行统一规范的指导。

一、完善生态文明制度建设的组织领导体制

完善的组织领导是实现生态文明制度建设的根本保障。第一，完善组织领导决策制度，丰富决策方式和方法，引导更多的专家和技术人员参与到组织机构的决策过程。第二，规范化组织领导的指挥过程，简化组织领导体系的组织结构，降低组织领导的层次和跨度，杜绝多头领导和政府多门的现象。第三，建立行政、媒体和社会三方联合的监督小组，拓展监督的方法和方式，实现上下级的互相监督。引入第三方监督体系，广泛吸纳和引导社会公众力量对组织领导体系监督；丰富监督的途径，将传统的会议监督与现代的网络监督相结合。

二、制定国家生态文明制度建设路线图

建设路线图是生态文明建设的指针，从宏观的角度设定了我国生态文明制度

建设的方向、时间段以及推进的方式，目前生态文明制度建设的关键环节，是确定整个国家的生态文明制度建设路线图。第一，提出我国生态文明制度建设的目标，按照"五位一体"总体布局思路，明确我国生态文明制度建设未来的方向及预期成果。第二，划定生态文明制度建设的阶段性时间节点，特别是明确我国生态文明制度建设在未来时间节点需要达到的具体要求，将具体目标细化和数字化。第三，明确生态文明制度建设重要任务的推进层次和布局，从空间开发、产业结构、资源利用、文化建设以及体制机制的角度，确定生态文明制度建设的具体内容。

三、建立和完善生态文明建设考核评价体系

以保护自然资源的视角建立新型的绿色 GDP 考核评价体系，不断完善我国现有的对政府和干部的考核评价体系。根据不同功能区的作用和特点，建立具有差异化的生态文明建设考核评价体系，特别是将地区和环境资源的可持续发展纳入考核评价体系，摒弃传统唯 GDP 论的政府和干部考核评价体系，提升绿色指标在评价体系中的比重和地位。探索由社会公益组织、第三方评估机构以及社会公众参与的生态文明建设考核评价方法，以社会的声音评价政府和干部政绩；同时将生态文明建设评价的结果作为未来干部任用奖惩的依据，对于出现重大生态事故并对自然资源形成重大破坏的情况，实行一票否决制度。

第二节 实行最严格的源头保护制度

我国以往对于自然资源和生态环境的保护，强调中期监管和末端治理，虽然取得了一定的成效，但是资源过度消耗的趋势仍未缓解，末端治理在面对更为恶劣环境的同时，还增加了数量巨大的治理成本。因此，未来我国生态文明制度的建设，要更加重视前期防治，在源头开始实行对于资源消耗和环境污染的控制，源头保护制度更为关键。

一、建立国土空间开发保护制度，划定生态红线

生态红线是约束地方和企业行为的准则，通过建立我国国土空间开发保护制度，规定我国地方和企业严守的生态红线，通过制度保护和修复现有的生态系

统。第一，强化主体功能区制度，明确我国区域生态保护布局，严格保护限制和禁止开发区域，实现生态资源储蓄；第二，编制资源资产负债表，对我国自然资源的存量和消耗量进行实时掌控，对于透支消耗资源的行为严格制止；第三，划定国土生态保护红线，禁止透支使用自然生态资源，严格确保 18 亿亩耕地的数量和质量；第四，划定我国主要生态保护屏障，按照我国主要山川、河流和森林区域，划定我国生态安全的屏障。

二、启动对自然资源资产产权进行确权登记工作

第一，对全国现有的自然资源进行全面性普查、勘测和申报，调查的内容包括山川、河流、矿产、森林以及各类矿产资源总量和分布地域，由地方普查后上报统一的统计部门。第二，明确不用等级和类型资源的权属，对于战略性和非可再生资源，坚持国家对所有权持有的方针，对于其他自然资源，国家可适当将所有权下放至地方。第三，编制自然资源产权登记表，对于上述明确等级和所有权的自然资源，将全国各类资源和不同的所属权统一登记在册，形成全国性的自然资源总量表。在确认资源类别和所属权后，对资源的所属类别和所有权主体发放相关的法律证书，从法律上对自然资源的等级和产权进行保障。

三、落实严格的自然资源用途管制制度

自然资源的用途管制，目的在于实现自然资源的使用价值和效果最大化。第一，对于自然资源的使用要实现凭证使用，对各类自然资源的使用，相应的管理部门要在审核后颁发使用许可证，对于无证使用的单位和个人，实行严格的处罚并依法追究法律责任；第二，对资源使用用途进行定期随机抽查，定期对使用的单位和个人进行资源用途抽查，对于资源用途使用不明和乱用的单位和个人，剥夺其自然资源使用权；第三，做好资源使用项目的论证工作，切实履行监督和管理职责，管理部门要严格执法和审批，强化对于项目前期的资源用途论证，严把资源使用许可审批；第四，建立和完善自然资源审批和用途监管的相关法规，实现自然资源从申请到使用监管的各个流程的标准化和法律化，实现审批和监管过程有法可依。

第三节　建立完善环境损害赔偿制度

法律法规是我国生态文明建设的重要保障，也是规范生态行为的重要依据，在生态文明制度建设中，关于环境责任追究机制已有较为明确的规定和制度安排，强调了对于环境损害的责任追究制度，而对于赔偿损害环境资源的相关制度尚未完善，必须加快建立和完善环境损害赔偿制度，促进我国生态文明制度建设有法可依有理可循。

一、建立和完善环境损害赔偿实体法

实体法是一则确定公民权利和义务的法律。我国现有的环境损害赔偿实体法，与发达国家相比还不健全，特别是法律内容、定罪体系以及量刑体系方面还需要完善。首先，完善现有的环境损害罪名体系，实现根据行为结果准确判断违法的行为和方式；其次，逐步完善环境损害罪状，明确行为的特点，准确描述行为的内容，为罪和非罪以及罪的类型提供依据。

二、建立和完善环境损害赔偿程序法

完善环境损害赔偿程序法。第一，建立一部统一的程序法典，对基本原则和共同原则做出统一规定，明确违法行为后的规范流程和程序；第二，明确执行机关的权力和责任，健全程序法的责任机制，完善执法程序；第三，完善程序的相关种类，包括普通程序、简易程序和特殊程序，对每个程序的实现形成制度，严格限定每个程序的时间；第四，完善保密制度和公开制度，对每个执法环节做出明确的规定，做到立法环节、执法环节、守法环节和监督环节全方位公正。

第四节　建立健全环境责任追究制度

我国目前环境损害责任追究制度建设滞后，对于责任的界定模糊不清，配套的法律体系不健全，各地在执法过程中缺乏统一标准，对于政府人员的行政责

任、社会居民的民事责任以及相应承担的刑事责任，均需要根据我国未来生态文明制度建设的目标来完善。

一、建立健全环境行政责任追究制度

第一，尽快制定统一的行政问责法，建立和健全我国环境行政责任追究制度的法律体系；第二，确立符合环境行政责任追究的立法原则，实现法律面前的人人平等原则，严格落实依据法律法规进行问责的原则，明确责任的预防原则，尽早实现在事故发生前采取措施，严格遵守罪责相适原则；第三，全面和清晰地阐述追责事由，并合理地运用追责方式；第四，科学合理地制定责任追究程序，完善社会公众的参与机制，问责面向社会公开，进一步明确听证会制度，扩大公众参与立法渠道。发挥专家学者的论证作用，实现责任追究的科学化，问责结果面向社会公开，接受全社会的广泛监督，问责结果纳入政府政绩考核体系。

二、建立健全环境民事责任追究制度

建立健全民事责任追究制度，目的在于引导公众遵守相关的环境法律法规，减少个人和组织行为对于自然资源和自然环境的损害。第一，对民事责任追究的相关内容予以界定，在法律条文的基础上明确民事责任的范围；第二，构建具有差别化的民事责任追究法规，对民事责任实行分类化和差别化处理，实现个人和组织在法律面前权、责、利对等的原则，根据行为结果判定责任大小；第三，完善和规范民事责任追究流程，明确责任追究的负责主体，规范提起诉讼的流程，将责任追究事宜纳入统一规范的框架内实施；第四，实行环境民事责任的派生诉讼方式，社会的组织和个人，对于出现的损害自然资源和环境的民事行为，可通过法律机构对违法行为提起诉讼，以社会监督的方式实现用制度保护环境。

三、建立健全环境刑事责任追究制度

刑事责任是在个人或组织的行为对自然资源和环境形成破坏后，除对其进行民事责任的追究外，还要对其产生的破坏效果进行刑事责任追究，同发达国家相比，我国环境损害刑事责任追究制度建设尚处于起步阶段。第一，完善环境损害刑事的相关立法，将刑事责任的追究、判决和执行纳入标准化的法律框架。特别要加快完善对民事行为和刑事行为的界定，划定不同等级刑事责任下的量刑标准；第二，建立和完善刑事责任诉讼体系，引入环境损害派生诉讼制度，允许第三方提出刑事诉讼请求，拓展社会监督的渠道和手段；第三，建立和完善刑事责任公诉体系，从责任界定环节简化诉讼流程，规范诉讼的程序和负责主体，实现专门部门处理专门事件；第四，建立和完善刑事执行和监督体系，抽调专门的法律部门负责刑事责任的执行。

第五节　完善环境治理和生态修复制度

一、完善重点流域重点地区污染整治体系

污染整治体系主要包括行政管理体制、污染物排放产权和监管体制、污染控制和治理的相关法规以及保障体系。我国重点流域重点地区的污染整治体系尚不完善，因此需要从以下几个方面进行完善。第一，严格划定重点流域重点地区污染防治区域，改变以往按照行政区域或者分管部门进行分类管理的现状，由国家统一机构下设的各个部门分类管理；第二，实施污染物排放总量管制，严格控制重点流域重点地区污染物排放总量，将排放权和许可权纳入市场化经营体系；第三，编写国家污染物排放种类清单，明确规定污染物排放的种类和方式，对于违反上述规定的，依照制定的法律法规进行处罚，用有效的、强力的法规实现全国统一管理；第四，吸引科研机构参与污染防控及治理，广泛吸纳社会各界为污染治理献计献策。加大对于污染治理的基本投入，拓宽资金来源的方式和渠道，加大对于污染防治的补贴。

二、推进生态环境保护的市场化改革

保护自然资源和生态环境，不仅要依靠国家行政立法的强制手段，同时也要依靠市场化运作的引导手段实现，因此建立现代化的资源市场交易制度势在必行。资源和环境保护市场化，就是要根据市场的需求实现所有权和使用权的分离，以市场运作的机制引导政府和企业参与。建立自然和环境资源交易市场，运用产权理论设立使用权和排放权交易制度，将自然资源和环境资源所有权投入市场交易，资源的使用者根据自身所需在市场寻求交易，所有者根据手中资源所有权，将闲置的资源纳入市场交易体系，包括自然资源使用权、污染排放权等。个

人和组织在获得使用权后可以产生经济效益，而同时出让使用权的一方也能产生经济效益，在保证社会整体资源使用量和污染排放量不变的前提下，实现产权收益的最大化。

三、建立和完善生态系统保护与修复机制

我国现有的生态系统保护与修复已经严重滞后于经济建设，因此建立和完善生态系统保护与修复机制势在必行。第一，建立我国生态预警机制，转变传统的先污染后治理的保护思路，实现源头上的保护与控制。第二，以生态区域和流域管理的方式保护生态系统，打破传统的按行政区域划分的管理方式，实现森林、河流以及矿产资源的全区域全流域管理。第三，建立和完善《生态系统保护法》与《生态系统修复法律》，逐步形成全国一体化的主体法律，重视法规与经济发展的协调性。第四，建立生态系统修复标准，明确生态系统保护和修复的目标与进程，各部门分别制定相关的保护和修复计划，确保保护与修复顺利实施。执行统一的保护和修复标准，建立全国性的技术体系储备，将保护和修复纳入统一框架。第五，建立不同相关主体间的协调管理机制，进一步完善生态修复工程管理制度，使不同主体在保护和修复工作中协调运行。第六，完善投资融资体制，利用经济杠杆和行政手段建立多层次、多元化的激励制度，形成对不同责任主体差别化的资金扶持，逐步加大财政的投入力度，满足系统保护与修复的需求。

第六节　改革生态环境保护管理体制

一、建立和完善严格的环境监管机制

环境监管是对环境污染行为的事中控制，目的在于及时发现环境破坏问题，防止进一步破坏的产生。第一，完善行政监管机制，建立统一的环境保护监管机构，将现有各类监管工作纳入到国家统一机构。严格审查国家财税支持的环境保护项目及补贴项目，一旦发现违反规定则立即停止财税支持。第二，健全社会监督机制，加强社会舆论的监督功能，拓宽社会舆论的监督方式和渠道，引导社会舆论关注的方向和重点，制定具体的社会监管措施。建立民间的监督组织和机构，将这类组织和机构纳入政府监管体制，在实现环境保护监管的同时，也对政

府的监管工作进行监督，提升政府监督管理的水平和公信度。第三，完善行政监管部门内部自律机制，加强行政监管机构内部的监督和管理，建立由专门的机构和人员组成的监事会，对行政部门的职权行使进行有效的监督。完善内部的规章制度，做到行政行为和手段有据可依。

二、建立环境污染防治区域联动机制

我国未来的环境污染防治区域联动机制，是在国家层次的联动体制下，建立的由国家统一协调的区域间联动体系，因此区域联动机制应从国家的层面进行构建和完善。第一，在国家统一的污染防治法规和政策的指导下，制定由地方和区域各级人民政府参与的防治规划，重点区域和重点流域应由沿区域政府联合制定；第二，建立由中央统一协调的各区域负责人联合工作小组，统一协调各区域的防治行动，各地区统一布局统一领导，对于区域内发生的纠纷由工作小组协调解决；第三，建立统一的环境监测和监管技术和标准，统一区域内监测方法、标准和技术，建立区域内统一的信息数据网络，网络数据实时共享，在事故应急时将预警信息面向区域内成员公布；第四，建立区域内污染应急机制，统一全区域内的联动预警、联动应急和联动行动，构建区域内的统一保障体系，实现保障物资和资金在区域间的自由流动，最大程度上利用区域内资源。

三、建立资源环境承载能力监测预警机制

资源承载能力预警是防止我国自然资源过度消耗的有效手段，资源承载能力的预警以协同理论为基础，要求部门间和区域间的协调行动，强调预警的联动效应。建立全国的资源信息汇总平台，下设由各个区域组成的子系统，由各子系统收集信息并上报至全国统一系统；构建警源、警兆和警情评价指标体系，根据上述三类指标体系，分析承载能力所处的级别并采取行动措施；组建资源承载能力预警协调小组，联合各部门统一组织应对预警，特别是协调部门间处理突发事件的行动，部门间的行动应该按照统一的标准和指挥相互协调；构建预警的指挥和决策体系，建立各相关职能部门间的横向参与体系，建立从政府到公众参与的纵向体系，将各层级各部门纳入到统一的决策小组，以众智的方式实现最优决策；建立预警制度，增强紧急状态下决策的规范性和准确性，完善相关的法律和法规体系。构建突发事件的总体预案和专项预案体系，落实领导责任制，完善管理法制的框架体系，引导行动走向规范化、制度化和法制化轨道。

134

第十四章

中国生态文明制度建设的战略推进路径

自改革开放以来，我国围绕生态环境保护在环境标准设计、市场交易机制建设等方面进行了一系列尝试，尤其是 2007 年以来，两型社会建设的大力推进，为生态文明制度建设奠定了良好的基础。但是，如何全面布局生态文明制度建设，将以前分散的做法进行系统整合，将缺失的领域进行创新，有重点地进行生态文明制度建设（如图 14 - 1 所示）。

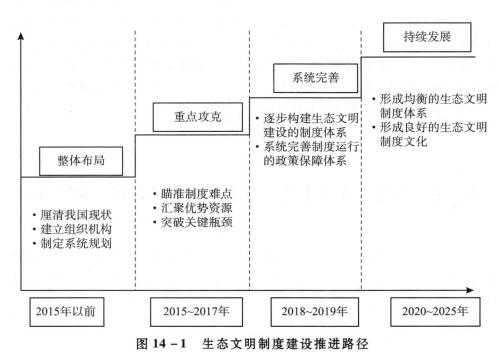

图 14 - 1　生态文明制度建设推进路径

第一节　生态文明制度建设的整体布局（2015 年之前）

一、厘清我国生态文明制度建设的现状

进入 21 世纪以来，我国已明显加快了对生态环境的保护步伐，加大了在生态环境保护方面的制度建设，出台了一系列的环境保护法律、法规，但环境损害问题仍然屡见不鲜。因此，生态文明制度建设整体布局的前提是厘清现状，系统梳理我国生态文明建设领域的各类制度，准确把握各类制度的理论基础和作用机制，明确我国生态文明制度建设的空白点和未来的创新方向。

二、建立生态文明体制改革的组织机构

建立自上而下的目标责任体系，中央和省级部门重点任务在于统筹规划和监督检查，市县级部门的重点任务在于具体工作的推进和落实。横向建立跨部门、跨主体的协调机构，以环境保护、国土资源、发展改革等多部门为主体，打破行政部门割据的樊篱，建立多部门联合办公机制，以生态文明制度建设和推进为目标，进一步明确各部门的职责和任务分工，形成集任务推进与监督监察为一体的工作机制。

第二节　生态文明制度建设的重点攻克（2015～2017 年）

在整体布局的基础上，生态文明制度建设必须抓住现阶段的主要任务，重点攻克亟须完善和创新的生态文明制度，为构建整体的生态文明制度体系奠定基础。如图 14 - 2 所示。

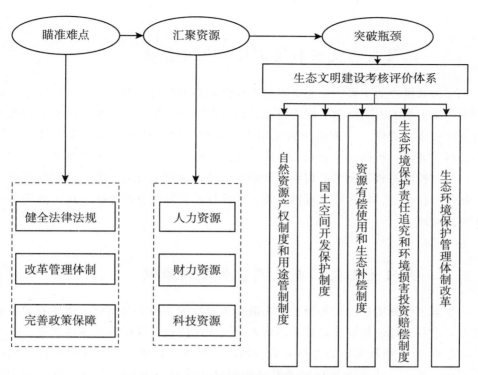

图 14 - 2   生态文明制度建设的重点攻克

一、瞄准当前生态文明制度建设的难点

　　制度体系的安排必然涉及利益相关者的博弈，在既定的制度框架下，企业、公民、政府等主体已形成了忽视自然资源节约和环境保护的路径依赖。新的制度体系建立，势必影响经济社会发展主体的利益，因此，生态文明制度体系建设要牢牢把握利益相关者的关注点，从根本上扭转市场主体的外部性行为。在强制性的法律制度层面，加快制定和修改其他重要单行法的进程。各地方政府加快制定与国家基本法相配套的实施办法或细则。在管理体制改革方面，建立以严格的监管制度、独立的监管机制、联动的污染防治机制、严格的损害赔偿和责任追究等为核心的生态文明管理体制。在关键制度和政策保障方面，注重发挥市场机制在自然资源管理和生态环境保护中的作用，依靠市场机制将市场主体的环境负外部性内部化，依靠经济性激励措施鼓励市场主体实施节能减排项目，主动保护生态环境。

二、汇聚生态文明制度建设的优势资源

作为系统性的工程，生态文明制度建设应多方汇聚优势资源，包括生态文明制度改革实施的人力资源、财力资源、科技资源等。第一，汇聚生态文明制度建设方面的人力资源，一方面积极吸纳生态文明建设领域的专家、学者等智力资源；另一方面，积极引导公众、社区、非政府组织等参与生态文明制度建设。第二，通过投融资机制改革汇聚生态文明制度建设的财力资源。第三，充分利用现代化的科技手段，将计算机模拟决策、资源环境大数据分析等技术用于环境监测和生态治理。

三、突破生态文明制度建设的关键瓶颈

生态文明制度建设的关键瓶颈突破是奠定我国生态文明制度牢固基础的重要基石。第一，如何把资源消耗和环境损害纳入经济社会发展评价体系之中，改变传统的以 GDP 数量为主的考核方式，同时，将环境保护行为纳入政府的考核体系之中。第二，建立国土空间开发保护制度，优化国土空间开发格局，划定耕地、林地、森林、湿地、水系、荒漠植被、物种等生态红线，研究制定生态红线技术规范和生态红线保护管理办法。第三，完善资源、环境价格机制和交易机制，形成能体现生态环境损害成本和修复效益的生态补偿制度。建立完善自然资源及产品公开交易网络平台，对资源及其产品进行公开转让交易。第四，初步建立林地、森林、湿地、物种等自然资源的核算体系，科学编制自然资源资产负债表和环境保护责任清单，明确划分各部门、各主体的生态环境保护责任，建立健全行政问责、民事问责和刑事问责体系。

第三节　生态文明制度建设的系统完善（2018～2019 年）

在重点攻克的基础上，要不断总结生态文明制度建设的经验和教训，形成能够持续推广的生态文明制度试点、示范工程，逐步完善生态文明制度体系（图14-3）。

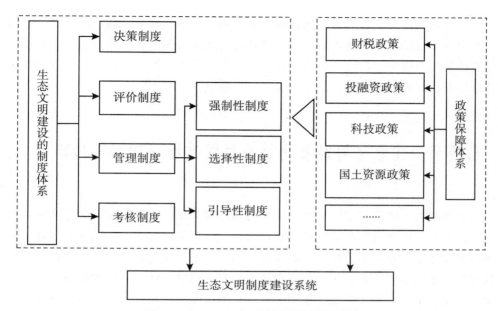

图 14 - 3　生态文明制度建设的系统

一、逐步构建生态文明建设的制度体系

从生态文明建设整体来看，我国生态文明建设的制度体系主要包括决策制度、评价制度、管理制度等内容。第一，提高关于环境保护的决策水平，加强生态文明制度建设的顶层设计和整体部署，引进现代化的决策手段，逐步减少决策层级，加快决策信息的采集和传递，提高决策的科学性和民主性。第二，将经济社会发展的环境成本纳入到评价体系中，建立体现自然资源生态环境价值的资源环境统计制度。完善生态文明建设评价指标体系和机制，逐步向全国推广体现生态价值的评价体系。第三，逐步建立生态文明建设的管理制度，构建以强制性制度为前提、市场型制度为主体、自愿型制度为辅助的生态文明制度体系。

二、系统完善制度运行的政策保障体系

完善的政策体系是确保生态文明制度建设落在实处的重要保障。尽管我国已经出台了一系列关于生态环境保护的政策，但这些政策往往指向单一领域，并未形成完整体系。因此，在生态文明制度体系逐步建立和完善的同时，需要配备相应的政策保障体系。政府作为生态文明制度建设的主体之一，是各项公共政策制定的主要力量，政府应从财税政策、投融资政策、科技政策、国土资源开发政策

等各个领域统筹兼顾，深入研究各类政策主体、客体、政策工具的有效性，把握各类政策的理论基础和适用环境，注重政策之间的协调性，形成生态文明制度建设的政策组合框架。同时，根据生态文明制度建设的进程，适时调整和创新各类政策，保持政策的连续性，减少不必要的交易成本。

第四节　生态文明制度建设的持续发展（2020～2025 年）

根据制度主体的利益诉求和外部环境的发展变化，适度地调整生态文明制度结构，谋求制度建设与利益诉求的最佳结合点，在强制性制度、选择性制度、引导性制度之间形成结构合理、功能齐备、相互促进、相互补充的体系，保持制度运行的动态均衡和高效运转。进一步增强生态文明建设软实力，加强制度文化建设。文化是引导生态文明制度建设走向自觉的灵魂，一切制度的改革和创新只有形成一种文化自觉，才能不断地激发创新与改革的动力。第一，要充分发挥文化的导向作用，通过制度文化引导生态文明制度变迁，推动生态文明建设。第二，要充分发挥文化的组织作用，依托生态文化增强公众对生态文明制度建设的认同度，不断增强生态文明制度建设的文化凝聚力和感召力。

第四篇

中国生态文明
建设的制度体
系研究

第十五章

中国生态文明建设的制度体系与总体框架

第一节　体系构建

生态文明制度建设应该指的是以整个制度体系为中心做顶层设计，而不是单一地设计某项制度。党的十八届三中全会通过的《中共中央关于全面深化改革若干重大问题的决定》中指出："建设生态文明，必须建立系统完整的生态文明制度体系，用制度保护生态环境。"建立健全生态文明制度体系有利于破解我国当前面临的资源环境严重制约经济发展的瓶颈，并将有力地推动美丽中国建设。图15-1展示了生态文明制度体系构建的逻辑线索。

综合考虑国外相关经验和本国国情，我国的生态文明制度体系建设应当包含强制性制度、选择性制度和引导性制度。

一、强制性制度

强制性制度是指政府等管理当局为了推进该地区的生态文明建设而通过法律法规的形式对其管辖区域内各经济主体的带有强制性的约束与限制，各经济主体必须无条件遵守与执行。如国土空间开发保护制度、自然资源开发保护制度、环境标准和总量控制制度及其他强制性制度。强制性制度借助法律或政府的强制

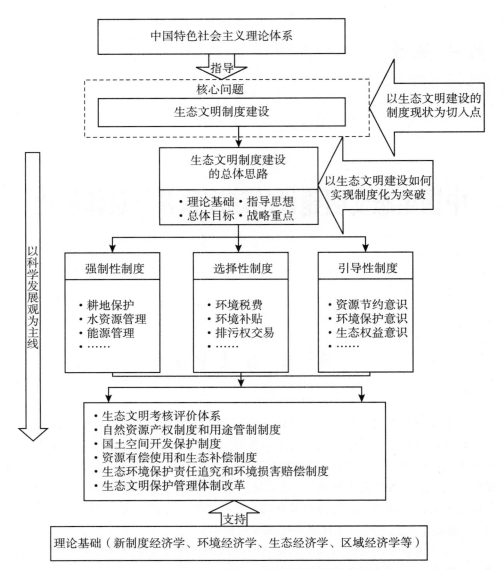

图 15 - 1　生态文明制度体系构建的逻辑线索

力保证实施，因而其运用前提在于有合理健全、可操作的法律、法规及其他规范的存在。由于强制性制度的本质是刚性约束，经济主体只有服从与认罚两种选择，因而强制性制度中应内化三个机构：制定管制标准的机构、监督标准执行情况的机构和执行违规制裁的机构。

强制性制度的优势在于：提高制度变迁的速度、提高制度执行的效率和降低制度变迁的成本。其劣势在于：制度破坏性大和风险高。

二、选择性制度

选择性制度是指政府等管理当局通过经济刺激手段，促使企业通过权衡"投入—产出"来进行优化选择，进而实现地区生态文明建设目标。如资源有偿使用和生态补偿制度、生态环境财税制度和其他选择性制度。政府在制定选择性制度时，往往没有具体的指令指导经济主体做什么、怎么做，而是先构建一个可供经济主体选择的制度环境，由经济主体自主选择最适合自身发展与最有利的发展路径，以达成经济主体获得自身利益和实现生态文明有序建设的双赢局面。同时，因其以市场作为资源配置的重要手段，因而对市场中主体的独立性、竞争的有效性、政府行为的规范性和市场秩序的有序性有着较高的要求。

三、引导性制度

引导性制度是指在人类遵循人、自然和社会和谐发展的客观规律的基础上，以政府倡导和呼吁为主要手段，由经济主体自动自发地遵守履行而建立起来的一种非正式制度。引导性制度不同于法律，更加强调道德自律与自我觉悟，而不是法定的责任和义务以及法律惩治。如环境宣传与教育制度和一些其他引导性制度。习俗、道德、伦理组成的社会意识影响和个人学识、素养的积累是引导性制度形成的两种途径。引导性制度在社会文化中内化为个人素质，具体表现为对保护生态环境强烈的责任感以及外部不经济行为的锐减和消除。资源节约和环境保护引导性制度的建设就是中国传统文化中"天人合一"的朴素生态观的体现。

由于我国当前的生态环境问题刻不容缓，市场机制仍不完善，因此，在构建生态文明制度体系时，强制性制度是规范，作为经济主体在该地区市场生存发展所必须达到的最低标准；引导性制度是主体，作为政府调控生态环境问题采取的主要手段；选择性制度是辅助，作为前两种制度的补充。三者缺一不可，共同构成有序且完备的生态文明制度体系。

第二节　总体框架

一、生态文明制度的基本框架

对生态文明制度的执行力度由硬到软的顺序进行排列，可以分为强制性制度、选择性制度、引领性制度等，而每一种制度又可以细分，从而可以形成生态文明制度的基本框架，见图 15 - 2。

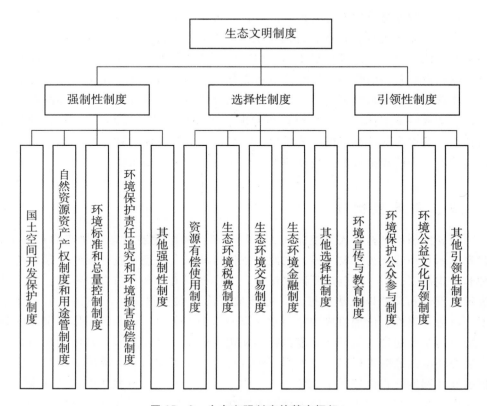

图15 - 2　生态文明制度的基本框架

图 15 - 2 并非完整的生态文明制度的基本框架，根据不同的经济主体或生态文明建设战略，我们可以在增加层级的基础上细化生态文明制度。例如，其他强制性制度包括温室气体控制制度、产业准入制度，其他选择性制度包括环境（能源）合同管理制度、低碳技术创新制度，其他引领性制度包括环境自治制度和环境社会资本积累制度等。

二、生态文明制度建设的矩阵构建

针对不同的经济主体制定有针对性且不同类型的生态文明制度，就可以形成制度矩阵。强制性制度、选择性制度、引领性制度针对政府、企业和公众，可以形成"三制度三主体"制度矩阵，见表 15 - 1。表中只是列举部分制度和政策。

表 15 - 1 　　　　　生态文明建设的"三制度三主体"矩阵

针对主体	强制性制度	选择性制度	引领性制度
政府	环境侵权制度 温室气体控制制度 完善节能法规和标准 ……	政绩考核的奖惩制度 环境损害赔偿制度 资源有偿使用和生态补偿制度 ……	环境宣传教育制度 环境社会资本积累制度 ……
企业	产业准入制度 生产工艺的环境规制 ……	碳交易权制度 生态环境税费制度 生态环境补贴制度 生态环境交易制度 生态环境金融制度 环境（能源）合同管理制度 低碳技术创新制度 ……	绿色企业创建制度 绿色产品标志制度 环境自治制度 生态保护意识养成制度 ……
公众	禁食野生动物制度 禁止象牙贸易制度 ……	垃圾处理收费制度 节能产品补贴制度 ……	绿色消费教育制度 环境保护公众参与制度 环境公益文化引领制度 ……

　　针对不同的生态文明建设战略制定促进发展且不同的生态文明制度，又可以形成新的制度矩阵。强制性制度、选择性制度、引领性制度针对产业生态化战略、消费绿色化战略、资源节约化战略、生态经济化战略，便可以形成"三制度四战略"制度矩阵，表 15 - 2 中也只是列举部分制度。

表 15 - 2 　　　　　生态文明建设的"三制度四战略"矩阵

战略类别	强制性制度	选择性制度	引导性制度
产业生态化战略	产业发展准入制度 生产工艺的环境规制 ……	绿色产业激励制度 ……	企业社会责任制度 ……
消费绿色化战略	汽车排量控制制度 ……	绿色税费制度 ……	树立低碳消费观念 ……

续表

战略类别	强制性制度	选择性制度	引导性制度
资源节约化战略	资源能源价格管制制度 环境侵权制度 温室气体控制制度 ……	低碳能源补贴制度 生态环境补贴制度 ……	节能降耗理念培育 环境宣传教育制度 ……
生态经济化战略	污染总量控制制度 ……	生态保护补偿制度 环境损害赔偿制度 资源有偿使用和生态补偿制度 排污权有偿使用制度 碳交易权制度 ……	生态环境伦理教育 生态文明知识普及 环境公益文化引领制度 ……

三、生态文明制度的关系分析及其优化选择研究

(一)生态文明制度的相互关系分析

制度的替代性是指若干个不同的制度可以单独使用并发挥作用，且其产生的政策效果相同或相近。在使用具有替代性的制度时，应特别注意制度实施后产生的叠加影响。因此，当实施的制度具有替代性时，应根据其带来的利害进行取舍。

制度的互补性是指若干个不同的制度可以作用于同一事物的不同方面，且其实施效果的实现需要这些制度共同实施。例如，高碳征税制度和低碳补贴制度就是制度互补性的表现，其同时实施有利于降低碳排放。表15－3分析了9个不同生态文明制度的替代性和互补性关系。

表15－3　　　　　生态文明制度之间的替代性和互补性

	产权制度	开发制度	环境税收	资源管理	资源交易	环境交易	公众参与	教育倡导	文化引领
产权制度	—	替代	替代	互补	互补	互补	互补	互补	互补
开发制度	替代	—	互补	互补	互补	—	互补	互补	互补

	产权制度	开发制度	环境税收	资源管理	资源交易	环境交易	公众参与	教育倡导	文化引领
环境税收	互补	互补	—	互补	替代	替代	互补	互补	互补
资源管理	互补	互补	互补	—	替代	替代	互补	互补	互补
资源交易	互补	互补	替代	替代	—	互补	互补	互补	互补
环境交易	互补	互补	替代	替代	互补	—	互补	互补	互补
公众参与	互补	互补	互补	互补	互补	互补	—	互补	互补
教育倡导	互补	互补	互补	互补	互补	互补	互补	—	互补
文化引领	互补	互补	互补	互补	互补	互补	互补	互补	—

（二）生态文明制度的优化选择

在进行生态文明制度的选择时，应因事为制，进行优化选择。强制性制度、选择性制度和引领性制度各有利弊，也各有不同的适用范围。强制性制度的优势在于推进制度变迁的时效性和低成本，但其具有破坏性大、风险高和搭便车等劣势也致使在使用它时需权衡利弊。选择性制度可为经济主体提供选择方案的权利，以尽可能低的成本实现目的，可使其对市场机制和技术条件等外部环境提出较高的要求。引领性制度的优点是通过教育影响人们的信念，从而形成稳定的环境保护理念，缺点是引导性制度不同于法律，不存在法定的责任和义务，也不会受到法律惩治，而是给予人一定自由的空间，因此缺乏强制力，存在道德风险。

除此之外，选择生态文明制度时，还需考虑不同制度间的替代性和互补性，以优化选择。具有替代性的不同制度同时实施会带来叠加影响，因此，在使用时应特别谨慎。当不同的制度具有互补性时，应充分考虑其效果，达到最优的结果。

第十六章

中国生态文明建设的强制性制度研究

第一节 生态文明建设的强制性制度内涵及特征

一、强制性制度内涵

生态文明建设的强制性制度与引导性制度有所不同,依靠政府命令和引入法律实现生态文明建设。生态文明的强制性制度可以纯粹因在不同集团之间对生态文明建设成本通过法律和命令进行再分配而发生。

强制性制度变迁和引导性制度属于新制度经济学的范畴,新制度经济学家对两者进行了对比分析,认为作为制度建设主体的政府看到了潜在的租金或产出是强制性制度产生的原因。强制性制度见效快,强制性和暴力潜能降低制度还能降低变迁成本。然而,强制性制度变迁也存在一些问题,如破坏性大、风险高、"搭便车"行为等。因此在政府主导生态文明建设的过程中必须选择得当的时机谨慎使用强制性制度,且不可长期使用强制性制度。

二、强制性制度特征

150

生态文明建设的强制性制度有三个主要特征:

第一，政府是生态文明建设的主导。生态文明建设是一项重大战略任务，关系人民福祉、民族未来，具有明显的正外部性，规模大，是一个具有公共产品的一般特点（非盈利性、非竞争性以及非排他性）的系统工程，只能由政府主导，不能由私人部门提供。

第二，法律或行政命令是生态文明建设的保障。一般而言，引导性制度是通过经济手段的规范来达成政策目标，即让经济主体充分地认识到某一符合管理者预期目标，对经济主体而言是有利可图的，而强制性制度则有所不同，一般需要政府通过制定法律或者发布行政命令来达成政策目标。

第三，强制执行是落实生态文明的手段。十八大报告强调：突出生态文明建设的同时，把它融入政治、经济、文化、社会建设中去。生态文明建设涉及的范围极其广泛，难免会触动形形色色政治、经济集团的利益，对于这种情况，引导性制度优选的方法是协商和协调，伴随的是利益双方的妥协，而对于强制性制度，则往往通过行政命令强制执行，这往往是在生态文明建设中最直接也最具有效果和效率的。

第二节　国土空间开发保护制度改革创新

一、国土空间开发保护制度的主要内容

（一）国土空间开发保护的概念

国土空间包括陆地、陆上水域、内水、领海及其底土和上空，涉及国家主权管理范围内的地域空间，是经济社会发展的物质基础，生态文明建设必然要在国土空间上展开。国土空间开发指以陆地国土空间为对象，对土地、水、矿产、气候、海洋、旅游、劳动力等资源进行开发利用，统筹城市空间、农业空间和生态空间协调发展，优化国土空间开发格局，提高土地利用的合理性、集约度和有效度。

（二）国土空间开发保护政策体系建设

2010年9月由国土资源部以及国家发展和改革委员会牵头，坚持全域立体开发、突出陆海统筹的《全国国土规划纲要（2011～2030）》正式启动。2010年10月1日，开始施行我国第一部规划方面的地方性法规《江苏省发展规划条

151

例》，规范内容包括发展规划的对象、内容、编制、批准、实施、监督与法律责任等方面。地方规定较为细致，针对性也较强，但是总体看来缺乏统一性和整体性，仅在小范围内适用，并且缺乏有效的监督使得执行起来效果并不明显。

我国已经建立了以宪法、行政法、民法、经济法（财税法）和相关程序法等基本法，并颁布实施《土地管理法》《环境保护法》《城乡规划法》等涉及大气、土地、水、矿产等专门法为主体，部门规章、地方性法规和相关司法解释相配套的国土空间开发保护法律体系。立法范围涉及国土空间开发保护主体制度、市场规制法制度、调控法制度和责任制度，分析和探究涉及立法、执法、司法与区域治理的关系等领域，见表 16 - 1。

表 16 - 1 国土空间开发保护基本法

法律类别	法律名称	颁布机关	颁布时间、修订时间
宪法	《宪法》	全国人民代表大会	1982 年颁布（1988 年、1993 年、1999 年、2004 年修正）
专门法（行政法）	《行政诉讼法》	全国人民代表大会	1989 年颁布
	《国家赔偿法》		1994 年颁布（2012 年修正）
	《行政处罚法》		1996 年颁布
	《行政许可法》		2004 年颁布
	《行政复议法》	全国人大常委会	1999 年颁布
	《行政强制法》		2011 年颁布
专门法（民法）	《民法通则》	全国人民代表大会	1986 年颁布
	《合同法》		1999 年颁布
	《农村土地承包法》		2002 年颁布
	《物权法》		2007 年颁布
专门法（国土行业法）	《森林法》	全国人民代表大会	1984 年颁布（1998 年修正）
	《土地管理法》		1986 年颁布（1988 年、1998 年、2004 年修正）
	《渔业法》		1986 年颁布（2000 年、2004 年修正）
	《矿产资源法》		1986 年颁布（1996 年修正）
	《野生动物保护法》		1988 年颁布（2004 年修订）
	《水法》		1988 年颁布（2002 年修订）
	《农业法》		1993 年颁布（2013 年修订）

续表

法律类别	法律名称	颁布机关	颁布时间、修订时间
专门法 （国土行业法）	《海洋环境保护法》	全国人大 常委会	1982 年颁布（1999 年修订）
	《草原法》		1985 年颁布（2002 年修订）
	《城市规划法》		1989 年颁布
	《城市房地产管理法》		1994 年颁布（2007 年修订）
	《海域使用管理法》		2001 年颁布
	《环境影响评价法》		2002 年颁布

我国国土资源开发立法基本法内容缺失，存在较多立法空白，并且立法体系零散混乱，保护立法多而杂、缺乏协调，涉及国土空间开发保护主体制度、市场规制法制度、调控制度和责任制度。

（三）国土空间开发保护制度的主要问题

我国在国土空间安排上缺乏顶层设计，给全国统筹和优化国土空间开发结构、统一国土开发利用政策带来很大的难度。存在的主要问题如下：

1. 国土空间开发保护相关规定缺乏具体的可操作性，过于原则

规定地方政府的国土空间执法责任比较具体，规定中央政府的国土空间执法责任比较原则，难以从根本上解决国土空间执法有效性不足的问题。同时，国土空间开发立法层级低，缺乏效力。

2. 国土空间开发立法体系零散混乱

生态性国土空间保护客体广泛，涉及权利义务关系纷繁复杂，缺乏统一的立法规划，法律法规不相协调，其中包括基本法与单行法、单行法与实施细则以及国土空间开发法律制度内部相关法之间存在着不协调，某些方面的规定甚至相互冲突。同时，地方规定较为细致，针对性也较强，但是总体看来缺乏统一性和整体性，仅在小范围内适用，并且缺乏有效的监督使得执行效果不明显。

二、国土空间开发保护制度的改革创新

（一）建立涉土主体（组织）保障机制

国土空间开发保护行政管理关系主体包括相关国土空间开发行政职能部门的

行政主体和行政相对人。国土空间开发行政主体包括国土空间开发规划主体、行政执法主体、信息披露主体、责任承担主体等。建立统一的"规划、监测、监管、评估、协调"的区域联防联控机制，形成国土空间开发保护行政主体区域联防、部门联动、齐抓共管的体系。

（二）改革"土地财政"，完善土地收益分配

首先，建立并完善与事权相匹配的地方政府财政体制，深化地方财政体制改革，根据基础设施建设标准给予市县专项补贴；其次，将农地产权制度改革与征地补偿制度改革结合，保障所有权人权利的回归，有效遏制地方政府的"土地财政"行为；最后，明确界定地方土地财政收益分配关系。

（三）推进国土规划的立法建设，赋予规划的权威性

凡属重大改革必须于法有据，国土空间开发良性的前提就是管理的依据应当是良性的，法律是好的法律。中国当前空间规划还存在法律空白，缺乏法律明确规定区域界限、限制发展的产业类别制定，要有法可依推进规划法学、国土资源法学、土地整治法学基础理论研究，填补立法空白，贯彻落实国土规划。

三、国土空间开发保护制度的实施推进

（一）规范涉土执法、管理、监督权利运行机制

明确权力边界，法治国土。清晰划定涉及国土空间开发相关行政权边界，强调和重申"职权法定"基本原则。开启公开国土空间规划、开发、管理、执法"权力清单"自我限权革命，全面分解国土空间规划、开发、管理行政执法项目。明确执法岗位和执法责任，并进行公告。明确权力边界，清晰界定权力内涵，保障权为民所用。完善并严格执行执法程序制度，规范执法自由裁量权，实行行政处罚裁量权基准适用制度，让权力按照法定程序行使。

（二）加强政务公开，公开国土资源重要信息

通过门户网站发布国土资源的重要信息，保障人民群众的知情权、参与权、监督权。在网上公示行政事业性收费、协议出让土地、划拨用地权等，通过媒体定期发布国土资源管理工作重大举措，重大违法案件查处以及行政许可等情况；改变以往"统一受理、接审分离、封闭运行"的模式，将涉及审批的各业务处室

集中到政务大厅直接受理、审查审批，统一受理、统一编号、统一印章（三统一），公开许可条件、程序、结果、经办人员、举报电话（五公开）。

（三）扩大公民和社会组织有序参与立法的途径，健全立法立项、起草、论证、协调、审议机制

健全受理公开、审查公正、结果公示的工作机制，主动接受社会监督和异议，有效防范廉政风险，树立良好社会形象。通过制定和完善法律支撑，构建公众参与制度规范，避免公众参与被异化、虚置，导致执行失之规范，保障人民管理和参与各项事务的途径和有效形式。

第三节　自然资源资产产权制度和用途管制制度改革创新

一、自然资源资产产权制度改革创新

（一）自然资源资产产权制度的主要内容

1. 自然资源资产产权的概念

自然资源资产产权制度通过法律手段明确自然资源的有关责任主体所有权及所有量，厘清主体所拥有自然资源的法定关系并由此能够获得关联利益的权利。它的建立是为了确定自然资源的产权主体，产权主体获得自然资源带来的相关利益的同时也需要承担相应保护资源的责任。

2. 我国自然资源资产产权制度的发展轨迹

我国自然资源产权制度的发展历程可分为三个时期：产权完全公有化阶段（20 世纪 50～70 年代）、使用权的无偿取得与不可交易阶段（20 世纪 80 年代）以及使用权流通阶段（20 世纪 90 年代以来）。每一阶段都基于一定的法律规定，做出具体的产权安排，由此发挥不同的产权功能，取得一定的制度效益。

（1）20 世纪 50～70 年代。《宪法》（1954）首次从法律层面明确提出部分自然资源属全民所有，标志着自然资源资产产权完全公有化，国家立法明确规定自然资源是属于国家和集体所有权的专有物。

（2）20 世纪 80 年代。20 世纪 80 年代，我国自然资源产权制度由民主共同

155

所有阶段过渡到使用权的免费使用以及禁止交易阶段。在所有权上，除部分法律规定集体所有的自然资源外，其余依旧归国家所有。在使用权上，打破了民主共同所有的完全公有制局面，主体逐渐多元化。在转让权上，明令禁止了自然资源资产产权有关交易。这一阶段国家颁布的关于自然资源资产产权的法律法规如表16-2所示。

表16-2 20世纪80年代我国颁布的相关法律法规

法律名称	颁布时间、修订时间
《宪法》	1982年颁布，1988年、1993年、1999年、2004年四次修正
《民法通则》	1986年颁布
《森林法》	1984年颁布，1998年修正
《草原法》	1985年颁布，2002年修订
《渔业法》	1986年颁布，2000年、2004年修正
《矿产资源法》	1986年颁布，1996年修正
《野生动物保护法》	1988年颁布，2004年修订
《水法》	1988年颁布，2002年修订

（3）20世纪90年代以来。1988年，首个宪法修正案通过，其中规定"土地的使用权可以依照法律的规定转让"，标志着从法律上确定了我国自然资源资产产权的可交易制度，具体表现为使用权有偿取得和允许交易，以及转让权的依法转让，矿业权成为我国第二个实现有偿使用与可交易的自然资源产权。进入21世纪，国土资源部相继发布了一系列相关方面的政策文件，各个省市和地区对不同资源使用权的转让和抵押做出明确的规定。如《吉林省土地管理条例》（2002）、《上海市土地使用权出让办法》（2008）、《北京市城市房地产转让管理办法》（2008）、《矿业权交易规则（试行）》（2011）等。

纵观我国自然资源资产产权制度的发展轨迹，所有权从国家专有到国家、集体共有，再到国家、集体、个人所有，从使用权的国企独揽到使用权主体的多元化，从使用权的无偿取得与不可流通到使用权的有偿取得与可交易，产权制度的变迁总是顺应时代的变革，在一条逐步适应市场经济体制以及资源配置效率越来越高的道路上越走越远。

3. 自然资源资产产权制度的现状分析

目前，我国自然资源资产产权的相关法律法规主要包括《宪法》《民法通则》以及七部单行法律（《土地管理法》《渔业法》《水法》《草原法》《野生动物保护法》《矿产资源法》和《森林法》），此外还体现在一些补充性的行政法规条例中。

（1）土地资源。

在所有权上，城市市区的土地属于国家所有。一般情况下，农村和城市郊区的土地属于农民集体所有，特殊情况参照有关规定。

在使用权上，国有土地和农民集体所有的土地，在不违反法律的前提下，可供其他主体使用。

在转让权上，任何单位和个人不得侵占、买卖或者以其他形式非法转让土地。土地使用权可以依法转让。

在收益权上，土地补偿费归农村集体经济组织所有；地上附着物及青苗补偿费归地上附着物及青苗的所有者所有。

（2）水资源。

在所有权上，水资源属于国家所有，由国务院代表国家行使。农村集体经济组织的水塘和由农村集体经济组织修建管理的水库中的水，归各农村集体经济组织使用。

在使用权上，国家对水资源依法实行取水许可制度和有偿使用制度。

在转让权上，并未做出具体规定。

（3）矿产资源。

在所有权上，矿产资源属于国家所有，由国务院行使国家对矿产资源的所有权。地表或者地下的矿产资源的国家所有权，不因其所依附的土地的所有权或者使用权的不同而改变。

在使用权上，矿产资源的使用权包含探矿、采矿这两种权利。

在转让权上，探矿权和采矿权可依法进行转让，但同时又对矿业权的交易做出了严格的限制，禁止牟利性交易。

在收益权上，并未做出具体规定。

（4）森林资源。

在所有权上，森林和林地属于国家所有，部分情况另有规定可能出现属集体所有的情况。

在使用权上，主要包括：一是对承包的宜林荒山荒地，造林后即可取得的林地使用权；二是国有单位因造林而取得的林木经营权；三是因拥有采伐许可证可取得的林木采伐使用、收益权。

在转让权上，部分森林、林木、林地使用权可以依法转让，也可以依法作价入股或者作为合资、合作造林、经营林木的出资、合作条件，但不得将林地改为非林地。

在收益权上，并未做出具体规定。

（5）草原资源。

在所有权上，法律规定草原资源属国家所有，部分情况另有规定可能出现属集体所有的情况。

在使用权上，国家所有的草原，按照有关法律规定可供全民所有制单位、集体经济组织等使用。

在转让权上，任何单位或者个人不得侵占、买卖或者以其他形式非法转让草原。

（6）野生动物资源。

在所有权上，野生动物资源归国家所有，不因野生动物资源所依存的土地或水体的所有权而改变。

在使用权上，主要包括：一是狩猎权，在拥有狩猎许可证的前提下，并对猎获的野生动物享有所有权或其他权益的权利；二是驯养繁殖权，并对驯养繁殖的动物或其他产品拥有所有权或其他权益的权利。

在转让权上，对特许猎捕证、狩猎证、驯养繁殖许可证等相关证件进行严格管理，禁止私下伪造、倒卖、转让等行为。

（7）渔业资源。

在所有权上，渔业资源归国家所有。

在使用权上，主要包括：一是水面、滩涂养殖使用权，可通过养殖使用证取得；二是渔业捕捞权，可通过捕捞许可证取得。

在转让权上，捕捞许可证不得买卖、出租和以其他形式转让，不得涂改、伪造、变造。

我国自然资源资产产权整体现状见表 16 - 3。

表 16 - 3　　　　　　　我国自然资源产权制度的现状

	所有权			使用权	转让权	收益权
	国家所有	集体所有	个人所有			
土地资源	√			土地承包经营权、建设用地使用权、宅基地使用权	土地使用权可以转让	√
水资源	√			取水权		
矿产资源	√			探矿权、采矿权	探矿权、采矿权可以转让	

续表

	所有权			使用权	转让权	收益权
	国家所有	集体所有	个人所有			
森林资源	√			（1）因承包宜林荒山荒地，造林后变成林地而取得的林地使用权（2）国有单位因造林而取得的林木经营权（3）因取得采伐许可证而取得的林木采伐使用、收益权	在不将林地改为非林地的前提下，部分森林、林木、林地使用权可以转让	
草原资源	√			草原使用权	不可非法转让草原	
野生动物资源	√			狩猎权、驯养繁殖权	狩猎权不得转让	
渔业资源	√			水面滩涂养殖使用权、渔业捕捞权	渔业捕捞权不得转让	

4. 自然资源资产产权制度的主要问题

当前亟须完善我国自然资源产权制度的呼声不断高涨，部分同国家未来发展趋势和环境可持续发展互不兼容的特征已表露出来。从总体上看，无论是何种资源，其所有权、使用权以及转让权都存在以下问题：

（1）在所有权上，国家所有与集体所有界限不清。按照有关规定自然资源归全民集体所有，但实际操作中，各级部门或地方政府仅为自然资源的代管者，实为国家所有。

（2）在使用权上，缺乏保障和延续，导致短期经营。我国当前在解决资源环境问题上实行资源所有权和使用权分离，该制度在实践中存在诸多问题，突出表现为资源使用权不完整，权、责、利不统一。

（3）在转让权上，个体或集体只有转包或租赁的权利，却没有买卖的权利。目前，我国自然资源利用状况并不理想，资源过度使用与闲置并存。根本原因在于国家权利凌驾于集体或个体权利之上，造成整个资源市场运行不畅。

（4）在收益权上，我国自然资源资产产权制度中对于收益分配中存在的主要问题包括：自然资源价格扭曲，对开发自然资源的社会成本补偿不足，主体间收益分配不公，政府权益实现方式错位以及政府内部收益分配不均等（郑石桥，2008）。

（二）自然资源资产产权制度的改革创新

1. 自然资源资产产权制度的总体改革思路

（1）合理界定自然资源资产产权的主体，明确所有权。合理界定自然资源资产产权主体是我国当下制度改革创新的内在要求，十分必要。加快完善国家、集体、个人、社会组织等多种形式并存的所有权结构，推进产权多元化局面，通过责权划分调动社会各方主体的积极性，有利于推动资源利用朝着循环、高效的趋势发展，从而实现绿色发展。

（2）改革自然资源资产产权运行的机制，搞活使用权。通过不断的实践深入，改革自然资源资产产权的运行机制，激活使用权，放宽对使用权的限制，保证个体的自主经营权，提高资源使用效率。

（3）公平分配自然资源资产各主体收益，保障收益权。要想实现资源的可持续利用，必须要在长远利益与当前利益之间实现公平分配，在降低国家、集体所有权收益占比的同时，增加资源使用权收益的占比。

（4）完善自然资源资产产权的交易市场，规范转让权。先行规划产权交易的服务准备工作，保证产权交易市场的有序进行，加快建设相关配套法律制度，规范转让程序，强化监督管理，严禁转让过程中的乱砍滥伐、更改用途、资产流失等现象。

2. 自然资源资产产权制度的具体改革措施

（1）土地资源。

坚持土地资源所有权公有性质。土地资源属于重要的紧缺类公共资源，不应改变其归国家和集体所有的公共产权性质，不宜为多元化主体所有。

优化土地资源转让权流转机制。针对我国土地资源现状，应建立精准良化调度和分段演化层变体系，即针对阶段性、地区特征对农村土地转让权制定区别化的界定。在经济比较落后的地区，较小的土地流转的供给和需求使得现有政策可以有效延续，但应进一步加强保护农户自主经营的权利。而针对经济情况良好的地区，应通过完善农村土地流转机制，促使土地和剩余劳动力资源自由流动。

（2）水资源。

拓宽水权获取渠道，推动水权交易多样化。在改革实践过程中，应鼓励探索其他水权交易形式，逐步丰富水权交易市场主体多元化和形式多样性，逐步拓宽水资源权能的获得渠道。例如，可以通过承包、出让、租赁等形式推动水权交易市场的运行机制，实现水资源权能的自由流转。

规范水权转让行为，完善水权交易合理化。首先，加快编纂取水权转让的相关文件机制，通过制度对取水权交易的交易途径、定价、审批和监管进行明确规范。其次，需要在立法上有新的突破，尽快在相关联法律法规上形成新的条例，强制性规范水权交易市场。最后，在探索中完善补充新型交易制度。就现实中存在的不同地区指标交易、抵押、租赁等新兴交易形式，在积极探索的基础上，不断在制度层面规范引导。

建立水权交易平台，探索水权交易市场化。结合现有市场需求情况，参考已有类似自然资源资产交易平台建设经验，建立水权交易平台。水权交易平台涉及三个层面：决策层、中介层和参与层。政府作为水权交易改革的首发者和推动者，在整个改革过程中负责宏观配置水资源、培育监督水资源市场以及对水资源进行用途管制，最终实现综合效益最大化。

（3）矿产资源。

改革矿产资源所有权实现方式。像矿产这一类资源，具有鲜明的资源耗竭性，在所有权上应坚持国家所有，但国家所有权的实现形式可以多元化。例如，关联企业、个人可以向国家申请探矿权、采矿权，国家相关部门经过勘察之后，方可授权，由此企业和个人可获得许可区域内矿产资源的使用权和矿产产出的所有权。

完善矿产资源收益分配制度。建立并完善矿产资源的收益分配制度，是从根本上改善矿产资源开发秩序，实现合理开发、永续利用矿产资源，确保资源利用过程安全的关键（江福秀，2007）。

在参考借鉴成熟的市场经济国家经验下，建议具体原则如下：一是切实保障政府基本的矿产资源所有权收益的同时，适当在中央与地方之间转移矿产资源各种税费、收益分配，略向地方各级政府倾斜。二是根据利益相关者发挥作用程度和其重要性进行有关收益的分配。对于中央所得补偿费，应适当侧重下发给矿产资源产地和我国贫困地区以及基层、公共事业，借以保证收益真正"用之于民"（如图 16 - 1）。

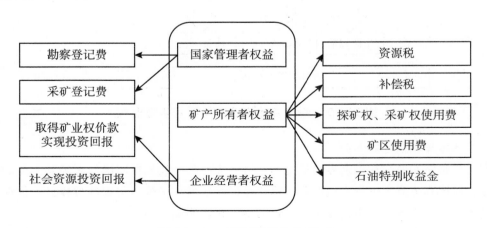

图 16 - 1　森林资源产权体系

（4）森林资源。

改革后的森林资源产权体系是以多主体森林资源资产所有制为特色的产权体系，具体表现为产权（所有权、使用权、转让权以及收益权）明晰，使用权主体多元化。改革过程中，适当拓宽森林资源使用权的获得渠道，既包括个人承包、分包到户，又包括拍卖、招标、联户、合作。为了搞活使用权，主体也应呈现出多元化局面，包括农户、集体、行政机关以及其他不以营利为目的的组织等，这样森林资源才能最终达到生态、经济和社会效益最优结构，如图 16-2 所示。

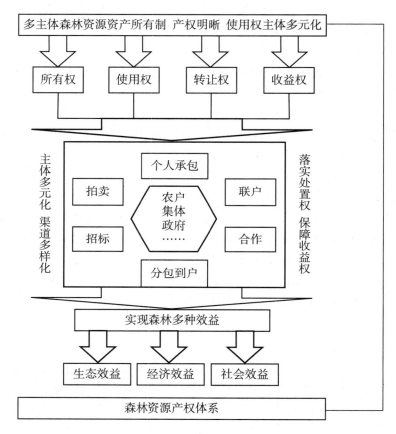

图 16-2　我国森林资源开发收益实现形式

具体操作措施如下：

一是做实做细林权勘界发证工作，进一步明晰产权。在明确资源经营主体之后，按照有关流程进行实地勘界、确权登记，核发全国统一的标准林权证，保证证书登记内容齐全、格式规范、数据精准，权属明确。

二是适当拓宽使用权的发放渠道，进一步搞活使用权。对于森林资源等周期较长的资源，必须通过法律确认其使用权期限或建立使用权续展制度等方式来巩固使用权的长期稳定。同时，适当拓宽使用权的获取渠道，既可以通过联户、合作、股份制等形式，集中连片的有林地的经营权，提高林业生产经营的规模经济效益，鼓励跨地域、跨领域、跨范围参与承包开发。

三是处置非法现象保障正当权益，进一步强化收益权。林地所有者或承包主体有权决定在流转市场中流转对象及其形式、价格等方面。在合法的基础上，不给予干涉。但对于非法现象，必须予以严格处置。

（5）草原资源。

设立专门管理机构，削弱地方政府管理权。具体操作可借鉴国土资源部，设立草原资源管理部门。由该部门负责统一划分草原资源权属，统一配置草原资源，从而减轻地方各级行政机关对草原资源的专业要求。

成立法人代理机构，维护当地牧民收益权。对于集体所有的草原资源，集体内所有的牧民即是草原资源的所有权主体，可以成立一个法人代理机构，全权代表所有牧民行使他们的权利和义务。这个代理机构的所有成员可以通过牧民自己投票选举产生，这就解决了村委行政权力代替代理权力的问题。

（6）野生动物资源。

构建所有权的多元化体系，增加主体元素。第一，大部分野生动物资源归国家所有，由国家统一行使所有权。第二，新产权体系补充，栖息地或栖息水域为集体所有的非珍贵、濒危的野生动物资源为集体所有。第三，对于非珍贵濒危野生动物，自然人、法人或其他组织等可以通过多种形式享有所有权，如转让或赠与、狩猎、驯养繁殖、捕捞、养殖等方式，依法申请领养、认养以及法律规定的其他方式等。

赋予野生动物资源使用权一定的流通性，减少法律约束。在改革实施过程中，建议赋予使用权一定的流通性，这种流通性可与野生动物资源区别对待。针对国家一级保护动物，出于保护这些濒临灭绝的动物，可以严格禁止其使用权流通；但是针对一般的狩猎权，建议未来可给予其作为财产权利一定的转让自由。

（7）渔业资源。

实行三权分立模式，明晰所有权。我国海洋渔业资源资产产权应在坚持渔业资源国家所有的前提下，将我国海洋渔业资源资产所有权、管理权与使用权主体相分离，实行"三权分离"模式。

引入多元竞争机制，搞活使用权。在实际操作中，有必要鼓励关联企业、中介组织或渔民个人以参股、合资、合作等方式参与市场竞争，提高渔业资源配置效率。同时，为了防止关联官员利用手中个人职权寻租，需引入产权代理者竞争机制，将对资源环境保护要求细化纳入各相关政府部门"政绩"考核体系（戴桂林，2006），再将环保指标进行内部化处理，以便在政府间进行比较竞争。

协商利益分享规则，保障收益权。实现公平分配渔业资源利益并保障各利益主体收益权，要做到分配明确、合理以及稳定。同时，渔业资源的资产收益中必须要有一部分转向公共目的，使得渔业资源得以持续利用。此外，可将资产收益优先用于公共目的开支之后，其余留部分再在所有者与使用者之间进行分配，如图 16 - 3 所示。

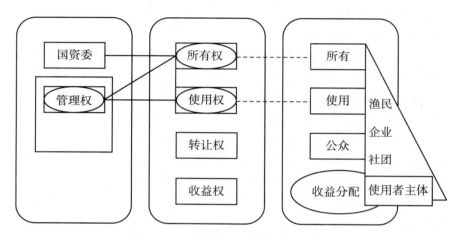

图 16 - 3   渔业资源资产产权体系

（三）自然资源资产产权制度的实施推进

1. 成立领导小组，对自然生态空间进行统一确权登记

（1）总体思路。

基于环境量化管理的理念，理清自然资产产权管理制度执行路线，保证对水流、森林、山岭、草原、荒地、滩涂等自然生态空间实行由专门机构统一确权登记的基础上，确保各层级落实到位。

（2）具体措施。

在具体改革实践过程中，成立领导小组对自然资源资产产权进行确权登记。该领导小组负责改革期内所有综合性的中长期规划，遵循"公平、公正、合理"原则，以"产权确定、分类管制、体制保障、市场运行"为准则，下设规划处、登记处以及档案处等机构。

（3）部门职能。

规划处主要负责传达上级文件精神，制定中长期规划以及详细实施细则。资源登记处进行实地勘界和确权登记（变更登记）工作，形成产权清晰、权责明确机制。档案处负责整理文件、保管文件，并将文件信息进行录入，每年年底向国土资源部报备。监察处对整个实施过程进行不定期的监督考察，保障工作的有序进行，让自然资源使用者的权益得到保护和实现，同时确保生态功能得到严格保护（陈晓红，2012）；同时，制定出一套完善的评价考核体系，对各个牵头人的管理工作进行考核评价，如图 16 - 4 所示。

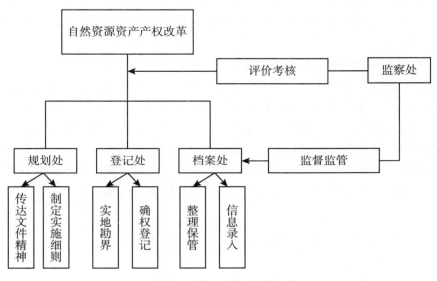

图 16 - 4　领导小组组织结构

2. 明确政府与市场间的关系，形成优势互补的良性局面

（1）机制不同，作用有别，关系需厘清。

市场通过消除信息不对称形成特有的自由竞争和交换的规则达到了调节市场经济活动的效果，从而实现生产要素的合理流动和资源的有效配置。而政府作为公共服务、监管主体，对社会、经济活动施加影响并对市场进行监督管理，具体表现为运用各种政策手段为市场机制实现效率提供宏观条件。

（2）各司其职，优势互补，分工需明确。

十八届三中全会指出，使市场在资源配置中起决定性作用和更好地发挥政府作用（习近平，2014）。因此，明确自然资源资产这一独特的市场与政府之间的关系，在自然资源资产产权改革过程中更是至关重要。一方面可采取法律的形式明确各不同主体之间的职权划分，在这方面主要是把自然资源宏观决策权集中到高层主体（主要是中央和省一级部门），将日常执行性职权下放给基层主体（主要是地方各级人民政府）；另一方面还需注重市场的决定性作用，对各项自然资源进行市场定价，赋予稀缺性，提高使用成本。强调政府决策性和保障性作用以及市场的引导性机制，形成政府与市场的优势互补，促进自然资源产权管制和用途管制制度的良性发展。

3. 完善监管体制，保障自然资源资产产权改革的有效实施

（1）现存监督体制欠缺，监管模式亟待完善。

我国自然资源产权相关监督体制机制初显雏形，为避免职能重叠、监管错位、断档空置等问题的出现，尽快察觉和陆续阻断监管缺陷，亟须进一步修正相关体制，保障自然资源资产产权的有效实施。长久之计，是要逐步建立监管体系完整的监管模式。

（2）明确领导小组责任，保障改革有效实施。

自然资源资产产权改革领导小组还有一项最重要的日常工作，就是对自然资源产权和用途管理规制的实施进行监管，保障其顺利进行。既要合理利用自然资源资产，又要切实保证资源和生态环境不遭受破坏。同时，规划中心还应对各种自然资源产权的出让、出租、入股、联营、转让等市场交易活动进行监管，完善自然资源资产交易规则，保证市场的公平、公正、合理。有效的自然资源资产市场监管的基础是产权保护，也是资源登记处理所应当的主要职责。

二、自然资源用途管制制度改革创新

（一）自然资源用途管制制度的主要内容

1. 自然资源用途管制制度的概念

自然资源用途管制制度是为维护公共利益而制定的一项制度，其目的在于强制约束自然资源及规范资源主体对资源的使用。

2. 我国自然资源用途管制制度的变迁

我国自然资源用途管制从 20 世纪 80 年代开始，启动较晚。1982 年颁布《宪法》，分别在 1988 年、1993 年、1999 年和 2004 年进行四次修正，规定"任何组织或者个人不得侵占、买卖、出租或者以其他形式非法转让土地"。

1986 年颁布《民法通则》，对自然资源用途转让方面做了相应的规定——"国家所有的土地，可以依法由全民所有制单位使用，也可以依法确定由集体所有制单位使用。"1985 年颁布、1998 年进行修正的《森林法》，其中规定"进行勘察设计、修筑工程设施、开采矿藏，应当不占或者少占林地"。

1986 年国家颁布《国家土地法》，分别在 1988 年、1998 年和 2004 年进行了修正，主要在国家建设用地和乡（镇）村建设用地方面做了相关规定。

1988 年颁布《水法》，2002 年进行了修正，主要对城乡居民用水、工业用水和农业用水方面做了规定："开发利用水资源，应当首先满足城乡居民生活用水，统筹兼顾农业、工业用水和航运需要。在水源不足地区，应当限制城市规模和耗水量大的工业、农业的发展。"

2002年，吉林省正式实施《吉林省土地管理条例》，该条例对各类用途用地做出了详细的管制。

纵观我国自然资源用途管制的历程，虽然我国自然资源用途管制起步晚，但目前对自然资源用途管制的框架基本形成，各相关的法律法规也相继出台，十八届三中全会把自然资源用途管制放在了战略位置，明确提出要建立系统完整的生态文明制度体系。自然资源用途管制的战略地位已然明确，未来将不断完善并日益发挥其核心作用。

3. 我国自然资源用途管制制度的现状分析

（1）土地资源。

我国当前土地用途管制是基于1998年颁布的《土地管理法》实现的，《土地管理法》确定了我国的土地用途分区管制制度，其中第四条明确规定：国家实行土地用途管制制度。土地利用规划、土地利用计划以及土地用途变更管制三者构成了我国土地用途管制。土地利用规划通过土地利用总体规划明确土地用途，是土地用途管制的基础；土地利用计划是部署和安排近期或年度土地利用活动，建设用地的审批以此为依据；土地用途变更管制以农用地审批为重点，由《土地管理法》《森林法》《草原法》等相关法律条款系统构成，是土地用途管制的核心。

但是，我国在城乡用地挂钩、区域建设用地、农业用地等用途管制方面需进一步完善。随着我国经济取得举世瞩目的成就，已进入到高速城市化的起飞线上，现有的国土资源用途管制已不能满足社会城镇化日益增长的根本性需要。为了有序开发和使用国土资源，各省市机构根据国家宏观调节，严格执行相关政策，落实国土资源部、财政部等国家土地管理相关部门公布的新增建设用地土地有偿使用费缴纳标准和耕地占用税、城镇土地使用相关政策。在保证土地使用权交易公开、公平、公正的前提下，严格执行建设用地使用权制度，力求我国的国土资源能合理地规划使用。

（2）水资源。

20世纪80年代至90年代末是水资源用途管制快速发展阶段，我国出台和完善了《水法》和《取水许可管理办法》，其中对用途管制做出了一定的法律法规规定。目前，我国在提倡水资源用途统一管理、可持续利用的基础上，提出了"人水和谐"思想。

当前，我国对工业用水、农业用水、生态环境用水等不同类型的水资源用途管制制度还不够细分完善，当地政府对各类水资源用途管制的内容、方式和手段多采取"一刀切"。水利部提议实施最严苛的水资源管理制度"三条红线"，全国水利发展"十二五"规划编制工作会议上提出"河湖水系连通战略"，勾画出现代水资源管理的最新战略体系，对不同类型的水资源的用途管制都有积极的推动作用。

（3）矿产资源。

我国已经先后出台矿产资源法、行政法规、部门规章、地方性法规和矿产资源管理方面的规范性文件，对矿产资源的管制已基本形成比较完备的法律体系。《中华人民共和国矿产资源法》确立了我国矿产资源管理的基本法律制度，是矿产资源管理工作的基本法，是所有相关法律、法规、政策、文件的制定出发点。其中，相应的配套的行政法规也被相继出台，包括《矿产资源法实施细则》《矿产资源勘查区块登记管理办法》《矿产资源开采登记管理办法》和《矿产资源登记统计管理办法》等。

然而，自 1980 年初以来，我国矿产资源用途管制法制建设方面取得了实质性进步，但矿产资源各类用途综合利用率偏低的状况还是没有改变，如我国有色金属综合利用率仅为 35% 左右，黑色金属的仅为 30% ~ 40%，加上资源回收意识薄弱，导致资源浪费现象普遍。

（4）森林资源。

目前，我国林业资源管制机构通过试行相关制度，林业能源监控管理系统得到较好的完善，并取得一定成效。在过去的几十年里，林业资源供应大量的木材原料，并且使用了超过 50 亿立方米。但是，总体来说，我国林业资源是持续增长的。目前，相对于全球林业整体下滑的总趋势，我国林业覆盖率是 1949 年的两倍，呈现了我国林业资源可持续发展的美好前景。

尽管有资料表明我国的林业资源发展态势良好，但是，我国林业资源用途管制作业方面仍存在较多问题，如资源分布不匀称、强度明显欠缺、大量占用林业土地、滥砍滥伐等，这些林业资源的不足之处对我国林业资源资产构成了严峻的威胁。

（5）草原资源。

目前，我国草原资源的用途管制主要实行承包责任制，把土地使用权分配到户以后，草原使用者在生物物理的限制下，会主动控制草原资源的使用途径，而且会投入资金对草地进行管理改良。但实际中，牧户为获得利益最大化，扩张牲畜规模，过度利用草原资源，造成了原有草原资源的沙漠化。

另一方面，草原承包责任制在牧区的推行，导致众多细小家庭牧场的出现，再加上草原资源用途的初始配置有待完善和用途管制的方式单调，使得规模效益普遍偏低。

（6）野生动物资源。

我国目前主要实行的是《中华人民共和国野生动物保护法》，在过去 20 多年里，我国深入开展野生动物资源用途管理工作，有效保护了部分珍稀动物，增加现存珍稀动物的数量。然而，我国在野生动物资源用途管制方面存在诸多不足之处亟待完善。

我国野生动物资源用途管制法律制度处于起步阶段，依法规范野生动物用途市场还需进一步完善。总体而言，我国野生动物资源仍处于保护恢复期，保护与用途管制形势严峻，不容乐观。

（7）渔业资源。

改革开放以来，我国拥有着机械渔船和渔业劳动力，渔业产量一直处于世界前列。尽管丰富的海洋资源和渔业的快速发展给我国带来了巨大的财富，但渔业资源用途管制处于放松状态，在获得财富的同时也存在着严重的管制问题，这些问题亟须得到进一步解决。

4. 自然资源资产用途管制制度的主要问题

（1）自然资源用途管制的管理职权设置不恰当，管制混乱。

目前，我国对自然资源用途管制主要是以行政权力为准，不同行政级别的主体拥有不同程度的自然资源用途管制权限，不同行政级别的管理主体拥有对自然资源不同限额的审批权力。"独立利益"在自然资源用途管制中占主导地位，加之市场机制有待完善，法律法规有待健全，导致下属各级争先追逐局部效益，造成自然资源的浪费和破坏。

（2）自然资源用途管制片面重视自然资源的经济效益，忽略了自然环境的可持续发展。

经济的发展需要利用自然资源，从某种程度上看，人类发展进步的过程就是对自然资源的开发利用过程，合理地对自然资源进行用途管制对经济的健康发展，和自然资源的可持续利用都有益处。过去的几十年，中国的经济得到了快速发展，然而，政府对资源的用途管制出发点过度强调用途管制的经济用途，着眼于其经济效益，忽略对自然资源和生态环境的保护。这种以自然资源严重破坏和生态环境的恶化为代价的粗放型经济增长方式，严重威胁了生态环境未来的可持续发展。

（3）自然资源用途管制意识不强。

长期以来，我国各级地方政府经济的快速发展得以实现是以自然资源消耗和浪费为基础的，过度强调经济效益，缺乏对自然资源用途合理管制的意识。几十年以来，人民生活水平因对自然资源的开发和利用得到提高，但自然资源的用途管制不强,生活中资源浪费现象也随处可见。其主要原因在于,地方政府和人民信奉自然资源无价值理论,政府缺乏对自然资源的合理管制,人民毫无节制地开发利用自然资源,加之部分公共自然资源的产权不明确,为了最大化经济效益,自然资源的浪费和破坏在我国屡见不鲜。

(4)自然资源用途管制法律法规不健全。

改革开放以来,我国先后颁布了《环境保护法》《森林法》《土地管理法》等自然资源法律法规,对自然资源用途进行了一定管制性规定。但是总的来看,仍不够具体,还需要进一步完善。

(二)自然资源用途管制制度的改革创新

对自然资源用途管制制度改革思路为:对耕地、水等自然资源划定管控红线,实行最严格的保护制度;完善自然资源用途要素市场体系,实行最严格的节约集约利用制度;对国土空间建立起规划体系,落实自然资源的用途管制制度;加快对自然资源用途管制的立法进程,健全完善自然资源用途管制的法律法规体系。

1. 土地资源用途管制制度的改革创新

我国各地区不同的土地资源有很大差异,在现有经济发展的需求下,原有的土地资源管理制度也很难发挥其相应的作用,因此,如何兼顾土地管理双方的利益就成为各地政府面临的难题。

第一,基于"三权分置"体系放活土地经营权。随着农村人口大量转移,所有权、承包权和经营权"三权分置"的状态逐步成形。接下来必须遵循"落实集体所有权、稳定农户承包权、放活土地经营权"的基本原则。

第二,加大扶持以农户家庭经营为核心的新型农业经营主体。发展适宜的农业经营规模,须坚持家庭经营为基础,积极培育新型农业经营主体,实现多种农业经营方式共同繁荣。

第三,以尊重农民意愿为前提,引导土地市场有序流转。要实现土地规模经营的发展,必须以充分尊重农民的意愿为前提,以典为范,由点到面,稳步推广。

第四,以适度经营规模为宗旨,促进"粮食-经济"双效益。要消化农产品成本不断上升带来的影响,促进农产品产业改革,提高我国农业的竞争力,必须稳步推进流转土地使用权,扩大土地经营规模,提高农地资源的配置效率。

第五,探索城乡之间用地增减挂钩政策和人地挂钩政策。保证城镇化用地满足吸纳农村人口数量。

第六,科学划分各类用地规模,实行差别化土地用途管制政策。鼓励耕地增长，严格限制工业用地，适度增加城市居住用地，逐步提高城镇化水平，合理控制交通用地增加。

2. 水资源用途管制制度的改革创新

水资源用途管制制度的改革应以执行为主，严格强化落实制度。

第一，生活用水用途管制。针对水的不同用途实行阶梯式水价，压缩部分消费用水，同时补贴低收入居民，保证其正常生活；针对公共用水，依托本地资源优势，限制其他水源范围，并实行超计划超定额加价。

第二，工业用水用途管制。对工业用水收取水资源费（税）；有针对性地完善超计划和超定额加价制度；鼓励所属辖地的高耗水工业进行水资源节约技术改革或搬迁至水资源较为丰富的地区。

第三，生态环境用水用途管制。明确当前生态环境用水的主体功能，确定该时段、该地区的生态环境用水管制的目标，制订严格的《污水综合排放标准》，并加强管制力度，保证生态环境用水不被其他用途排挤掉。

第四，农业用水用途管制。各地方因地制宜，采取不同节水措施，严格管制农业用水，宣传水资源利用节约方法，解决供求矛盾。

3. 矿产资源用途管制制度的改革创新

进行矿产资源管制制度的改革，遵循矿产资源开发利用的客观实情，因地制宜，针对不同情况系统性地解决问题。

第一，能源矿产资源用途管制。提高煤、石油等不可再生矿产能源各类用途的使用效率，改变我国不可再生矿产能源高消耗的现状，同时加大可再生矿产资源和新兴能源在能源消费中的使用份额。

第二，金属矿产资源用途管制。对我国金属矿产资源实行分类用途管制，针对具有国家战略意义的铁、铬、钴等金属矿产资源，进行严格进出口管控，保证市场稳定，保证金属矿产品的稳定供给；针对储存量较大的其他金属矿产，严格控制各用途的使用量，减少浪费。

第三，非金属矿产资源用途管制。严格控制非金属矿产在农业、工业、陶瓷工业、建筑材料、冶金工业等用途方面使用量的比例，关停量小、技术过时、非金属矿产浪费的企业，实行并转制度。

4. 森林资源用途管制制度的改革创新

第一，严格实行森林资源用途分级定额管制。针对不同地区灵活出台有关标准，科学划分林地管制等级，实行林地分级管理和森林面积用途使用的占补平衡。

第二，推进林地用途监管方式转变。采用全国统一的森林资源用途管理办法，实现中央和地方监测工作"一盘棋"、森林资源"一套数"，利用互联网大数据技术消除中央地方的消息沟通的不对等，逐步搭建内部统一的信息共享平台，运用实时交流手段加快监管效率。

第三，严格控制林地用途数量。加强林地征收管理，实现征收林地行政许可由"0"到"1"的定额限制转变，制定科学合理的严控范围，并坚决开展林地的收复和修复工作。

第四，逐步改革形成机制。通过森林资源用途管制体制改革和经营机制创新，落实各级管理及监管参与部门的国有林地用途管制的相关责任，创新灵活工作机制，保证森林资源利用的合理性和高效性。

5. 海洋资源用途管制制度的改革创新

第一，建立海洋资源综合管理机制，实施海洋资源资产化管理。通过改革海洋资源的所有权，健全海洋资源资产的管理方法，建立生命周期视角下的海洋资源开发利用管理机制。

第二，健全海洋法规政策，走科技兴海之路。在政策上推进高精尖海洋技术的开发与升级，鼓励通过"研产学用"缩短科技孵化应用期间，大力发展海洋科学技术、现代高新技术的研发。

第三，树立资源价值观，增强海洋国土意识。进一步加大宣传力度，鼓励相关参与者学习专业知识，要将资源是无价的"可持续发展观"根植于海洋资源开发的全过程，以强烈的国土观和国土保护意识加强海洋资源的守卫。

6. 草原资源用途管制制度的改革创新

第一，变草原用途承包责任制为家庭单位的用途承包责任制。家庭可以作为界定权责的单位，但不一定要作为草原资源利用的单位，引导突破传统利益关系建立较大的牧场。

第二，加快完善草原土地用途的初始配置，合理配置畜群，均衡利用草原。

第三，实现草原用途管制制度的灵活化与多样化。

7. 野生动物资源用途管制制度的改革创新

完善资源有偿使用和转让制度，实现资源利用与资源保护的同步，形成谁利用谁保护、谁投资谁受益的良性循环局面。

第一，各级林业主管部门进一步细化野生动物资源的用途管理，加强执法管制，严格执法过程，以健全的政策及详实的发展规划保证野生动物资源利用过程的严格监督。

第二，各森林经营局、国营林场负责定期开展资源调查，建立资源档案，编制野生动物资源用途经营方案，开展狩猎生产并出售其产品，实施野生动物资源的规范循序利用。

第三，各林场结合市场机制，对野生动物资源实行市场化管理，以确保资源所有权为前提，适度实行所有权和使用权的分离，结合当下社会风气创新管理途径，推进野生动物资源利用效益的最大化。

8. 渔业资源用途管制制度的改革创新

第一，调整渔业的生产结构。调整养殖渔业的结构，加快对已建渔场的整顿和管理，推行渔场规模缩小化，限制生产养殖过剩品种，对灾害频发海域的渔场进行严格监督和管制。

第二，对渔业资源实行限额制度。改革渔船分配办法，引入鱼种数量作为分配渔船的依据，将各鱼种的许可渔获量限额调整至合理数值，确保渔业资源的存量，实现永续利用。

第三，完善统计数据制度改革。建立专门渔业管理组织，加大力度改进统计数据的收集方式，为统计数据收集建立科学高效的新平台。

（三）自然资源用途管制制度的实施推进

1. 自然资源用途管制制度的总体实施思路

（1）成立从事国有自然资源资产用途管制的专门部门。

组建自然资源资产管理部门，自然资源资产管理部门所有的权利与集体所有的自然资源资产权利地位平等，国家不动产登记部门对其进行统一登记，自然资源监管部门对其进行统一规划和空间用途管制，使用权以市场机制进行流转，工商、税务、证监会等部门对其进行统一管理。

（2）组建对国土范围内所有自然资源进行监管的部门。

组建的自然资源管理部门有三大职能：一是与国家发改委、住建部、农业部等共同编制新的国土规划，包括主要生态环境保护区、主要矿产资源蓄积区和土地、森林、草原、水域等重大国土整治项目。二是依据国土规划实施空间用途管制，落实环境保护理念，包括每一宗土地及其地上、地下的其他资源如何利用和保护。三是严格监管自然资源的交易市场，保证各市场主体的权益及自然资源交易的高效有序。

2. 自然资源用途管制制度的具体实施措施

（1）土地资源用途管制制度的实行推进。

第一，土地征用采用留地安置的方式。为保障被征地农民的利益，在土地征用的过程中，除了必要的经济补偿，还应给被征地农村集体办理建设留用地。具体的留地比例，则是在扣除了基本生活保障费后，根据人口基数，预期租金数额和建筑容积率反推计算出来的。留地安置方式的推行，降低了政府的财政压力，将一部分社会保障义务与社会管理责任留在了征地所在的集体（黄征学，2013）。

第二，土地防污法律与防污技术宣传实施。基于现颁布的土地污染相关法律，加强对土地污染的防治工作，出台明文规定，做到通过法律手段进行管理。在管理的同时，进行技术措施的推广。在不继续加深污染程度的基础上，加快污水处理与相关配套设施的完善，选择科学的方式对固体废弃物进行处理。（王丽娜，2013）。除此之外，广泛的宣传也很重要。土地污染不仅影响生态可持续性循环，而且直接危害到人的身体健康甚至生命安全。只有形成公众环保意识，土地污染的防治工作才能得到稳步的推进（周华林，2004）。

第三，加强耕地保护法制建设。针对土地管理的重点——耕地保护问题，我国虽然已有多部法律法规涉及耕地保护，但是专门的耕地保护法仍待出台。因而加强耕地保护法律建设已成当务之急。应尽快制定耕地保护法，规范耕地保护的责、权、利，以法律的形式保护耕地及其合法承包经营者的权益，使耕地保护工作能够顺利进行。

第四，增加公众参与，强调公众监督。具体做法就是政府管理部门定期或不定期地对土地管理情况进行监督检查，对瞒报、虚报的弄虚作假者进行严厉处罚；公众可以通过网络获知政府部门的管理举措，监督相关管理人员的工作责任性和是否按规章制度办事，另外必须建立土地管理档案（苗培君，2009；沈子华，2012）。

（2）水资源用途管制制度的实行推进。

第一，严格执行水资源规划制度，合理规划水资源布局。在各级水系和水资源综合规划的基础上，严格落实水资源保护规划、供水排水规划；以水资源现状为依据进行相关项目建设布局的水资源论证。对于重大建设项目，规定须严格制定与现状相符的水资源布局规划。

第二，严格控制区域用水总量，建立用水考核机制。强化取水许可的管理，加强新增取水审批程序建设与监督；严格贯彻地下水位控制，划定限采水区域与禁采水区域。

第三，严格控制用水效率，制定用水定额。全面推进市、县水资源节约型社会建设，深入开展水资源节约型社会创建，制定用水定额管理，在对用水大户进行监管的同时推行节水技术改造，并且定期进行水平衡测试。为了配合用水效率的控制，建立地表水水资源费征收标准，并大幅度提高地下水资源费标准，建立出台再生水价格标准，按规定收取超计划用水的水资源费。

第四，监督水功能区管理，建设用水安全保障机制。各级人民政府严格执行规定的目标要求，并纳入年度目标考核体系。在水资源监管的同时重点进行饮用水源地水资源安全保障与质量达标监控，制定突发性事件应急处置预案，因地制宜开展备用水水库与水源建设，推进农村饮用水源地保护和建设。

第五，建立水域平衡制度，加强水域管理和保护。构建重点江河湖泊"占补平衡"制度，确保水域水面率处于合理范围，在保证水量的同时，保证开展定期的重要水域水质水量健康评估，加大对水生态系统的保护与修复力度（彭鹏，2011）。

（3）矿产资源用途管制制度的实施推进。

第一，能源矿产资源用途管制制度。一是能源主管机构与监管机构分离。设立专业化的能源监管机构，设立与能源主管部门相独立的国家级煤炭、原油、天然气、煤层气等相关监管机构。二是建立市场型能源价格机制。着手理顺煤电关系，建立原油期货市场、推进天然气价格制定的市场化，使市场机制在能源价格制定方面发挥作用。三是完善能源市场准入制度。进一步深化能源体制改革，同时打破有利于国企大幅垄断能源市场的格局，逐步撤销相关政策、法律法规和文件形成的市场壁垒，进一步完善市场准入制度。四是积极参与全球能源治理。一方面争取更多的话语权和定价权；另一方面可以加强与欧美等国家的合作，促进中国经济低碳化。

第二，非能源矿产资源用途管制制度。一是完善矿产资源的分级分类管理。分级分类管理制度应以权责对应的原则为资源管理的核心，科学界定各级政府及相关管理部门的责任和权限。二是推进矿产资源规划管理信息系统的应用广泛化。同时，应进一步改进现有的规划信息系统管理软件，使之更适合基层管理人员的需要。三是完善政策后评估与动态调整机制。适时对中央与地方矿产资源管理政策的有效衔接性进行评估，对地方现有的规章和规范性文件全面清理，与中央政策法规不一致的，要及时修改或废止。建立地方矿产资源政策报备制度，全面掌握各地的改革动态，建立并及时更新维护矿产资源政策法规数据库。

（4）森林资源用途管制制度的实施推进。

第一，完善林业发展的市场体系。推进林业的非公有化发展，吸引社会资本进驻林业市场，促进林业开发市场的资金来源多元化。

第二，加大林业生态建设投入。推进国家重点林业地区（如国有森工局、重点营林局、国有林场、省级以上自然保护区和森林公园中的）的基础设施建设。

第三，实行林业生态建设目标责任制。合理划分各级事权，明确中央和地方在生态建设方面的权责，完善激励约束机制，以林业生态建设目标责任制的推行来约束地方政府。

第四，加强林业规划的实施与监督。加强部门合作，确保各项规划目标的下放与落实，监督重点实施单位、各级有关部门和政府的实施动向，切实实现既定目标。

第五，加强林业机构队伍建设。以标准化、规范化、科学化为建设的依据，完善林业站的基础设施，完善机构监管机制，疏通机构经费渠道，构建比较完备的省、市、县林业站监管体系。

（5）海洋资源用途管制制度的实施推进。

推进新型海洋综合管理模式的实施，实行统一管制和分级、分部门相结合的管理办法。

第一，转变海洋管理模式。推进新型海洋资源综合管控模式的实施，实行整体管制和按级、按层、按部门管控相结合的管理办法，进一步强化海洋机构的监管功能，确保完善其相关管理职能，将我国海洋主管机构和其他涉海部门进一步联系起来。

第二，合理健全海洋资源开发与保护法律、法规。制定一部海洋管理根本法，使巨大的海洋资源的经济价值得到充分的发挥。同时，加大海洋开发的资金投入量，逐步推进实现海洋产业结构的合理化。

第三，加强海洋科技人员的培养，增强海洋资源利用效率。一方面，要积极面向海洋经济、海洋科技发达的国家和地区引进高层次海洋科技人才；另一方面，充分利用国内高精尖研究院与院校的人才资源，大力培养符合海洋能源、海洋资源开发要求的专门性高精尖人才。

第四节　环境标准和总量控制制度改革创新

一、环境标准制度改革创新

（一）环境标准制度内容与现状

环境标准制度是由具有行政职权的国家机关或组织依据法定程序制定具有环境技术性、普遍约束力的规范性规定。

当前环境标准存在的问题：一是环境标准的科学性不强。对光、热等新型环境损害并未出具相应的标准，也缺乏系统的明文规定。二是环境标准的编制程序正当性不足。环境标准意见征集中的标准建立以及流程并未给出明确的界定和实施细则。三是环境标准适用问题突出。针对同一种环境要素，不同部门制定的标准出现交叉与冲突，导致法院成为民事责任判断上是否损害环境污染受害人的标准。

（二）环境标准制度改革创新

一是明确环境标准的性质和效力。通过环境标准和环境立法对接后，使得环境标准体现环境行政目标，能有效地约束污染行为，成为民事责任的判定依据。二是正确划分污染防治和公众健康的标准的区别。污染防治标准是依据环境承载力而制定的，而公众健康标准是以人为对象的环境标准。三是建立环境标准决策支持系统。可以通过对我国现行的环境标准的整理以及规范，收集针对特定条件下的解决方案，形成规则决策集并建立及时改进机制。四是确立环境标准的适用原则和条件。建立以环境利益多方协调为主体的标准选择适用原则，以规范标准的适用。

（三）环境标准制度实施推进

一是实现环境标准与环境立法对接。将能体现环境状况的科学数值，以及修正程序的科学数值形成环境法律的明确依据，并以此作为环境行政展开、评估行政效果的依据。二是多层次、多样化参与标准制定。将参与机制设计成多个层次，多种形式以及及时有效的参与机制，让公众和专家都能运用各自掌握的知识对环境风险进行判断和选择。三是建立环境标准制定和修改的规则。召集各领域专家及环境利益相关方来编制环境标准，能让编制更加全面化。与此同时，重新设计、规范环境标准的修订工作流程，保证公众参与条件与途径，确保决策的实效性、科学化、民主化。

二、总量控制制度改革创新

（一）总量控制制度内容与现状

"总量控制"是依照社会总体的经济水平以及社会发展的战略方针，并且根据已测量相关的环境总量，确定全国范围总的污染物排放总量。

基于科学性与可操作性，总量控制中排污指标分配包含以下原则：（1）公平原则；（2）溯往原则；（3）产值原则。

我国在污染减排工作日益取得进展的同时，一些隐患问题也日益凸显：（1）环境管理未达到量化管理要求；（2）治理污染的工程中能够连续不断进行减排的能力有待提高；（3）保证减排可持续进行机制未有效形成。

（二）污染物排放总量控制领域

对污染物排放从单纯的浓度控制过渡到既控制浓度又控制总量的逐层递进，反映我国对环境资源日益深入的认识以及不断加大的污染控制力度。从基层各处反映的信息中，我们可以得知，在总量控制实施的逐渐深入的同时，法律问题也日益凸显。

污染物排放总量控制领域在这些方面还存在着法律障碍：（1）具有针对性的法律仍然缺失；（2）过多的原则规定，缺少实施细则。

（三）总量控制制度改革创新

（1）构建层级总量控制模式。层级总量控制模式能够使国家总量控制与环境的质量密切相关，层层分级利于系统全方位掌握控制的大局，实现总体和层级的良好呼应和良性循环；（2）提高总量控制指标分配的科学公平性。总量目标有着这样一个特点，县城一级难以管控，因此指标的分配很难从基层到中央进行汇总，因此提高指标分配的科学公平性，促进基层到中央的良性互动，实现总体总量控制目标也是非常关键的一步；（3）合理选择总量控制途径。按照自下而上的思路，做好调查研究，选取最优统计方法，结合总量控制试点进行实证研究，策略体系可以包括非点源总量控制试点的选择制度、非点源总量控制试点管理办法等。

（四）总量控制制度实施推进

1. 构建环境影响评价制度

结合所在环境单位的环境承受限度、环境损害程度进行环评，使得对影响环境的社会活动得到有效管控，建立有效的环境影响评审机制，和总量控制制度形成有机的循环、相辅相成。

2. 制定与完善必要的法律文件

在《环境保护法》中将污染物排放总量控制制度以专门立法的形式确定下来，并且将相关的实施细则也规范化，并且结合相关法律文件和实际实施情况进行不断修正和完善。

3. 与清洁生产机制、循环经济主要制度建立联系

在清洁生产实施过程中所采取的举措，对于总量控制制度贯彻落实有着重要意义，改变消费者的消费方式并且控制排放总量，以提高制度的可操作性。

总量控制制度是一项十分专业的制度，并且操作起来需要一定的技术水平，不仅如此，实施该制度既要把握原则上的界定，又要注重细则上的可操作性，将

理论与实践紧密结合，如图 16－5 所示。

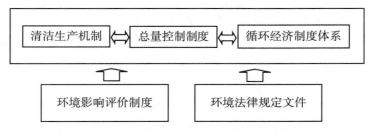

图 16－5　环境标准制度改革创新关系

第五节　环境保护责任追究和环境损害赔偿制度改革创新

一、环境保护责任追究制度改革创新

（一）环境保护责任追究制度的主要内容

1. 环境保护责任追究的概念

环境保护责任追究概念的界定在国内外学者的研究中基本可以分为两类。第一类环境保护责任追究是指特定的追究主体对负有环境保护公共责任的组织或个人履行职责的情况进行责任追究。这是由于责任追究主体、追究对象、追究的方式等的不同，使得环境保护责任的研究内容较广。另一类观点侧重政府环境责任追究，如范俊荣（2009）认为环境责任追究就是相对各级政府，此类研究偏重于政府及监管部门的责任追究。

可以看出，国内外学者在对环境保护责任追究的内涵界定上侧重点和表述方式不同，但其本质都是相同的，即围绕责任向不同主体进行追责，课题组可以将环境保护责任追究定义为在环境污染行为发生后，由特定的追究主体向有义务承担环境保护的政府及公职人员、企业及组织、公民以准确、合适的追责标准进行责任追究的行为。

2. 环境保护责任追究制度的主要特点

我国政府的环境保护责任追究制度历经多年的发展，呈现以下特点：（1）问责主体身份的双重性；（2）问责主体与客体的对抗；（3）问责事由、行为的多样性。

3. 环境保护责任追究制度的主要问题

目前我国生态环境保护责任追究制度的提出呈现针对性较强但又整体发散的现状，一些针对某种特定的环境污染的相关责任追究较为详细，如水污染、重金属污染、大气污染的责任追究等，但是在整体层面上提出的责任追究制度系统性较差，显得比较发散。对目前我国环境保护责任追究制度的问题归纳如下：

（1）生态环境保护管理体制未和"五位一体"相结合，在具体实施过程中也没有权威性，更难以发挥效用。这也使得许多的明文法规如同虚设的空架子，没有明确的执行机制进行内部搭建，严重影响了责任追究制度的落实。

（2）追究责任的职能多样化且不够集中，权力和责任不能对等等问题突出存在。政府机关作为环境保护法规的制定者和监督者，本身存在职能机构分散、交叉较多的情况，在环境保护责任追究中，一方面缺乏对自身责任追究的监督，导致相关制度的空白，另一方面在多部门权责不明晰的情况下，对企业及个人的责任追究机制将显得混乱无序，存在监管共同盲点或是重复追责的可能性。

（3）机制设置不合理，执法主体和监测力量薄弱，缺乏有效开展环境监督执法的能力配置。这一点明显地体现在对企业及个人追责的问题中，执法和监测属于问责机制的执行部分，目前的问责机制中，基层的执法和监督部门一方面权力小，而另一方面却承担了环境保护责任追究的绝大部分，畸形的问责机制使得执法环节不但积极性低，而且执行阻力大，甚至不能完成责任追究。

（4）没有正确规定政府的环境责任相关标准。我国环境基本法规定，行政权责由各级政府的环保部门承担，主要负责人很少承担相关责任。

（5）诉讼救济机制的缺失。在当今法律健全的社会中，诉讼应该是解决纠纷和保障公民利益的重要方法之一。在法治社会中，如果诉讼机制本身无法发挥效用，一方面对公众参与环保监督进行了限制，另一方面使得制度的制定和颁布可能存在利益倾斜，环保问责机制不完善，将会降低制度的执行效应。

4. 环境保护责任追究制度的改革创新

（1）建立环境民事公益诉讼制度。公益危机日益增多，传统诉讼制度已然逐渐失效。因此，建立环境民事公益诉讼制度是保障相关环境责任和公共利益的必由之路。

（2）构建环境保护民事责任社会化具体制度。构建环境保护民事责任社会化具体制度不仅对实施环境责任追究制度有利，并且有利于追究责任制度发挥真正的效用。

（二）环境保护责任追究制度的实施推进

1. 健全环境侵权民事责任基本法律制度

第一，归责原则——坚持环境侵权民事责任"无过错归责"原则。第二，构成要件——限制环境侵权民事责任"违法性"构成要件。第三，承担方式——完善环境侵权民事责任承担方式。侵害排除和损害赔偿是环境损害民事行为的两种主要的责任承担方式。

2. 完善环境保护民事责任具体法律制度

第一，将环境侵权案件的起诉资格放宽。我国应该让理论研究和司法实务接轨，实现良性呼应，以此推动立法决策，扩宽环境侵权案件的起诉资格，为我国集团诉讼和公益诉讼制度的进一步细化和完善做铺垫。第二，将相关诉讼时效的期限延长，使得环境侵权民事案件的时限得以保障。

3. 明确界定"环境侵权责任"及其救济途径

我国立法应结合环境侵权这一特殊侵权行为的特征，对环境侵权作出明确界定，明确环境侵权不仅包括污染环境，还包括破坏生态。综合分析认为，环境侵权可定义为因人为活动造成环境污染或生态破坏，并因此损害他人的人身权、财产权以及环境权等权益，依法应当承担环境责任的一种特殊侵权行为。

（三）国外环境保护责任追究制度的现状

在环境损害的责任分配方面，环境立法适用危险责任原则，在德国学者环境法学研究著述的英文版本中，也有称严格责任原则的。危险责任原则与严格责任原则极其相似，所不同在于依危险责任原则而产生的责任在于行为人的行为存在特定风险，责任的成就以危险的发生为依据；而依严格责任原则而产生的责任在于法律对行为人行为的特别规定，责任的成就以对特别规定所确立的要件的满足为依据。危险责任和严格责任看似不考虑侵权行为人的主观心态，但客观上来讲，此二者均以行为人过错为基础，即只要应当承担责任的情形发生，便可推定行为人主观上存在过错对法定保护权益以及保护他人之法律的违反。危险责任原则是从过错责任原则基础上发展和分立出来的一项特殊归责原则，最早出现于19世纪30年代，1838年《普鲁士铁路法》确立了对于铁路公司从事运输致人身损害的危险责任原则。其特点在于体系尤为繁杂，因为危险责任在其产生之初主要用于调整个别侵权行为，不同于过错责任在设立之初就拥有强大的理论支撑体系，危险责任的制度内容则稍显混乱，且当适用于不同具体侵权行为时，其具体的构成要件、免责事由和责任方式等也有不同。

（四）国外环境保护责任追究制度对我国的启示

1. 权力集中化的行政管理体制

第二篇提及的几个国家中，日本的环境行政管理体制的发展和我国的非常相似。1971年以前的日本环境管理体制是分散式的，由于这种分头管理，形成了管理混乱和软弱的局面。

美国跟德国也都在其主要环境法律中规定明晰，将其各个部门环境保护责任划分得相当清楚，这样在最大限度内保证了执法的有效性。

这对于目前我国环境保护行政管理体制的分散性和多部门管理局面具有借鉴意义，我国的环境执法管理机构必须尽快实现责任明细化，以解决我国环境执法管理机关责任的不明确和混杂问题。

2. 环境协调与咨询机构的设立

环境协调和咨询机构的目的一方面是要最大限度地组织和调配资源，实现资源组合的效率最大化；另一个方面是为管理机构制定环境政策和执行环境法提供智力支持和法律保障。

在日本，咨询机构就是处理基本环境计划，并且向内阁大臣提供相关建议；调查审议环保基本事项。

在美国，环境质量委员会是帮助政府首长对环境政策做出决策的智囊团机构，也就是环境协调机构。

在我国，没有类似健全的环境协调与咨询机构，因此导致我们的环境保护机关想到了什么就去执行，一般不考虑这样做可能带来的利弊。再加之，我国的环境政策在地方的实施存在困难，在立法到执法的过程中都缺乏利益协调和平衡机构，利益的分配不合理必然导致政策的制定和执行不能够实现协调，由此来看，环境咨询机构的设立确实是一个不可小觑的因素，也是我们从别国管理制度建设中的成功经验。

3. 强大的环境执法队伍

美国、日本及德国的环境行政执法体系非常庞大，美国的工作人员包括了在编的公务人员和不在编的义务工作人员，行政权中的政府和环保部门并无直接领导关系，环境行政执法权相对较大。在美国的环境行政管理系统中有两种人员：一种是领津贴的，一种是义务的，这在人力上提供了保证，基于环境行政执法的广泛性，明显扩大了执法主体。美国的官方执法管理机构力量也十分强大，州环保局一般有 1 000~2 000 名职员，同时设有若干环保研究机构。

日本的环境行政执法主体除了人员的素质高和数量足以外，还有一个重要的特点是执法人员的专业性强。日本建立了企业环境行政执法制度，在企业设置环境管理员（需要通过考试进行资格认证）对企业环境进行管理和检测，将监督体系做得更加职业规范化，并且将污染的产量降低，一定程度上保护了环境。

我国实际情况存在着诸多弊端，比如环境执法人员较少，导致执法压力过高不均衡。总之，我国环境执法行政队伍有待加强。

4. 环境行政执法管理体系中的监督力量

在美、日、德的环境执法管理体系中都存在强有力的法律监督。美国有针对企业白领的个人条款，日本和德国有对企业的执法主体若没有尽到责任就对其处罚且处罚力度相当大的条例规定。

二、环境损害赔偿制度改革创新

（一）环境损害赔偿制度的主要内容

1. 环境损害赔偿的概念

环境损害是环境侵权行为给他人造成环境权益、财产和人身权益以及其他权益的损害，包括财产的损害和非财产的损害。目前，学术界有两种说法。一是指"人为日常的、反复的活动下产生破坏维持人类健康与安适生活的环境，而间接损害公众之权利或利益或有损害之虞的事实，亦即以环境作为媒介，损害人民健康或有危害之虞者"。二是表述为"以环境为媒介的侵害行为造成的一切客观损害结果"。对于以上这些学术界定义可以说是大同小异，这里将环境损害定义为环境污染和生态破坏使得环境资源本身受到损害，并作为间接体使得人身权益和财产权益受到损害的现象。

2. 我国环境损害赔偿制度的现状分析

（1）赔偿范围。我们将赔偿分为四类：人身损害赔偿、财产损害赔偿、精神损害赔偿和生态损害赔偿。

（2）我国环境损害赔偿制度的实践。环境侵权公共补偿基金制度，是由政府以征收环境费、环境税等特别的费、税作为筹资方式而设立损害补偿基金，并设定相应的救助条件以该基金补偿受害人的制度。

从上述来看，过于原则化的环境损害赔偿规定，一些特殊事项相关法律对环境侵权损害赔偿的规定过于原则化，缺乏针对环境侵权的特殊性做出的与一般民事侵权行为相区别的特别规定。

（二）环境损害赔偿制度的改革创新

1. 建立环境损害精神损害赔偿制度

由于环境损害造成的精神损害赔偿应定义为主体因遭受环境损害侵权（包括对环境的经济、审美、社会价值的剥夺）而使得被害人产生的精神痛苦和精神利益的丧失或者减损。

2. 设计环境损害赔偿体系

环境利益应该根据专门的法律进行规范，将实体和程序相结合，明确划分环境损害赔偿制度的构成，将相关救济框架重新划分，设立公益诉讼机制来追究环境损害行为人的责任，并完善相关配套的支撑性制度。

（三）环境损害赔偿制度的实施推进

（1）完善惩罚性赔偿制度。惩罚性赔偿制度在法律上原指侵权人向受害人给付超过实际损失的额外赔偿；（2）健全环境责任保险制度。环境责任保险，也称绿色保险，是基于投保人与保险人之间的责任保险合同，企业通过向保险人支付保险费，把环境责任风险转嫁给保险公司。

（四）环境损害赔偿制度的因果关系与举证责任

《侵权责任法》第66条规定：因污染环境发生纠纷，污染者应当就法律规定的不承担责任或者减轻责任的情形及其行为与损害之间不存在因果关系承担举证责任。这一规定多被称为举证责任倒置，与此前司法解释和立法一脉相承，成为环境侵权因果关系判断的主要规范依据。但对于其性质与内涵，理论与实务界则莫衷一是，不仅有着举证责任倒置与因果关系推定的概念争议，相应的，对于原告在因果举证上的角色定位也存在分歧。鉴于因果关系是决定环境污染责任成立与否的最重要争点，对上述规则的不同解释，将直接关乎个案结果与制度实效，故本文以第66条为中心，穿梭于规范与实证，寻找一条既能适应环境侵权特质、又能平衡两者利益的解释之道。

1. 因果关系与举证责任的关系

因果概念存在于人类生活的各个方面，从逻辑上讲，任何损害的发生均有其固有原因，只是囿于致害过程的复杂和人类认知的局限，可能无法查知损害发生的真正原因，进而对法律系统的制裁、填补和预防功能带来极大挑战。但在现代法治国家下，法院并不得因为真伪不明而拒绝裁判，尤其在现代风险社会下，若仍以事实真相作为因果关系的唯一追求目标，无疑会使侵权法丧失效用。因而，法律需秉承价值判断和政策考虑并依据一定的标准和技术做出因果关系成立与否的判断，转而追逐法律真实。在这种考量下，两大法系对于因果判断的定义也出现了分化：首先判断加害行为是否事实上对于损害发生具有原因力，在此基础上依据法律的规范目的或政策评价标准，在众多条件关系中筛选出作为法律责任依据的归责对象。前者是根据事实作出的判断，而后者则是依照法律的政策考量。

举证责任概念兼具了行为责任（提出证据责任）与结果责任（说服责任）的性质，分别对应了举证责任分配与证明标准，后者应由实体法立法旨趣及政策考量加以决定，前者则应由诉讼法观点（如证据距离、盖然性大小、证明之难易）加以决定。环境侵权因果证明既然是对传统举证责任规则的修正，就需解决通过何种方法达到这种证明度。

2. 污染受害者举证责任减轻的价值与政策考量

以环境污染为典型的现代型侵害，多数为满足工业和科技发展的需求而产生，其原因行为本身为法律所允许，且囿于技术水平而难以防范。从科学面观察，这一致害过程可以分解为污染源排放暴露损害的四阶构造，由于加害过程的技术性、交互性、潜伏性与多因性等特征，若仍坚守传统的归责体系，要求受害人就此等事实承担严格的举证责任，势必使实体法的权利保护规定流于有名无实。在此背景下，基于社会法治下尽可能使受害人获得迅捷赔偿的理念，无过错责任或者说危险责任因势而生，除将对行为人的过失非难转变为不幸损害之合理分配外，更在因果关系上进一步减轻受害人的举证责任，使侵权法于此类案件中得以继续发挥损害填补及预防的功能。

3. 小结

降低污染受害者在因果关系上的举证难度已获普遍认同，抛开概念之争不论，对于原告在因果证明上是否应承担一定的举证义务，上述解读和裁判大致可以归于三种理路：一是将法律规定视为举证责任初始分配，因而受害人只需证明加害行为与损害后果，被告则要对因果关系不成立承担举证责任，如全国人大法工委、最高法院立法研究小组以及最高法院在平湖蝌蚪案中的判决均持此论；二是认为原告除证明加害行为与损害外，尚需提供因果关联的初步证据方能推定责任成立，如上述司法解释建议稿以及清镇环保法庭的判决；三是坚持传统的原则，由原告对因果关系承担举证责任，如刘德胜案中，尽管法院承认抗诉机关提出的举证责任倒置或因果关系推定，但又将倒置或推定的前提设定为原告可以提供何种因素导致癌症的事实依据，实际上仍是将举证责任归于原告。不难看出，在同一规则下，最接近立法者原意的解读和最高审判机关的裁判并未得到一体遵行，表明了规则仍存有模糊与不确定之处，需要通过法律解释来厘清法律规范的意旨。

第六节　其他强制性制度改革创新

一、产业准入制度改革创新

（一）产业准入制度的主要内容

作为国家确立、审核和确认相关产业主体资格的法律制度，产业准入制度由

185

产业准入主体资格的实体条件和取得主体资格的程序条件组成，并表现为国家立法、以法律形式规定产业主体资格的条件及取得程序以及以审批和登记程序执行（吴岚平，2006）。

目前，我国产业准入制度具有如下特点：

1. 有利于产业结构的调整

作为当今各国实现经济突破的重要关注问题，产业结构调整势在必行。构建合理的产业结构将助力资源的合理开发利用，是推进经济、社会、环境的可持续发展，提高人民物质生活水平及文化水平的基石。

2. 有利于满足环境保护的需求

严格的产业准入制度将提高产业准入门槛，把不符合环境要求的企业排除在产业准入标准之外，提高整个产业的生态保护水平。将现有的产业调整到一个合理的结构，在合理均衡的产业结构基础上，减少企业的污染排放，满足环境保护的要求。

3. 有利于提高产业经济效益

合格的产业准入制度将提高对企业的准入要求，同时也提高了企业的自我改进意识，在产业内部进行良性的竞争，在环境保护的前提下，通过改进技术来改善产品的技术含金量及成本竞争力，使全产业呈现良性竞争的发展趋势，提高产业的整体经济效益。

我国环境污染主要来自各类企业的"废水，废气，固体废弃物"排放，因此对排污企业排污行为的规制是我国环境污染规制的聚焦点。过去，为了大力发展经济，拉动 GDP 的增长，准入了一大批以高环境污染为代价的企业，造成了严峻的国内环境形势，暴露出我国产业准入制度存在以下问题：（1）相当一部分地方政府大部分产业准入环境标准过低，为了获取经济效益审批通过了大量高耗能、高污染企业。产业转移的同时环境污染也转移，致使当地环境污染严重，生态失衡，资源浪费。（2）没有对企业合理的环保评价体系，难以对企业的环境行为作出评价，进而导致地区对企业环境绩效考核的奖惩机制的缺失，对于高污染的企业无法进行制裁，对积极减排的企业无法予以鼓励，对企业后续的生产经营活动所造成的环境影响无法衡量。（3）产业结构不合理，产业分散，难以形成产业集群，进而形成完整的产业链，无法形成高利用率的物质流，造成资源浪费与环境污染。经济发展与环境不相协调，以破坏环境的高代价带来经济一时的高速发展，但给未来经济的可持续发展带来难题（李晓东，2013）。

（二）产业准入制度的改革创新

1. 建设动态环保信用体系奖优罚劣

建立一个长期和动态的浮动机制——依据企业近期环境行为，信用可以修复，等级能升能降，确保行政干预的公正，激发企业作为治污主体的责任感与积极性。执行差别水价政策，纳入污水处理费、银行信贷、驰名商标和名牌产品评比，通过价格杠杆倒逼企业自觉治污减排。

2. 实行严格的产业环境准入制度

政府在招商引资时，以长远的经济、社会、环境利益视角筛选待审批企业，以高环保和安全门槛作为确保当地自然资源不流失的保障。同时，对已有的企业进行严格的污染排放监督和环境绩效考核，建立相应的环境绩效奖惩机制，并以适当的环境政策压力倒逼和引导企业进行绿色创新。鼓励和推进节能环保低碳行业的发展，积极发展生态旅游业等绿色健康产业，助力当地产业结构的转型，并在接受产业转移的同时注意污染转移的防范，真正实现地区产业的绿色化。

3. 系统治理产业转移环境

系统科学是形成于 20 世纪的一门新型学科，从事物的相互关联中认识世界，运用系统科学的理论，范畴及一般原理，全面分析组织管理活动的理论。根据系统观，组织和区域作为形成开放系统的若干要素，在接受环境影响的同时也在不断影响并改变环境，在交互影响间形成大环境的动态平衡。运用系统管理理论来治理产业转移环境，根据实际需求制定产业准入标准，以带动产业的结构升级。

4. 强化产业集群战略

产业集群与经济发展密切相关，在某个地理区域范围内，大多数企业围绕某个或某几个特定的产业或紧密相关产业构筑形成从产品开发、生产组配、销售到服务的一条龙产业链，这种地理区域内相关企业的高度集中，有利于降低生产和交易成本，创造显著的规模经济效益和范围经济效益，还可以提高转入地原有集群的层级，延伸集群上下游产业链，进而促进产业集群升级。

产业的改善创新包括很多内容，推动和促进产业的发展需要我们进一步完善相关政策规范在遵循资源合理利用和生态环境严格保护的前提下，在产业的准入政策方面进行严格规范，利于产业的健康有序和可持续发展。

（三）产业准入制度的实施推进

1. 限制高能耗、高污染、资源性企业进入，降低环境风险

（1）提高产业准入门槛。

建立完善的环境评估体系，制定环保产业的技术和行为规范体系，完善监督管理机制，对企业实行环保、工艺和产品等全方面的质量认证和评估制度，规范市场运作企业质量认证和评估主要是综合考虑企业投资项目的投资额度、环境损害程度、排污治理水平、技术先进程度、产品质量、可持续发展的可能性等各项指标对环境可能造成影响的程度和范围，严格管控污染可能性大的项目，并加强对已引进项目的污染防范和升级治理。

例如，对污染环境的企业征收一定比率的生态税或者污染治理费，引导企业主动采取措施减少排污，对污染排放不达标、工艺落后的生产企业，或对当地环境造成严重影响、水污染排放强度大的企业执行关停并转，建立并实施退出机制。此外，在审批的过程中，政府部门还必须考虑接纳地是否具备足够的承接条件，包括资源、劳动力、资金、环境承载力和技术水平。

（2）积极推进清洁生产。

政府应鼓励当地工业企业在排放达标的基础上进行深度治理。要按照循环经济理念转变产业结构和发展方式，鼓励企业建立工业用水循环处理系统，采取措施最大限度减少生产过程，产品和服务的污染物量，实行从原料，生产工艺到产品使用全过程的清洁生产，对污染物不能稳定达标的企业要进行限期治理，并在治理期间限产限排。对这类污染物总量负荷较高以及有严重污染隐患的企业，定期予以公开通告，并依法实行强制清洁生产审核，要求企业按清洁生产审核要求进行技术改造，削减排放量，消除污染隐患，实现工业污染物的集中处理与循环利用，确保企业实现稳定达标排放。

2. 加强审批后管理，整合资源，提高土地利用效率

政府部门要严把项目用地预审批关，坚持重点支持高科技项目、大项目、大企业和符合地区产业发展规划的国内行业领军企业用地；禁止向规模小的项目、排放超标的企业供地；对各项目实行严格的审核制度。对实力不强、不符合入区条件、达不到规定标准的项目不供地，将单位面积土地投入、产出和土地利用强度作为审核工业用地的必要标准。

3. 建立健全相关扶持政策

（1）财税政策。在条件允许的情况下"针对不同的产业类型"出台相应的财税政策对符合环保条件的工业企业予以税收方面的优惠政策。

（2）投资政策。重点支持生态农业高新技术产业，在基础设施，生态建设，环境保护社会事业等方面安排中央预算内投资和其他有关中央专项投资。

（3）人才政策。鼓励人才和智力向构建环保企业的方向进入。人才以兼职、短期服务承担、委托项目、合作研究、技术入股、承包经营等多种形式参加产业开发并加大对从事此类产业开发人才的培训。

二、价格管制制度改革创新

（一）价格管制制度的主要内容

经济主体多是理性的经济体，更多地考虑的是个人或者企业利益的最大化，而非做出符合整个社会利益的经济行为。因此，作为政府，需要运用价格管制手段，使之趋利避害，做出符合社会利益最大化的经济行为。其中，价格管制制度有以下四个主要特征：

一是价格管制的主体是政府。政府相对于大多数机构组织，具有相当大的力量，包括强大的强制力和执行力等，是协调各方面因素不可或缺的力量。在社会主义生态文明建设中，政府需要发挥自身的作用，自觉运用价格机制，价格管制等手段，引导企业行为。

二是价格管制的客体是对企业的经济行为。企业行为是出于企业自身利益考虑的，所作出的经济行为一般是不考虑社会效益的，反映到整个生态文明建设上，企业的发展有时是以破坏生态环境为代价取得的，因此必须要对企业的行为予以规范。

三是价格管制的方式有价格水平、价格变化和价格结构。政府在价格管制当中，可以灵活地运用各种手段，对价格水平高低进行调节，通过价格水平调节的变化，引导整个生产要素与消费品价格结构的变化，达到对价格管制的目标。

四是价格管制的最终目标是企业经济效益和环境效益的统一。政府通过价格管制手段，对企业经济行为进行调节，其最终目标是规范企业的经济行为，是企业行为符合整个社会经济发展的需要。反映到整个生态文明建设上来，就是要使企业的经济效益和整个社会的生态环境效益相统一，使企业的发展是可以持续的，使人与自然实现和谐发展。

（二）价格管制制度的改革创新

在我国，进行与生态文明建设相关的价格管制制度的改革与创新，应着手于以下三个方面：一是构建完善的价格管制机构；二是加强监管各价格管制机构；三是建立健全法律与社会监督。

1. 建立职能完备的价格管制机构

着眼于统一价格管制与企业进入、退出、投资等经济活动，有利于价格的有效管控，避免了成本管理与价格管制脱节的现象。

2. 加强对价格管制机构的监督

一般通过行政监视、行政监察、投诉处理、行政诉讼以及"征求意见会"等形式加强对价格管制机构的督查，提高价格制定的民主性和科学性。

3. 建立健全法律与社会监督

（1）法律法规对价格的监督。通过法律，明确建立相应价格管制机构，界定和设立决策程序、定价原则、价格构成要素，并具体对被管制企业的违规违法行为的处罚方案等。

189

（2）社会公众对价格的监督。

（三）价格管制制度的实施推进

在社会主义生态文明建设中，良好的制度设计是一个重要方面，而另一方面，更重要的是制度的实施与推行以及执行。在价格管制的实施过程之中，需要发挥政府、企业及居民三方面的力量，确保整个价格管制制度得以实行。

1. 政府通过制度设计，制定规范有效的价格管制制度

在社会主义生态文明建设中，政府的作用是制定规范有效的价格制度。政府价格管理部门通过价格管制对价格水平，价格结构进行调节，使价格既反映整个社会生产要素、社会消费品的供需状况，又反映社会资源、环境要素的短缺成本、环境污染等非内部因素。

2. 企业积极修正自身行为，使之符合价格管制制度的要求

在价格管制制度的实施推进当中，企业是最重要的参与力量，企业通过对价格管制条件，诸如价格水平，价格结构等相关因素的反应，并出于企业经济效益最大化和整个社会生态效益方面的考虑，适时地调节自身的生产行为，同时，主动地在将人财物配置到经济效益上面的同时，将一部分人财物配置到社会生态效益上来，促进经济和社会效益相统一。

3. 社会居民对价格管制制度的支持和监督

在整个社会主义生态文明建设当中，社会居民一方面是整个生态文明建设的受益者，即良好的社会生态环境无论对居民本人，以及子孙后代无疑是一项福祉；另一方面又是整个社会价格管制制度监督的主体，不仅包括对企业经济行为的监督，包括企业的排污行为，是否遵守了政府相关价格管制制度等；也包括对政府价格管制制度的适用性和效率进行监督，看价格管制制度是否符合整个社会生态效益的要求和需要。

第十七章

中国生态文明建设的选择性制度研究

第一节 生态文明建设的选择性制度内涵及特征

一、选择性制度内涵

在强制性制度的实施有利于构建符合生态文明建设要求的法律体系，严格地监控经济主体的生态行为以及解决经济主体之间的环境纠纷之外，必须要指出的是，生态文明建设是一项巨大的系统工程，从改变生态环境到实现生态文明，必须构建系统完备、科学规范、运行高效的制度体系。生态文明建设的选择性制度就应该是在强制性制度之外对整体建设有效实施的强有力保障。

所谓生态文明建设的选择性制度，就是一种以成本—收益的对比为基础的经济激励手段。如水权交易、碳排放权、环境税费制度、排污权制度等，通过相关可供选择的准则来规范经济主体的行为。它是人们正确对待生态问题的一种进步的制度形态，因此在我国的生态文明建设制度中，选择性制度应该占据主体地位（沈满洪，2012）。

生态文明建设的选择性制度，既包括被实践证明是有效的制度的继承，又包括根据新情况新形势而开展的制度创新；其既包含单一制度的建设，也包括制度体系的建设；其中既强调制度的完善，又注重制度的加强。该制度的设计关键在

191

于管理者需要设计出一套制度，使得各经济主体在给定的制度环境下根据现有条件考量自身的利弊，理性选择对自己最恰当的措施，这能有效地驱动经济主体的管理者积极主动地参与到生态文明建设中来。另外，在确保经济主体对自身利益最大化需要的基础上，加强生态建设和环境保护，转变生产模式和行为模式，走一条依靠自然、利用自然而又保护自然，与自然和谐共处，互动发展的可持续发展之路（陈江昊，2007）。

二、选择性制度特征

生态文明建设的选择性制度是在管理当局为经济主体留有一定的选择空间的基础上实施的，其特征主要有以下几点。

（一）通过经济主体对自身利益的调整，达到市场自主调节经济行为的目的

选择性制度作为经济主体自由选择权的表现形式，在生态文明建设和市场经济管理中具有其特殊意义。生态文明的建设必须有经济主体自身的参与，从整体效益的层面决定应该采取的策略，因此我国给予了经济主体在法定范围内的自由选择权，使其对能够从效率和利益均衡角度做出最优经济生产行为选择。更为重要的是，根据其生产环境和经济利益的改变，企业针对相关制度条规的选择可以及时地做出整改，以高效有力的速度保持企业的运转，进一步促进我国市场经济的良性发展。选择性制度可以根据新出现的现象和自身利益最大化进行调整，促进市场经济和生态目标的良性运行。

（二）在市场给定的制度约束下，经济主体有多重选择权

在选择性制度给了经济主体选择空间外，各类经济主体如果不能在自主选择的生态文明建设内容下达到既定的目标，仍然会受到监管部门的惩罚，保障了制度的权威性。这是由于在市场经济下，经济主体都是趋向于站在"经济人"的角度考量，而具有高外部性的环境资源的保护往往会因为企业出于自身效益的考虑而受到损害（赵建军，2007）。因此，在强制实行的相关制度之外，给予经济主体一定的选择空间，充分地权衡相关的利弊。

第二节　资源有偿使用和生态补偿制度改革创新

一、资源有偿使用制度改革创新

（一）资源有偿使用制度的主要内容

1. 资源有偿使用制度的概念

在过去的几十年里，伴随着我国工业化进程的不断加快，石油、天然气、钢、铜、铝、锌等资源的消耗量成倍增长，资源不足严重阻碍了我国工业化进程。资源有偿使用是以支付价格、税金、租金、使用费等为前提，以获取自然资源使用权为目的的一种自然资源利用方式。自然资源有偿使用制度是指自然资源使用者在开发利用自然资源过程中须支付一定费用的法律制度。资源有偿使用制度极大地体现了自然资源的价值，不仅有利于自然资源的保护，还可以提高资源的使用效率，同时可以为国家筹集资金用于资源保护和开发，该制度有利于实现资源的可持续利用，也因此被世界各国普遍采用。

我国资源有偿使用制度较之国外各国发展较为缓慢。以矿产资源为例，中华人民共和国成立后很长一段时间一直实行矿产资源的无偿开采制度，导致大量宝贵的矿产资源浪费、流失，生态破坏现象严重，最主要的还是制度体系不健全。国外许多国家的矿产资源有偿使用制度在一定程度上已经相当成熟，有许多经验值得我们借鉴学习。

2. 资源有偿使用制度的现状分析

（1）矿产资源。

资源有偿使用的实践首先出现在矿产行业。我国矿产资源法规定：探矿权、采矿权可以转让。浙江采矿权的招标和江西省某金矿的拍卖有利于我国的生态环境保护，标志着我国矿产资源有偿使用的开端。

（2）能源资源。

相比较之下，我国非民用资源产品价格改革开始的时间较早。2015 年国家发展改革委对非居民用天然气门站价格进行了调整，上调 15%，居民用气价格保持不变。就现阶段的情况来看，阶梯价格、季节性差别价格是推进下一步资源价格改革破题的关键。

（3）水资源。

自 2000 年以来，相关部门就水价及水市场方面展开调查，利用市场机制进行优化配置水资源的探索。如浙江东阳—义乌于 2000 年进行的水权交易实践，2002～2004 年甘肃张掖水权交易实践试点，2003 年开始宁夏、内蒙古水权交易实践。2014 年年初，发改委明确表示，2015 年底前所有城市民用资源产品价格原则上全面实行阶梯水价。

（4）环境容量资源及生态系统服务。

目前，存在两大理论，一是排污权交易理论，这一理论以环境容量资源有偿使用为基础，另一个是生态补偿理论，以生态系统服务功能有偿使用为基础，是当前这一阶段集中体现环境资源有偿的政策工具，并被写进国家的发展规划中。

3. 国外资源有偿使用制度实践与经验

（1）土地资源。

首先，美国的土地制度与我国有着很大的差异，它采用的土地管理体制具有集中而又垂直的特点。该体制将土地的社会职能和土地取得的利益放在最重要的位置，其主要目标和根本宗旨是实现土地资源和资产的可持续发展。其次，受美国联邦制以及美国特有的历史发展进程所影响，美国的土地制度呈现出多元化的特点。联邦政府、各个州、市分别拥有自己的土地，以方便设立机构，满足行政需求，有些土地甚至被用于军事用途。只有按照法律规定，通过买卖、租赁等有偿方式才能占用这些土地。没有成熟的土地方案并不意味着美国政府不重视土地资源的合理使用。虽然在形式上没有集中说明，可是在内容上却是相互关联的，即形散而神不散。这些土地方针规划都是经过公众参与、自下而上确立的，是民众意愿的集中体现，这是非常值得肯定的。以美国基层社区的土地规划为例，无论该土地规划方案是否涉及公共利益，该社区的美国公民都有权利参与到土地规划方案的制定中，决定是否编制土地的利用。

（2）矿产资源。

使用矿业权出让金制度的代表性国家有美国、澳大利亚、智利和印度，这种制度主要是为了制约对矿业权的投机行为和提供矿业权管理费用。加拿大以极高效、透明的政府服务和规范、严格的法律执行，成功吸引和保证了诸多投资者的眷顾。简化的矿业权审批手续，多渠道融资途径，对大小矿产公司的同等重视以及严格的监督投诉机制，充分保护了投资者利益，促进了加拿大国民经济的稳定增长。

（3）水资源。

水资源在全球范围日益紧缺，但由于自然、历史、环境和资金等原因，通过用水户或供水方来解决水资源的管理和使用问题或多或少存在局限，在政治和经济的约束下，不同的政治、经济体制国家政府都设定有专门的管理和使用制度，设定水管理制度基础，用制度来约束人们开发用水资源的行为。河岸所有权规定谁拥有河岸上的土地，谁就拥有了河流的水资源的权利。但其同时也规定，水资源的权利不得转让，土地的主人没有存备水防旱的权利或允许分水岭以外的土地取水的权利。河岸土地的主人取其自然河流中的水资源中的一定份额不需批准和许可，是一种自然取水权利。在水资源较为丰富的国家特别是自然水资源能满足农业需要的地区和情况下，这种制度被证明是适用的，但对于水资源短缺的干旱和半干旱地区，这一制度存在着种种问题。如美国西部开采矿石和开发土地需要大量的水，优先占用权制度不能使水资源配置到更需要水的地方。这时诞生的可交易水权制度不依赖于土地，也不依赖于占有水资源的时间先后顺序，只决定于根据分配水量多少而出现的剩余额的量和分配水权量可取得的经济效率，分配水权的量有剩余，可能会出现交易，分配水权的既定使用目标效益与交易目标效益在经济效率上出现一定差异。

4. 我国资源有偿使用的问题

我国传统经济模式较为粗放，具体表现为"三高一低"，这种经济模式以牺牲大量的自然资源和生态环境来换取经济的发展。现阶段，我国的资源有偿使用与生态补偿制度仍然存在一些缺陷：一是政策不够细化，全国"一刀切"，导致政策脱离实际，从而效果欠佳；二是补偿方式单一，应根据我国发展情况，制定完善的生态补偿制度，以达到改善资源使用的效果。

对于环境资源有偿使用现有的几种政策工具而言，还存在以下几个方面的问题：

（1）法律法规滞后，政策依据不充分。

（2）监测监管能力不足，定量、计量工作薄弱。

（3）交易市场尚未形成。

（4）环境资源特别是环境资源有偿取得和交易价格机制尚未形成。

（5）对环境资源有偿使用的认识尚未完全统一。

（二）资源有偿使用制度的改革与实施

1. 建立资源有偿使用组织管理体系

资源有偿使用组织管理体系应由资源有偿使用制定机构、资源有偿使用计量机构、资源有偿使用征收与发放机构、资源有偿使用监管机构等部分构成。其关键在于，补偿计量机构所确定的补偿标准是否合理、所构建的补偿流通网络是否能够实现补偿费用的合理公平分配，组织管理体系应尽量在现有部门和机构的基础上设置，这样不仅可以降低交易成本，还可将分散的农户组织起来，达成集体协议。

2. 增加公众参与，强调公众监督

政府实行资源有偿使用的目的性与市场机制具有一致性，因而需要公众的参与，此时政府的法律保障与公众参与主体合二为一。建立公众反馈意见的程序有助于加强公众参与和加强公众监督。具体做法就是政府部门需要公布所推行的具体方案及实施进度，当公众产生疑问或者质疑时，必须立即向公众解释情况；监管部门也需要定期或不定期地进行走访调查，以便了解实情。

3. 充分发挥资源税对市场调节作用和资源消费利用结构的调节作用

结合我国的生态城市建设，全面扩大对我国资源税的征收范围，将资源税的税收种类扩展到矿产资源、非矿产资源、水资源及涉及环境保护的各类资源中，那些再生能力较弱的资源性产品，如果对环境污染极其严重的就应该征收重税。[1]

二、生态补偿制度改革创新

（一）生态补偿制度的主要内容

1. 生态补偿制度的概念

生态补偿（Eco-compensation）是以保护和可持续利用生态系统服务为目的，以经济手段为主调节相关者利益关系的制度安排。生态补偿，就是沿着市场化的方向，抓住资源和环境生态有偿使用机制改革这个核心，建立资源和环境使用者珍惜资源、保护环境的内在约束机制。如果从广义的生态经济学的视角出发，生态补偿理论可以认为是环境保护和资源节约的可持续发展领域全面市场化的基石，从历史实际的情况来看，资源和环境资源在过去无偿或低偿的使用，造成了大量的浪费和不经济利用的情况。但目前环境资源已经开始逐渐成为稀缺的资源，而环境资源在某种程度上来说也是有限的资源，因此它并不能完全满足人类的任意索取。

2. 我国生态补偿制度的时机逐渐成熟

随着新型工业化战略的提出，以及国民经济总体实力的增强，开展资源和环境有偿使用制度改革的时机已经日趋成熟，而且，不触动资源和环境使用制度，不充分发挥市场力量，显然是不行的。随着近年来国有企业股份制改革的深化，国有企业自主生产能力显著加强，有能力承担生产过程中包括环境在内的各种要

---

① 黄臻：《贵阳完善资源有偿使用和生态补偿制度研究》，载于《当代经济》2018 年第 8 期。

素的真实成本。从国民经济整体来讲，目前，国民经济结构已经发生变化，国有经济的比重下降，国有经济生产成本的较小变化不会对整体国民经济产生巨大影响。随着技术进步加快，产品的价值构成中，技术附加值增加，要素所占的比重下降，要素价格变化对产品价格变化的影响也会下降。对于国民经济而言，环境既是重要的资源，同时又是公共产品。在当前的形势下，如何创新机制，探索出一条将市场机制引入环境保护的有效途径，发挥市场对环境资源的配置作用，是环境保护宏观政策的重要内容。我国在单行法方面，有很多关于生态补偿的规定，如《土地管理法》《森林法》《水土保持法》《水法》《水污染防治法》《渔业法》《矿产资源法》等都规定了具有生态补偿性质的收费形式。

3. 我国生态补偿制度存在的问题

我国的生态补偿制度起步较之国外较早，发展速度却十分缓慢。到目前为止，我国生态补偿机制尚未形成统一、规范的体系，其局限性具体表现在以下几个方面：

（1）缺乏长期有效的政策支持。

我国现行生态环境立法缺乏系统性，有些法规之间甚至出现了相互矛盾的现象。我国的国情以及资源的结构特点决定了政府在资源有偿使用中必须发挥引导作用，比如建立资源有偿使用的法律法规和相关制度，为资源有偿使用提供制度上的规则和秩序。但政府也存在失灵，若制度设计不合理则会造成巨大的组织运行成本，不利于资源配置效率的最大化。因此，必须发挥市场经济和社会的作用。

（2）政策制定缺乏广泛参与。

在现行许多政策的制定过程中，由于尚未建立起有效的参与机制和实现途径，导致其他利益相关者无法参与到政策制定的过程中去，无法在体现政府管理的同时。广泛代表广大生态保护相关利益方的意志和利益。

（3）生态补偿的基础性工作还不完善。

在补偿范围、补偿对象、补偿标准等方面的设置，我国生态补偿制度还存在着一些技术上的障碍，导致在实施中时常出现矛盾和冲突。例如，补偿标准难以确定，生态环境的功能价值难以计量，都阻碍着生态补偿机制的推行。虽然关于补偿标准的计算方法有许多种，但是这些计量方法还主要停留在理论研究上，导致评价结果缺乏说服力，还需要进一步改进。

（4）补偿方式简单，补偿标准不合理。

首先，不同的环境资源类型适用的环境资源有偿使用政策工具不同，针对一项环境资源如何实施有偿仍需要进一步研究。其次，现有的环境资源有偿使用机制，并没有完全考虑相关的资源环境属性及其价值，特别是生态系统服务资源的价值理论，仍需要进一步的研究。再次，如生态系统服务资源的环境资源估值理论，仍存在一定的学术争议，现有的理论还需要进一步发展。

（二）生态补偿制度的改革与实施

1. 确定生态补偿对象

生态补偿对象是指生态服务正外部性的产生者或者生态服务负外部性的纠正者，是生态补偿主体间权利义务共同指向的对象，具体是指对生态环境建设直接投入资金、劳动力等牺牲自身利益或损失了机会成本的地区或者群体，或者在资源开发活动和环境污染治理过程中，因资源耗损或环境质量退化而直接受害者。生态补偿对象具体应根据研究区域所在的地理位置及环境污染状况进行确定，以使利益相关者充分参与。

2. 生态补偿制度宣传实施

要将生态补偿制度真正投入实践，广泛的宣传显得尤为重要。可以通过广播、电视、网络、标识和新媒体的方式进行全面宣传，生态补偿制度不仅能节约资源、获取应有的利益，而且更能让公众拥有保护环境、爱护地球的意识。只有让公众树立起这样的意识，才可能使资源有偿使用和生态补偿制度得到稳步的推进。

3. 加强组织领导，不断提高生态补偿的综合效益。

生态补偿制度涉及多个部门，我国结合世纪情况应建立起政府统一组织领导，各级部门间相互协作共同参与的保障体系；自然资源的属性决定了其属于国家所有、全民使用的特点，在以政府为主导的资源有偿使用模式下，政府作为资源的代理人，向资源使用的受益者征收资源有偿使用的费用，并向资源的保护和生产者转移支付，政府在整个机制的运行过程中全程参与，并占主导地位，从前期的制定资源有偿使用的政策和机制，如有偿资源的类型、有偿的对象、有偿的方式、有偿的标准、资金的管理和用途、相关的奖励激励机制等，到实施过程中征收和管理有偿使用资金，到后期有偿使用资金的具体使用等方方面面。

4. 建立生态补偿实施情况评价制度

国家或地方政府应当组织建立一个专门的评估机构。由于国家或地方政府是生态补偿的主要实施者，因此，该评估机构应具有独立性，不应与国家或地方政府具有隶属关系，以从根本上保证评估结果的客观性和公正性。对于生态环境比较脆弱，并且具有重要的生态功能的区域，应将生态保护工作作为政府工作考核的重点，对于经济方面的指标可适当予以放缓。

5. 确定政府在生态补偿的保障角色

政府作为资源所有者的代理者，行使资源的管理、利用和分配的权利。政府在其中的工作主要包括两个方面。一方面，要在资源配置中引入市场交易的机制，政府需要进行确定可交易的资源产权类型，制定资源的合理价格，进行资源产权的初始分配，确定交易规则，建立交易市场等基础工作。另一方面，在市场运行的过程中，政府还要针对市场运行的效率和效果进行跟踪和监督，对市场运行的问题进行干预和调节，确保市场配置资源的效益向可持续发展的方向运行。

6. 以市场为主导的生态补偿制度

资源的使用者在交易市场建立之初，或在今后的市场中通过交易，有偿获取资源的使用权或经营权。此时，与通过行政管制的经济手段收取资源费等形式相比，资源已经不仅仅是内化为内部成本，而是成为生产的基本要素。这将极大地改变资源使用者对待资源的态度。获得资源产权的使用者，可以选择自己使用也可以选择放在市场上出售，若资源量不能满足生产的需要，则需要在市场上进行相应的购买交易。这将促使资源使用者决策的变化，比如通过提高技术来减少单位产品的资源需求，以利于扩大再生产。通过资源产权在市场上的反复交易，资源的价格将逐渐符合其稀缺性的价值，从而更进一步地促进资源的合理、有序和可持续利用。

7. 生态补偿标准要因地制宜

由于各地区经济发展情况不同，生态补偿区域内生态环境状况不同，补偿对象存在很大的差异性，因此，在确定补偿标准时，不能采取"一刀切"政策，而应因地制宜，对补偿区域内经济、环境、人口等情况进行实地调查，保证相对公平，符合实际。

第三节　生态环境财税制度改革创新

一、生态环境税费制度改革创新

所谓生态财政并不是简单地对既有环保财政政策做零敲碎打的"应急式"修补和调整，而是在新的经济学理论范式下，通过建立生态财政调控制度，实行"一揽子"式的生态财政政策来全面推动财政生态化改革，从而对加快经济增长方式转变、促进环境保护形成系统的支持，并在制度上为政府切实履行其保护环境的职责提供更有力的保障。[1]

---

① 郑雪梅：《中国生态财政制度与政策研究》，西南财经大学出版社 2009 年版。

（一）生态环境税费制度的主要内容

从经济学的角度看，环境税费制度对污染环境、破坏生态和使用或消费资源等影响环境行为征收的一种税费。该税费制度具有以下几方面的特征：

1. 公共目的性

所谓公共性是相对于私人性来说的，环境税费制度的公共目的性是指征收环境税可以实现社会环境资源的有效配置，可以为社会提供维持社会可持续发展所需的公共物品，例如国家使用环境税收治理环境、提供基础设施等有利于全社会或者某个群体的公民的公共性支出。

2. 单方强制性

税收的单方强制性一方面是针对税收分配关系是以什么作为征收依据而言的，即税收是国家单方面以政治权力作为依据而进行的一种分配，没有与被征收者协商的义务，即国家在制定税收制度和税收征纳环节上具有单方体现征税主体意志。另一方面就是以税收的法律关系而言的，即在国家税法规定的限度内，纳税人必须依法纳税，征税人必须依法征税，不具有选择的权利，否则就要受到法律的制裁。无偿征收性。在代价方面，征收者无须对被征收者付出的代价进行偿还，被征收者不能因其纳税而得到特殊利益。

3. 固定性

税收的开征一般是由法律或法规规定的，一旦颁布执行，其规定税率、税目、征税范围、计税依据等相对固定。但固定性也不能说某一税种是永远不变，税收的一个重要作用就是宏观调控功能。当经济发展需要时，国家可以通过修改法律或法规形式，对某些税种税率、减免税等政策做些调整，促进或抑制经济发展转型或结构性调整。也就是说随着时间推移，经济发展需要税收的固定性又是相对的、可变的（邓可祝，2007）。

4. 税款计算的复杂性

环境税的计税依据和税率的确定都十分复杂。首先，大多数国家的环境税一般分为资源税和污染税，资源税的计税基础为资源利用量，污染税的计税基础为环境破坏程度和应付出的代价。而且环境税必须通过环境监测得以确定，税率也难以统一，目前，环境税制度较为完善的国家基本上采用以下三种不同的税率形式计税：比例税、定额税和累进税率（吕凌燕，2006）。

一些发达国家的环境税费实践各有特色，其经验能对构建我国环境税费法律制度带来重要的启示，具体见表17-1。

表 17 – 1　　　　　　　　　　主要发达国家环境税费的实践

国家	环境税费实践	特色
荷兰	燃料税、超额粪便税、土壤保护税、水污染税和地下水税等保护土壤和地下含水的相关税种、噪音税、垃圾税、机动车特别税、二氧化碳税、铀 235 税以及能源调节税等保护环境的税收	燃料税为政府环境保护政策的顺利实施提供了很大一部分资金支持。畜牧业十分发达的荷兰还有具有其地方特色的超额粪便税
瑞典	二氧化碳税、硫税、汽油和甲醇税、里程税、机动车税以及 1974 年开始对燃料征收的一般能源税和 1990 年开始对能源征收的增值税，对饮料容器、农药、化肥、电池以及汽车的征税。瑞典对于个人购买小汽车所征收的汽车税高达 200%	世界上最早开征环境税的国家就是瑞典，也是最早将收入税向能源税和污染税转移的国家。众多的环境税税种中，与能源有关的税收占了很大的比例
美国	能源及相关税收、对燃料征收的税以及对环境污染行为征收的税。每一类环境税收都包含了若干个具体的环境税种。此外，还有对水以及固体废弃物的收费，对矿产资源征收的权利金和对石油资源征收的税费等	三大类环境税收。美国还设立了许多的环境优惠措施，例如对可再生能源生产的补助政策、给予使用新能源的汽车购买者减税等。除了联邦政府，美国的各个州也出台了许多环境税收优惠政策
日本	于 2004 年起草了首个能源税收政策，并对该环境税方案进行了反复的修订。在国民的理解和相关部门的支持与合作下，2007 年 1 月终于正式开展了环境税制的改革	在全国范围内开展了一项关于环境税对国民经济及产业国际竞争力影响的调查研究

　　总的来看，虽然我国现行税制在环境保护方面发挥了一定作用，但同发达国家相比，还存在着很大差距（朱厚玉，2013）。

（二）生态环境税费制度的改革和实施

　　环境税费制度的实施和推进不仅需要国家实施各项规则来做保证，还需要对资源税、所得税、增值税等税种进行改革。不仅需要公民自我约束，自我监督，也需要地方政府和相关组织团体给予支持和引导。

　　现实社会中，环境损害行为以多种形式频繁涌现，已经引起了法学界和整个社会的高度关注，但生态环境税费却遭遇了尴尬和困境：一方面是环境法律以前所未有的速度出台和修改，另一方面是现实生活中的一些环境损害纠纷事实上并不能纳入法律规制视野；一方面环境损害现象得到了侵权法、行政法、诉讼法等其他

201

传统法律部门的高度关注，但另一方面，这些法律部门在生态环境税费方面始终存在隔靴搔痒之感。理论与实践的巨大反差，因素是多种多样的，除了实践中存在的种种问题，立法上未能理顺生态环境税费，这正是产生这种问题的重要根源。

生态补偿税费应作为生态环境保护的专项基金，用于生态环境的保护和恢复，不得挪作他用，具体可用于四个方面：一是生态环境的维持、恢复费用；二是生态环境保护区建立的费用；三是对重大生态破坏区域进行调查的科研费用；四是生态环境保护奖励费用。由环境保护部门连同财政部门统筹安排使用。

二、生态环境补贴制度改革创新

（一）生态环境补贴制度的主要内容

生态补偿制度是以生态环境整治及恢复为主要内容，以经济调节为手段，以法律为保障的新型环境管理制度。这一制度有其特殊的性质和特征：

1. 无偿性

在代价方面，被征收者无须对征收者付出的补贴代价进行偿还，征收者不能因其付出代价而从被征收者手里博取特殊利益，因此生态环境补贴具有无偿性。

2. 专款专用性

专款专用性是指对税收补贴的资金，应按规定的用途使用并单独反映，专项用于政府所辖区域的生态建设和生态治理，即被征收者应将收到的税收补贴用于环境治理资源再生的投资，而不是当作企业的利润纳入所有者权益。

我国的生态环境补贴制度现存问题：

（1）现有的生态补偿方式主要依靠政府主导、财政拨款模式进行生态补偿，由于补偿资金来源渠道单一，存在着资金筹集困难等问题。当政府财政缺乏相关资金时，将导致补偿标准过低，甚至补偿办法无法顺利实施，上游地区的水环境保护积极性不高，从而可能为了发展经济，而忽视环境保护工作。

（2）由于各地区经济发展情况不同，生态补偿区域内生态环境状况不同，补偿对象存在很大的差异性，因此，在确定补偿标准时，不能采取"一刀切"政策，而应因地制宜，对补偿区域内经济、环境、人口等情况进行实地调查，并且借助竞标机制和遵循农户自愿的原则，使补偿方和受益方达成协议，以确定与各地自然和经济条件相适应的补偿标准，保证相对公平，符合实际。

（二）生态环境补贴制度的改革和实施

生态环境税费补贴制度的改革与实施不仅需要国家财政的支持，也需要全社会的大力支持，具体方法可以从以下几方面进行：

1. 建立"环境财政"，加大财政转移支付中生态补偿的力度

通过优化开发区和重点开发区地方政府的财政上缴以及中央财政和省级财政专项资金下拨等方式，加大生态补偿力度。制定流域跨界断面水质目标考核生态补偿机制，拓宽资金筹措平台，保证对牺牲发展机会地区的资金补偿，激励流域上下游对于生态环境的保护。同时，基于生态功能区的生态补偿方式应综合考虑各生态功能区的生态主体功能、产业准入政策以及环境监管等方面。对于水源涵养生态功能区，应加强对源头水、湿地、公益林等能够保证下游用水需要和饮水安全要素的补偿，大力扶持有利于维护水源涵养功能等生态工程和基础设施的建设，加大对旅游业、生态林业以及观光休闲农业等各类生态产业的补偿力度，开展绿色信贷业务，重点对生态产业进行优惠，保证上游的水资源和水能资源开发利用等活动不影响中下游用水、水生态系统健康以及洄游鱼类的生存。

2. 加强生态保护和生态补偿的立法工作

以保障和实现公民权利为核心，所有的实体法律制度和程序法律制度设计都必须围绕保障公民权利为核心价值追求，以保障人身权利、财产权利和环境权利为目标。在生态补偿法律制度设计上，要注重维护人的权利和保护自然环境本身。这是因为，生态补偿具有特殊性，它同时以直接机制和间接机制这两种机制同时发生。在直接机制中，是人的行为对于环境权利直接的侵害，这固然应该是生态补偿法规制对象。在间接机制中，人的行为直接污染破坏了自然环境，但也难以避免地会对不特定多数人的环境权益造成侵害。注重制度的体系化和可操作性。在具体制度设计上，要同时并重实体法律制度和程序法律制度。在具体的生态补偿法律制度设计中，要重点体现环境公益诉讼等新的制度内容，在举证责任倒置、归责原则、证明标准等具体制度上，也要进一步细化规定，以便于操作。

第四节 生态环境交易制度改革创新

一、节能量交易制度改革创新

（一）节能量交易制度的主要内容

节能量作为节能时代的核心商品，是节能项目最重要的产出，是衡量节能成果的基础指标，也是考察节能降耗的主要手段。节能量作为一种资产，存在潜在收益，节能量的出现会为利益相关者导入新的利益开发和分配机制。节能量交易是指在买入或卖出节能量的市场交易行为。建立以产权制度为核心的节能量交易制度，制定从生产到消费各环节的强制节能标准并刚性执行，由市场和政府共同推进节能工作。

目前我国已具备在《节约能源法》中增加需求侧的节能量交易制度的条件，节能量交易制度具体内容包括：

（1）修订《节约能源法》，将需求侧节能量交易制度单辟一章，明确指导原则和工作重点，明确政府在节能量交易制度中的职责。

（2）需求侧中的能源消费主体主要有建筑业、交通运输业、制造业以及能源生产企业等，通过行政立法，政府可以建立起相应的需求侧管理的清单目录，并且针对不同的主体制定出相应的节能要求，设定对于企业来说较高的违法成本，拟订节能需求。

（3）通过行政立法，政府可以首先建立起针对能源需求侧的核查制度，并且寻求能源供应企业的合作，对那些节能成效良好的企业，政府可以授予节能量所有权权利证书。

（4）通过行政立法，政府建立起全国统一所有权的登记制度和交易平台，方便所有权交易。

建立节能量交易制度绝非易事，其难度远远大于排污权交易、碳排放交易机制的建立，主要原因有以下几点：

1. 缺少节能量交易平台建设和运营的经验和参考

在交易实施之前，需要确定节能总量目标上限规定、配额的分配、关于节能量的认证以及对节能过程监控等内容。由于目前还没有任何一个国家已经建立起节能量交易平台，因此，针对能源使用量降低和排放量降低之间的关系，我国必须在确定全面筹备建设节能量交易试点之前予以确定，确保能够真正达到改变能源消费结构、减少排放量的效果。

2. 我国企业参与意愿不高，其中以中小企业最为明显

我们国家的特点是中小企业多，中国的产业特点是大量的中小企业集中在制造业，它们有减排的任务，但是参与减排的意愿不高。

3. 节能量交易运作机制不规范，标准制定困难

节能量交易机制涉及的核算标准、第三方认证以及市场化发展等问题值得关注，要保证交易的公平性，需进一步规范和建立科学的发展机制。

（二）节能量交易制度的改革创新

1. 重视我国合同能源管理的创新发展

过去，我国的节能管理工作一直保持着"三位一体"的结构，由政府节能主管部门牵头，各级节能服务机构和企业节能管理部门协同运作。在计划经济体制下，这一制度设计在节能方面发挥了巨大的作用。但是，伴随着经济体制市场化的转变，要求原有的制度管理体制必须随之转变。

伴随着市场的节能新机制合同能源管理的创新发展，应着手建立节能服务体系，加大宣传力度，做好对企业的能源使用的监督，建立相应的风险防范机制，加快拓宽融资渠道，与此同时，改革财务管理领域的相关制度，保证各方面协调运作。

借鉴国际上节能运作经验，节能工作应该：以市场为主，并在政府的适当调控下，两者相互配合，最大限度地发挥市场机制的作用。为推动我国的节能工作向前发展，首先必须关注目前我国合同能源管理中存在的问题，引导机制向市场化发展。

2. 转变节能重点，从供应侧转到需求侧

要推动我国节能工作继续向前发展，关键在于节能思想理念和驱动方式的转变。实现节能重点从供应侧向需求侧的转移，改变生活消费模式，降低能源消费总量。充分发挥市场在资源配置中的决定性地位，将节能从外生政策压力转为内生经济需求，实现节能的可储蓄良性发展。近年来我国频发的严重环境灾害，例如雾霾，已经对我们发出了警告：现存的生产消费方式都是无法长期维持下去的，因此必须作出改变。这就需要我们首先树立起生态文明的价值理念，在指导思想上将节能重点放在需求侧。

我国人口众多，但是资源总量有限，注定我国的消费模式将不同于发达国家，必须在需求侧对能源使用进行约束。我国目前主要依赖行政力量进行约束，这导致了节能制度的高成本低效率，但也表明还存在改善空间。节能的需求需要法律人为抑制，法律必须对能源需求主体给予约束，强制产生节能量，建立合理的交易平台，由市场保证流动性。对节能义务主体而言，有三种选择：一是减少能源消耗；二是在市场购买节能量；三是若无法完成节能任务，须接受相应的处罚。

3. 增加关于节能量交易的制度设计

通过行政立法，政府可以建立起能源需求侧目录管理清单制度，并对不同的群体制定相应的节能需求，确立起相应的惩处制度。同时抑制不合理的能源需求；建立能源需求侧核查制度，在监管对象的协助下，对符合要求的企业节能量授予所有权权利证书。值得注意的是每一张权利证书都应当是唯一的并且可以参与流通。建立起全国统一的交易机制，促进节能量金融化。与此同时，行政部门应制定更加详细的强制标准，保证执行力度，加大节能义务主体的节能压力；另

外，建立相应激励制度，例如可通过税收等杠杆促进节能量市场发展。节能量证书运作模式可参考图 17 - 1。

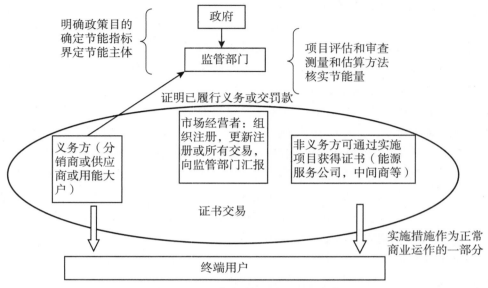

图 17 - 1　节能量证书运作模式

（三）节能量交易制度的实施推进

1. 推进节能量交易试点，加大对节能减排的政策扶持力度

加大对节能减排的政策扶持力度。严格执行节能评估审查，建立健全环境影响评价制度，落实国家政策，对能源消费超出控制目标、节能减排目标未完成地区，暂缓"两高"项目能评环评审查。最大限度地发挥市场在资源配置中的决定性作用，并且保证融资渠道的畅通。努力推动生态文明建设，对未完成节能减排目标的企业，要实行严格的问责制度，切实加强组织领导，形成政府主导以及部门负责和全社会参与的节能减排工作格局。

2. 借助互联网，通过电商渠道推行节能量交易

节能量交易包括众多的主体和课题，涵盖节能产品的制造商、销售商，同时还包括各类用能单位。节能量作为一种资产，可以为用户带来潜在收益。节能量交易应运而生。借助互联网，节能量交易无论是在交易还是消费方面都会大幅度地提升。目前，节能量交易的基本条件已经具备。节能量交易拓展到消费领域后，其主要的推行模式为通过电商渠道进行"节能补贴"模式。

3. 实行能源消费总量和能耗强度双控考核

针对 2014 年、2015 年的社会发展计划，国家发改委在其中纳入了国家"十

二五"规划纲要资源环境类指标，准备逐年推进。针对能源消费总量和强度实现双控考核。落实能评制度，淘汰落后产能，同时做好重点地区节能工作，与此同时紧抓落后区域，加大监督管理力度，实现各领域最大限度节能。

二、碳权交易制度改革创新

（一）碳排放权交易制度的主要内容

碳排放权是指在法律规定的条件下，企业为了生产运作，经行政机关许可，可向大气环境中排放一定量的二氧化碳等温室气体的权利（丁丁，2012）。

碳排放交易制度有扎实深厚的理论基础。碳排放权交易制度利用市场机制来应对全球气候变暖，并在此基础上推动低碳经济发展，在经济发展的同时达到保护环境的目的。构建碳排放交易制度对我国促进碳气体的减排、发展低碳经济具有必要性，原因有如下几点：

（1）中国每年的碳排放量都很大，受巨大的减排限排压力影响，需要做好准备应对严峻的形势。

（2）从维护国家利益角度出发，要求我们发展低碳经济，必须以法律为保障，以市场为指引，加快建立统一的碳排放权交易制度体系，从而获得国际话语权（李义松，2013）。

目前我国碳排放交易制度中存在的主要问题有：

（1）针对碳排放权缺乏明确的法律定位。第一，碳排放权客体难以控制。第二，碳排放权主体存在选择性。

（2）碳排放权的初始分配方法尚未确定。根据目前的实践经验来看，初始配额分配主要有无偿分配和拍卖两种方式。

（3）国内碳排放权交易市场缺乏秩序。我国尚未建立完善的碳排放权交易市场，目前主要面临以下几个问题：一是地方盲目建设碳排放权交易所，有卖无买。二是欠缺相关方面的专业人才和服务机构。

（二）碳排放权交易制度的改革创新

1. 完善碳排放权交易市场机制

（1）创新碳排放权交易金融衍生品种类。由于碳排放权在国际上尚未形成统一的定价标准和模式，导致这类交易伴随着较大的风险，要加快创新金融产品（如期权和期货），才能够满足市场的需求，吸引更多的参与者。我国应该立足本国自身情况，在借鉴国外经验的基础上大胆创新。

（2）建立健全碳排放量衡量标准和监督机制。对于碳排放权交易市场来说，由于碳排放量难以测定，又缺乏一个监督管理机构，因此，由于初始分配缺乏权威，不公平分配的现象时有发生。因此国家应当加快建立相应的衡量标准和监督机制。

（3）引入价格机制。价格是影响碳排放权交易竞争力的重要因素，考虑到我国的实际情况，建议目前暂时采用价格双轨制。

2. 确认我国排污权的法律地位

碳排放权交易市场须立法先行，首先需要确立排污权交易的合法地位，再次通过制定规章、办法等确立碳排放的地位。

（三）碳排放权交易制度的实施推进

1. 建立行业性、区域性的碳排放交易机制

（1）碳排放权总量控制及碳排放权初始分配

为了限定容量资源使用程度，需要确定地区的排放总量，即确立容量资源的稀缺性。根据环境容量确定总量控制目标，即根据各个区域环境质量目标，通过科学技术计算，确定最大允许排放量。

对于碳排放权的初始分配来说，最重要的是要解决好不公平问题。因为国家分配碳排放配额不仅是一种减排义务，更是一种法定经济权益。

（2）交易主体

该机制的交易主体应当包括核准登记在该区域内的相关企业。在进行初始分配之后，有富余碳排放的企业才能成为卖方，拥有碳排放额不足的就成为买方。

（3）管理主体

在我国，国家发改委作为清洁发展机制的主管机构，对气候环境起管理作用，其主要职责是分配碳排放权。必须保证初始分配的公平性，并进行事后监督。

（4）碳排放的监管

对企业碳排放的监督需要按年进行，每年设定一个时点进行检查，例如可以设定时点为每年年底。

2. 建立统一的交易场所

我国目前存在的交易形式主要有 CDM 和少许的自愿减排交易，种类较少，还有很多交易形式亟须探索，同时，由于国内缺乏统一的交易市场，我国企业不得不去国外探求碳排放交易，这要求我国必须加快建立起统一的碳排放交易场所。

三、排污权交易制度改革创新

（一）排污权交易制度的主要内容

排污权即排放污染物的权力，指排放者控制排放量在环境保护监督管理部门分配的额度内，并且不损害其他公众环境权益的同时，依法享有向环境排放污染物的权力。

排污权交易是指为了有效控制污染物的排放，在污染物排放总量控制的前提下，建立合法的污染物排放权利即排污权，并允许这种权利利用市场机制像商品那样被买入和卖出，从而达到减少排放量、保护环境的目的。

目前，根据目的与实践方式，我国排污权交易主要分为两种模式："总量控制与交易模式"和"信用削减与交易模式"。

（1）总量控制与交易模式（cap & trade）：政府在一定区域、一定期间内确定好污染源排放上限（cap）及削减计划时间表，从而设定排放总量和分配额度让参与其中的企业或机构自由交易。如图 17 - 2 所示。

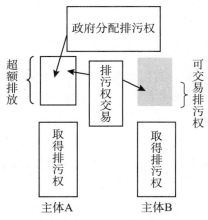

图 17 - 2　排污权交易总量控制与交易模式

（2）信用削减与交易模式（credit trading）：为了促使排放者自动控制排量，允许参与者将其排放削减信用（ERCs）用于交易或储备，即可以将达成的减量卖给其他需要减量的排放者，如图 17 - 3 所示。

排污权作为一种具有鲜明时代特色的环境管理手段，能够起到资源高效配置、节省管理费用、促进技术革新、保证环保工作的有效进行等作用（李寿德，2003）。

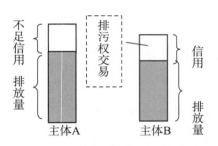

图 17 - 3 排污权交易信用削减与交易模式

近年来，我国各企业已越来越重视环保工作，排污权交易正是社会发展的产物，但在实践中还存在诸多问题：

（1）我国在排污权交易方面的法律法规尚有欠缺，同水权交易一样，没有明确规定表明排污权的法律地位，这就使排污权交易无法可依；

（2）目前我国的排污权交易市场交易费用偏高，程序复杂，且操作难度高（何燕，2007）；

（3）过于强调政府作用，不能完全从计划经济体制中走出来，交易不能适应市场经济；

（4）对交易过程进行实时监测难度较大，对交易的准确判断缺乏证据。

这些问题严重阻碍了排污权交易的发展，亟待解决。

（二）排污权交易制度的改革创新

1. 实行技术与制度创新，简化交易程序、降低交易难度

对于一些污染物排放较多的企业来说，需要购买更多的排污权确保污染物的及时排放，维持企业的正常生产，由于在交易中会有各种形式的收费，这样就需要付出高额的购买费用；而如果对制造工艺进行改革或是对污染物排放前的处理技术有所创新，减少污染物排放总量，如果这笔费用较之购买费用较低，就达到了降低成本的作用。另外，可设立各种形式的交易中介组织，负责提供交易信息、进行交易经纪等，简化交易程序；政府对经纪人进行专业培训，免费提供基础信息服务，从而降低交易进行的难度，提高交易效率。

2. 发挥政府与市场各自的作用，逐步扩大交易市场和主体范围

政府作为法律法规的制定者，发挥着不可替代的作用。政府的主要职责可以界定为法律政策的制定、环境容量价值的准确评估、区域排放总量的确定、排污权的审核、排污权的初始分配、排污市场的建立及排污权交易的监督等。而市场是交易的主导者，提供交易信息、搭建交易平台，同时确定交易价格，价格的上下波动与市场需求息息相关，也会受地理位置等因素影响。交易市场的建立需要

一定的经济条件与地域条件。在我国，符合条件的有上海、深圳等沿海经济发达地区，可先在这些城市建立再逐步扩大交易市场至内陆，最后达到覆盖全国各大主要城市的目标；参与主体从大型企业扩散至中小型企业、私人企业，甚至个人，鼓励公众参与，通过购买排污权的方式保护我们居住的环境。

3. 建立实时监测信息系统，加强对污染源的监控

政府具体可以建立基于（涵盖协同各方的）统一信息系统平台的全流程交易监督执法联动制度，并基于污染物排放的外部性特征，将排污权交易协同市场建设成效纳入特定区域管理部门的综合管理与考核体系。

排污权交易成功的关键在于对污染物的排放量的准确计量。只有各企业严格把控好排放量在规定的合理范畴内，交易才能正常进行。而确定企业的排放量是否超标，就需要建立完善的实时监测信息系统，将排污数据及时、准确地传送到网络数据平台，由专人负责查看数据并进行分析，及时掌握有关企业的排污情况和排污权交易情况，并在专用平台进行公布，确保公民的知情权，因为环保是全体公民的共同话题，因此必须提高全体公民的环保意识；一旦数据超标或交易不符合规定，应对有关单位进行通报批评并监督其采取措施，促进单位环保工作的落实。

4. 建立排污权交易法律体系

建立排污权交易法律体系，确定了排污权的法律地位。企业才会从根本上严肃对待排污权交易，制度才能发挥作用（罗丽，2004）。从法律层面实现排污权交易市场协同发展，明确打破现有以地级市为基本单元的行政区域分割，鼓励并支持排污权交易市场协同发展，可以包括国家层面的立法、国家改革试验区的立法以及地方层面的立法等。[1]

（三）排污权交易制度的实施推进

1. 加强排污权交易监控

由于排污权与环境密不可分，政府在进行排污权法律法规制定时，要充分考虑环境因素，在不破坏环境的前提下进行交易；确定不同区域的环境容量，再将排污权公平分配给各企业，并登记在案；建立监控系统，实时监测企业排污量，如发现超标，应立即通知并警告企业采取措施；严密控制交易市场中的各种活动，对进入交易的企业进行审核，确定其是否符合交易条件，交易过程是否合法；及时准确地公布企业排污情况及其排污权交易情况，使公民能参与到环保中；在实行排污权交易制度前对该地区的经济环境状况等进行综合评估，判断是否符合制度实行条件，如有不

---

① 胡彩娟：《排污权交易市场协同发展制度指标体系研究》，载于《中国人口·资源与环境》2018年第4期。

足，制订改善计划，努力将排污权交易扩大至全国；鼓励企业进行技术创新，减少排污量，并实行奖惩制度，对进行技术改革使排污量逐年减少的企业进行奖励，反之，对排污量不断增加甚至不断购买排污权的企业要通报批评并实行惩罚制度；规定排污权买方的最高购买量，企业不得超过该限值。排污权交易要实现社会利益的最大化。

2. 规范排污权交易主体行为

在交易中，交易双方严格遵守排污权交易法律法规；在掌控企业排污量的基础上确定企业环保方针及之后的环保计划，努力控制排污量；进行产业调整，积极发展对环境污染少的新型产业，在保障企业利益的基础上减少排污量；在技术革新与购买排污权的选择中优先考虑技术改进，降低交易成本；交易过程符合市场规则，不搞特殊化；买方在排污量超标需购买排污权时要向政府缴纳一定的费用，作为对环境污染的补偿，该费用专门用来整治环境；及时向上级政府报送排污量及其交易情况，严禁作假；允许有关部门和组织进行参观及监督，积极配合工作；交易价格要处于合理范围内，禁止价格竞争。企业是交易的主体，只有企业能按照政府的引导，由市场机制发挥作用，交易才能更好地进行。

四、水权交易制度改革创新

（一）水权交易制度的主要内容

水权即为水资源的产权，它主要包含两个方面：水的所有权和使用权。按照水权获取方式的不同进行分类，将产权所有权界定给不同的行动团体，就会形成不同的产权制度。在众多产权制度中，由于水资源的特殊性，公共产权制度为大多数国家所认可并使用，即水的所有权归属于国家或全民，而个人和单位拥有水的使用权。

水权交易制度就是建立在公共产权制度上对水的使用权进行的转让，指政府依据一定规则把水权分配给使用者，并允许水权所有者之间的自由交易。

水权交易的进行应具备三个前提：一是水权是明晰的。水资源的使用权可以是属于某区域，也可以属于企业，甚至个人。这种分配可能是有明文规定的，也可能是由于地域历史原因约定俗成的。二是水权是可交易的，并不是所有的水权都是可交易的，一般而言，生产水权和生活水权是可交易的，而生态水权要看情况，属于"生态阈值"之内的不可交易，超出"生态阈值"范围的可进行交易。三是交易活动中不存在外部性，水权交易活动对其他经济主体没有影响，其成本与收益由交易的买方和卖方"内部"决定，而不影响第三方的利益。

我国的水权交易制度由于起步比较晚，在其构建与实施过程中，显现出多种缺陷：

（1）我国的水权交易制度缺乏正规的法律支持，造成制度建设整体滞后（韩绵绵，马晓强，2008）。

（2）政府过分干预，市场机制的作用空间被挤占。在交易中，交易双方应该处于平等的位置，而过于强调政府的作用，会导致政府利用权力干预水权公平交易，扩大政府职权边界，甚至以权谋私。而且，由政府确定交易价格，抑制了价格通过市场机制调整的灵活性。

（3）我国水权交易价格体系不够完善，水资源和水利工程水价的标准仍偏低（李燕玲，2003）。交易价格的随意性难以实现水权交易真正的公平，水价偏低会导致水的浪费。

（4）我国水权交易缺乏第三方参与，监督力度不足。作为交易，除了有买卖双方，还需要中间第三方的参与，如果不存在，第三方的监督作用也就无处可施。

基于此，必须加快推进我国水权交易制度的改革。

（二）水权交易制度的改革创新

1. 确立市场作为水权交易的主导者地位

政府制定的法律法规，是对该交易的一种引导。若政府主导水权交易，难免会出现以权谋私的现象，导致政府权力的扩大，在交易中会以政府目标为主，难以实现公平交易。市场作为主导者，在政府规定了基本价格的基础上会根据供求关系等影响因素合理确定交易价格，交易双方即是站在平等的位置上进行交易，这种自由开放的交易方式会使价格处于可以接受的合理范围内，不仅促进了水市场的公平交易，也会达到节约用水的目的。

2. 完善资源水价征收体制，实现水资源有偿使用

完善水价征收体制，首先，确定可用水权的多少，确定水权的分配方式。我国的初始水权可采用比例水权与优先水权相结合的分配方式，比例水权即按照一定的认可比例将水权分配给所有用户，优先水权即先到先得（王金霞，黄季焜，2002）；其次，综合考虑影响价格的多方因素，切勿片面定价；最后，政府可确定一个基础价格，然后由第三方在这个基础价格上对水权进行评估确立可交易价格。水价的确定必须遵循成本效益原则。

3. 建立健全水权交易的相关法律体系，构建国家水权交易规则框架

不以规矩，不成方圆，法律是一切行为的基础，没有法律法规的支撑，水权交易难以有效进行。只有确立了水权交易的法律目标和框架体系，水市场交易才能正常有序地进行。在立法中，确立严格的水权交易体系，对在交易条件、交易过程及交易中存在的其他问题予以明确说明。水权交易建立在水资源有偿使用的基础上，重新确立水权的再分配机制，并规定交易中买卖双方所具有的权利义

务。水权交易出现的目的，更主要是"利益"的驱使，因此与其相关的法律法规在不损害第三方权益的前提下要努力达到个人利益与社会利益的统一；同时，也要对水权的区域规划进行合理划分，以达到公平公正。

4. 设立第三方组织，加大监督力度

国外第三方组织诸如用水者协会、水权经纪人等成功实践作为前车之鉴，我国也应发展此类组织。第三方组织负责发布交易信息、提供交易平台，同时，更重要的是对交易进行监督，以此来促进水权交易的合法化、规范化和公正化。此类组织可包含用水者协会等。行业协会作为贴近民众的组织，应实施具体民主政策，以使民众更加接近水资源。发挥好第三方组织信息提供和监督的作用，促进我国水权交易更加规范健康地发展（韩绵绵，马晓强，2008）。

（三）水权交易制度的实施推进

1. 出台水权交易法律法规，增强政府监控

对于一项制度的发展实施，立法是基础，最高政府应尽快出台水权交易法等相关法律制度，并在法律中对水权交易从概念到交易条件、手续等到交易完成的后续工作做以详细规定，将该文件下达各级政府并监督组织学习；同时，分配专人对水权进行初始分配，从省级、市级、县直到具体用水户，并进行层层水权登记，安排人员对分配过程进行监督，严厉杜绝以权谋私，一旦发现，立刻处理，努力做到公平、公开；针对不同区域的水权交易，相关政府必须对要交易的水权进行基础评估，初步确定一个基本价格，交易双方在基本价格的基础上按市场规则确定交易价格，并将交易资料上报政府并由政府进行核实；鼓励第三方组织的成立，协调交易中出现的各种矛盾冲突。政府应该是站在社会全体公众的角度，确保交易达到社会以及公众利益最大化。

2. 规范水权交易主体行为

站在企业的角度，认真学习水权交易法律规章，培养水权交易专员，掌握交易中可能存在的问题的解决办法；对购买水权的成本与技术改革的成本进行评估，作出合理的选择，以使企业效益最大化；交易前，邀请第三方组织对各考虑范围内水权进行价格评估，同时也要考虑到成本，不能使交易价格低于政府规定的最低价；明确水是一种特殊资源，不可无节制使用；遵守交易规则，按规章制度办事；更好地发挥市场机制的效用，在交易中做到自由公平竞争；自觉接受政府以及第三方组织的监督，定时上报交易资料，且资料要详细规范、一目了然。企业作为交易的主体，是水权交易能否规范成功进行的关键，努力做到社会利益与企业利益的最大化。

第五节　生态环境金融制度改革创新

一、环境责任保险制度改革创新

（一）环境责任保险制度的主要内容

广义的环境保护责任制度，包括对各级地方人民政府首长、各部门领导人，以及企业事业单位及其领导人施行的环境保护目标责任制。中国《保险法》第六十五条："责任保险是指以被保险人对第三者依法应负的赔偿责任为保险标的的保险。"环境责任保险制度是指以保险人因污染环境而应承担的对第三人的损害赔偿责任和治理污染责任为保险标的的责任保险制度。本质是污染环境者通过保险合同等这样的方式把过高赔偿转给保险公司，达到赔偿责任社会化的目的。

与其他环境破坏赔偿规定对比而言，一般环境责任保险这一制度包含下面几个特点：

1. 赔偿主体虽有可替换性，但仍是"污染者负担"这一原则

环境责任保险中，赔偿主体是带专营性质的保险公司。这种替换责任的方式将环境污事故发生的严重性与环境污染者有限的赔偿额度两者的矛盾合理化解，使个体的权利以及社会公益的相斥得到妥善处理；有些可能出现的污染者不仅是被保险人，也是责任担当的共同体。环境事故产生后，这一共同体一起担当所有责任，环境损害还是由造成此事故的污染者所担当。

2. 具有强制性和依赖性

由于这一制度带有公益性质，为保证保险公司承保，大多数国家强制要求具有高污染危险的企业投保环境责任保险。但考虑到这一责任保险比普通商业保险风险高很多，让保险公司担当所有风险过于苛刻，所以这一制度对政府存在较强依靠，大多数国家在贯彻这一制度之时，政府当局常常在相关方面予以支持，如减轻或者免去税收等，此扶持对环境责任保险的推广有关键效果。

3. 保险合同内容具有特定性

环境责任保险和普通责任保险相比，差异之处在于技术方面要求高、赔偿方面所负责任大。由于企业在技术等许多方面存在差异，导致环境污染的可能性高低和危害大小都不同，所以保险费率这一条款需要根据差异情况单独确定。由于

215

保险费率条款是保险合同中的核心条款之一，所以环境责任保险合同内容就具有特定性，每一份合同都有自己的特有条款，而不能像一般财产保险合同、人寿保险合同那样，采取格式合同的做法。

4. 尚未形成统一的法律体系

我们国家目前施行的环境责任保险制度在推行中不尽如人意，虽然尝试颁布了许多与之有关的法律，但是总的来说效果并不好。其相关法规只散见于地方性法规中，《环境保护法》以及《保险法》并没有对其仔细规定。这一保险相关法规没有形成普法与单行法规互相补充、中央以及地方立法统一的法律法规体系。

5. 原则性强，可操作性差

中国环境责任保险的法规比较笼统，没有实际操作性。这正是我国这一保险制度的长远推广受到阻力的缘由。

6. 政府对其政策支持力度不够

环境责任保险的推广只靠保险公司是不行的，政府的全方位扶持也至关重要。但当下，政府对其的扶持主要是给予保费补贴这一方面，而没有出台政策等主要手段来迫使企业投保，激发保险公司开展这一业务的积极性。

7. 保险公司对这一业务的积极性不够，保险企业成本高

我国保险公司首先并不具备开展环境责任保险这一业务所要求的经济和科技水平，也缺乏相关人才和设施条件。其次企业主动投保意识弱，保险公司承担风险太高。再次我国政府对其缺乏金融优惠政策以及有关鼓励措施支持。这些都导致保险公司承保这一业务的成本和风险过高。

（二）环境责任保险制度的改革创新

1. 责任保险与赔偿基金互补，保险为主，基金为辅

由于有赔偿额度限制，所以保险赔偿并不能完全覆盖全部赔偿，政府主导的赔偿基金应该在保险赔偿额度有限，受害者不能获得基本赔偿等情况下补上保险的缺口，更好地保障社会公众的权益。

2. 强制责任险与商业三者险相互联合

强制责任险的投保人仅仅只有高污染公司是不够的，其他非高污染公司也有可能引起不同程度的环境事故，让可能会发生污染事故的污染公司参保，能够更好地开拓环境责任保险市场。

至于商业三者险，取决于企业自身。强制险毕竟有赔偿限制额度，企业可以根据经营状况自愿选择商业三者险。在三者险中，应该贯彻责任限制额度以及依据责任占比赔偿的原则。即商业三者险需要赔偿的该是本应赔付的全部金额减去强制险已赔偿的额度，所得的数额再乘以投保人应该担当的责任比例就是最后赔付的金额。但是这个金额不能超过商业三者险的责任限制额度。我国可以很好地借鉴交通事故中强制险和商业三者险的这一模式。

3. 建立健全的环境责任保险体系

第一，保险公司应选取正确的承保方式，基于中国目前的环境状况，环境责任保险该采取"强制投保为主，自愿投保为辅"的形式。第二，至于承保责任范围，可将企业按污染程度划分，优先承保高污染事故的企业，再考虑轻污染企业。第三，对于污染程度不同的企业应该实施差别定价。第四，选择可靠的承保团体组织，一般是有充分资金实力的保险公司和政府部门。第五，保险公司应该推行健全的售后体系，更好地满足社会、企业以及普通大众的合理需求。

4. 开发适宜的环境责任强制保险的险种

这一强制保险的险种拓展应该具体包含下面两种：一是建立水污染责任强制保险。这能够使高风险行业的公司利用这一保险业务将风险成功转移。二是实施大气污染责任强制保险。推行这一责任强制保险，能够使那些生产有毒物质的企业和行业利用这一保险业务将风险成功转移。

5. 实行保险公司联合承保

我国目前的环境责任险尚处于不太成熟的阶段，存在巨大的风险，并且保险公司并不具备政府强大的资金实力和公信力。当前情况下，由政府当局牵头，建立起政策性经营环境责任保险是十分可靠的，同时给予承保的保险公司优惠政策和一定程度资金的扶持，实现联合承保也是可行的。

6. 建立专业的风险评估和监测机构，建立专门的损失鉴定机构

环境责任保险存在很大程度的专业性和高风险性，风险评估和检测程序十分关键，一般来说，这种机构应该是完全能够独立运营的。另外，出现环境事故后，为了能快速评定具体损失，应该建立专门的损失鉴定机构，由政府的环保部门来成立此鉴定机构无疑是稳妥的，毕竟环保部门坐拥大量专业人才以及庞大的数据库资源，做出的鉴定是十分客观和有信服度的。

（三）环境责任保险制度的实施推进

1. 建立健全的与环境责任保险制度有关的法律法规

当前，我们国家的环境责任保险的推广实施还处在初级尝试的阶段，与其相关的全国性法律制度的贯彻还需要不少时间。此种情况下，各地人民代表大会及其常务委员会当然能够推行制度创新，依据实际情况制定一些地方性法规，待时机成熟之时，再推行全国性的法律。在地方性质的立法中，应制定与环境责任保险推广有关的损失赔偿机制，与之有关的标准和配套制度等规章。

217

2. 细分中国的环境侵权和赔偿法律制度，加大执法力度

我国大多数企业对环境事故不屑一顾，缘由在于我国的赔偿和惩罚制度不完善，如目前我国有关法律中，仅要求破坏环境必须担当责任，又分为民事和行政责任，而民事责任仅仅包括赔偿以及治理费用等，但大多是大方向上的规范，并无具体详尽的规定。因此，若不采用立法强制手段对高污染企业施压，迫使企业从经济效益去考虑投保的好处，多数污染企业是不会主动投保责任险的，所以加大执法力度至关重要。

3. 完善环境责任保险的辅助机制

环境风险评价和环境损失评估可以说是两个关键性的辅助性机制。

（1）环境风险评价机制

环境风险评价关键作用在环境责任保险的投保与受理阶段。由于环境污染事故自身比较特殊，以往普遍的保险评价机构基本不能对事故风险进行科学合理的评定，所以，建立健全合理的环境风险评价机制是这一保险制度成功推广的根本。

（2）环境损害评估机制

造成污染后，保险公司需要评估并且确定客观损失的具体数额。这就需要实行环境损害评估制度，对造成的污染科学合理地评估。而且，我国在评估程序以及监管上均无法律法规规制。因此，我们国家亟须建立完整的污染损害评估制度，早日推行责任保险制度。

4. 建立在政府扶持下投保人，保险人与受害人的三方利益平衡机制

为推进并完善环境责任保险制度，政府当局能够采用以下三个方面的举措：一是出台推动环境责任保险推广的政策。如出台税收优惠政策等。二是建立对公司的风险评估与对保险公司的评估机制。三是加大宣传力度。提高公众对环境责任保险的熟悉度。

二、绿色信贷制度改革创新

（一）绿色信贷制度的主要内容

绿色信贷是带有本国特色的说法，在国外并没有这样的定义。但绿色信贷是从国外有关理念引入的，例如绿色金融等。目前普遍的观点是，广义的绿色金融包含了绿色信贷、保险等方面。狭义上的绿色金融与银行业间的环境与社会责任密切相关，与我国绿色信贷制度有些类似。

绿色信贷，顾名思义，就是在金融机构的信贷过程中具体体现出"绿色"，是指银行在向企业发放贷款时，应建立在企业的项目符合环保条件的基础上，且银行应积极给予环境友好型企业以信贷支持，而高污染企业应该在信贷这一环节受到限制，这样才能从资金来源上实现"绿色"。

现行中国国内并无绿色信贷的权威性定义，大多是由 2007 年 7 月颁布的《关于落实环保政策法规防范信贷风险的意见》中关键内容概括而来的。即绿色信贷可以说是一种政策手段，是指金融机构在给申请贷款的企业办理信贷业务时，应对大力维护环境的环境友好型企业给予贷款支持并提供优惠利率，以提高其维护环境的积极性，这些环境友好型企业包括研发、生产治理环境污染设施的企业，从事清洁能源开发和循环经济生产的企业以及其他生态维护型企业，而相对的，对于那些会对环境产生不良影响的污染型企业，金融机构对其项目的贷款应该实行相应贷款额度的限制，必要时还应实行高利率，以指引和刺激其投资于环保型项目，达到经济与环境效益的和谐发展。

我国绿色信贷制度发展的主要问题如下：

（1）1995 年，我国政府出台《关于贯彻信贷政策与加强环境保护工作有关问题的通知》，我国相关规定发布比较早，但银行在审查企业的经济情况、借贷业务时，往往没有对环境保护方面进行相应的具体审查，导致银行在信贷过程没有起到对经济与环保的协调作用。

（2）在信用制度层面，银行是顺应信用形式发展的产物，现阶段我国市场经济条件下的社会信用基础非常薄弱，企业欺诈、社会假冒伪劣商品泛滥、欠款不还等信用缺失的现象非常普遍，这些情况极易导致银行收不回发放的贷款，承受着巨大的资金损失。目前，我国主要通过政府提供制度安排来解决银行的信用困境，用国家信用来取代市场信用的适用，这就导致了银行大多依靠国家信用进行信贷活动，却不注意市场自身信用制度的积极建立，从而不益于全体市场经济的良性循环。

（3）在法律制度层面上，我国的社会主义市场经济是法制经济，市场经济的良好运行需要依靠法律制度的保障，法律制度能为银行的信贷活动提供明确的法律依据。绿色信贷，是以国家政策的方式颁布的。绿色信贷是运用经济手段来达到保护环境的目的，但目前银行信贷的法律中并没有绿色信贷的具体规定，其他环保法律也无此类规定，造成绿色信贷缺少具体的法律凭证。银行作为一种特殊的企业，其业务也只有在法律的有效保障下才能正常开展。而我国目前虽然建立了《环境法》《资源法》《金融法》等法律法规，这些法律中或多或少涉及了关于银行信贷的规定，但是并没有系统、明确的规定，缺乏具体的实施细则，同时一些金融违规的行为也找不到明确的法律处罚依据，对于致力于推行绿色信贷制度的企业也缺乏鼓励制度，导致在经济和环境利益的选择中，很多银行和企业往往会选择经济效益。

（4）绿色信贷实施技术方面也存在问题：一是我国当下的技术标准，笼统而不具体，缺少比较精确的贯彻绿色信贷的技术标准。二是我国绿色信贷制度的信息沟通和共享机制不健全，严重阻碍了部门之间的信息共享。三是银行内部缺少专业审核管理人才，造成银行很难对信贷项目施行环境风险评定管理，因此不利于对企业环境行为的合理监督。

绿色信贷是我国的一项具有代表性的环境经济政策，该政策是采用控制企业的项目融资来达到指导企业经营行为的目的。大力推行绿色信贷政策，既能够限制高污染产业，达到环境友好型的要求，也能够提高银行的社会公信力，减少其信贷风险，国际竞争力也会大大提高。

（二）绿色信贷制度的改革创新

1. 加快建立绿色信贷法律制度体系

我国环境法律体系和金融法律体系这两大体系是我国绿色信贷法律制度建立的基本前提。这就要求金融部门在信贷过程中，应着重把握好本国经济发展和环境保护之间的关系，将企业的污染严重情况重点纳入金融部门给予贷款的考核条件中。企业的环保守法情况也是考核因素之一，拒绝向污染严重型企业发放贷款，这样可以充分减轻银行的信贷风险，让银行规避因为企业的污染行为承受经济损失以及承受法律责任。

2. 增强民众环境维权意识

随着中国经济的日益发展，环境带来的问题也逐渐明显，环保问题越来越受到社会公众的重视。普通民众的环境维权意识也渐渐增强，过去没有被公众重视的环保纠纷以及诉讼也逐渐显现出来。民众应该树立新型环保理念，承担其自身责任以及社会责任，促进经济与环境保护的协调发展。

3. 让银行对环境污染承担一定责任

银行是项目融资的提供者之一，许多企业的项目需要资金才能启动，所以向银行取得贷款是必要条件。一定程度上可以认为是银行在信贷过程中不谨慎把关，才导致企业的融资项目开始投产，导致了严重的环境污染。这样看来，银行对造成污染起到了助推作用。再者，银行本身应该负担环保责任。追究银行的污染责任，能够让银行加大对企业环保情况的检测力度，将企业的环保状况纳入到贷款的考核条件之中，将贷款优先给予环保条件合格的企业，从而避免自身的经济损失和承担的法律责任。

（三）绿色信贷制度的实施推进

1. 完善绿色信贷激励与约束机制

一是完善绿色信贷制度对企业和银行的有效激励机制和问责机制。当前我国推行这一制度，一定会关系到银行和企业的利益，在竞争激烈的利益矛盾之下，银行和企业都面临很大考验。为了让绿色信贷制度能够正确推行，一定要给银行和企业施加动力和压力。动力是指给予环保状况良好的银行和企业一定的经济物质奖励，压力就是对环保不合格企业处以惩罚，从而正确指引其环保行为。二是完善对银行和企业有效的监督和约束机制。我国一些污染型企业是地方的经济支柱，占地方政府财政收入的很大比例，同时我国地方政府要承担过多的政绩考核负担，有部分地方政府受本地市场利益的驱动，出于提升政绩的目的，让银行违规给予其贷款，更有甚者会私下强迫银行将充足的资金发放给高污染企业。正是由于缺乏有效的监督和约束机制，才使得类似情况频发，从而导致经济的恶性循环。

2. 完善绿色信贷制度相配套的综合性的经济扶持政策

环境危机日益严重，我国相继颁布了许多规定企业由"高碳"型向"低碳"型产业转型的政策，导致企业的经营成本大幅上升，利润大幅下降，尽管提高了环境效益，但降低了经济效益。而我国现行在风险补偿、税收等方面的扶持政策都较少，政府不能给予银行和企业有关补偿，银行和企业推行绿色信贷制度的积极性自然不高。

3. 加大环境破坏处罚力度

根据我国目前颁布的法律来看，准许环保部门罚款的额度仅为 10 万元，这种处罚给企业带来的损失与企业偷排结余带来的效益比较而言确实微不足道，要贯彻绿色信贷法律制度，可以在一定程度上加大处罚力度，拓展环保部门的执法方式，从而真正强化环保执法效果。

第六节　其他选择性制度改革创新

一、环境（能源）合同管理制度改革创新

（一）环境（能源）合同管理制度的主要内容

环境合同是包括国家在内的各方当事人之间签订的有关环境资源的开发利用和环境保护及污染防治中的权利义务关系的协议。环境合同中，三方的权利和义务在合同中应该有明确的规定。环境合同制度可以实现三者的有效统一。

环境合同一般具备下面几个基本特点：（1）当事人是三方，这三方是国家相关的行政部门；企业和地方民间环保团体或者自发的环保组织，有些特定区域的社区也算，公众是其中一方当事人，是环境合同制度里的重要内容，也是环境合同区别于其他合同的重点所在。（2）这三方当事人在各自的详细的合同中享有的权利和应该承担的义务及他们各方所处地位都有很大不同。

能源合同管理的优点在于，能够化解客户在项目推行上所缺资金、技术、等带来的难题。能源服务公司的许多相关业务，可能成为此类项目的效益保证，提升效率、减少成本、积极推进产业化合理推广。并且如果实施合理，能够同时得到社会和经济效益，让政府的节能减排目的和企业的利润目标达到一致（林伯强，2008）。

事实上，能源合同管理也有不足之处。能源合同管理模式是以实现共赢为目标，旨在达到节能减排的效果。然而，它的社会效益是外生的，保障盈利是必要的。所以，能源合同管理项目所存在的风险一定要接近零，这对节能减排的推行并无益处。为保障盈利，它也不可以产生融资风险，所以常常不选择社会效益大、经济效益小的节能减排项目。

（二）环境（能源）合同管理制度的改革创新

1. 用立法规范能源服务公司的准入标准

为了保障能源管理公司的服务，美国国家能源服务公司协会（National Association of Energy Service Companies，NAESCO）建立了一套能源服务公司认证系统。我国也应该借鉴其做法，用立法的方式规范能源服务公司的准入标准，至于行业的进入门槛，也应该从技术、人员、规模等方面实行资质审查。对能源服务公司实施资质认定，根据其业绩、信贷信用等方面制定不同评级制度。

为处理节能企业的资金来源问题，欧盟中许多能源服务公司的建立一般基于大公司或其子公司。我国现行能够考虑的方案是，让国有公司首先开展起自身的、（至少）服务于本集团的能源管理公司，也能对外承担节能项目。依靠于大型企业强大的资金实力与良好的信誉，能够基本解决资本和融资的问题。

2. 推动环境（能源）标准合同的制定

信息的不对称性，能源管理合同的复杂性，使得双方在合同订立时出现了很多问题。如：因为某一方的优势造成合同订立出现不公的问题等。推行标准合同的制定能够解决这一难题。通常情况下，由于有关的政府机构或行业协会具有一定的公信力和资金实力，担当此任是较为稳妥的。固然，制定标准合同存在着许多挑战，毕竟不同的公司其节能计划很大程度上是独一无二的。在这一方面，不同的国家都做了不同尝试，但美国的做法具有借鉴意义。美国能源服务公司协会没有制定统一形式的管理合同，而是通过使用较为标准化的语言对合同的许多关键条款标准化，如保险、购买权等，在此条件下订立合同将更方便。以上都为我国这一标准合同的拟定提供了借鉴（封延会，贾晓燕，2011）。

3. 加强政府对环境（能源）合同项目的支持

全新的节能减排需要政府出台有关政策扶持，或由其担当部分风险。政府可以做的事情显然很多。当前亟须的是政府当局对能源服务公司加大扶持力度，健全有关法律体系和政策规章，比如服务条件的统一等。

（三）环境（能源）合同管理制度的实施推进

1. 加强整体的企业信誉环境

在目前的外部大环境中，能源合同管理中的双方都面对较高的违约风险。基于客户的角度，能源服务公司还处在初级阶段，未能积累很好的商业信誉和较高的绩效，不能够获得客户信任和金融贷款。基于能源服务公司的角度，也要承担一些信用风险，如客户在合同期内破产而不能获得节能收益。因此，除加大力度健全合同管理以外，政府可通过担保或其他合理方式参与来保证能源服务公司的节能效益。这样可以将双方的履约风险减到最小，提升双方的信誉环境。

2. 培育优秀市场环境

西方国家的经验表明，优秀的市场环境对于政府发展能源合同管理至关重要。目前我国面临的市场环境为：企业或个人节能意识普遍薄弱；公司节能技术不到位，许多方面的节能服务尚不可行；节能所带来的经济效益的评价机制也不健全；项目融资渠道十分局限，缺少政府鼓励政策；市场整体诚信不够，风险大；没有法律保障；缺乏专业人士等。因此，培育优秀的市场环境是对政府的挑战，政府应该加大金融机构对这类公司节能项目融资的支持力度。

3. 更改环境管理模式

中国环境管理一般推行的是行政机关命令控制的模式，此模式不仅导致行政管理权力分散，成本上升，行政执法难度加大，无法发觉和处理许多小而分散的污染源，再加上很多非专门性的环境管理组织只是把环境保护作为副业而疏于管理，各地政府往往为了追求本地短期的经济利益而牺牲对环境和资源的保护（钱水苗、巩固，2004）。环境和资源作为一种公共资源，行政机关作为社会利益的总代表，对环境资源进行管理，但环境管理具有一定的专门性和技术性，而很多行政机关管理人员不具备相应的技术水平，在执法中拘泥于僵化的法律条文，导致环境执法无法平衡社会的发展；另外，环境问题具有很大的复杂性、很强的地域性，地域差异带来了巨大的差别。虽然我国的宪法和法律都规定了公众有监督行政执法和保护环境的权利和义务，但由于技术问题和信息的不对称，以及制度支撑的缺失，使公众对于环境和资源的保护以及对行政执法的监督缺乏主动性。

环境行政管理出现的种种不足，需要有更合理的方式来弥补。

二、生态技术创新制度改革完善

（一）生态技术创新制度的主要内容

生态技术的理论最早追溯于古代农业社会。受到近代三次工业革命的影响，环境污染严重和资源不合理使用让一些环保污染控制技术受到关注。传统技术因其科学基础不强，原则上的弊端，给环境带来了巨大的破坏，人们逐渐开始积极探寻平衡人和自然统一发展的新型科技，生态技术创新的地位显得日益突出。

生态技术创新是在技术创新过程中重点引入生态学思想，充分考虑到技术对生态造成的影响和效果，不但保证了此科技的创新性和实用性，又考虑了环境保护以及生态平衡。即获得了商业效益，又没有损失生态价值，让人类和自然和谐统一发展。

虽然我们国家的生态技术创新已取得了很大进展，但生态技术创新的推行还有许多障碍：

（1）与国家相关的生态技术创新的法律法规并不健全，激励企业发展技术创新的政策很少，现有的法规也缺乏有效的监督和管理。

（2）我国企业的工业创新水平不足。目前我国的现状是企业原材料完全利用率不高、材料消耗率太高，生产出来的产品质量较低，造成了对生态环境的损害。

（3）生态创新的投入少，渠道窄，缺乏生态技术创新的环境和氛围。

（4）生态意识宣传力度不足，技术创新所产生的负面影响较大。

（二）生态技术创新制度的改革创新

1. 完善并监督实施促进生态技术创新的相关法律法规

完善的法律法规是保障生态技术创新的基础。当前，我国已经实施的许多法律法规对技术创新已经起到一定的效果，但是对技术给生态环境带来的危害效果考虑不充分。首先，应遵循可持续发展战略的要求，在当前我国法制中融入生态理念，完善补充相关的法律法规，引导和促进生态技术发展。其次，对技术的发展始终要坚持谨慎选取的原则，在立法中建立预警的程序，对某项科技的副作用作出客观的判断，最大限度减少因科技创新所导致的生态环境风险。最后，政府相关部门还应该加大力度，监督法律法规的实施，发挥法律的强制性和威慑性。
（孙育红，张志勇，2004）。

2. 加强对生态技术创新政策扶持和投入

与发达国家比较而言，我们国家生态技术创新还处在初始阶段，需要完善的政策扶持。一是财政政策。从我国现行情况来看，一些政府当局支持的项目"基础性"不足，大多项目过于市场化。政府应该对涉及生态技术创新的基础性研究、社会公众生态需求等领域的研究给予财政资助和税收减免；二是金融政策。金融政策既包括帮助企业发行环境债券、引入风险投资等直接金融支持，还包括对企业生态技术创新进行补贴、贷款、提供设备、贷款担保等间接的金融支持；三是对生态技术实行标识以及认证，利用多媒体、网络等渠道对社会公众宣传，使得消费者能够理性选择。

（三）生态技术创新制度的实施推进

1. 增强生态技术创新的组织管理和社会化服务体系

生态技术创新是一个复杂而又十分开放的动态系统，需要跨学科、多机构的不同研究人员的协作，也离不开优秀的组织管理及健全的社会化服务体系。基于我国的实际情况，一定要在坚持可持续发展环保理念以及市场机制导向的条件下，充分发挥大中型企业的微观主体作用。从目前看，一是加强技术创新服务平台建设，加强高等院校、科研机构、企业在科技开发、人才培养、技术支撑、信息交流和融资投资方面的交流与合作，为其提供公开技术平台；二是创造公平环境，促进各类咨询和金融服务等中介机构的发展，为生态技术创新提供咨询和金融服务。

2. 促进发展有利于生态技术产业化发展的人才培养和人才流动机制

生态技术产业化要走得长远，关键基础是充足的人才储备。其所需的人才，应具备强烈环境意识、丰富的专业知识以及一定的研发技能。现代人才的培育模式需要多渠道、多手段一起上的方式。第一，目标导向是尽力培育新型创新型人才；第二，企业应该有意识地进行人才的培养；第三，完善的人才流动制度无疑是能够发挥人才本身才能的关键，在企业实行健全的评估体系和建立正确有序的人才流动市场制度，才能使得人才合理流动（张美云，2009）。

3. 完善生态技术产业化的市场环境

市场不仅是生态技术创新的开始，还是技术产业化发展方向的决定力量。我国市场经济的发展存在许多问题，市场机制并不完善，可能对其产生很多反向作用，这就要求我们必须采取措施将负面作用尽量降低。一是建立健全的生态技术效益评估制度，注重经济效益的同时也不能忽略生态环境。二是规范产权制度，建立合理的各项市场法律法规。

第十八章

中国生态文明建设的引导性制度研究

第一节 生态文明建设的引导性制度内涵及特征

一、生态文明建设的引导性制度内涵

据前文所述，强制性制度和选择性制度都是宏观的、统一的制度。而生态文明引导性制度是指在人类遵循人、自然和社会和谐发展的客观规律的基础上，发挥人的主观能动性和制度包容性，以倡导和呼吁为主要手段，而建立起来的一种新的文明模式的制度，是以缓解经济发展与环境破坏之间的矛盾，推动人和社会，自然和经济可持续发展为目标而提出的一种新的政策制度。

这种制度帮助政府在依据生态文明建设方针的基础上，制定了各种具体政策或策略帮助，不断引导和激励每个人在生态经济发展缓慢的形式下作出正确的环境举措，引导人们树立尊重自然、顺应自然、保护自然的生态文明理念，是实行可持续发展道路的一种重要的非强制性制度。

引导性制度不同于法律，不存在法定的责任和义务，也不会存在法律惩治，而是给予人一定的自由空间。从中央到地方的各级政府通过制定具体政策和方法为我们的生态文明建设实施引领正确的方向，提高和加强民众的思想意识和道德自律。

二、生态文明建设的引导性制度特征

引导性制度具有如下三点特征：

（一）主体的意识性

目前生态文明建设的引导性制度改革和推行主要受三种因素影响：一是主导的意识形态；二是政府的公共意识；三是地方及政府的创造性能力。生态文明的引导性制度关键要靠政府通过一些制度或政策创新，引导每个个体提高环保意识，从小事做起，从身边做起建设生态文明。政府要积极地创新政策以引导公民去改变心态和行为、改善现状，树立在追求政绩和国内生产总值的同时将生态文明建设放在重要地位的环保意识，以及在生态文明建设中作为引导者和服务者的公共意识。

（二）手段的灵活性

尽管我国在短时间内并未形成完善的引导制度体系和诱导措施，但是生态文明引导性制度不像法律法规体系般拘束，它实施手段灵活，可以通过习俗、道德、伦理为主体的社会精神，习惯和知识等形式积累下来的非正式制度以及国民教育强化良心效应，影响人们的价值取向，制约人的行为，使得人们对外部不经济行为感到不安等。当前生态文明的引导性制度主要是从生态文明理念、环境保护目标和生态建设内容的角度出发，通过政府以及社会各方面力量，提倡建设生态文明社会以及提出并实施相应的配套措施，以灵活的方式解决当前存在的不适应当前生态文明建设的问题。

（三）制度的统一性

不同的制度之间既存在替代性关系，也存在互补性关系，因此需要根据制度匹配性原则来实现制度的有效对接。我国总体上处于工业化中期，环境污染依然比较严重。因此，在生态文明制度建设中，强制性制度是前提，选择性制度是主体，而引导性制度是辅助。

第二节　环境宣传与教育制度改革创新

一、环境宣传教育制度的主要内容

（一）环境宣传教育制度的内涵

在我国对环境教育定义的基础上，我们可以尝试得出环境宣传教育的含义：环境宣传教育是指借助于宣传教育手段使人们认识和了解环境问题，在人与环境的关系上树立正确的态度，从而获得预防和治理环境污染的技能的教育活动。

根据以上环境宣传教育制度的含义，我们可以得出：所谓环境宣传教育制度，即为政府部门和环保部门通过宣传教育手段对社会公众进行生态文明和环境保护知识、技能的传播引导，使受教育者认识和了解环保技术的基本知识，是一种适应环境发展和生态文明建设需求的引导性制度。

（二）环境宣传教育制度的重要性

环境宣传教育制度是保障环境宣传教育工作顺利开展的引导性制度，它的重要性体现在环境宣传教育的重要性上，它是落实基本国策的重要方式，是社会管理创新的重要课题，也是精神文明建设的重要内容，可以实现国家环境保护意志，疏导化解环境问题，减少公众恐慌，同时培养地方政府的环保决策意识和公民的环保行为意识，公众较高的环境保护意识是公众在环境治理中发挥效用的重要条件，也是政府在制定有关政策法规时必须考虑的要素之一。

（三）环境宣传教育存在的问题

1. 环境宣传工作缺乏法律的约束性和强制性

国家实施的一系列环境宣传教育工作计划，缺乏法律的约束性和强制性，致使环境教育工作不能有效实施，同时，地方政府各部门职责不清，不能够协调联动。

2. 各级环境宣教组织机构不完善

环境宣教组织机构人员配备严重不足，这种设置方式不利于宣教工作的开展。我国人文发展指数较低，受教育人口水平较低，同时，我国的教育投入水平不足。在这种国情下，必须要有强有力的组织机构，才能做好环境宣传教育工作（张媚，2009）。

3. 经济非发达地区环境宣教设施配置不足

目前，经济非发达地区的环境宣教部门的设施配置与北京、上海和广东等经济发达的地区存在很大的差距。如 2010 年，天津市环境保护局宣教中心仅有照相机 2 台和摄像机 2 台，并且其设备和系统现均已老化，这种现象目前在很多城市依然存在。

4. 环境宣教领域的公共投入存在不足

环境宣传教育是一项公众事业，每个公民都应该为此贡献力量，但是如果仅仅依靠中央和地方政府的拨款，会给国家财政造成沉重负担。

二、环境宣传教育制度的改革创新

《全国环境宣传教育行动纲要（2011～2015 年）》中提出了环境宣传教育的四项基本原则，即服务中心，突出重点；创新形式，打造品牌；规范引导，有序参与；整合资源，形成合力。以国家的纲要为导向，我们尝试探索环境宣传教育制度的创新和实施途径。主要有以下四种途径：

1. 在环境宣传教育方式制度上的创新

充分发挥新闻舆论的导向和监督作用，围绕重点、热点问题做好环境宣传教育，在形式、时间、渠道方面创新环境宣传教育方式制度。

2. 在舆情应对宣传教育制度上的创新

要建立与网络媒体互动配合的新机制，借助舆情监控软件，实时监控网上环保舆情，根据舆情反映的问题，及时采取应对措施。

3. 在教育培训宣传教育制度上的创新

坚持从政府、企业、家庭、学校、社会各个层面出发，努力构建全方位的生态文明环境教育体系。加强生态环境教育师资培训，加强对大学生、中小学生的生态文明教育，同时，通过各种媒体培养人的生态文明意识，使人们在工作、学习、生活中科学认识自然、友善对待自然。

4. 在绿色创建宣传教育制度上的创新

通过绿色创建，使环保教育工作成为每个部门、每个社区、每个家庭的自觉行动。不断创新工作思路，增强创建的参与性、趣味性和吸引力，提高创新效果。

三、环境宣传教育制度的实施推进

（一）环境宣传教育制度实施的具体途径

1. 扩大宣教工作领域，做好环境案例编读

第一，扩大环境宣教工作领域，联合各个相关部门，形成统一战线。第二，根据农业部门的意见，有针对性地加强广大农民的环境宣传教育。第三，考虑如何从环境角度推动文化产业发展，进而丰富环境文化产业的内容。第四，对企业特别是在海外开展业务的企业负责人进行环境保护教育，拓宽国际合作渠道。第五，做好环境教育案例的编读，包括先进案例和典型案例，并从中学习和吸取教训。

2. 发挥宣传引导作用，指导生产方式转变

首先，环境宣传教育应该对大众进行引导；其次，应强调对领导干部发展经济观念转变的宣传教育。有些地方政府的 GDP 主义观念比较严重，不重视对生态环境造成的严重破坏，应强调转变这种错误观念；最后，应加强对我国资源模式改变和循环经济的宣传，树立牢固的生态文明观，指导生产方式的转变。

3. 利用新兴媒体手段，发挥媒体传播作用

第一，利用媒体做好宣教工作。要做好大型环保活动，主题宣传活动，与媒体进行嫁接、合作。大力宣传特别纪念日和相关奖项，对于环境问题的报道和新闻发布工作，要站在保护公民知情权的角度，从群众出发，广泛而深入地推进环保工作。

第二，要重点建设一部分专业对外宣传媒体，比如设立环境频道，树立良好的国际形象。截至 2013 年 12 月，中国互联网络发展状况统计报告显示，中国网民规模达到了 6.18 亿人，其中手机网民规模为 5 亿人，互联网普及率为 45.8%。新兴媒体和移动媒体的飞速发展，给环境宣传教育提供了契机。

4. 加强人才队伍建设，创新宣传方式方法

要重视环境宣传教育人才的培养与建设，第一，加强对环保部门的人才队伍的建设；第二，加强对环保团体的人才队伍的建设；第三，加强对国内外媒体人员人才队伍的培训。在创新宣传方式方面，梳理出几条主线、几个目标群体、几个维度，要抓住一些新形势、新问题，如对低碳经济上的新问题以及热点进行宣传教育。

5. 改变宣传惯性思维，体现公共外交思想

对于宣传公共外交思想，关键在于改善或者尝试创建话语体系，同时要逐步脱离宣传的惯性思维，树立环保部门的优良国际形象。

第一，将公共外交引入对国民的环境教育之中。不仅要提高全民意识，保护国内环境，还要强调出国时的环境意识和行为，这是国家形象的重要方面。同时，公众并不仅仅是受众，也是传播者。

第二，将公共外交理念引入对外传播过程之中。提高国际媒体对中国环保部门的信任度，主动影响国际舆论，推动外国媒体真实、客观地报道我国的环保工作，让全世界看到中国为解决环境问题所做出的努力。

6. 加强环境宣教立法，全面推进社会教育

一是加强环境法制宣传教育工作。法制化作为我国未来发展和"十二五"规划的重点，把环境问题上升到立法高度上才能让这项工作有力地开展。同时，要将环境宣传教育社会化，其一是宣传对象的社会化，其二是宣传力量的社会化。

二是建议推进绿色大学创建。目前我国有 60 多所大学提出要参加这个项目的建设，由此可见，推进绿色大学建设是推进可持续发展教育的关键。

三是关于加强国际宣传力度。必须加强我国与各种国际组织的沟通，用有效的方法，多角度、多渠道地扩大我国环境保护工作的成果。

7. 建立生态文明体系，建设宣传舆论阵地

一要深入探索古代的生态文明思想体系，取其精华去其糟粕，并通过宣传教育使优秀的理念深入人心。

二要加强环保官方博客和微博的力度，尤其不可小视微博的力量。开展环境"百家讲坛"，这种人文讲坛对民众具有特殊的吸引力和影响力。

三要建议在中国开展绿色朗诵，大力推荐与环境相关的优秀诗文作品。只有环境宣传教育活动着眼小处、落到实处，才能取得良好效果。

8. 加大基层宣教投入，培养基层宣教人才

第一，政府部门应当加大投入基层环境宣传教育的力度。当前，很多人都有做环境宣传教育的理想和热情，希望奉献自己的热情，希望成立自己的非政府组织，如果能够调动他们的力量，对他们进行专业化培训，我们的环境宣传教育将会非常成功。

第二，当前基层环境宣教教师非常缺乏，力量薄弱，还需要环境保护部门的支持。在未来的宣传教育方式上，要将理论与实践相结合，将科技应用到实际中，抓住热点与特点，在实际基础上进行一定程度的创新，向内向外相结合（李莹、霍桃、刘蔚，2010）。

（二）环境宣传教育制度实施的保障措施

保障措施主要有四点：

231

第一，推进依法开展环境宣传教育。不仅要完善环境宣教法律法规，更要全面推进依法行政。

第二，完善环境宣传教育工作体系。其中需要加强组织领导，大力支持环境宣传教育机构，同时加强人才队伍建设。

第三，建立环境宣传教育工作绩效评估体系，分层次开展环境宣传教育工作绩效评估。

第四，建立投入资金保障体系。

第三节　环境保护公众参与制度改革创新

一、环境保护公众参与制度的主要内容

（一）环境保护公众参与制度的基本内涵

公众指的是政府为之服务的主体群众；公众参与是指任何单位和个人都享有平等参与决策的权利，体现的是群众的权利与政府对此权利的保护。而公众参与制度是将公众参与形式加以制度化、规范化，来保障公众参与顺利、有序和高效地进行。

环境保护公众参与制度是指在环境保护领域里，将公众参与形式制度化，使公民有权通过一定的程序或途径，顺利、有序、高效地参与一切与环境保护有关的决策活动（汪劲，2000）。

（二）环境保护公众参与制度的特点和重要性

根据其内涵，本书认为环境保护公众参与制度的最大特点在于其社会性，参与度涉及社会大众，而非仅仅是有关部门。同时公共参与制度体现了公民对其权利的维护运用，也是法制建设发展到一定阶段的产物。建立环境保护公共参与机制不仅是民主政治的要求更是生存权发展的要求。公众参与制度的重要性在于：

第一，是维护公众自身权益的需要。因此，公众参与环境保护能依法维护在环境问题上自身应当享有的权益，也能推动环保运动持续进行（唐澎敏，2001）。比如在长沙市，随着两型社会的建设和公众对生态环境质量关注度的提高，长沙市公众参与环境保护的强度逐步提升。2012年，在各级媒体刊（播）环保新闻

近 1 200 条（次），其中《长沙引入市场机制美化乡村环境》在央视新闻联播播出。先后开展"我为母亲河梳妆洗脸""送三精蓝瓶回家"等大型群众活动，参与人数 120 万人（次），天心区率先建立社区回收网络模式，回收处置废旧节能灯，受到市民欢迎。全市共创建绿色学校 13 所，节能环保社区 45 个，绿色建筑工地 63 家。雨花区编写出版全国首套《公民环境保护与生态文明素质教育培训读本丛书》，并在 6 所学校开展环保课程教育试点，这些活动都在环境保护中发挥了重要作用。

第二，公众参与环境保护可以弥补国家在环境保护中的不足。如果仅仅靠政府有限的物力、人力去治理无限的环境问题，会使治理环境陷入被动局面。公众参与可以使政府收到来自民间的意见和反馈，在决策过程中政府就可以更多地考虑到社会整体的利益。

（三）环境保护公众参与制度的缺陷

具体而言，环境保护的公众参与制度存在如下缺陷：

第一，在立法上，虽然我国已颁布、实施的环境保护公众参与的相关制度、政策、规定等在数量上不算少数，但在具体实践中遇到的问题在立法中仍存在漏洞，已生效的规定在实际执行中也存在大量困难，仍缺乏系统、可行的制度规范。

第二，在公众参与的效果上，我国环境保护的公众参与状况相对而言并不乐观。首先，据有关调查资料显示：中国一般的城镇居民当中有44.3%的认为对于环境破坏行为"管也没用"，9.8%的人认为"应由环保部门去管"，39.7%的人认为"不关自己的事不必管"（胡红玲，2007）。同时，公众参与的程度十分有限，往往停留于较浅的层面，且难以持久。

第三，在公众参与的方式和内容上，表现形式抽象，缺乏可操作性。我国《水污染防治法》第十三条规定了居民的意见和建设项目所在地单位的意见应写入环境影响报告书，但是没有明确相关途径、形式和程序，以至于公众和有关单位无法参与进来（王鹏祥，2008）。

第四，在环境公共利益受损的救济方式上，相对而言我国的环保法律作用十分有限。同时，我国的非政府组织（NGO）力量薄弱，存在公众知名度、认同度不够、对政府的决策影响不大等问题，也不能太多制约企业等对环境有较大影响的主体，我国环境保护发展的需要是我国环保非政府组织生存条件，因此我们要在加强环境保护的基础上积极稳妥地建立和发展环保非政府组织。

二、环境保护公众参与制度的改革创新

环境保护公众参与制度的改革创新的途径有如下四点：

1. 扩大环境保护公众参与的主体

我国环境知情权的主体应该在现有范围的基础上进一步扩大为一切国家机关、社会团体、组织和一切自然人，而非仅仅局限于具有利害关系的特定人，只有这样才符合公开的真实内涵[①]。不仅鼓励民众参与，而且将其内部进行细化，并且最大程度发挥媒体的舆论监督作用，具体关系如图 18－1 所示（卓光俊，2012）。与此同时，要加强公众参与工具在环境治理中的积极作用，壮大环保非政府组织是比较重要的举措，也是政府在选择公众参与工具治理环境时要考虑的重要因素之一，所以要更加注重非政府组织对于环保的参与作用，并且将生态文明引入党政建设，作为施政方针贯彻执行。我国还积极参与国际环境保护的非政府组织，围绕着环境议题积极开展活动，逐渐成为协调、解决全球性的关键力量。

表 18－1　　　　　　　公民参与环境保护的集中途径

性质			参与方法	目的					
双向沟通程度	公共接触程度	处理特定利益能力		告知教育	探寻争议	解决问题	意见回馈	评价	建立共识
中	强	强	听证会		×		×		
强	中	弱	非正式小团体集会	×	×	×	×	×	×
中	强	中	一般公开说明会	×					
强	中	中	社区组织说明会	×	×		×		
中	中	强	发行手册简讯	×					
强	弱	中	回答民众疑问	×					
弱	强	强	记者会征求意见	×			×		
强	弱	强	发信征求意见			×	×		
强	弱	弱	咨询委员会	×	×	×	×		

---

① 严厚福：《公开与不公开之间：我国公众环境知情权和政府环境信息管理权的冲突与平衡》，载于《上海大学学报》（社会科学版）2017 年第 34 期。

2. 扩宽环境保护公众参与的途径

通过建立一种机制和渠道来实现对公众的回应，从而高效、快捷、高质量地满足公众的利益诉求，让公民积极参与到环境教育活动和环境教育决策上来。公众参与环境保护的途径很多：第一，大众媒体宣传、广告公告公开展示、报告和宣传手册。第二，组织监督。第三，信息联系、电话交谈的电台或电视节目、会见、电话咨询等人民可直接参与的途径。

当前，政府推动和实施了听证制度，这是公民参与公共行政的典范制度。各参与方法可以视事件的内容与性质做组合运用，如表 18-1 所示。

通过借鉴西方发达国家的经验，我国《立法法》也有相关规定，由此可见，我国有对公众参与环境保护的立法保障，在环境法中将前述规定进一步具体化，并对公众参与环境保护的途径和方式做进一步的扩展。

3. 实行预案参与

在制定环境法规、政策或者进行相关项目建设之前，要将公众意见纳入决策之中。环境影响报告书中要设置公布的方式、时间及征求公众意见的方式和时间，同时，需要对公众的意见或建议吸取与否作出说明。

4. 建立知情机制

要严格按照政务信息公开相关规定，全面推行环境政务公开和执法结果公示，赋予各部门和企业向全社会公开重要环境信息的法定义务。通过政府门户、电视、广播、报纸等大众新闻媒体及时向公众公示，做到职能职责、行为规范、办事程序、公开承诺事项、行政许可、排污费缴纳情况、企业日常守法、环境污染投诉查处结果以及非常态下影响危害群众生命财产安全等信息的全面公开。一般来说，公众需获知信息包括：环境政策法规信息、环境管理机构信息、环境状态信息和环境科学信息，主要是有关环境原理的一些数据、科学研究成果、科学技术信息和环境生活信息等。

三、环境保护公众参与制度的实施推进

（一）建立参与型行政决策机制，扩大环境教育决策中的公众参与

公众对环境教育决策的参与是公民参与行政的一个内容。市场经济的发展大大提高公民的个体意识和自主意识，公民越来越不满足于仅仅通过自己的代表机关来间接参与政治，而是希望能够由自己或自己组成的团体直接表达利益诉求。

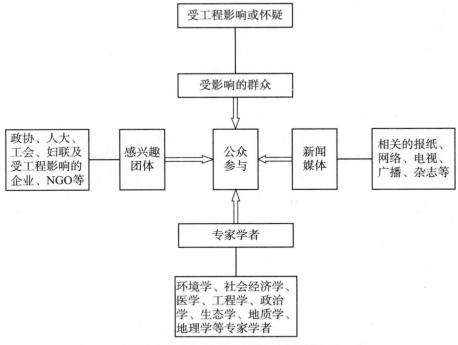

图 18 - 1 公众参与主体之间的关系

一方面，要加强建设公众意愿的表达机制。使社会问题转化为决策问题，将渠道制度化，使公众有权将与自身利益相关的问题通过提案、建议等方式向决策层反映，实现在解决问题中的公民决策参与。

另一方面，要强化公众决策机制建设。在环境教育决策的制定过程中，如果缺乏公民的直接参与，环境教育政策往往缺乏对公民需求的了解以及对公民利益的整合，难以达成真正维护利益的决策，在实施中也会遇到种种阻力，还会造成行政成本高而行政效率低的后果。

（二）加大政府对公众参与的政策支持和财政支持

公众参与环境教育活动离不开政府的大力支持，这种支持第一是政策支持，即政府应制定有利于民间组织健康成长的政策和法律，对民间组织给予政策扶持；第二是财政扶持，即政府要给予对环境保护有作用的民间组织以经费支持。

（三）积极拓宽公民参与的渠道

政府环境信息应该以便民的形式公开，才能达到制度应有的目的和功能。通过建立一种机制和渠道来实现对公众的回应，从而高效、快捷、高质量地满足公众的利益诉求，让公民积极参与到环境教育活动和环境教育决策上来。因此，政府应当为公民直接参与环境教活动提供充分而有效的渠道，确实保证公民参与环境教育的权利。当前，政府推动和实施了听证制度，这是公民参与公共行政的典范制度。

（四）建立公民参与环境保护的机制

通过引导公众积极地参与环保公益活动，为保护环境贡献出自己的一份力量，将环境保护落到实处。在学校、家庭和社区开展形式多样、内容丰富的绿色文化活动，如利用义务植树周、地球日、中国爱鸟节等节日让每个人亲身体会保护环境带来的精神上的愉悦和道德情操上的陶冶；大力发展民间环保组织，各民间绿色组织直接从群众中来，有便于同更多群众直接沟通的优势，让公众有条件、有机会、有场所参与重大项目决策的环境监督和咨询。因此吸收民间组织参与政策的讨论会大大增加制度的社会认可程度（王菊萍，2007）。

第四节　环境公益文化引领制度改革创新

一、环境公益文化引领制度的主要内容

环境文化博大精深，丰富悠久。纵观古今，我国儒家的"天人合一"，道家的"道法自然"，佛教的"佛性"都是有关万物本源的理论。人类文明从原始时代发展到如今的工业文明，经济和社会发展水平得到了质的提升。与此同时，工业文明也对自然环境造成了巨大的破坏。因此，发展生态文明将成为人类社会不得不迈出的一步。要建设生态文明，就要有完备、配套的环境文化，在更高层次上实现对自然法则的尊重与回归。所以说，环境文化是生态文明的基础，是一种重要的社会先进文化。所谓"环境文化"，是环境制度与环境观念的结合，或者说是环境法律与环境道德的组合，其内核是自然生态观、生态价值观和环境道德观的统一，具有多元性、发展性和综合性的特征。

环境文化可以划分为有形和无形环境文化两种。有形环境文化主要通过文学、艺术、环境新闻等形式来传播，逐步树立符合当代社会的环保理念。而无形环境文化则是有关环境文化的观念和伦理（王凯，2009）。而环境公益文化同样如此。和谐社会，与时俱进的深刻内涵融入了现代环境文化的概念，人们希望通

过相关的环境公益事业，让更多人了解环境文化，亲身参与到公益活动之中，共同促进生态文明建设，从而孕育出了如今的环境公益文化。

公益即公共利益，环境公益文化的最鲜明特点即其是为社会群众中的大多数服务的。环境公益文化的内容及表现形式决定了环境公益文化建设是生态文明建设的不可或缺的组成部分，尤其是与我国社会主义制度的本质不谋而合。环境公益文化是建设美丽中国的向心力。然而现今，环境公益文化相关制度尚未成熟，仍存在以下问题有待完善：

一是环境公益文化的传承与发展的过程仍停留在表面，缺乏环境宣传、教育和培训，推广力度远远不够，致使群众对环境公益文化和生态文明建设的认识淡薄，缺乏主动性。

二是环境公益文化相关制度未受到足够重视，我国多数地区仍停留在"先污染，后治理"的阶段，并未将环境公益文化与经济建设相结合。

三是环境公益文化相关制度虽然对一些现象做出了相关的规定，但未上升到法律层次，对于缺乏环境责任感的企业没有强大的约束力，实施效果较差。

四是政府干预行为欠缺，环境相关法律制度不完善。环境公益诉讼制度的建设和推进存在资金保障缺乏等多种问题。

五是环境公益文化与企业具体运营环境的联系紧密度较低，在企业的运用较少。当代中国环境文化所围绕的中心，本质上没有离开"人类中心主义"的价值取向，是功利主义的典型表现，这与环境文化的核心功能相违背，必须得到改进。

二、环境公益文化相关制度的改革创新

环境公益文化是以环境为基础的物质属性和以文化为表征的精神属性的和谐统一。我国环境公益文化的相关制度仍需在实践中不断改革创新，逐步形成完善的文化体制。

（一）突出生态文明观建设

党的十七大将生态文明理念写入报告，这正体现了科学发展观。环境文化建设要求我们紧紧抓住树立生态文明理念，促进人与自然和谐这一中心，有序开展环境文化建设，从而构建新的中国特色"环境文化"，强化宣传教育，慢慢深入，增强公众对环境文化的认知度，逐步将生态文明观普及到全社会，大力推进生态文明建设。

（二）循序渐进完善环境公益文化相关制度

文化制度的形成不是一朝一夕能完成的，必须戒骄戒躁，一点一滴进行积累。我们可以以环境公益文化建设和一些具有代表性的工作为切入点，以生态文明建设为目标，逐步完善环境公益文化相关法律和制度，逐步推进生态文明建设。以具体实践为导航，尤其要关注在我国部分环境污染严重地区的环境文化建设与前后期的对比，将环境文化与环境治理相结合，同时鼓励各非营利组织、事业单位和具有影响力的企业等在推进环境文化建设过程中起到表率作用。

1. 坚持以可持续发展的理念为指导

只要是有利于自然环境且能促进社会经济和环境的可持续发展的文化都可以归属为先进环境文化。发展环境公益文化的目标是谋求社会的进步，其精髓是可持续发展环境观。环境公益文化应该充分发挥其教育和引导的功能，加大环境素质教育的力度，将人们的认识充分统一到可持续发展上来。

2. 坚持环境公益文化的继承发展与创新结合

中国的传统文化起源于农耕文明，于是其特征表现为人与自然和谐，以及人与人之间和谐。然而，不论是哪种文化，其先进性都不能长久维持。要知道，创新是文化的生命力，否则精神动力就会变成精神阻力。中国环境公益文化要着眼于世界文化的前沿，吸纳世界环境文化的成果，在不断实践的同时总结改进，努力探索环境公益文化建设中的新视点、新领域、新途径，实现环境公益文化服务小康社会的创新。

（三）加强相关制度的法律监管，完善执法监督体系

目前，我国环保的执法主体分散，难以统一指挥和协调，环保部门人员编制有限，且权限模糊，处罚力度有限。典型的问题之一就是环境公益诉讼制度不完善，存在立法缺乏、受案范围的规定上有很大的不确定性、原告资格范围限制得过于狭窄、资金保障机制有缺口等多种问题，这影响了普通公众自觉监督企业违法环境行为的积极性和企业自主实施环保行为的主动性。因此，首先要理顺环境执法体制，明确各部门责任，避免在解决问题时因权限不清出现混乱，逐步完善执法监督体系，补充环境执法体制弊端，发挥环保部门统一监管作用，同时加强对环境公益文化的重视程度，壮大环保队伍，增大对环境意识淡薄企业的处罚力度。

三、环境公益文化相关制度的实施推进

道德与文化相辅相成，加强环境道德教育是促进环境公益文化传播的重要途

径。将环境公益文化作为一种理念，促进公众参与环境文化建设，才能推动生态文明建设。为了实现生态文明，环保部门要推进实施环境公益文化制度，首先必须结合本地实际情况有针对性、以公众可接受的方式开展，从而形成具有本地特色的环境公益文化体系，从长远角度保障本地的发展。措施的整体结构如图 18 - 2 所示。

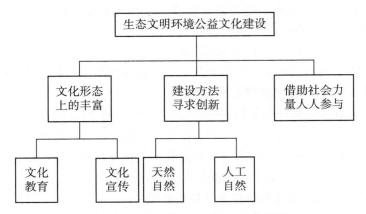

图 18 - 2　环境公益文化相关制度措施结构

总的来说就是要注重有形环境文化形态种类和环境公益教育并重；注重创新，自然与人工并举；注重社会力量，呼吁全社会参与，共同繁荣环境公益文化。

第五节　其他引导性制度改革创新

一、环境自治制度改革创新

（一）环境自治制度的主要内容

康有为曾提出的公民自治的思想为我国政治提供了一个全新的理念：通过借鉴西方发达国家的思路来建立适合我国的自治制度。在民族区域自治制度的实施中我们已经看到了不小的成效，尤其是对地区经济的发展以及保障少数民族人民平等的民主权利和管理本民族内部事务的权利做出了很大贡献。

所谓自治就是指行政上保持相对独立，有权自己处理自己的事务的治理模式。借鉴民族区域自治制度，我们可以尝试得出环境自治是指法律赋予我们进行自我管理、自我服务、自我教育对于周围环境的自治权利，它是公民环境自治权在环境自治领域的具体体现，是另一项生态文明建设的引导性制度。[①] 简言之，环境自治制度是一个以公民自我管理为基础的一项制度，以此保障公民享有良好环境的平等权利，也为今后绿色经济的发展和环境保护的全面开展起到促进、推动作用。民族区域自治制度对我国少数民族地域的稳定与发展发挥了重要作用，那么，我们也希望通过加强环境自治制度，帮助解决我国随着工业、经济发展带来的环境方面的负面影响，建立绿色和谐社会和美丽中国，也为今后的良性发展奠定基础。

（二） 环境自治制度的完善与推进

环境自治制度主要需要公民自我管理、自我约束、自我监督，也需要地方政府和相关组织团体给予支持和引导，加强环境自治制度可以尝试从以下几个方面着手：

1. 宣传环境保护自治制度和环保常识，提高环保意识

当今社会快速发展的以电视、广播、网络为主的现代传媒正在不断改变着人类探索自然的方式。我们可以利用这些媒体渠道的宣传，普及环保知识，提高公民的环保意识，唤起普通公民的危机感和责任感。

2. 建立环保自治教育体系，提高公民环保素质

国家教育从少年抓起，而环保教育也要从教育着手。我们应该建立幼儿园—小学—初中—高中—大学的终身环保教育体系，来提高公民的自治意识。提高学生的环保意识的方法有很多，如在大学生课余时间更多地开展环保知识讲座，普及环保知识；引导大学生自发地组织各种环保社团，让更多的学生参与到环保活动中；可在校园宣传栏张贴宣传资料，扩大环保知识的宣传范围。学生具备快速接受新概念和新思想的能力，能够适应时代和大环境变化，所以他们不仅是环境自治制度的践行者，更应当是传播者和领导者。

二、 生态保护意识养成制度改革创新

（一） 生态保护意识养成制度的主要内容

1. 主要内涵和特征

生态意识是人的自然意识和社会意识的综合反应，是人类对生态系统的特点和规律、人与自然环境的关系的科学认识，它包含有关的各种理论、观点以及态

[①] 王述炜：《论民族区域自治视野下的环境自治权》，载于《内蒙古农业大学学报》（社会科学版）2017 年第 1 期。

度情感。扩展到生态保护意识的概念界定,本书认为它是指人类对不合理的实践行为所造成或导致的生态系统的破坏、污染或失衡等现象的保护反应或认识,它是社会发展到一定阶段的产物。

生态保护意识的基本特征表现在:第一,空间上具有整体性,生态保护意识的视野包含着很广的范围,从生态环境的各个方面着手。第二,时间上具有远瞻性,生态保护意识的产生和发展不受过去理论框架的限制,它强调长期或未来效应,具有鲜明的时代特征。表现形态上强调意识能动性,追求人与自然的和谐统一。

2. 主要问题

生态环境对我们的生活水平与质量有直接影响,同样也关系到今后人类社会的可持续发展。党的十八大把生态文明建设纳入中国特色社会主义事业五位一体的总体布局当中,并首次提出了"建设美丽中国"的美好愿景。然而,当前我国公民的生态保护意识并不强,主要表现在以下几个方面:

(1)对生态环境问题的关注度较低。中华环境保护基金会的全国调查显示:69.9%的公众认为我国环境问题很严重或严重,认为国家实行环境保护政策非常重要。另有20.7%的人认为不严重和根本不严重,还有19.30%的人说不清楚或不知道。在我国环境状况变化趋势的认识上,公民却显示出了乐观态度。国家环保总局和教育部的调查显示,五年来环境变化的认识,43.3%的人认为本地环境恶化"好转"了,23%的人认为"没变化",只有25%的人认为"恶化"了。这与我国环境恶化的严峻事实有些相违,折射出公民对我国环境问题认识的现状(黄宇,2003)。

(2)公民参与生态文明建设水平较低。与其他的社会经济建设不同,生态文明建设不但需要人们观念的深入,更急需具体行为的实施。在我国,人们一方面呼吁文明和改善环境,另一方面却在行为方式上冷漠和不参与,表现出理念与行为严重脱节。这种状况不利于生态文明建设顺利进行。

(二)生态保护意识养成制度的改革创新

增强生态文明意识的改革创新途径有以下几个方面:

1. 规范化建设是提高公民生态文明意识水平和质量的重要前提,因此要重视生态文明意识培育规范化建设

针对我国从中央到地方各级生态文明宣传教育部门职责、经费来源渠道、设备配置和工作机制不够统一以及工作水平、工作质量和工作效率差距大等问题,政府通过全面规范全国生态文明意识培育工作的职责、机构、人员、经费、设备和制度,并将有关内容纳入"十一五"环境保护计划,把握国家和地方重点加强生态文明自身能力建设的有利时机，夯实生态文明意识培育工作基础。

2. 规范生态文明意识培育职责

国家和地方生态文明行政主管部门在认真总结以往工作经验的基础上，根据新形势下生态文明意识培育的目标任务，组织有关专家认真研究国家和地方、经济发达地区和经济欠发达地区生态文明意识培育的情况，调整、完善和合理设置各级生态文明意识培育部门的职责，使之更科学、更准确、更合理（宫长瑞，2011）。

3. 建立生态环境保护监管体系

各级政府都要明确对于环境保护不可推卸的责任，在经济发展过程中，不能忘记赖以生存的自然环境基础，各相关部门都要各负其责，共同努力、大力推动生态环境保护这项工作。

4. 分区域和领域增强环保意识

由于我国土地幅员辽阔，不同地区地质条件差异巨大，要针对不同的情况来具体问题具体分析。要在搞好生态环境调查，全面分析当地生态环境现状，针对当地具体环境问题进行治理，并以此为基础进行大力宣传环保理念来增强当地公民环保意识。而且在众多领域中，对环境的干预、影程响度不同，我们采取的措施分配的力量也有所不同。

在我国产业中，第二产业对环境的负面影响较大，工业企业是环境污染问题的主要制造者，由于生产力落后，企业在生产过程中不断向空气、河流中排放废弃物甚至是有毒害的物质，毫无节制地利用各种资源，对生态环境造成了很大的影响，因此我们要将重点放在大力治理重工业、生产企业等领域。除了增强企业的环境污染防治意识，加强企业内部环保设施建设外，还要支持企业增加对环保的投资，引进先进除污的设备，回收利用各种废弃物，节约资源。

（三）生态保护意识养成制度的实施推进

公民生态保护意识的培养与生态文明的推进是一个系统化的过程。具体的实施途径如下：

1. 提高群众的环保法制意识

我们应大力加强法制建设，通过加大执法和监督力度从而为环境工作提供有效的法律保障，促进环境工作走上法制化（寸黎辉，2004）。通过立法来强制执行一些制度与政策，当人们在法律的监管之下逐渐能形成一种良好的习惯和正确的认识时，我们辅助其他多元化的方法宣传教育环保理念，能够起到事半功倍的效果。

2. 加强群众的环保意识教育工作

教育部门要将环保渗透教育作为一项手段与方法，把学校环境保护教育的开展有效地进行起来，在学校里大力普及环境知识和环保理念，加强对学生的环保教育。[①] 孩子从小接受到的教育将影响到他今后的生活，让孩子从小就认识自然，意识到环保的重要性、必要性以及目前我国环境形势的严峻性，这一举措将有利于今后的环境保护工作以及绿色发展。对于孩子的环保教育将会间接影响父母对于环境保护的态度，这样潜移默化的影响会提高居民对于生态环境保护的意识。我们可以把有关环境的内容写到书中，并定期举办与环保有关的公益讲座、环保竞赛等活动，让环保融入到大家的生活中。因此，要加强对学生环保的教育与引导，树立他们对环境的正确认识，也要采取措施加强受教育程度较低人群的环保意识（张巧巧，2009）。

3. 规范生态文明意识培育机构建设，增加对生态文明意识培育师资队伍建设的相关支出

机构规范化建设应当依照"因事设岗"的原则，按需确定各级生态文明意识培育机构的性质、名称、布局、级别和规模，改善生态文明意识培育机构设置上的混乱现状。同时，生态文明意识培育师资队伍规范化建设依照"因岗择人"的原则，根据培育任务和职责，规范人员编制、用人标准及人员录用、培训、奖惩和淘汰机制，进而推进我国的生态文明建设。

总之，透过不同地区的污染情况从宏观层面上看，生态系统表现为整体性的抵抗、修复功能下降，并且这种抵抗灾害的能力呈现不断减弱的态势。为此，我们必须加快生态文明建设，增强大家的环保意识，运用多种手段灌输环保理念。加强环保意识是一个长期、复杂、艰巨的任务，但这项任务至关重要，不容得我们轻视懈怠，提高全民的环保意识刻不容缓。

[①] 杨鑫：《生态文明建设视域下我市大学生环保教育之思》，载于《资源节约与环保》2018 年第 2 期。

第五篇

中国生态文明
体制建设的制
度保障

第十九章

中国生态文明管理制度的改革

第一节　现有的生态环境管理制度的现状和问题

一、管理体制及职能的演变

改革开放后，中国逐渐形成了一套独特的管理体制机制，通过多部门分管、多层次决策实施和行政管理来主导资源与生态环境。在经历了多次行政管理改革后，可以把生态资源环境体制分为三大块。其中，自然生态资源的保护职能分散在水利、环境保护、海域、土地资源、林业等部门；资源与生态环境保护综合规划和经济政策制定则划分为综合经济部门；实施污染防治的行政监督管理则由环境保护部和各级地方环境保护行政机构负责。中央和省级主要负责制定政策和审批监督等，市县级主要负责政策的监管实施。

自然资源资产管理及其市场机制开始形成，但产权主体不明晰，资产管理和行政管理没有区分，各种使用权复杂多变，有待进一步改革完善。具体的管理职能逐步演变过程如下。

（一）改革和调整国家的计划和经济管理职能

在 20 世纪 80 年代以后的历次行政改革中，计划、经贸和财政等综合经济部门逐步确立和扩展了资源与生态环境保护方面的规划协调、政策指导和预算安排等方面的职能。例如，逐步建立了综合部门对资源与生态环境保护领域规划和综合经济政策的拟订和管理职能，把资源与生态环境保护纳入国民经济与社会发展规划编制过程，纳入相关区域、产业规划和区域、产业政策的编制和拟订过程纳入财政预算编制过程。另外在资源与生态环境保护领域，综合部门还加强了对技术和产业发展的规划研究和政策指导。比如在 1998 年机构改革中，原属于国家环保总局的环保产业政策和发展规划职能划分给了国家经济贸易委员会（现属于国家发改委）。国家发改委的成立，使原部门在规划管理主体功能区、发展循环经济、节能减排和应对气候变化的职能进一步扩展，更好地发挥了综合规划、政策指导和实施操作的职能。地方省、市各级综合经济部门也具有类似的规划、政策拟订和管理方面的职能。

（二）转变政府在自然资源开发和保护方面的职能

首先，国土、农业、林业、水利、海洋等部门加强了资源和生态环境保护的公共管理职能，并随土地、矿产等领域自然资源有偿使用和市场化改革进程，形成了多种形态的自然资源资产管理职能。在 1980 年以后的多次行政改革中，国土管理部门建立了土地管理使用和农田保护制度，同时强化了矿山环境修复、地质考察勘探等职能；农业部门建立和强化了农业生态环境监测和管理、生态农业建设和农业废弃物循环利用、草原生态和水生生态系统保护等方面的职能；林业部门建立和强化了森林和温地生态系统及野生动植物保护和管理、沙漠化防治等方面的职能；水利部门加强了统一管理的职能；海洋部门加强了关于海域使用权、海域勘探、海洋工程防治污染、海洋资源保护等职能。

其次，要构建一个海洋、高原、山地、平原、湖泊、土地林地等多种资源的交易平台，进行注册、管理、监督等多项职能。国土、农业、水利、林业、海洋等自然资源管理部门依照法律规定，对各种自然资源财产权的确立、出让和转让进行管理，并且收取资源使用费，实行有偿制度，并逐渐区分自然资源的行政和资产管理职能。例如，到 2012 年国土资源部门在全国建立了 31 个省级矿业权交易机构，并于当年 3 月发布试行了《矿业权交易规则》，政策要求只有在矿区交易认定的固定场所内才能进行矿业权的转让出让交易。

（三）强调环境保护制度的公共管理职能

首先，建立一个行政管理和监督并行的保护环境的管理机构。在国家政府层面，1982 年建立城乡建设环境保护部，内部设置一个环境保护局，1988 年建立国家环境保护局，1998 年建立国家环境保护总局，2008 年环境保护部成立，在强化环境保护行政监督职能的同时，逐步扩展了综合管理和规划、政策协调的职能。2008 年后环境保护部的主要职能范围包括：负责处理重大环境安全问题；承担国家节能减排计划的任务；建立生态环境保护制度；负责环境污染防治的监督管理；指导、协调、监督生态保护工作；负责环境监测和信息发布；开展环境保护科技工作；开展环境保护国际合作交流；宣传环境保护教育工作等。

其次，建立地方环境保护管理机构。2006 年起在华东、东北、华北、华南、西北、西南 6 个区域成立了环保督察中心，内地 31 个省、直辖市、自治区均被覆盖。同一年，在东北和西北又建立了核辐射安全监督基地，负责本地区的核安全管理。地方政府在省、市、县三级普遍设立了环境保护机构和监察、监测机构，部分省市在乡镇一级也设立了环境保护的派出机构和专职管理人员。一些地方还设置了有关排污交易的管理组织，来控制污染物数量。

二、管理体制存在的问题

从 30 多年体制改革进程来看，当前中国资源与生态环境管理体系还存在以下主要问题。

（一）政府职能转变没有到位

第一，对市场经济活动干预的职能过多、权力过大、预算支出过多。例如，政府投资多集中于国有企事业单位。第二，在监督市场秩序、提供公共管理和公共服务上，政府服务力度不大，资金预算也低。这主要因为在所有资源的配置中，政府更注重经济发展，相对忽视了环境生态保护和发展。第三，在政府各部门职能配置中，对经济发展具有重大决策权力的综合经济部门所承担的资源与生态环境保护职责也不明确，不能有效发挥其综合决策和协调职能。第四，在中央和地方的行政决策和执行机制中，各级地方政府主要领导决策权力过大，在资源与生态环境方面难以形成独立监管的体制机制，很多情况下资源与生态环境保护机构很难正常履行法律规定的管理职责。

（二）政府和市场在资源与生态环境的职能管理上分配不清

主要就是没有把公共行政管理和资产市场运行管理区分开来。虽然土地、草原、林地、海域、矿产等各种国有自然资源所有权由国务院代理，但实际上由各级地方政府的资源行政部门管理。自然资源管理部门在各级政府中不但有行政管理职能，还有运行管理职能，既保护资源和生态环境，又开发资源和实施经营管理。不同职能在行政管理部门内难以相互平衡和制约，导致很多潜在的矛盾和冲突。所以，这样一个权责不清的制度既不能好好保护自然资源和使用者权益，也不能很好地实现保护环境的公共职能。

（三）利益相关部门的职能交叉

在资源与生态环境保护的规划设计、政策制定、标准实施上职能交叉重叠，主要包括三个部门，即自然资源管理部门、环境保护部门和综合经济部门。首先，机构设置重复和人才能力重复建设等问题比较突出。重复管理，各自为大，标准不一，协调不一致。据中国环境科学研究院 2013 年在全国人大环境与资源保护会上的报告，在中央政府颁布的有关生态环境的 53 项保护职能中，环境保护部门承担了 40%，其他 9 个部门承担了 60%；在环保部门承担的 21 项职能中，环保部门单独承担的是 52%，与其他部门共同承担的是 48%，突出表现在水资源保护与治理、生物多样性保护和自然保护区等领域。由于部门职能交叉，导致了环境监测网没有系统规划、水平低、建设和管理重复等问题。其次，在协调经济发展和保护生态环境上综合经济部门的推动力不足。例如，包括资源税、环境税等在内的综合性经济制度与政策的制定和调整进展迟缓。

（四）中央地方事权划分不清

突出表现在地方政府履行资源与生态环境职责得不到财政支出保障。与此同时，中央、地方和中央地方共同管辖部分的权责不清。一方面，中央政府生态环境保护部门对地方政府生态环境保护部门进行行政指导。另一方面，地方政府没有把法律法规和政府的义务统一对等起来。最近几年，中央政府通过一般性转移支付和专项转移支付，使地方的生态环境治理能力得以提高，但很多地方还是没有法律上允诺的相应财力去支撑。尽管通过设置地区督察中心（如区域环保督查中心和地区土地督察局）、加强地区水资源保护以及对地方各环境保护机构实行双重领导等措施，可以加强中央对地方生态环境保护措施的领导和监管，但在中央行政指导地方的框架体系下，难以发挥太大作用；对于跨地区、跨流域的重大环境问题的处理上也监管力度不足。

（五）社会基层的保护生态环境能力弱

主要表现在：行政受地方制约；公众参与度低；社会治理能力差；资源与生态环境保护体系不健全。这些因素极大地削弱了中国县乡及以下地方的资源与生态环境的国家治理能力。第一，在现有国家、省、市、县四级政府体系下，层级越低，管理对象越具体，越需要专业管理人才和能力，但实际上层级越低，相应的财政支出和人员配备越少，管理能力越差。虽然近年来各级政府加强了基层专业执法和技术人员队伍建设和专业监测装备的配备，但很多地区特别是中西部地区基层管理和执法能力依然非常薄弱。第二，由于环保机构和人员直接受同级政府领导，很多情况下形成管不好、不愿管和不能管的局面，成为执法的主要瓶颈。第三，现行社会团体管理制度不完善，公众难以有效组建民间公益组织参与资源与生态环境保护。第四，虽然一些村镇和城市社区开始了环境保护自治的试点和示范，但由于基层相关的自治组织制度尚未建立，基层资源与生态环境保护自治体系基本上是空白。

第二节　生态环境管理体制改革的具体思路

由于上述存在多方问题，要想做好生态文明制度建设，生态环境管理体制改革是重要保障，它直接决定了生态文明制度体系建设是否成功。根据党的十八届三中全会指出，生态环境管理体制改革应包括以下内容：

一、实施自然资源行政监管和资产管理分置

国家依照公权力和行政权力行使的自然资源行政管理，同国家依照财产权行使的自然资源资产管理逐步分离开来。一般而言，自然资源（包括公共环境资源）具有使用价值和价值的双重属性，相应也具有资源和资产双重属性。在传统的公有制和计划经济体制下，自然资源为国家所有和集体所有，分别归国有和集体组织占有和使用，自然资源管理和资产管理的界限是不存在的，在管理上也没有必要区分。

不过自然资源的分配使用权和属性组成有点复杂。暂且不考虑不具备排他性的大气环境、公共水体环境等公共环境资源，只从《宪法》规定的湖泊、湿地、丘陵、滩涂、矿藏、平原、高原等各种各样自然资源的属性构成来看，各级政府及其有关部门依照有关法律和规划、功能区划，在各自然资源领域逐步建立了多种自然资源分区、分类管理及相应的用途管制体系，形成了十分复杂的管理体系。如政府设置了一些禁止开发区域如自然保护区、限制开发区域如重点生态功能区，土地也被进一步划分为建设用地、农业用地和未使用地，建设用地又细分为国有用地、城镇用地和集体用地，国有用地又被划分为工厂企业用地、居住用地、商业用地、教育文化事业用地和综合用地等。

自然资源依照其用途和功能区分具有不同公共性、公益性和商业性，相应形

251

成不同的财产权及其资产属性。有些自然资源公共性、公益性很强，以提供公共的生态产品和服务为主，商业性利用受到十分严格的限制，部分资源甚至不能进入市场，如自然保护区核心区和缓冲区的土地及该区域内地上和地下的所有资源；有些商业性比较强，以提供市场产品为主，商业性利用受到的限制不多，具备较为完整的占有、使用、收益和处分权，比如地下开矿权和商业性的城市住宅建设用地的使用权；有些以商业性生产利用为主，但因国家安全和公共利益受到比较严格的用途管制，如耕地及其中的基本农田。

这些不同属性和用途的自然资源基本上适用不同的管理原则、管理制度与措施。例如公共性、公益性的自然资源，一般以资源的保存、保护和可持续利用为目标，一般采取公共行政管理手段加以管理，以行政管理部门管理为主；商业性的自然资源，通常作为商业性资产，一般采用市场机制手段加以管理和运营，可以由独立的、以确保资产价值和收益为核心职能的资产管理机构来管理和运营；兼具两者性质的需要采取多功能利用的管理目标和原则，采取公共行政和市场机制混合的手段加以管理和运营，可以由行政管理部门管理，也可以由资产管理机构管理。

二、厘清行政管制和市场机制的边界

把各种自然资源基本按其自然属性和社会经济属性，明确区分为公共性、公益性或商业性的，并对不同属性和用途的自然资源采取不同的管理原则和管理制度与措施。在现行法律和规划区划体系下，除地下矿藏外各种自然资源的用途分类及管理同自然资源财产权及现实价值密切相关，用途分类和管理不同，财产权构成及其现实价值大小就不同。用途的严格管制实际上等于对自然资源财产权构成及价值实现的严格限制，用途管制越严格，自然资源的市场可实现的资产价值可能就越小。

自然资源的用途管制同财产权保护和资产管理改革措施可能是有冲突的。根据国家整体和长远利益，在哪些情况下要严格坚持用途管制，在哪些情况下根据市场化原则放开自然资源商业性利用，提高其商业性资产价值，保障所有者权益，均需认真加以研究考虑。不能认为空间规划和用途管制等越广泛越严格就越好，因为通常并不能保证空间规划具备足够的科学性，并保证其长期不变，以及用途管制不变。在这里，需要建立科学的、动态调整的国土空间规划及配套的自然资源资产分类管理体系。在国土空间上把各种自然资源基本按其自然属性和社会经济属性，明确区分为公共性、公益性或商业性的，并对不同属性和用途的自然资源采取不同的管理原则和管理制度与措施。

因此，明确自然资源管理中行政管制和市场机制的合理范围和界限非常重要。在有些领域，如具有重要生态功能价值的自然保护区和耕地中的基本农田，坚持严格的空间规划和用途管制就十分必要。如果把商业用地分为国有用地和集体用地，并通过功能分类来进行规划管制，就属于过度行政干预了。在深化改革中，需要通过空间规划、用途管制和市场机制的合理配置，使之既能有效实现所有权人的权益，又达到保护自然资源和环境的目的。

三、进一步使自然资源所有权、代理权和经营权相分离

通过合理设置自然资源资产管理体制，明确资产所有权代理、托管同资产经营的关系，把自然资源资产的政府监管同市场运营进一步区别开来，这样才能更好地保护自然资源的权益。在现有的自然资源归国家和集体所有的制度下，明确区分代理权和托管权至关重要，是所有权能否实现的根本；代理权和托管权设置模糊、区分不清，所有权权益就容易被其他各种地方、团体或个人所私吞。

具体包括两方面的措施。首先，建立完整和明确的资源所有权、代理权或托管权制度体系。把全民所有或固有的各种资源与生态环境具体归属哪级政府、哪个部门或机构代理的具体制度明确下来，改变其在法律上模糊不清的局面。现在，大多数自然资源法律都是由国务院代管，如此宽泛，使法律形同虚设。其次，自然资源的监管和市场运行要清晰，不能权责混乱。目前多数国有自然资源资产由相关行政部门监管和运营，没有建立明确的政府代理和专业机构运营制度及相应的考核、审计制度，对其中的商业性资产也没有依照明确的市场规则运营资产，政资不分、政企不分的情况还比较严重，资产运营绩效也不得而知。

四、使自然资源的多样性和生态环境系统的整体性相统一

自然资源不但具有很多自然属性，也有很多社会属性，两者相互依存形成完整的生态系统。从自然属性来看，陆地、海洋、河流及其附着的各种可再生和不可再生资源均有其特征和属性；从社会属性来看，各种资源具有不同财产权形态，具有不同公共性、公益性和商业性属性。属性不同，管理的目的和方式也相应不同。

近代国家形成以来，随着科学技术的发展和产业分工，政府的专业化行政管理体系也逐步形成，在资源和环境领域也形成专业化管理体系。如果行政管理不够制度化，现代国家的制度体系就难以建立。但是，专业化管理也带来部门职能重叠、多头管理、行政效率低下的"官僚主义"弊病。

随着生态学研究和环境保护运动的兴起，各国日益认识到资源和生态环境问题的整体性和系统相关性，资源与生态环境领域政府部门重组成为新的趋势。但这种重组是有限度的，模式是多样的，很多国家是把污染防治职能组合起来，但自然资源管理保留了多部门分治的格局。

一般而言，资源与生态环境保护部门已从专业技术部门发展为更带综合决策职能的部门，兼具专业性部门和综合性部门的特点。是建立综合性的"大部门"，还是建立专业性的独立监管机构，有赖于各国的体制及其历史沿革。从各国资源与生态环境保护和公共管理的历史发展来看，处理好这种统一管理和专业化分工问题，关键并不是设置超级部门而是真正形成职责明确的政府机构体系和有效的行政协调与综合决策机制。

五、明确中央政府和地方政府的权责

处理好中央政府和地方政府关系，是深化生态文明体制改革最为复杂的一项任务，其难度大于中央政府内部的部门职责调整。现在，在世界上很多联邦制国家中，中央与地方在资源生态环境方面的权责划分比较清晰，除了全国和跨区域的问题外，其他都归地方管。中央政府也有具体的行政控制和财政控制手段，调控地方政府实施法律及中央政府指令和行动计划，如设立一些相应机构如区域规划、流域委员会或监管机构去协调、监督地方政府的行为。

中国是单一制国家，不过地方政府的权力很大，中央政府对地方政府一般只是行政上给予指导。很多方面哪些是中央事权，哪些是地方事权，哪些是中央和地方共享事权，划分不清，特别是在共享事权上各自职责和支出责任更是划分不清，加之缺乏有效引导和监督体制机制，极大地制约了国家管理的效能和效率。中国是一个超大规模国家，资源与生态环境问题地区性和跨区域性都比较强，在这方面可以借鉴联邦制国家体制，除保留全国性重大事项和跨区域、流域的事项管辖权外，其他事务归属地方管理，并建立起引导和监督地方政府有效实施法律、规划和计划的行政监督、财政预算体制机制与相关制度安排。

此外，除了政府进行有效管理，社会大众也要积极参与，这样才能更加稳固和优化我国的资源与生态环境治理体系，才能更好地提升治理能力。而社会基层自治是社会大众参与的重要前提和保障。

总体来看，按照上述五个方向的基本思路，对现实中存在的管理体制问题逐步加以解决，在转型过程中处理好改革和法律的关系。否则，《中共中央关于全面深化改革若干重大问题的决定》中所提出的"一分离、两独立"的体制及配套制度，是难以有效建立起来的。

第三节　推进生态文明管理体制改革的对策建议

从《中共中央关于全面深化改革若干重大问题的决定》提出的生态文明体制改革的基本目的和内容来看，主要包括三个改革的基本路径：一是对自然资源的资产管理体制、使国家自然资源健全的资产管理体制进行改革，主要就是统一一个全民自然资源资产所有制的制度。二是改革并完善自然资源的监督管理制度，主要内容是统一自然资源使用管制的行政部门，并与管理体制相互协作、相互促进、相互监督。三是改革现有的保护环境的方法措施，主要内容就是建立监管独立和行政管理相互配合的制度。从现行法律规定和各级政府有关部门的职能来看，合理的改革举措至少包括以下四方面内容。

一、梳理职责，分离自然资源行政监管和资产管理职能

要分清各个部门有关生态环境保护区域的资产运行管理和行政监管的职能。根据《民法通则》《物权法》和各类生态环境保护法的规章制度及相关部门"三定"方案的明文规定，现在各个生态环境保护部门都有资产管理和行政监管的职能，其中资产管理的职能主要有资产的用途分类、资产登记、确权发证（包括核发取水许可证等）、统计核算、转让出让、收取使用费或出让金等，也就是相当于代理国有资源和监管集体资源，具体见表19-1。

表19-1　　　各部门资源与生态环境保护领域行政
管理和资产管理方面的职能

部门	主要职责
发展改革部门	行政管理职能：区域规划和管理，主体功能区规划和管理，循环经济发展、气候变化应对、节能减排等方面的规划和政策实施，土地、资源和环境保护等规划编制的协调和审查管理
	资产管理职能：资源的价格、碳排放权交易
环境保护部门	行政管理职能：协调和监管出现的严重环境问题，预防控制和监督管理环境污染问题，指导并管理保护生态的工作，监管核辐射安全项目等
	资产管理职能：排污权交易

255

续表

部门	主要职责
国土资源部门	行政管理职能：土地用途管制和耕地保护（特别是基本农田保护），地质勘探采矿选矿等开发活动的监督管理，地质环境保护和矿山生态环境修复等
	资产管理职能：注册登记核发国有和集体产权证，征收集体土地，转让建设土地；登记发放探矿证和采矿证，转让出让探矿权和采矿权
农业部门	行政管理职能：保护耕地、监管农业的生态环境，生态建设和废物循环利用，草原环境和水域生态环境等
	资产管理职能：农村土地（含草原）的经营管理，水产业资源的经营管理
水利部门	行政管理职能：水资源的计划管理，保护水资源和控制水土流失、用水管理、水权管理和征收水费管理等
	资产管理职能：用水管理、水价调整、水权管理和征收水费管理
住房保障与建设部门	行政管理职能：污水处理厂、垃圾处理场等城市环境基础设施规划、建设和管理，建筑和工程施工环境污染防治，风景名胜区管理
	资产管理职能：房地产登记（正在转归国土资源部门统一登记），自来水水价和污水处理费
交通部门	行政管理职能：机动车船、铁路火车、民用航空器材的污染治理
	资产管理职能：道路工程用地征收管理
林业部门	行政管理职能：治理沙漠化、监管治理林木、湿地和野生生态环境等
	资产管理职能：林权登记（正在转归国土资源部门统一登记）和核发证书，农村林地承包经营合同管理，固有林地和森林资源管理
海洋部门	行政管理职能：海洋使用功能划分；海洋环境与资源的调查保护、监管；海岛的开发保护；海洋工程的污染治理等
	资产管理职能：登记核发、审批出让海域使用权，登记征收海域使用费；出让转让无人海岛使用权和登记征收无人海岛的使用金

　　资料来源：中国科学院可持续发展战略研究组：《2015 中国可持续发展报告》。

　　分离自然资源资产的监督管理和行政管理。有些自然资源的管理活动是由不同的职能部门和机构实施，如资产登记、确权发证、出让转让、收取出让金或使用费。有些是行政管理和监督职能密切结合在一起，如资产分类是按照规划或区划确定，取水许可按照计划和水量分配方案确定。前者资产管理职能分离相对容易，后者分离起来比较困难。另外，根据自然资源规划用途分类，对各类自然资源资产均有不同的管制措施，如对基本农田和生态公益林，对其利用有严格的监管措施，行政管制的特征比较突出；对商业性建设用地和用材林、经济林等，对其利用施加的监管相对较少，行政管制的特征就不显著。对前者进行资产管理职能的分离就比较困难，对后者则相对容易。

针对上述两方面情况，可能需要建立健全统一的国土空间规划和功能分区体系，并根据其公共性、公益性与商业性等属性，对自然资源资产进行分类。把公共性、公益性资产同商业性资产区分开来，基本上明确哪些归属公共性、公益性资产，哪些归属商业性或收益性资产。在此基础上首先把自然资源资产管理同行政管理区分开，再把商业性资产管理同公共性、公益性资产管理区分开，为建立统一的自然资源资产管理体制奠定基础。

二、对国有自然资源资产代理托管制度进行明确划分

对于国有资产的代理托管进行明确规定，形成规范的国有资产代理托管制度。现在，国务院代理着各项自然资源的所有权，也就是国务院有权力对自然资源的使用、获利、处置等权利进行监管。改革国有自然资源的资产体制，可以在现有法律基础上，按照权责清晰、归属明确、监管有力的标准，按照自然资源和资产的空间规划和用途分类，对各类资产明确代理或托管主体。

因此，我们要合理划分自然资源资产，清晰定义其未来发展和功能用途，来制定相应的管理制度。从国家上来看，具有商业性质的自然资源，目的主要是促进产业发展的同时又获取一定权益，包含直接出让自然资源资产的收益以及发展自然资源产业的税收收入；而那些公益性财产部分，主要是为了提供公共服务，保护国家自然生态环境。对于前者肯定是要按照商业原则进行管理，要充分考察其资产收益情况；对于后者当然是按公共服务管理原则对待，主要考察公共服务质量和成本支出状况。从现在的自然资源管理制度看，可以先分离国有商业性自然资源资产，并按照国有资产的收益管理办法进行监管。对公益性自然资源资产，如森林公园、自然保护区、国有林场等，是想作为国有公益性资产进行监管，还是仍归原部门监管，需要进一步探讨研究来进行慎重划分。

除此之外，根据自然资源资产的获益和管理进行合理配置，如设立自然资源资产委员会或找专业性的资产管理公司进行管理。目前，地方市县多负责商业性自然资源资产的监管和运行，因此可以在地方设置监管和运营机构，在中央设置总监管组织，主要是统一登记资产数量，统一监管资产运营情况，在地方设立监管组织分支机构。对于公益林业区、自然生态保护区等公共资产，效益主要体现在全国公共生态服务上，财政支出风险大，因为可以缩小地方管理范畴，来建立一个全国性的自然资源资产管理体系，并结合国家地质公园、国家森林公园、自然保护区等成立一个完备的国家自然资源管理体系。

三、明确事权，形成统一的自然资源管理体制

在适当分离自然资源资产管理职能的基础上，以国土空间规划和用途管制职能为核心，重组自然资源与生态环境保护管理体制。现在，保护生态环境的经营管理职能分散在许多部门，从政府优化的方面来讲，我们需要进一步使部门权责分明，认真实施自然资源的体制改革，合并或重组相关部门，来更好地精简机构、优化配置。

最近几年，很多部门已经有了一些优秀的重组方案。比如中国工程院和中国环保部一起进行了宏观战略研究，建议要使资源、环境和生态保护相结合成为一个大环境部的举措。最近还有多次行政改革中提议的大国土资源部举措。现在，生态环保领域的一些专家学者认为有必要把保护生态环境和进行污染防治有效结合起来。还有一些专家认为应当共同保护资源、生态、环境。不过这些方案的改革力度过大，阻力也较大，尤其是部门权力争夺，而且部门合并后的行政协调成本并不一定降低。

目前看来，应当适当地把一些污染治理和保护自然资源的职能配置到一起，核心是生态环境的保护措施应当如何配置。自然资源部门和环境保护部门对于权力的争夺会是一场无声的硝烟。虽然生态系统和治理污染这两个部门均与保护生态环境密切相关，但就部门管理范围和能力上讲，似乎自然资源部门对于国土范围内的国土使用管理更具专业性。

四、独立执法，设置独立监管和行政执法体制

从中国现有的环境保护制度讲，还存在自然生态环境的独立性管制欠缺和行政执法能力弱的问题，这是一个十分明显的现象。为了提升对自然资源的监管能力，相关部门也一直尝试去建立一个"国家监督、地方协调、单位负责"的管理制度。关于生态文明制度改革还要做到以下四个方面：一是把分散的环境污染治理管理工作合并成一个环境保护部。二是在环保部门中统一技术标准、统一规划布局，建立起一个有效服务各级政府和社会大众的环境监测体系。三是建立健全中央到地方的各级监管机制体制，包括优化现有的区域督察机构，增强其跨区域治理污染的能力。四是按照"等级权责比重下移"的原则来明确中央和地方在治理污染上的权责划分，凡是由国家性法律法规、政策标准制定的，跨区域、危害程度高的环境污染问题处理（如核泄漏），均由中央政府负责；地方政府负责其他问题，并由中央政府指导监管。

　　把这四个方面做好，是构建污染物监管体制的重要组成部分。而且从长远看，加强政府统一监管和环保部门独立监管的能力，在实施方面还有很多进步空间。我们要使政府工作信息更透明，并促进社会团体和个人共同参与和监督政府工作，并调动起非政府组织参与环境保护的积极性，全民共同参与到保护环境的这一举措中来。通过社会大众和政府的良好合作，将会更好地发挥政府监管自然生态环境的职能。

第二十章

中国产业政策保障

第一节　我国生态文明建设中有关产业政策的发展现状和问题

产业政策是政府为了实现一定的经济和社会目标而对产业的形成和发展进行干预的各种政策的总和。组建一个有利于生态文明健康发展的产业政策制度体系，是生态文明建设中必不可少的重要组成部分，对于提高产业结构的转换能力、促进产业结构的优化有着重要意义，从而在产业结构合乎规律的转换中实现符合生态要求的新增长、获取高生态效率的新效益。

一、我国生态文明建设产业政策的发展现状

（一）国家层面生态文明产业政策情况

产业政策是国家进行产业管控必不可少的部分，也是更好地促进产业结构化升级、促进产业更新换代的重要措施，是提升行业竞争力的重要手段。在国家层面，产业政策均由国家发展改革委和工信部制定，到目前为止，已出台产业政策三百余条，主要针对不同的具体行业、领域制定。其内容主要根据行业中不同技

术路线、工艺流程和生产设备的应用情况，将行业发展方向和领域划分为鼓励类、限制类和淘汰类。根据经济社会发展的需要，我国产业政策一般每3~5年调整一次，原则上按照上一阶段的执行情况和当前的社会发展要求，对产业的提升和行业准入、退出提出更高的要求和更严格的限制。

"十一五"以来，根据经济发展状况和产业趋势，国家有关部门相继出台了有关装备制造、软件和集成电路、汽车、水泥、乳制品、造纸、纺织机械、船舶、轮胎、家用电器、铝工业、钢铁等行业的产业政策，随着我国不断完善产业政策，产业结构进一步升级。总体看来有以下几个特征：

一是政策目标集中化，更注重优化升级产业结构。"十一五"期间，通过制定一系列促进产业发展和完善的政策文件，使重点行业健康有序地发展。2006年国务院发布了《国务院关于加快推进产能过剩行业结构调整通知》，随后又出台了有关水泥、钢铁等多个产业过剩或潜在性产业过剩的政策法规。2010年出台了《关于进一步加强淘汰落后产能工作的通知》，继续加大力度淘汰落后产能相关企业。为了顺利度过金融危机，国务院在汽车制造、有色金属、船舶器械、汽车制造、信息产业、钢铁企业、石油化工、轻工业产业、服装纺织等十大行业的调整规划，不但要求"保增长"，更要求"结构升级，提升水平"。

二是政策手段多样化，使用多种手段来促进产业更好协调发展。除了惯有的政府资金、借贷优惠、税收补贴、财政补贴等手段，法律法规也在逐渐完善。建立一个行业准入条件，目的在于在质量安全、技术操作、能耗水耗等各个方面提高准入标准，促进产业更新换代。现在已制定了铁合金、焦化、电石、钨、锡、玻璃、铜冶炼、锌冶炼等行业的行业标准，来遏制高耗能、高污染行业的发展扩大。同时，进一步研究新兴行业的准入门槛，制定相关规定政策促进产业健康发展。

三是政策体系系统化，联合其他政策来共同实现双赢。"十一五"期间，逐渐形成了以产业结构政策为中心，产业组织政策、技术发展政策和布局设置政策共同发展的制度体系，来实现政策运行最优化。与此同时，促进企业结构优化配置，合理兼并重组、产业集聚和产业升级、支持企业创新和技术升级。为了促进更多的企业健康发展，在一些新出现的行业和生产性服务业上也制定了相关政策，来优化我国的产业结构。2007年国务院颁布了《国务院关于加快发展服务业的若干意见》。2010年，多个部门共同印发了《关于促进工业设计发展的若干指导意见》，来促进工业技术进一步发展。而对于目前新兴且正在普及的节能环保、生物技术、新能源等行业的优惠政策也在研发中。

（二）一些地区的生态环境相关产业的政策落实情况

随着经济社会的不断发展，国内主要发达地区也陆续出台政策措施，吸引资源节约、环境友好、高附加值的企业落户，同时逐渐引导耗能高、污染高、密集劳动力、资源型企业的改革换代或者转移退出，进一步优化产业结构升级。这些地区在严格执行国家产业政策和准入条件的基础上，通过明确不同产业的能耗、水耗、投资强度、单位用地产出、容积率等指标的限值，用高标准、严要求来推进产业升级。

1. 浙江省明确标准严把产业准入关

浙江省在严格产业准入方面，出台了《浙江省产业集聚区产业准入指导意见》，意见明确了浙江省鼓励发展类产业的范围，并对制造业行业准入标准制定了明确的限值，见表20-1。与此同时，还制定了有关化学原料、印染行业、电镀行业、废纸排污、动物养殖等高排放高污染行业的环境标准，并明确了上述行业的环境检测标准和污染排放指标。

表 20-1　　　　浙江省制造业行业准入约束性指标要求

行业分类	投资强度（万元/公顷）	每单位用地产出（万元/公顷）	容积率	每单位产值能耗（吨标煤/万元）	每单位产值水耗（立方米/万元）
纺织业	≥2 530	≥4 550	≥1.0	≤0.7	≤2.5
纺织服装、鞋、帽制造业	≥2 530	≥4 550	≥1.2	≤0.1	≤0.9
石油加工、炼焦和核燃料加工	≥3 375	≥6 070	≥0.7	≤1.0	≤8.0
化学原料及化学制品制造业	≥3 375	≥6 070	≥0.7	≤0.5	≤7.6
医药制造业	≥5 060	≥9 100	≥0.9	≤0.07	≤2
化学纤维制造业	≥5 060	≥9 100	≥1.0	≤0.15	≤1.4
橡胶制品业	≥3 375	≥6 070	≥1.0	≤0.45	≤12.4
塑料制品业	≥2 700	≥4 860	≥1.2	≤0.35	≤2.2
非金属矿物制品业	≥2 025	≥3 640	≥0.8	≤0.70	≤8
黑色金属冶炼及压延加工业	≥4 050	≥7 290	≥0.7	≤0.70	≤3.8
金属制品业	≥3 375	≥6 070	≥1.0	≤0.2	≤2.8
通用设备制造业	≥4 050	≥7 290	≥1.0	≤0.07	≤2.5

续表

行业分类	投资强度（万元/公顷）	每单位用地产出（万元/公顷）	容积率	每单位产值能耗（吨标煤/万元）	每单位产值水耗（立方米/万元）
专用设备制造业	≥4 050	≥7 290	≥1.0	≤0.09	≤3.5
交通运输设备制造业	≥5 060	≥9 100	≥1.0	≤0.05	≤1.2
电气机械及器材制造业	≥4 050	≥7 290	≥1.0	≤0.05	≤0.7
通信设备、计算机及其他电子设备制造业	≥5 730	≥10 310	≥1.2	≤0.05	≤0.9
文化办公设备和仪表器材制造业	≥4 050	≥7 290	≥1.2	≤0.05	≤2.0

资料来源：《浙江省产业集聚区产业准入指导意见》。

如严格限制工业能耗制度，设定水泥、合成氨、钢铁、烧碱、火电等40多种工业品的限制标准，对于能耗超标企业征收惩罚性电价，促使行业内生产工艺落后、节能潜力小的企业逐步实现退出。

2. 广东省实行"腾笼换鸟"

广东省一直在努力转移升级本省的劳动密集型产业。在2005年时就提出了"腾笼换鸟"的珠三角产业转移计划。2008年时又出台了关于产业、劳动力转移的决定。珠三角区域通过控制转移产业的资金投入渠道、能耗标准、水耗标准来促进产业加快转移。佛山、东莞等地还出台了要转移产业的土地产出率标准，见表20-2。不能达到相关规定标准的产业项目不准再继续投资建设，已经在建设的要优先转移。

表20-2　　　　东莞、佛山拟转出行业最低投资强度标准

行业	项目类别	东莞最低投资强度	项目类别	佛山最低投资强度
农林业	生产1 000吨/年以下的松香生产项目	≥1 850万元/公顷	生产1 000吨/年以下的松香生产项目	≥1 850万元/公顷
	把粮食转化为生物燃料乙醇项目	≥1 400万元/公顷	把粮食转化为生物燃料乙醇项目	≥1 400万元/公顷

行业	项目类别	东莞最低投资强度	项目类别	佛山最低投资强度
制造业	生产卫星、信号发射器的项目	≥3 100 万元/公顷	纺织和印染细加工项目、服装制造、皮革制造	≥1 555 万元/公顷
	电线、电缆制造（不包括特种电缆和500千伏以上超高压电缆）	≥2 200 万元/公顷	人造板制造项目	≥1 245 万元/公顷
	维生素C原材料项目	≥2 750 万元/公顷	生产木质家具项目	≥1 450 万元/公顷
	制造灭火器项目	≥1 400 万元/公顷	造纸项目	≥1 555 万元/公顷
	制造防火门项目	≥1 800 万元/公顷	生产玩具项目	≥1 555 万元/公顷
	生产普通消防车项目	≥2 750 万元/公顷	生产橡胶靴鞋项目	≥2 070 万元/公顷
			制作塑料绳等编制品、制作泡沫塑料的项目	≥1 660 万元/公顷
			生产水泥石膏制品的项目	≥1 245 万元/公顷
			生产石质材料、砖瓦和其他建筑材料的项目	≥1 245 万元/公顷
			生产玻璃制品项目	≥1 245 万元/公顷
			陶瓷制品制造项目	≥1 245 万元/公顷
			生产金属制品、金属丝绳和日用金属品的项目	≥2 070 万元/公顷
			照明器具制造项目	≥2 485 万元/公顷

资料来源：《东莞市2011年度拟转出产业最低投资强度指导性标准》《佛山市2011年度拟转出产业最低投资强度及土地产出率指导性标准》。

　　深圳规定了能耗等级制，将各产业能耗按照从低到高分为 1 到 5 级，要求 5 级高能耗企业在规定时间内进行节能整改，未达标者则列入高耗能转移产业备选行列，见表 20 - 3。

表 20 - 3　　　　　　　深圳市行业能耗划分标准

行业划分	划分产值能耗（吨标准煤/万元）				
	一等	二等	三等	四等	五等
农副食品加工业	≤0.020	>0.020, ≤0.120	>0.120, ≤0.163	>0.163, ≤0.184	>0.184
食品制造业	≤0.060	>0.060, ≤0.122	>0.122, ≤0.250	>0.250, ≤0.330	>0.330
纺织业	≤0.050	>0.050, ≤0.130	>0.130, ≤0.220	>0.220, ≤0.360	>0.360
纺织服装、鞋、帽制造业	≤0.030	>0.030, ≤0.080	>0.080, ≤0.200	>0.200, ≤0.330	>0.330
羽绒、皮质制造业	≤0.030	>0.030, ≤0.050	>0.050, ≤0.151	>0.151, ≤0.280	>0.280
木材、草、竹制造业	≤0.031	>0.031, ≤0.070	>0.070, ≤0.150	>0.150, ≤0.210	>0.210
家具制造业	≤0.030	>0.030, ≤0.078	>0.078, ≤0.120	>0.120, ≤0.200	>0.200
造纸及纸制品业	≤0.080	>0.080, ≤0.160	>0.160, ≤0.360	>0.360, ≤0.520	>0.520
印刷和记录媒介复制业	≤0.040	>0.040, ≤0.080	>0.080, ≤0.140	>0.140, ≤0.260	>0.260
文教体育用品制造业	≤0.060	>0.060, ≤0.120	>0.120, ≤0.210	>0.210, ≤0.270	>0.270
化学原料及化学制品制造业	≤0.120	>0.120, ≤0.180	>0.180, ≤0.350	>0.350, ≤0.520	>0.520
医药制造业	≤0.050	>0.050, ≤0.060	>0.060, ≤0.120	>0.120, ≤0.280	>0.280
橡胶制品业	≤0.070	>0.070, ≤0.120	>0.120, ≤0.162	>0.162, ≤0.240	>0.240

续表

行业划分	划分产值能耗（吨标准煤/万元）				
	一等	二等	三等	四等	五等
塑料制品业	≤0.040	>0.040, ≤0.120	>0.120, ≤0.210	>0.210, ≤0.340	>0.340
非金属矿物制品业	≤0.070	>0.070, ≤0.150	>0.150, ≤0.270	>0.270, ≤0.420	>0.420
有色金属冶炼及压延加工业	≤0.030	>0.030, ≤0.100	>0.100, ≤0.172	>0.172, ≤0.174	>0.174
金属制品业	≤0.050	>0.050, ≤0.080	>0.080, ≤0.130	>0.130, ≤0.250	>0.250
通用设备制造业	≤0.030	>0.030, ≤0.070	>0.070, ≤0.110	>0.110, ≤0.250	>0.250
专用设备制造业	≤0.040	>0.040, ≤0.070	>0.070, ≤0.130	>0.130, ≤0.280	>0.280
交通运输设备制造业	≤0.040	>0.040, ≤0.090	>0.090, ≤0.140	>0.140, ≤0.290	>0.290
电气机械及器材制造业	≤0.040	>0.040, ≤0.080	>0.080, ≤0.140	>0.140, ≤0.220	>0.220
通信设备及其他电子设备制造业	≤0.005	>0.005, ≤0.020	>0.020, ≤0.070	>0.070, ≤0.180	>0.180
仪表器械及文化办公用品制造业	≤0.020	>0.020, ≤0.050	>0.050, ≤0.120	>0.120, ≤0.240	>0.240
工艺品及其他制造业	≤0.030	>0.030, ≤0.090	>0.090, ≤0.130	>0.130, ≤0.230	>0.230
石油和天然气开采业	≤0.076	>0.076, ≤0.078	>0.078, ≤0.080	>0.080, ≤0.083	>0.083
饮料制造业	≤0.130	>0.130, ≤0.133	>0.133, ≤0.137	>0.137, ≤0.141	>0.141
烟草制品业	≤0.041	>0.041, ≤0.042	>0.042, ≤0.044	>0.044, ≤0.045	>0.045
石油加工、炼焦及核燃料加工业	≤0.612	>0.612, ≤0.629	>0.629, ≤0.647	>0.647, ≤0.665	>0.665

行业划分		划分产值能耗（吨标准煤/万元）				
		一等	二等	三等	四等	五等
化学纤维制造业		≤0.190	>0.190, ≤0.195	>0.195, ≤0.201	>0.201, ≤0.206	>0.206
黑色金属冶炼及压延加工业		≤0.744	>0.744, ≤0.765	>0.765, ≤0.787	>0.787, ≤0.809	>0.809
废旧材料回收加工业		≤0.087	>0.087, ≤0.089	>0.089, ≤0.092	>0.092, ≤0.094	>0.094
电力生产	煤电	≤5.197	>5.197, ≤5.344	>5.344, ≤5.495	>5.495, ≤5.650	>5.650
	油电	≤2.483	>2.483, ≤2.554	>2.554, ≤2.626	>2.626, ≤2.700	>2.700
	气电	≤2.355	>2.355, ≤2.421	>2.421, ≤2.490	>2.490, ≤2.560	>2.560
电力供应		≤0.066	>0.066, ≤0.068	>0.068, ≤0.070	>0.070, ≤0.072	>0.072
燃气生产和供应业		≤0.037	>0.037, ≤0.038	>0.038, ≤0.039	>0.039, ≤0.040	>0.040
自来水生产和供应业		≤0.984	>0.984, ≤1.012	>1.012, ≤1.040	>1.040, ≤1.070	>1.070

资料来源：《深圳市工业能耗指引》中《行业产值能耗等级指标》。

广东省的促进产业转移的措施已经开始生效。一些低附加值企业、高耗能企业和高污染企业开始陆续搬离，如造纸、电镀等企业。优化结构不仅更新了珠三角的企业发展模式，其2008年、2009年的GDP还保持了大约两位数的高增长率，用电增速却只有2.49%与2.03%，远低于此前2003~2007年的21.27%、16.82%、11.65%、11.82%与12.97%。

3. 上海浦东新区促进产业优化升级

上海市由于地理位置优越，经济发展迅速，因此城市建设用地十分紧张。每平方千米的工业用地在上海新区的平均产值是63.38亿元，平均吸收了劳动力约为1.03万人，平均纳税2.33亿元，浦东新区的委员在普查8000多家工业企业后，指出了3项标准均不足平均值的1/3的861户土地低效率利用企业。浦东新区管委会对区内土地征而未用、用而未足、建而未产，及"三低一高"（低投入、低产出、低能级、高资源占用率）和"两高一低"（高污染、高能耗、低收益）的企业进行"腾笼换鸟"。属于"腾笼换鸟"范畴的企业，政府要求在规定期限内进行整改、产业优化升级，对愿意退出的企业将会补贴部分搬迁费和职工安置费。在实施上述规定及办法后，浦东新区 107 家化工企业已经关闭 10 家，43 家整改后危险废弃物零排放，54 家排放危险污染物的企业的处置废物率也达到 100%。

二、我国的生态文明建设的产业政策的缺陷

（一）生态文明建设产业政策决策主体职能交叠

从我国现行行政管理体制来看，无论是中央还是地方层面，无论生态管理还是区域产业管理，生态文明建设管理政策、产业政策的制定机构都缺乏统一、明确的职能划分。从 2008 年的国务院机构设置来看，国务院下属部委 27 个，直属机构 16 个，其中国家发改委、财政部、工业信息部等许多部委和国家税务总局、海关总署等国务院直属机构下发的文件都提到了生态文明产业政策问题。不过现在还未设立独立专业的管理机构，这样的配置容易造成"事事有人管，事事无人管"的结果。生态文明产业政策的有效性需要两个层面的良好配合：一方面是中央层面区域产业政策和地方层面区域产业政策的契合；另一方面是产业政策与其他政策，例如金融政策、财政政策的相互配合，各种政策的相互配合需要中央政府各部门和地方政府各部门的通力合作。从我国的情况来看，中央与地方由于政策目标的差异，往往在政策的制定和执行方面存在冲突，职能范围缺乏规范的、权威的界定。政策制定部门之间缺乏有效的协调沟通不仅不利于政策效果的实现，在某些情况下还会引发地区间的冲突。

（二）生态文明建设产业政策的执行障碍

严格来说，我国尚未形成真正意义上的生态文明建设产业政策体系，管理制度的缺陷严重阻碍了产业政策效果的实现。我国大部分产业政策的产生首先由中共中央与国务院提出政策议案，并提交全国人大审批，若提案被采纳则交由地方政府执行。我国制定与实施产业政策时仍使用这种由上而下的制度模式。而在涉及单个区域的政策领域时，形成"自下而上"决策模式，亦即由地方政府拟订政策议案上交中央政府审批更有利于资源的优化配置，存在帕累托最优解。虽然近年来，这种单一化的决策局面有所改善，但是与理想状态还相较甚远。另外，我国相关产业政策的制定与实施还存在诸多环节的缺失，亟待解决的问题主要有两点：首先，政策效果的有效评价和反馈环节的缺失，不利于政策后续调整，政策措施动态机制难以真

正发挥作用。其次，缺乏监督机构的有效监管，这主要是因为政策评估和监管领域的组织机构设置不健全，信息在不同行为主体之间的传递不够畅通。由地方政府制定本地区的产业政策并上报中央政府审批的"自下而上"模式也需要良好的政策效果评估和监督机构的长期动态监管。生态文明建设产业政策是引导产业生态化、两型化发展方向的重要手段，其制定、实施、评价、监督等环节都需要专门的机构负责。

（三）生态文明建设的政策工具使用效率低

产业政策工具是为了更好地协助政府执行政策，需要有严密的逻辑和规范又有说服力的理论体系作为支点。目前无论是我国中央层面还是地方层面都没有形成完整的区域差异化的生态文明建设产业政策体系，政策工具残缺不全。在工具选择和运用方面体现了很强的随意性，这种情况滋生了贪污腐败的温床，为个人"寻租"提供了可乘之机。

产业政策工具的研究力度不够，产业工具在多地出现使用效果差、效率偏低的状况。中央和地方运用政策手段进行生态文明建设产业调整时，经常使用的方式是财政直接拨款、招商引资优惠，采用这种方式一方面增大了政府的财政压力，另一方面，资金的投入并没有能够从根本上发挥作用，没有真正提升相关产业的"造血功能"。因此要保证各种政策工具的正确使用，才能更好地使生态文明协调发展。

地方政府作为地方生态文明产业发展的主要引领者，在产业政策的运用方面仍处于起步阶段。当今阶段，地方政府最需要的就是因地制宜地对不同产业制定不同的发展措施，并选择合理而又高效的产业政策工具来指导产业的发展。这种单一的地方产业政策，特别是产业组织政策运用的缺乏已经不能够满足我国生态文明建设阶段产业发展的要求。回顾中央产业组织政策的演变，我国产业组织政策的研究和运用相对较晚，逐渐成为我国产业政策的短板，与西方发达国家相比还有较大差距，而落实到区域层面的产业组织政策更是寥寥无几。

第二节 生态文明建设产业政策的国际经验

一、美国生态产业政策的典型经验

（一）"锈带复兴"政策——老工业基地成功实现战略转型

"锈带"，就是指以发展制造业来支撑经济的美国中西部和东北部地区，包括俄亥俄州及宾夕法尼亚州、伊利诺伊州、密歇根州、印第安纳州等地区。该地有闻名于世的"煤炭基地"和"钢都"——重工业城市克利夫兰、芝加哥及匹兹堡,为美国的经济发展做出了卓越的贡献。但20世纪70~80年代,由于国内外市场变化、国防工业布局调整和生产成本不断提高等原因,该工业区的工厂大量倒闭,很多器械因为长时间闲置也已经生锈,故被人称为"绣带"。在经过产业转型、产业优化升级后,大量企业获得重生,再次使该地区经济发展变得生机勃勃,在经济发展、人民生活水平和生态环境条件等方面已经与美国其他地区相差无几。

"锈带复兴"政策主要包括以下几点:

1. 加强联邦政府对该地区经济产业的扶持

促进"锈带复兴",美国政府实施了投资倾斜和减税政策。例如,为稳定钢铁生产发展,实施了降低贷款利率,吸引投资等政策;从1982年开始,又实施了"快速成本回收制度"等税收优惠政策,以降低公司所得税负担,对促进"锈带"地区的钢铁产业结构调整发挥了重要作用。

2. 加快产业转移

为加快产业转移,美国政府不仅制定了税收和信贷优惠政策,还实施了财政补贴政策。例如,发放劳动力迁移费用补贴、住房补贴以及劳动力培训补贴等,帮助实现产业转移。政府的扶植政策使东北部地区逐渐衰落的劳动密集型产业重新在西部和南部获得新的生存和发展机会,为东北地区的产业升级创造了有利条件。此外,"绣带"地区很多公司在掌握核心科技的前提下,开始把大量高耗能、劳动力密集的企业迁到了墨西哥等发展中国家,既利用了国外丰富的资源,降低了生产成本,又在国外获得了高额利润。

3. 完善企业制度,实施产业战略重组

在联邦政府的帮助下,"绣带"地区很多公司进行了产业结构升级和战略重组。一方面,由"大而广的经营模式"开始转向"小范围但更专业、精湛的经营模式",集中多项资源进行攻关,增强产业的竞争力;另一方面,改良企业的组织架构,要求员工严格遵守规章制度。比如,通用汽车公司内部采取了集中决策、分散经营、协调控制的组织体制,实行总公司、分公司、工厂三级管理体系,提高了各个层次人员的效率,确立了明确的目标,也提高了企业的核心竞争力。

4. 重视技术创新,培育新兴产业

新兴产业就是要紧跟政府政策的指导,研发新技术,实行"创新兴业"。例如,美国传统的重工业地区伊利诺伊州把握新技术革命的机遇,经过持久的培育,新兴产业迅速发展,成为经济增长的引擎。2000年该州制造业达1 020亿美元的产值中，经过优化升级的食品加工业产值达到 140 多亿美元，高居各行业之榜首。同时，作为信息技术产业标志的电脑和电子产品行业，其产值也达到了 87 亿美元。

（二）"锈带复兴"产业政策带来的启发

1. 老工业区要想涅槃重生，获得更好的发展，离不开中央政府的扶持帮助

因为老工业区设备落后，效率低，资本量小，难以跟上时代发展的步伐，单靠地方政府和企业财力难以在短时间内实现产业调整和发展，因而需要中央政府在财力上给予大力支持，在相关财税政策上予以倾斜。

2. 老工业区的改造也要稳扎稳打，不可操之过急

老工业地区的产业调整和发展，虽然离不开国家的扶持，但必须遵循市场规律，根据市场需求、按照比较优势原理，研发一些市场竞争力强、符合人们需求的产品，通过宣传、营销等多项手段的配合，来慢慢占领市场。同时，应从国际分工出发，以国际资源的分布来合理布局和配置资源，才能在国际贸易中取得竞争优势，绝不能以政府支持代替市场竞争，以长官意志影响企业决策。

3. 在老工业区中开发或者转型为新兴产业

新兴产业是随着技术进步不断产生和发展壮大的产业，新兴产业在国民经济中的地位和作用日益提高，新兴产业发育不足是老工业基地逐步衰退的主要原因。在美国的产业调整中，新兴产业能够迅速发展并求得自己的一席之地，主要得益于政府政策的扶持。

4. 通过加强企业发展推动产业调整和发展

计划经济时代形成的老工业区大多追求"大而全"的多元化经营方式，积淀了大量资产专用性强的陈旧设备，沉没成本大，运转不灵活，产品结构调整困难，难以适应市场的变化。另外，老工业由于人力、物力等各种力量的分散难以形成较强的竞争优势。因此，应集中力量培育一批主业优势突出、产品质量好、竞争力强的大型企业集团，同时，逐渐降低市场门槛，赋予民间资本更大的活动空间，从而提高老工业区的竞争力。

5. 将改造传统产业与培养人才联系起来

可以借鉴美国"锈带复兴"的政策，此政策指的是"锈带"地区采用各种优惠政策引入大批学识渊博、敢于创新的优秀人才，给"锈带复兴"提供较强的人才保障。中国老工业区的陈旧设备技术水平低，产品的技术含量低，因而必须加大对人才的引进力度，重视对人才的教育和培训，从而提高劳动工人的生产效率。

二、日本生态产业政策的典型经验

(一) 日本 "产业振兴" 政策的实践

20 世纪 90 年代初期以来，日本经济一直处于长期的慢性萧条之中，不仅在信息通信和生物技术领域落后于欧美，而且面临日益突出的有害物质、生态环境等问题。为应对未来产业发展生态化、信息化的趋势，日本通产省制定了 21 世纪产业振兴政策，并推动实施。主要内容包括：

1. 建立研究开发机构体系

经过长期努力，日本政府不仅设立了中央和地方公立研究所，而且利用政策措施鼓励和支持企业、社会机构、高校等组建研究机构，构成了功能互补、体系完善的开发研究体系。日本的研究开发体系包括大型企业研究实验室、非营利研究组织、国营研究公司、中央政府和地方政府的国立（公立）研究所、国立（公立）大学等。

2. 构建官民合作开发体制

为了获得专门技术的突破性进展，降低企业技术开发风险，日本逐步建立了政府指导和支持下的官民合作开发体制，即由政府与企业联合研究开发相关技术。日本的国立（公立）研究机构主要进行基础理论研究，而对于应用研究，政府则邀请企业、大专院校等社会组织共同参与研发活动，政府的责任主要是积极组织和协调，统一制定技术研发目标，并为研发工作提供补助金。日本的官民合作开发体制，有利于加强政府与企业界、大专院校的合作关系，实现核心技术攻关。

3. 建立企业研究开发组合制度

企业研究开发组合是为完成某一特定科技项目，由相关企业组建的联合攻关小组，科研任务完成之后自行解散。企业研究开发组合超越企业自身财力和人才等的限制，有利于克服科技开发风险性大的障碍，并且能够促进科技成果的共享、扩散和应用，因而得到了日本政府的大力支持。20 世纪 70 ~ 80 年代，企业研究开发组合制度帮助日本在部分领域赶超美国发挥了重要作用。例如，为了实现在高储存密度芯片技术领域赶超 IBM 公司，日本三菱电机、日立集团、东芝集团、富士通集团、通产省电子技术研究所等部门和研究机构共同组建研究开发组合，在 20 世纪 70 年代末和 80 年代初共同开发超大规模集成电路，总投资达 700 多亿日元，其中政府补助资金近 300 亿日元。

4. 加强对高科技产业的扶持

20 世纪 80 年代，日本政府以促进科技进步作为产业调整和发展的重要手段，进一步加大对高科技产业的扶植。1988 年，通产省产业政策局发布《进行中的结构调整与产业结构展望》，将智能计算机、新型材料、生物工程、超导材料纳入了产业政策的范畴，进一步加大对研究开发的财政资金补助，并完善政府公共投资和政府采购政策，扩大国内对高科技产品的有效需求，帮助高科技产品拓展市场，实现盈利。同时，加强信息指导，减少未来市场的不确定性，引导民间企业向高科技产业进行投资。

5. 对研究和开发活动予以资助

20 世纪 70 年代以前，日本政府主要以税收优惠的形式对研究和开发活动进行支持，但政府直接投资较少。实施产业调整和发展政策后，政府对企业或研究机构的研究和开发活动给予大量拨款，资助金额大幅增加。日本政府投资主要用于基础科学研究开发活动，主要是市场或企业投资意愿不高，但对增强产业竞争力具有重要意义的基础科学和研发领域。例如，日本政府在十余年时间里累计补助企业 568 亿日元发展第五代计算机的关键技术。丰厚的资金支持为该项技术的发展提供了充分保障。

6. 加大财税优惠政策力度

在经济崛起过程中，为增强企业贯彻政府产业调整和发展意图，日本不断制定和完善相关法规，提供了大量优惠的财政优惠政策，以保障企业获得一定的经济效益。《产业振兴法》规定，为了确保达到产业调整和发展的目的，政府要保证必要的资金供应，如提供长期低息贷款，特别是财政投资性贷款；对于接受政府指导的企业，应给予税制上的优惠，鼓励企业加速折旧；对于企业法人合并或向特定产业的法人投资，或向特定产业共同投资设立新法人，政府均应减轻或免除法人税，对于上述公司的资本增值，减轻登记税。

7. 完善法律法规等配套保障制度

日本政府高度重视产业振兴的立法，加强产业振兴制度建设，完善配套措施，以加强人力资源、投资保障，强化部门协调和配合，确保产业振兴规划有效实施。例如，2000 年日本加大对循环性经济的建设，日本召开一系列环保会议，审议和出台了多项环境保护法律，分别是：《建筑工程资材再资源化法》《推进形成循环型社会基本法》《废弃物处理法》《促进资源有效利用法》等。这些法规从不同的角度和层面规定了不同行业的资源再生和废弃物处理问题，为经济的健全发展，社会的可持续发展奠定了基础。

（二）日本"产业振兴"政策实践的启示

1. 在市场机制得到充分利用的前提下调整与补充市场机制

产业调整和发展政策是日本政府在国际竞争压力下，以政府主动干预的方式，对关系国家战略利益和国民经济命脉的特定落后产业进行的扶持振兴，采用经济杠杆和行政指导对企业进行引导、组织和协调，在尽可能不违背企业意愿的条件下，迅速提高产业的竞争力。随着社会的发展，政府干预范围不断扩大，但日本政府非常重视维护市场秩序，注重发挥市场机制的作用。甚至当产业政策与市场问题之间发生分歧时，日本政府始终坚持市场调节优先。政策手段则从直接调节逐步调整为间接调节，企业的自主决策成为产业调整和发展的基本支配力量。政府的主要作用是推动建立有利于产业调整和发展的制度环境和激励机制。积极干预而不越权是产业调整和发展政策运用的一个难点，日本产业调整和发展政策是成功实现政府干预与市场机制关系协调的一个典型案例。

2. 要求制定客观性、科学性的政策

日本产业振兴政策的制定是一种官民协调体制，非常富有特色，在制定过程中注重接纳社会不同阶层人员的参与，尽可能使社会各方的利益和意见得到充分的体现。1947 年建立了产业合理化审议会，1961 年建立了产业结构调查会，1964 年成立了产业结构审议会。在产业振兴政策制定过程中起组织作用的是通产省，通产大臣将政策意图提交产业结构审议会，由审议会与产业界及学术界充分交换意见，通过广泛的分析和研究制定出合理的政策。当基本政策在国会通过后，各都道府县知事则依此组织地方政府部门及各种审议会、公听会进行磋商，制定执行政策，各大企业则根据政策的导向性制订企业计划。日本产业调整和发展政策的决策机制增加了政策社会认同感，确保政策在实践中得到有效实施。

3. 使用财政、税收等政策手段调节和发展产业

为实现产业调整和发展的导向性目标，日本政府非常重视财税政策的运用，制定了相当丰富的财税优惠政策，以刺激相关产业的调整和发展。企业按照政府产业规划开展经营活动，可以得到财税优惠政策的支持，从而获得较好的稳定性收益，并走上稳步发展的道路；相反，如果企业发展目标不符合产业调整和发展政策的方向，就可能受到相关政策措施的掣肘。例如，日本政府对电力、钢铁、海运等重点产业给予财政性贷款扶持，促进了重化工业的发展；并对外国技术使用费、石油等国外资源性产品实行税收减免，促进资源性产品进口和产业升级。另外，为促进衰退产业转型，日本政府还允许企业固定资产重新估价和加速折旧。

4. 鼓励企业参与国际竞争来调整产业政策，以提高竞争力

产业调整和发展政策是一种以增长和赶超为目标的政策。注重发展重点产业，重点产业的选择标准是具有较高的国际需求增长率，该类产业必须以参与国家竞争、打入国际市场为主要目标。日本加入关贸总协定（GATT）之后，通产省曾试图制定一项保护国内产业的法案，但因为遭到政府和学术界的强烈反对而未能实现。日本政府的主要官员和学者认为，加入 GATT 并逐步实现国际贸易自由化，将有利于促进日本资源更加合理地进行配置；而对企业进行一味地保护，不仅难以达到保护目的，而且将降低企业适应外界环境变化的能力。中国地方政府和企业界在面临国际竞争时，政府往往考虑如何保护本地企业，存在非常重的"父爱"和"保姆"心态；而企业则寄希望于政府的保护，习惯于向政府要求种种照顾政策。政府给予企业过多的保护，不利于企业自身竞争力和素质的提高，中国制定的产业调整和发展政策必须充分发挥市场竞争机制的作用，提高企业竞争力。

5. 制定相关法律加快产业的调整和发展

努力提升对产业调整和发展立法的认识，是中国应从日本产业调整和发展立法实践中吸收的宝贵经验。纵观日本，任何一项产业振兴政策的背后都有法律性的文件做保障。此外，不断完善的专利权、著作权等与知识产权相关的各种法律与制度，从法律上保障研究开发等技术知识活动的成果及其收益，提高了各经济主体研究开发的积极性。

第三节　加强和完善我国生态文明建设产业保障体系的建议

综合我国长期以来的产业发展，我国实施产业政策的主要目的是促进产业产值增长，在产业发展所面临的社会问题和资源环境承受力问题方面关注较少。目前，我国正处于加速工业化和经济重型化的进程之中，对能源的需求与日俱增。我们能否实现以较少的能源消费量完成经济高速发展，很大程度上取决于产业结构是否能够顺利实现轻型化。在统筹经济社会发展和人与自然的和谐发展的新发展观下，产业政策有必要从单纯促进产业产值增长向促进产业可持续发展转型。

符合生态文明建设要求的产业政策，是指在科学发展观的指导下，结合生态经济理论的基本思想，把人的发展作为发展的首要目的，包含以人为本的发展理念；保持好产业和经济的空间分布与人口和资源的空间分布之间的均衡关系，强调经济、人口、资源和环境之间的均衡协调关系，保证生态、经济、社会全面、协调、可持续发展，为建立资源节约型、环境友好型的国民经济体系、产业结构和消费方式提供重要的保障，大力发展循环经济和相关产业，推动相关的技术进步、设备更新和结构调整，增强我国资源和环境对产业发展的承受力。生态文明建设的产业政策还要辩证地处理好各方面重大关系，比如处理好市场机制与政府行为的关系，处理好产业政策与其他政策之间的关系等。

一、产业结构政策：引导协调发展，推动结构升级

在中国产业结构的未来发展趋势中，农业的基础地位不变，重化工业发展仍是必然趋势，信息高科技产业将成为我国未来的主导产业，受资源、环境等各种资源的限制，第三产业比重将逐步上升，服务经济的地位将不断提高。随着产业的不断发展，我国会逐步形成以高新技术产业为先导、基础产业和制造业为支撑、服务业全面发展的产业格局。另外，以生态农业、生态工业、循环经济以及环保产业为主要内容的生态产业的进一步发展也成为未来产业结构发展的重要方向。从产业发展来看，能源领域也占有重要的位置。能源是一把"双刃剑"，既是经济发展的驱动力，又是污染的重要来源，所以能源问题是未来中国经济发展一个非常重大的问题。

在这样的大趋势下，以科学发展观为指导，结合生态经济理论的基本思想探讨我国产业结构政策的导向，我们必须要积极引导产业内部以及产业之间的协调和共同发展，进一步推动产业结构全面优化升级。在各个产业内部，要大力推进产业生态化发展，一方面要尽快实现从"资源—产品—废弃物"的开环流程到"资源—产品—资源"的闭环流程转换，从"末端治理"到"源头控制"的转变；另一方面，要将产业向生态化方向发展，将产业生态化发展由原来的第一产业、第二产业推广到以现代服务业为主体的第三产业以及高技术产业、信息产业、环保产业等重点扶持产业及新兴产业。

产业与产业之间的发展具有普遍联系性，相互促进，相互制约。要想推动产业结构的全面优化升级，就要在协调好产业内部各个要素的基础上，引导产业与产业之间的互通，实现资源在产业间的合理流动与优化配置，形成有机整体，促进各个产业的生态化发展，进而促进整个产业体系的生态化发展，进而推动整个社会的全面协调发展。具体表现有：以信息化发展促进农业、工业的现代化发展。将高技术产业、环保产业等重点扶持产业的成果合理应用到对传统产业的改造提升，降低资源消耗与环境污染，减轻对资源，特别是能源的依赖。发展清洁、无污染、可再生、清洁能源，淘汰落后生产能力，促进传统产业优化升级和向绿色生态方向转型。

（一）确定主导产业，组建符合产业发展规律的产业群体

根据市场发展的需求，确定一定经济时空下的主体产业类型和产业发展顺序是产业结构政策的重要内容。主导产业群是指若干主导产业共同组成的产业体

系。总体来说，政府应该根据主导产业选择的基本理论选择主导产业群。一般来说，所谓的主导产业是相对一般产业而言，支柱产业是相对于基础产业而言，新技术产业是相对于传统产业而言。根据我国的实际情况，在建设主导产业的同时还应该重视农业、交通、能源工业、通信业、重要原材料工业的建设。与此同时，还应重视支柱产业的发展，支柱产业在国民经济中占据重要的地位，它是各部门、各地区执行产业结构政策的根本依据，也是各项经济政策的指向标，它确保了产业向高度化目标有序、连续、稳定的发展。

（二） 对产业的限制政策

限制政策主要用于生产要素和资源的合理利用与节约使用两个方面，它又细分为严格限制生产的产品和停止生产的产品两大类。严格限制生产的产品是指超前消费的高能耗品，用紧俏原料生产的高消费品、生产方式落后和污染环境的产品等。停止生产的产品是指政府公布的淘汰产品。限制政策在一定程度上体现了政府在一定时期的技术运用政策和资源利用政策。

（三） 对衰退产业的调整、援助政策

在产业结构中由于非主观原因陷入停滞甚至萎缩的产业被称为衰退产业。一般而言，衰退产业产生的原因有：技术方面的原因，由于新科技、新产品的大量涌现，使得一些传统产业失去市场份额，失去竞争力，出现衰退。资源方面的原因，如资源密集型产业由于资源的枯竭而走向衰退。需求变化方面的原因，随着社会和经济的不断发展某些产业会因产品需求弹性趋于下降而出现衰退。效率方面的原因，在长期经济发展过程中，各种生产要素的投入成本会发生重大变化，从而影响产业的发展。政府应对衰退产业采取调整和援助政策。采用此种政策可以帮助衰退产业有序地收缩和发展，从而使衰退产业的资源能够合理地进行分配，实现资源的优化配置。

二、产业组织政策：坚持市场主导，完善政府调控

科学发展观及生态经济理论都倡导全面协调可持续的发展理念，因此，在未来产业组织政策中，要加强市场、政府、企业三者之间的整体协作。

建立健全完善、统一、有序的市场竞争机制，将已经存在的区域封锁打破，将市场分割和不合理的行业壁垒打破，使资源能够在市场机制调节下有效地进行跨行业、跨部门、跨地区配置，将资源配置的效率提高，将产业组织结构优化。

发挥价格和税收的杠杆作用，促进企业向节能、降耗、减排方向发展。企业是资源加工利用和环境保护的重要部分，必须通过政府规制和经济手段，促进企业积极地向节能、降耗、减排方向发展。

强化企业在自主创新中的主体地位，积极支持企业的自主创新项目，逐步完善以企业为主导，市场为导向，产学研相结合的自主创新体系；加强完善自主创新的激励机制，制定财税、金融和政府采购等政策支持企业的创新；同时，注重市场环境的改善，注重对创业风险的预测，注重中小企业自主创新能力的提高。

（一）完善市场体系，鼓励兼并重组

目前我国的市场体系尚不完善，市场的缺陷需要依靠政府政策干预和诱导来弥补，以便加速大企业的成长过程，利用后发优势，赶超经济发达国家。政府应当鼓励企业利用规模经济，进行大规模生产。从而向批量生产方式发展，另外，还应该在产业组织政策上制定企业的生产规模标准，严格对新建企业的审批制度，真正完善企业破产制度，允许企业间以正确的方式进行的兼并，将企业的约束机制和资金积累机制完善。

（二）坚持市场主导，避免政策越位

政府对企业的扶持应以经济效益原则为主，运用经济政策手段引导企业的发展，避免过多的行政干预。尤其是在企业兼并和重组的过程中，要避免强制性的"拉郎配"，这样能够促进企业按照经济效率的原则，进行资产重组，提高行业竞争力。另外，政府应该鼓励企业发展横向经济联合，组建企业集团企业间的横向经济联合包括三个层次的内容，即：专业化分工协作、技术经济合作和企业的联合。实现企业的横向经济联合，要把企业间的专业化协作放在首位，制定合理的产业组织政策，首先应有利于企业间的专业分工协作关系的形成和发展，使企业在这个基础上进一步深化相互间的技术经济联系。其次，要有利于企业间的技术经济合作，这一点主要是指企业间因生产要素而进行的物资协作、技术转让和资金的融通等合作关系。最后，有利于促进企业发展横向经济联合。它是在企业专业分工协作，技术经济合作的层面上进行的一种较高层次的联合形式。

（三）重视市场公平，支持中小企业

产业组织政策一方面要注重大企业和企业集团在参与国际竞争、利用规模经济方面的优势，另一方面又要注重中小企业在进行专业化生产、与大企业分工协作、促进产业整体效益的提高方面所起的作用。在大力发展大型企业、扩大规模的同时，也应该重视中小企业的发展，同时也需要给予必要的政策支持。中小企业继续发展的内在动力来自各个方面：一是大企业扩大规模的要求。二是省内地区之间、城乡之间发展很不平衡，有许多分散的资源尚待利用，有许多不同层次的市场需求尚需满足，有大量的劳动力需要就业。中小企业在解决就业、利用分散的资源和满足多种市场需要方面，发挥着巨大的作用。三是有相当一部产业，比如软件开发、生物工程等高科技产业，生产中的规模经济优势并不突出，中小企业可以高效率地运转。

三、产业技术政策：重点扶持创新，提高生态效率

科学技术是第一生产力，技术创新有利于解决资源浪费问题，有利于实现高质量经济发展。因此，政府就必须对技术的开发与推广应用进行有效的指导和协调。以科学发展观为指导思想，结合生态经济理论的基本思想研讨产业技术发展的政策，政府必须将重点放在对有利于生态环境保护与资源有效利用的高新技术的开发与应用上，争取在提高经济效益的同时，减轻生态系统承受的压力，保护生态系统，维护生态平衡，促进经济系统的平衡发展。具体表现有：加强环境产业技术创新，政府有关部门应该加强企业的环保建设，帮助环境保护企业加强品牌战略的实施，在产品设计和加工制造工艺方面注重产品质量的提升；要善于借鉴发达国家的经验，注重培育和发展以企业为主体的产业技术创新体系；高技术产业发展要把自主创新作为高技术产业发展的基本出发点，始终坚持自主创新、规模发展、国际之间互相合作的原则，将原始创新、集成创新和引进消化吸收再创新作为立足点，重点发展先进信息技术、清洁生产技术、资源节约技术、废弃物再资源化技术、再生能源技术、节能技术等有利于生态、经济系统综合平衡的高新技术。

（一）注重技术研发，提升技术水平

政府应该重视发展循环经济发展所必要的技术，比如信息工程技术、水资源循环利用技术、能源综合利用技术、回收和再循环技术、重复利用和能源替代技术、环境监测技术以及网络运输技术等。

（二）加快推进先进技术，促进生态产业技术推广服务体系的建立

要实现此任务就要把推广技术的筛选、信息传播和技术服务工作放在首位，要加大科技创新投入，积极研究新技术、应用新工艺、选用新设备和新材料，加强技术集成，逐步提高能源循环利用、资源回收利用的技术装备水平。要以科技

进步、技术创新、实现废弃资源综合利用为基本出发点，依托市场效益，实现企业的规模化生产。要注重技术引进，注重消化吸收优秀企业成功的经验，要重点扶持科研单位开发研究，使能源循环利用、资源回收利用的技术体系逐渐完善，推动废弃资源、能源再生利用循环经济体系的发展。要善于学习发达国家先进的技术，尤其是资源综合利用和环保技术，这对于我们国家的发展具有重大的借鉴意义。

（三）将引导企业研发活动的政策放在首位，并进行鼓励

政府要从政策上鼓励国内企业特别是国有企业进行创新研发，加强研究开发机构的设立，增加研究开发项目的资金投入。积极营造企业研究开发的政策环境，从法律、税收、研究开发融资等方面采取一系列措施，鼓励支持企业开展研究开发活动。

四、产业布局政策：优化要素布局，促进区域协作

可持续发展的发展观既要保证当代人与后代人在资源利用和经济发展权利等方面要保持公平，同时还要保证同代人尤其是区域之间要达到公平。极为不公平的区域发展模式无法实现可持续发展，另外，造成的大量贫困人口和日益恶化的生态环境也无法实现可持续发展。为此，注重产业结构安排、生产力布局与区域人口、资源以及生态环境的结合，促进区域经济协调发展，消除贫困并最终实现区域共同发展与富裕的可持续发展布局政策在可持续发展经济政策中占据十分重要的地位。可持续发展的产业布局政策主要由以下方面组成：

（一）合理的开发区域资源政策

该政策是以一个区域自然资源和社会经济条件正确分析与评价为前提，为该区域资源开发与利用方向制订合理的计划；同时要正确分析区域资源条件与具体产业发展关联度以及主要资源条件对各产业发展支撑的情况，这有利于对本区域产业结构进行优化。比如，在生态较为脆弱的西部地区，大力发展林草产业，在缺水的干旱地区，限制耗水量大的产业的发展，从而减少水的用量。通过运用这种方法实现资源可持续利用，有利于维持生态环境的平衡。

（二）生产力的合理布局政策

可持续发展战略下的产业布局主要包括两个方面，一方面是区域资源优势及

经济效率标准，另一方面是区域生态承载力和环境容量。政府应该合理调整有关产业的布局，在发挥区域比较优势的同时，注重减轻或避免环境污染和生态退化。尤其是在生态环境敏感区域布局不合理的产业，如"两湖一河"流域严重污染的产业，要通过一系列整治措施进行整治，主要包括关、停、并、转、治、迁等环节，这样能够使产业布局服从于环境与经济双重合理性。

（三）区域协作发展政策

可持续发展的原则主要有因地制宜、合理分工、优势互补、共同发展，可持续发展的主要任务是加强经济发达和欠发达地区经济技术合作，同时鼓励生产力要素由经济发达地区向欠发达地区流动，将扶持贫困地区的经济发展作为首要任务，促进区域间协调共同发展。

（四）区域生态环境的综合治理政策

此政策主要是指对主要区域生态环境综合治理的方针、政策、计划方案及实施措施做出安排，主要包括水土流失、土地沙漠化、土壤盐渍化及工业污染等方面。

第二十一章

中国财税政策保障

第一节　国内关于生态文明建设财税
政策现状以及存在的问题

一、生态文明财税政策导向

十八届三中全会通过了《中共中央关于全面深化改革若干重大问题的决定》（以下简称《决定》），《决定》指出全面深化改革的重要一项内容是财税体制改革，并强调对生态文明建设的重要保障就是要维护生态文明建设的财政政策体系。《决定》和国务院出台的《"十二五"节能减排综合性工作方案》体现了一些政策方针：

支出政策：各级人民政府在建设污染减排监管体系，保障节能管理能力、推广节能新机制以及支持节能减排重点工程、高效节能产品的同时，合理地在财政预算中安排一定资金，采用奖励、补助等方式。保证财政基本建设投资向节能环保项目的倾斜力度，吸引更多的社会资金投入生态文明建设之中，发挥财政资金的引导作用。用"以奖促治"的政策实施建设节能改造、农村环境综合整治、污染物减排能力以及节能技术改造、建筑供热计量。

资源税政策：政策指出，资源税改革可从源头避免环境污染和生态破坏。

环境污染是因为企业为获得额外收益，将污染治理的成本转嫁给社会，归根到底是经济制度不够完善致使的；生态破坏则是在欠发达地区多会发生"砍柴烧"情形，是经济发展不够的产物。政策强调加快税源改革，把部分高档消费品以及高污染、高能耗产品纳入征税范围，要求调整原油、煤炭、天然气资源税税额标准。积极推进费改税工作，逐步将资源税扩展到自然生态空间的占用上。强调通过税收杠杆抑制不合理需求，从而提高资源的高效利用，优化资源的使用成本。

环境税政策：研究落实征收对产生污染的企业的补偿税，防治任务重、技术标准成熟的税目的环境保护税。合理地提高各类排污费征收标准，扩大环境税征收范围。通过建立生态标签或绿色标签体系，提供绿色消费信息，通过财税政策的改革，激发企业和公众节约资源、保护环境的内在动力。

生态税收优惠政策：积极制订出台一系列资源税改革方案，改善计征方式，提高税负水平，研究开征环境税，完善税收优惠政策。保障节水、节能、资源的综合利用和落实环保产品（设备、技术）目录以及相应的税收。对于企业实行的节能环保项目以及节能环保专用设备投资予以减免和抵免企业所得税。针对节能减排设备投资给予进项税增值税抵扣。改善关于资源综合利用、废资旧物的产品增值税的优惠政策；对于企业生产的产品符合国家产业政策规定而取得的收入，实行减计收入政策。鼓励既有的建筑节能改造和节能省地环保型建筑、环保型车船、先进节能环保技术设备等，并对其实施税收优惠政策。研究并积极促进新能源发展的税收政策。

收费价格政策：对于资源性产品价格形成机制要理清。对于用水，加大水资源费征收力度。合理调整不同性质的机构用水价格，进一步推广阶梯式水价、实行超定额超计划用水加价制度，对于国家产业政策明令淘汰类、限制类高耗水企业实施惩罚性水价，鼓励支持再生水、海水淡化、微咸水、矿井水、雨水开发利用，并针对其制定相关价格政策。加快推进天然气、成品油价格改革。针对用电，降低小火电价，改善电力峰谷分时电价办法，实行有利于烟气脱硝、脱硫的电价政策。制定实行可再生能源发电和利用煤矸石、余热余压以及城市垃圾发电相应的电价政策。排污方面，要求加强排污费征收管理，禁止"协议收费"和"定额收费"，依据补偿治理成本原则，适当提高排污单位排污费征收标准。全面征纳城市污水处理费用，提高垃圾处理收费标准，改进征纳方式。

二、我国生态文明财税政策的现状

国内大力发展生态文明建设，目前通过以下几个方面来实施财税政策。

283

（一）财政支出

财政支出是为了调节地区与全国和地区与地区之间的失衡，厘正与公共物品供应相关的外部性，促使地方政府的支出与中央政府的目标协调一致。财政支出不仅是政府实现经济目标的主要手段，也是政府履行其职能的物质基础。环境保护和生态建设是政府应当承担的职责，理所应当将部分生态补偿纳入公共财政支出的范围。

财政支付划分为横向支付和纵向支付两种形式。比如说，关于水源地污染防护治理补偿工作是横向支付，是上游的贫困地区被下游的富裕地区直接进行支付——其运作机制是先要通过一定的成本和数额标准，该成本是由生态供给者的环境保护行为和生态建设的成本——收益分析，数额标准则是由生态受益者的生态收益效应确定支付的，用财政的支付来实现资金的划拨，最终改变地区已得的利益格局并实现地区间生态服务供需的平衡。纵向支付则是采用世界上多数国家进行生态补偿的模式，即上级政府对下级政府的财政补给。通过纵向财政支付，可以带动地方政府生态保护与环境建设的积极性。

我国国内财政支出在过去相当长的时间主要分为五大类：经济建设、国防费用、社会文教费、行政管理费用和其他支出。2007 年 1 月 1 日起，财政部出台了《2007 年政府收支分类科目》，在改革方案中，"环境保护"被正式纳入财政支出的一项功能。在环境保护支出政府预算科目里，污染治理是其一个子类中的其中一项。

（二）排污费

伴随着 1982 年 7 月国务院颁布《排污收费暂行办法》，我国的排污收费制度正式成立，从此我国不断完善排污收费制度，筹集了不少资金，对我国污染防治工作做出了相当贡献。然而国内现行的排污制度还存在许多问题：

首先，收费标准低。纵然在 2003 年 7 月颁布的《排污费征收标准管理办法》提高了征收标准，但收费标准仍是大大低于环境成本。据调查显示企业所缴纳的超标排污费仅是污染治理费用的10% ~15%，致使有些企业宁愿交纳排污费也不愿意积极配合治理污染。

其次，收费种类不全在排污收费范围里，对于放射性污染、电磁污染、热污染等此类无法界定标准的污染很难产生有效抑制作用。

再次，收费依据不妥。我国目前依据同一排污口所排放污染物中计费最高的一种来计算排污费，是一种单一的浓度超标收费标准，它针对超过浓度标准的部分征收，而达到标准的单位则不需要承担排污责任，可无偿使用环境纳污能力的资源。

最后，征收方式不规范。我国的排污费征收现在并未纳入税收法律体系之中，而是通过环保部门对企业收费的方式征收，由于未具有应有的法律效力，强制性不足，导致征收随意甚至缺失，"议价收费""感情收费"等病态现象时有发生，削弱了排污费对环境污染的调节作用。

（三）税收优惠

当前我国仅有少数几项间接财政补贴适用于污染减排企业，例如减免税收、先征后返、即征即退等。其主要通过税收优惠体现，虽不完全或直接针对污染减排，但对污染减排具有积极的促进作用。主要表现在增值税、企业所得税和消费税中。

1. 增值税

增值税针对环境保护的优惠主要从以下几个方面体现：一是促进废旧物资回收的优惠措施。例如，免征销售收购的废旧物资增值税，并且允许属于增值税一般纳税人的生产企业，购买废旧物资时，按照普通发票注明金额的 10% 计算抵扣增值税进项税额。二是鼓励开发新能源和提倡环保产品的优惠措施。例如，有利用风力生产作业的电力，可实行增值税减半政策。三是关于污水处理的优惠措施。各级政府及主管部门委派自来水公司随水费收取的污水处理费，自 2001 年 7 月 1 日起，免收增值税。

2. 消费税

当前，消费税在抑制超前消费和调整消费结构方面起到了一定作用，以税法规定的特定产品为征税对象，如烟、酒、小汽车等产品。2006 年 4 月对实木地板、木制一次性筷子、高尔夫球及球具、高档手表、游艇、轮胎等产品的税率进行了调整，将石油制品的征税范围扩大，具体措施与环境有着密切的联系，缓解了环境污染程度。并且于 2009 年 1 月起，我国正式征收燃油税，这一税费改革标志着我国通过税收政策对污染减排的调控进入了新的阶段。

3. 所得税

所得税具有对节能减排倾斜的特点。我国出台了一系列针对所得税的政策：一是企业利用"三废"免税政策。二是将消耗臭氧层生产线企业获得的"议定书"多边基金的赠款免税政策淘汰。三是对于从事污水、垃圾处理等环境治理业务的外商投资企业，同意将其认定为生产性外商投资企业，可享受"两免三减半"税收优惠。

（四）政府采购制度

在借鉴国际经验的基础上，1996 年，我国开始政府试点工作，《政府采购法》于 2003 年 1 月 1 日开始正式实行，2006 年 10 月 24 日，财政部、国家环保总局联合印发了《关于环境标志产品政府采购实施的意见》，清楚地要求用财政性资金进行采购时各级国家机关、事业单位和团体组织要优先采购带有环境标志的产品，严禁采购危害环境及人体健康的产品，并且用清单的形式列明了环境标志产品实行政府优先采购的范围，包括汽车、打印机、彩电、板材、家具等 14个行业。有关部门对于未按要求采购的机构可依据相关法律法规予以处置，财政部门可依据实际情况拒绝支付采购资金。

三、国内生态文明财税政策存在的问题

国内生态文明建设的财政政策存在的问题主要有以下几个方面：

（一）污染减排财政投入总量不足，且占 GDP 比重较低

国际社会中，投入 GDP 的 1%～1.5% 资金治理环境污染时，可有效减缓环境污染趋势；当比例上升到 2%～3% 时，环境污染将得到有效遏制，环境质量大有改观。这就表明，充足的资金投入是控制环境污染和生态破坏的有力保障。而资金投入在我国又是十分欠缺的。例如，2000～2006 年，我国环境污染治理资金投入已从 1 060.7 亿元增至 2 566 亿元，但在国内生产总值中所占比重仍只有1.22%。环境治理资金的投入不足以成为制约我国生态文明建设之路上的绊脚石。

（二）资金使用效率较低

根据国家环保部的调查数据表明，我国约有 2/3 以上的工业废水处理设施并未发挥效益，污水处理能力的年增长率也较低。该数据意味着我国环保投资效益非常低，现有的环保投资并未产生直接的效益。导致这一结果的原因主要有：一方面是我国投入环保技术开发的资金十分有限，国内的环保设备普遍存在技术含量低、品种单一的问题，我国环保产业的发展水平较之世界发达国家相差甚远。另一方面环保资金使用过于分散。我国大部分污染治理投资用于对点、源的治理，而轻视了对区域性综合防治的投资。

（三）财政政策存在体制性的漏洞

财政补贴对污染减排具有重大影响，不适当的财政补贴政策，会造成污染减排效率低下，甚至可能加重环境资源的污染和破坏，与可持续发展的目标背道而

驰。例如，对农产品实行价格补贴，将会加大农民使用化肥、农药等的范围，可能导致农地退化及水源污染等问题。同时，要消除市场领域的外部性，使市场机制发挥作用，关键是要使资源和商品的价格真正反映其包括环境成本在内的全部社会成本。因此，今后的政策研究重点是从政策制定上规范、完善直至减削这类补贴，消灭其不利于污染减排的副作用。

（四）缺少有用的生态补偿财政转移支付制度

生态补偿是以经济手段为主调节相关利益关系的制度安排，是为了保护和可持续利用生态系统服务。生态补偿的重要形式是财政补偿，我国目前实行的生态补偿以财政补偿为主，其中，中央财政补偿所占比重最高。该种完全由政府买单的方式很明显与"受益者付费"的原则不相协调，不但未调动全社会的积极性，而且使很多地方产生了依赖思维。与此同时，悠闲的资金分散用于各个地区，造成了资金使用的低效与浪费。

在详细的财政施行中，区域性生态服务的受益地区常常从属于不同的行政区，分属于不同级别的财政管辖，且不同区域的政府财力又有较大差别，因此，建设卓有成效的生态补偿横向转移支付制度的重要途径就是要协调处理好区域内生态与经济之间的关系。从目前的情况来看，地方政府在污染减排上得不到纵向财政转移支付的情况下，就没有污染减排的利益动机，必然会出现盲目招商引资，不惜以牺牲环境为代价来发展经济，以获得更多的财政收入。因此，财政补偿机制的不健全制约着我国环境质量的改善，污染减排工作当然会受到影响。

国内生态文明建设的税收政策存在的问题主要有以下几个方面：

1. 绿色程度不高，绿色税收尚未建立

当前，我国缺乏对服务于生态文明建设的综合性"绿色税收"的建设。

一是税收政策与相关法律法规的契合度较差。例如，我国多项法律法规鼓励对太阳能、地热能等可再生能源的发展，和开发推广节能、环保技术设备，但是现行税收政策缺乏必要的支持，还停留在一种理论上的探讨方向上的指引。

二是欠缺有关污染环境方面的专项税收政策。我国虽然有建立在已经创造财富基础上的优惠税收政策，但欠缺针对破坏生态和污染环境的经济活动的惩罚性政策的专门性税种。

2. 税种过于单一，缺乏创新

我国多采用直接减免税费和税率优惠的方式，关于污染减排的税种，其优惠方式简单，缺少计提准备金、再投资退税、加速折旧、延期纳税等灵便多样化的税收优惠手段。

3. 缺乏一套完善的环境税制

改革开放以后，环境保护是作为税制建设来体现的，可这些税收政策主要依靠分散在一些税种中的某些条款来实现，制约了税收对污染减排的调整控制力度。我国现行税制中环境保护措施主要包含：（1）消费税。鞭炮、焰火、汽油、柴油等对环境造成污染的以及摩托车、小汽车等消费品纳入征税范围，并且不同排量小汽车对应的税率也有高低。（2）增值税。利用废液、废渣生产的黄金、白银以及原材料中残油高于30%的煤矸石等废渣的建材产品予以免税的优惠政策。（3）国资企业所得税。对利用废液、废气、废渣等废弃物为主要原材料生产的企业五年内减收或免收企业所得税。（4）外商投资企业和外国企业所得税。外国企业提供节能和防污治污方面的专有技术所取得的转让费收入，可按10%的税率征收预提所得税，对于技术先进、条件优惠的企业可给予免税。可以说，在减轻环境污染、加强环境保护方面前述税收措施发挥了积极的作用。但也应看到，我国当前尚未真正健全环境税收体系：一方面，和国外相对完善的环境保护税相比，我国短缺关于对污染排放、破坏环境的行为或产品课征的专门性税收；另一方面，我国现行的税制形式单一，贯彻环境保护政策限于减税和免税，收益渠道较窄，缺少目的性和灵便性。

4. 缺少区域差异化的污染减排税收政策

因为我国境域辽阔，地域之间的资源、环境、社会经济发展状况差异较大，导致各地区环境污染情况存在差异，例如，2005年相关数据显示，广东省化学需氧量和二氧化硫排放量分别为105.8万吨和129.4万吨，湖北化学需氧量和二氧化硫排放量分别为61.6万吨和71.7万吨，青海化学需氧量和二氧化硫排放量分别为7.2万吨和12.4万吨。因此，应出台差异化的财税政策应对不同区域的污染减排状况以体现出差异和区域经济的协调平衡发展，可实际上，我国当前缺少区域差异化的污染减排税收政策。这主要是法律制度方面的缘由，因为我国当前的税收立法权过度集中于中央，地方无缘共享，比如《税收征管法》规定："税收的开征、停征以及减税、退税、免税、补税，依照法律的规定执行；法律授权国务院规定的，依照国务院制定的行政法规的规定执行。"换而言之，只有经税收法律、行政法规的授权（特别授权）地方人大代表以及常委会才有权制定地方性税收法规。

可到目前为止，还没有这种特别授权。国务院多次发文，强调税收立法的聚集。换句话说就是，当前我国地方政府不可能依据自然区或者行政区划的差异出台差异化的污染减排税收政策，各地现在享有的税收优惠政策也只是在中央指导政策范围许可情况之下实施。

因此，鉴于东中西部经济社会发展差距比较大，而太过于一般化、平衡化的政策不可能很好地推动地方的污染减排和社会经济发展，可以适当考虑调整目前的国家税收政策，授予地方政府一定的税收立法权，在税收优惠上施行产业优惠和区域优惠相结合的方法刺激污染减排的实行，加强中西部地区的税收优惠力度，寻求区域差异化的污染减排税收政策。

第二节　建立生态文明建设财税政策体系的国际经验

一、一些发达国家建立可持续发展财税政策体系的施行

（一）美国

1. 财政政策

一是财政补贴。美国国家环保局为了鼓励企业从事资源回收产业的研究与投资，自1978年起开始对建立资源回收系统的企业提供财政补贴，根据不同的情况，补贴量为10%～90%。美国还在2000年开始设立"总统绿色化学挑战奖"，资助在绿色化学方面卓有成就的专家学者。

二是政府优先购买。美国对有利于环境的产品、设备和设施积极鼓励，实行优先购买，以此提供强劲的经济刺激。克林顿政府在1993年颁发了一项行政命令，命令要求截至1995年，政府采购的所有纸张必须含有不低于20%用过的纸张，而到了2000年，政府又将此比例调整提高至25%。此外美国法律规定，但凡被联邦政府"低噪声产品委员会"认定的低噪音车辆，允许以高于法定价格限额的125%出售，并指明联邦总务局长在为联邦政府采购车辆时，应当优先购买低噪声车辆的价格不超过被其代替的型号的车辆价格的125%，除非该种车辆的数目不能满足要求时，方可购买其他车辆。

2. 征税政策

一是新鲜材料税。新鲜材料税的征收目的是促使人们多进行再循环，以达到在源头上控制资源浪费和污染的目的。美国许多州为提高该目标的成本效益，逐步通过了关于建立产品再循环的法律。法律规定，对取得环保成就的厂商奖以得分，并且厂商可以对其得分自行交易。如此以来，环保成就高的企业得到了政策鼓励与支持，在一定程度上能抑制污染的产生。

二是生态税。美国的生态税主要包括：损害臭氧层化学品需上缴消费税、与

汽车相关的税、开采税和环境收入税。具体来说，损害臭氧层化学品的缴税包括破坏臭氧层化学品生产税、破坏臭氧层化学品储存税、进口和使用破坏臭氧层化学品进行生产的生产税、危险化学品生产税和进口化学品税等。与汽车相关的税收包括汽油税、轮胎税、汽车使用税、汽车销售税和进口原油及其制品税等。开采税是在开采自然资源时征收的一种消费税。环境收入税是美国 1986 年国会通过《超级基金修正案》设立的，它规定收益超过 200 万美元的法人要按相应份额纳税。OECD 的《环境与税收》报告中体现了美国通过对损坏臭氧层的化学品征收的消费税行为，很大程度地减少了在泡沫制品中氟利昂的利用；对汽油税的征收，带动了众多消费者使用节能环保型汽车，减少了汽车污染物的排放。通过多年的努力，美国国内环境污染状况好转，环境质量显著提高。据相关资料表明，虽然美国大量使用汽车，但其二氧化碳的排放量却比 20 世纪 70 年代减少了99%，而且空气中的一氧化碳减少了 97%，二氧化碳减少了 42%，悬浮颗粒物减少了 70%。因此，美国的减量化税收政策还卓有成效。填埋和焚烧税。这种税不是针对一般的居民，而是主要针对那些公司或企业，如果针对那些将垃圾直接运往倾倒厂的公司来征收一部分填埋税或焚烧税，如此一来就会促进这些公司的资源再生和利用，将会直接减少污染和排放。这种税在一些欧美国家中得到了广泛的认同，他们认为收取填埋税会使得原本那个最便宜的处理垃圾方式的价格上涨，所以就会减少垃圾的填埋，使再生利用得到更加广泛的应用。

三是原料税。该税是对石油和化工工业征收的。它仅仅是作为一种资金来源来用于运作超级基金，并没有刺激作用。它是一种变化的税种，是为了给一种信托基金提供资金，EPA 也会用这部分资金来清洁污染源，这部分资金来源于对化工和石油衍生物的生产所需的初级原料征收的税收。

3. 税收优惠

美国对一些公共基础建设和共同投资项目包括城市废弃物的储存、转移、污水处理等给予免税的优惠。一些州政府也出台了不少优惠政策。例如康涅狄格州会对一些再生资源加工型企业，除了可以低息贷款外，还可获得相应税收政策的减免。由此看来，通过充分的发挥政府的导向作用，让一些企业重视对再生产资源的利用，可以令企业污染减排成本过高这一问题得到缓解。

（二）欧盟

在环境保护和污染减排方面，目前欧盟更多的是利用"间接调控"，运用经济的手段影响行为者的经济利益而达到环保目的。

1. 税收政策

欧盟运用多种多样的经济手段来实现污染减排，主要还是体现在税收这一环节。最常见的税收手段是对水和废物处理征收税和特许费，还有丹麦、瑞典、比利时和芬兰这些国家对产品征收的"生态税"。同时，在欧盟共同体内部也在讨论是否要征收二氧化碳税和能源税。

政府也已经意识到环境保护的重要性，并且想要达到预期的目的就必须花费大量的资金和费用来实施环境保护计划，那么，各种排污税收和环境税率也自然而然地随之逐年增长。就目前而言，法国为了确保资金的来源，对环保税收实施了专款专用。

法国环保税的税种主要包括：二氧化硫税、废物垃圾税、轮胎税、润滑油税、氮氧化物税、水污染税、水资源税、汽车税等。排污收费是法国用财税政策对企业进行管理。法国政府对投资从事环保事业的企业和个人采取了各种优惠的税收鼓励政策，而对于一些高污染、高危险的企业，政府的打击也是毫不手软的，会额外地征收惩罚性税收。对于污染相对较少的企业，政府会给予退税的优惠政策。针对一些企业和个人主动购买使用污染减排设备的，可享受政府税收减免或相应的补贴。

在德国，环境政策中财税手段的发展既受欧盟法和欧盟各国发展不平衡的影响，又独具特色。德国污染减排政策的财税手段主要包括税收、收费以及财政补贴。德国政府把环境保护进行了法律化的细致的规定，有了政策的具体规定，使得执法者有法可依，有章可循。只要是对环境造成影响或者是造成危害的，都要追究法律责任并承担相应的经济制裁。

2. 财政政策

在欧盟，大多数政府对那些环保企业或特定的一些环保项目都会给予财政资助或者税收优惠。例如，企业若采取了污染减排措施，政府会给予现金补贴、税收补贴和国家担保贷款等优惠政策。农民若是对自然和环境的保护出了自己的一份力，政府也会发放多种形式的补贴，这些补贴就足以使农民的生活过得更加舒适。

在德国，政府对修建环保设施工程的补贴数额就占到了投资额的1%，同时，贷款的利率和偿还的条件都优于市场。通过政府的资助和补贴，以及在一大批优秀示范性项目的带动下，使得一些先进的技术和设备得到快速有效地推广和应用。

（三）日本

多年来，日本政府针对污染减排事业制定了多种税金制度，积极地推动污染治理项目。其中的返还制度起到了十分重要的激励作用，日本环保产业的发展也有益于该项政策的实施。

291

1. 财政政策

日本政府专门制定了财政预算来消除废弃物对经济发展的制约，从而增强以环境经营和技术为核心的产业竞争力。尽管就目前来说，污染减排的财政预算的比例还很低，但是政府已经开始重视并给予经济支持。例如，给予中小企业有关环境技术的研发项目补助且费用不低于研发费用的 50%；给予废弃物资源再生产的企业生产、实验费用 50% 左右的补贴等。

2. 税收政策

在税制方面，只要企业满足一定的条件，政府将对引进污染减排设备的企业减少特别折旧税、固定资产税和所得税。

政府对企业的塑料制品类再生产处理设备，除了在使用年度内的普通退税外，还给予特别退税按取得价格的 14% 进行。

二、启示与借鉴

各个国家都根据本国的实际情况采取了不同的污染减排财税政策，并获得了比较好的效果，从中我们可以得到一些有利于我国污染减排的财税政策设计启示与借鉴：

（一）增加政府污染减排经费的投入

政府为达到污染减排的目的，加强管理并增加财政收入。据统计，美国 20 世纪 70~90 年代的污染控制费用增加一倍，其中，1993 年的总投入就占到美国国民生产总值的 1.81%，高达 921 亿美元，并且费用还将继续增加。同时其他一些发达国家也在不断投入大量资金来进行污染减排。

（二）在污染控制上将法律与技术控制相结合

在污染减排中应该重视以法律的强制性推广最佳可行的污染控制技术，以促进污染治理，并利用法律引导生产部门的技术和产品的更新和污染控制技术的发展。如美国的《清洁空气法》规定的对新污染源执行新源执行标准是以验证过的控制技术为基础的；再如美国政府规定的优先购买低噪声车辆的优先购买制度、法国制定特殊的税收政策来鼓励人们购买无铅汽油、日本对创造型环保技术研究开发设立补助金等就是对技术的要求。

（三）采用多种税收政策实现污染减排

上述国家促进环境保护、污染减排的税种比较多，不同的国家有不同的税收形式，如美国生态税、新鲜材料税、填埋和焚烧税、原料税等。政府提高税收的目的不仅仅是为了增加政府财政收入，更多的是本着谁污染谁治理的原则来促进企业减少污染物的排放，提高资源的利用效率，节约资源，发展利用可再生资源，增强保护环境的意识，改变能源消费结构。借鉴国外财政税收政策的成功经验，结合本国的实际国情，建立污染减排税收体系时要遵循以下几个原则：

（1）鼓励使用先进的污染减排技术，并促进其商业化：政府应运用税收政策大力扶持先进的且对污染减排有重大影响的技术，帮助其获取更多的市场份额，促进新技术的推广和应用。

（2）制定严格的污染排放标准并对实施效果进行奖惩：政府鼓励企业制定具体而详尽的减排标准，并能够严格地按照标准实施。同时政府对这些企业实施税收鼓励政策，对超标准的企业进行鼓励和表彰。

（3）对一些首次投资问题较大的技术提供税收鼓励，要通过合理有限的财政政策来推进技术的发展进步。

（4）与其他政策措施共同配合实施：要健全相应的税收鼓励政策，结合国家其他绿色能源项目等共同实施，来增强政策的执行力。

（5）设定税收鼓励对象的优先次序：在对潜在影响、成本效益、企业的兴趣和支持、成功的可能性等进行充分分析的基础上确定税收鼓励对象的优先次序。

（四）加强政策手段之间的配套与协调

西方发达国家的环保税收制度已经形成一个整体，实现了互相协调配合。最重要的就是各税种之间的配合，不仅要各司其职、相互配合，还要门类齐全、调节全面。其次就是要与经济手段相配合，如财税手段与收费政策、许可证交易等经济手段如何配合使用才能达到帕累托最优。

（五）除了正向激励，还应有负向激励

在对促进污染减排行为主体给予税收优惠、财政补贴、直接奖励等正向激励政策的同时，必须配之以负向激励，对超标排放污染物、违反污染减排规则的企业或个人征收污染排放税或费，情节严重的还须对其处以罚金等进行惩罚。

第三节　构建我国生态文明建设合理的财税政策的建议

生态文明是一项浩大的工程，单一的政策措施无法妥善解决问题，需要综合

多方决策才能更好地发挥作用。

一、拓宽集资渠道，增加节能减排的预算

首先，要建立政府节能减排的投资机制。受我国国力限制，不能大幅提高节能减排的财政投资，因此可以借鉴发达国家的做法，呼吁社会大众共同筹建一个节能减排的公益基金，累积赞助。还可以建立一个专项基金，主要囊括排污收入、社会捐款等。

其次，节能减排应当得到公共财政的大力支持。节能减排是经济发展中以改善生态环境、提高治污技术为目的的一系列措施，包括产品加工、技术开发、利用资源、承包工程等活动。而且，节能减排产业逐渐发展成了"朝阳"行业。它将会是新的经济增长的动力，政府要把节能减排当作一项利国利民的长久决策来看待。

最后，把任务真正贯彻好，并在考核中促进资源环境更好地发展。要严格落实领导负责制，定期检查工作完成情况，定期对工作进行考察，直到领导干部树立起环境保护的意识，使之在决策过程中，自觉地把节能减排与经济发展有机地协调起来。

二、制定各种财政激励手段，促进节能减排产业的发展

政府做了很多措施来促进节能减排行业的发展。一是对企业中的节能减排或者治理污染的设备进行加速折旧，以此算为企业的新补贴；二是鼓励污染企业迁移出去，并给一定的补贴；三是各种激励办法促进节能减排行业的发展。

三、增加财政转移支付的力度

首先，就是要建立一个有利于生态保护的财政转移支付制度，要增加生态环境影响权重，加强对生态保护区的支持力度，增加对中西部一些经济欠发达地区的财政转移支付，以减少当地政府的压力和阻力。

其次，设立国家生态补偿专项基金。主要是为了确保生态补偿机制能够良好地运行，要从两个方面来进行考虑：一方面，就是要提高人民福利，同时要减轻企业负担；另一方面，要开辟新的资金源，就必须和内化社会经济活动的外部成本原则相一致，也就是说，财政的改革要在资源的有偿使用的前提下寻找新的渠道。

四、提供多种形式的财政补贴

借鉴国际经验和结合我国的国情，我们可以给实施污染减排的企业提供各种财政补贴，以调动企业实施污染减排的积极性。第一，物价补贴，对于那些初次进行污染减排而投入技术工艺等造成成本高于社会平均成本的企业，给予价格性补贴；第二，企业亏损补贴，对于那些由于初期实施污染减排而投入过大造成的暂时性亏损的企业，给予亏损补贴；第三，财政贴息，政府帮助企业支付全部或部分银行贷款利息，使企业的利润增加；第四，税前还贷，在计算企业应税所得时，提前扣除应还贷款，以减少企业纳税基数。

五、促进我国污染减排相关税制的调整

我国有关污染减排税收制度的改革与建设，应从两个方面来考虑：一是对我国现行税制进行调整；二是开征新税种。

（一）调整与完善相关流转税政策

（1）对消费税进行调整。对那些易对环境造成污染的产品征收消费税，以提高其成本，从而限制这些产品的生产和销售，使其达到污染减排。

（2）对增值税进行调整。对于这类税收优惠应尽量予以减少或消除，从而能够更好地促进污染减排。这类政策虽能在一定程度上促进经济的发展，但同时也增加了环境污染的可能。

（3）对营业税的调整。增加那些对环境污染、引起生态破坏的税率；降低对环境友好，资源消耗低的产业营业税税率。

（4）对出口退税政策和关税的调整。对那些有毒、有害的化学品或可能对我国环境造成重大危害的产品的进口，提高进口关税，减少或取消所享有的税收优惠；而对于对污染减排、循环经济建设有益的产品的进口，应给予一定的关税优惠。2007年7月1日起，已经取消553项"高耗能、高污染、资源性"产品的出口退税，政府应当进一步加大政策范围。

（二）调整与完善所得税政策

（1）扩大所得税优惠范围。除了对"三废"综合利用和环保产业给予优惠措施外，还要普及到污染减排、污染工程安装、生态环保及其制造等；对于国家

295

优惠政策内的这些项目、服务、技术，如污染治理技术，污染减排机器的制造等，都要给予一定扶持，如所得税的减免。

（2）对于那些主动节能减排、治理污染以及购买污染器械设备的企业实行所得税减免。因为企业目前的税务优惠都集中在技术研究上，且政策力度不高。

（3）扩大享受加速折旧设备的范围。比如一些节能减排类的环保器械、促进环境保护的设备、生产研发有关环境保护的器械设备等。

（三） 适时开征新的税种

我国环保措施力度不够大的很重要一个原因就是没有专项的环境税。由于税法中对环境保护涉及范围的有效性，不能总是依靠其他税法中的规定去管控违反生态环保的行为，因此环保税法的不够完善在一定程度上限制了税收的调控力度，创建有效的环境税收制度是我国的当务之急。

可以采用"谁污染谁出钱治理"和"谁受益谁出钱治理"的原则，建立一个新的税种——环境税。同时借鉴国外先进经验，创建环境税，如光污染税、噪声污染税、不可回收垃圾污染税等。

六、污染减排财税政策应当区域差别化对待

针对不同区域的不同的污染减排状况，应当出台不同的财税政策。由于我国地域间的资源、环境、社会经济发展状况差别较大，致使各地区环境污染情况存在差别，而太过于一般化、平衡化的政策不可能很好地推动地方的污染减排和社会经济发展。因此，为体现区域差别以及区域经济的协调均衡发展，应当在特定的区域内适当使用特定的污染减排政策。如此一来，既看到了生态环境与地区发展的共性，又避免环境政策的重复，从而更好地利用稀缺的人力、物力、财力资源，提高污染减排政策的效用性。

在差别化财政政策的划分下，可以依据污染状况和生态环境保护问题的地理位置来界定，采取以生态环境等自然区划（如生态环境、自然资源、环境质量、地形地貌、气候水文等）为主，经济社会条件（如国家经济、文化水平、产业政策）为辅，最后行政管理划分的程序。

在政策的可实施性方面，可以考虑适当调整当前国家的税收政策，变革当前中央税收政策高度集权的现状。通过让地方政府有税收立法权，增加对不发达地区排污的支持力度，来探究更高效合理的排污税收政策。

第二十二章

中国投融资政策保障

第一节 我国生态文明建设中投融资政策的发展状况与问题

生态环境保护问题涉及面之广、问题之复杂，非一般领域所能比拟，它几乎出现在社会生活的方方面面，比如，盐碱化土地的治理、大气环境污染、水土流失、自然保护区的安全问题、草场恢复、能源开发引起的环境问题、环保部门的运行和收益、生态环境相关科研的研究和投资、环保工作人员的培训等一系列领域，都需要相当数量的投资来推动生态环境保护工作的开展。这些都离不开生态环境保护投资，主要包括：

（1）城市基础建设和公共设施中的有关环境保护方面的投资，比如城市绿化带、动植物园、公益性健身娱乐场所等。

（2）农业基础建设和农业生态环境改善的投资，包括土地盐碱化、土地退化、退耕还林、农田防护林建设等。

（3）自然生态环境的保护和改善方面的投资，如自然保护区的管理、国家森林公园的建设、生物多样性保护等。

（4）生态环境管理方面的投资，包括环保部门的管理、教育宣传、环境检测、科学研究等。

（5）重大生态项目工程投资，如水利工程建设、林场建设、自然保护区建设等。

以上的环境保护投资范畴是根据我国现有状况，从增加生态文明环境保护投资、增进生态环境保护投资效益等方面提出。具体的投资项目还要在实地考察之后再做决定，并不是完全确定的一个投资范畴。

一、我国生态文明建设中投融资政策的发展状况

我国生态文明建设经历了不同阶段的演化，通过对生态环境建设投融资方式的回顾，有助于揭示生态环境建设存在的问题及其历史渊源，对完善生态建设投融资方式有着极其重要的意义。

我国生态环境的建设历史可分为以下阶段：

第一阶段：1949~1958年。生态环境建设的投融资是由私人投资与地方投资和国家政府投资相结合的多渠道投融资机制。

第二阶段：1958~1970年。传统体制下的第一次财政分权。地方财政收入日益上升，中央的投融资战略并未太大改变，地方经济的发展也加剧了生态环境的破坏。

第三阶段：1970~1979年。传统体制下的第二次财政分权。中小企业的兴起更加剧了生态环境的恶化，引起人们对生态环境的重视，此时中央政府和地方政府的财政支持是进行生态环境改善的主要支撑。

第四阶段：1979~1984年。改革开放初期，乡村集体力量缩小，私人投资开始逐渐代替乡村投融资。

第五阶段：1984~1994年。第三次财政分权使地方财政实力大幅度上升，地方政府认真治理并保护生态环境。金融体制的改革和地方实力的上升，使金融机构融资成为新兴的融资渠道。

第六阶段：1994~2000年。分税制使中央财政实力上升，同时也加大了对江河水域的投资，逐渐占据主导地位。

第七阶段：2000年至今。政府财政的生态责任得到强化。现阶段多种投融资方式并存，政府也在推行退耕还林、植树造林等多项工程，投资渠道也多元化，更加促进了我国生态环境保护制度的进一步完善。

如图22-1所示，我国环保产业发端于20世纪70年代，产业全面发展始于80年代，经过30年的发展，2012年我国环境保护行业总投资达到8 000多亿元，占GDP的比例为1.59%，距离发达国家2%以上的水平仍有一定差距，我国环保行业仍有很大的发展空间。环保产业的增长除需要政府财政投入的有效增长外，更依赖于其他社会主体生态环保投资的大量进入。

298

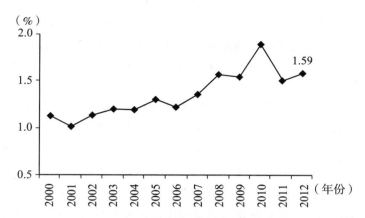

图 22 - 1　2000~2012 年我国环境污染治理投资占 GDP 比重

资料来源：2000~2012 年各年度《中国统计年鉴》。

二、我国生态文明建设投融资体制存在的问题

目前，我国生态环境保护投融资的主要问题是投资总量不足和投资效率低。这些问题在中小企业治理污染和城市基础环境设施建设中比较明显。从投融资机制的角度来看，政府和其他投融资群体的作用没有充分发挥，没有把闲散的社会资金放置到生态环境保护领域。除了中国目前的金融体制尚不健全，缺乏相应的污染治理管理机制也是其中一个重要原因。

（一）投资总量不足问题

一是近年来中国生态环境保护投资增长快，但投资总量不足。20 世纪 90 年代以来，中国政府高度重视生态环境保护工作，环保投资增长飞快。"九五"期间环保投资 3 600 亿元，是"八五"期间的 2.6 倍，占 GDP 的 0.93%，2002 年这一比例达到 1.12%。1998~2002 年，生态和环境保护投资 5 800 亿元，是 1950~1997 年总投入的 1.7 倍，占同期 GDP 的 1.3%。目前中国的环保投资情况大致相当于一些 OECD 国家在 20 世纪 90 年代初的投入水平。然而，目前环保投资水平不足以满足现实需要。"十一五"期间，中国环保投资需求在 9 000 亿元左右，占同期 GDP 比重仅为 1.1%~1.3%，投资需求缺口仍在扩大。

二是投资量不够，尤其在城市环境保护的设施上和中小企业污染防治领域。在城镇生态环境基础设施上的投资较少。2002 年城市生活污水排放量 232.2 亿吨，占全国污水排放总量的 52.9%。城市生活垃圾产生量近年来以 5%~8% 的速度增长，2002 年全国城市生活垃圾产生量达到 1.36 亿吨。"十一五"期间，仅

城镇垃圾无害化处理和生活污水集中处理两个领域的投资就达近 2 000 亿元，生态环保的城市环境基础设施建设资金短缺问题亟待解决。中小企业污染环境治理投融资面临很多问题。中小企业的数量在中国的公司总数中占到 99%，因而起着十分重要的作用。

三是投融资制度不健全也造成了投资力度不够。中国环保投资不足主要是因为投融资机制不健全，现有的投融资制度不健全造成投资总量严重不足。随着改革开放和公众保护环境意识的提高，中国逐渐形成了一个多渠道、多种类、多手段的投资格局。有报告显示，中国 70% 以上的环保投资是政府部门承担的，而在英美等市场经济国家，60% 的污染治理费用是来源于私人组织或个人。尽管近年来投融资增加不少，但仍然难以满足我国城市各种基础设施的投资需求。

（二）投资效率不高问题

中国环保投资率不高十分普遍，主要体现在城市污水治理、工业污染治理等方面，尤其是环保设施不运转或运转效率低的现象十分常见。随着中国环境保护行业的发展，在借鉴国际 PPP 和 PFI 经验的基础上，中国环保建设领域出现了一种"市场化"的景象。

市场化的本质就是市场的自发调节经济的属性，它可以打破政府的垄断现象。具体做法包括三个方面：一是向城镇居民征收污染物垃圾处理费，并进行公开招标争取环保方面的投资；二是改革现有行政体制，实现市场商业化管理；三是鼓励吸收社会闲散资金用于环保投资，建立多元参与的企业化运营机制。

第二节　生态文明建设投融资政策的国际经验

一、欧美国家生态环境建设投融资体系构建的经验借鉴

（一）美国的生态环境建设及金融支持

过去，美国及很多其他国家对于环境政策的执行都采用上级命令下级的方式，用法律法规来保护水、空气和土地以及现有的生态环境。尽管在这些法律法规颁布之后取得了一定成效，但人类终因生存需要而发展经济，由此造成对环境

的破坏并没有减少反而在某种程度上有所加剧。人们开始寻找生态效益与经济效益统一的最佳途径，如何在保护生态环境的同时打造成功的企业。以下是两个美国环境资本运营的案例，或许能为我国生态环境建设的金融支持探索提供一些启示。

1. 案例之一：美国黄石地区的环境保护

美国黄石地区自然环境的完好保护正是得益于这些环保企业家对生态环境价值的发现。在黄石公园的开发中很多投资者参与其中，有两位投资者投资了一些喷泉，开发了约 130 公顷的温泉土地，有一位投资者在黄石河与拉马河的交流处修建了一座收费桥梁，还有部分企业家修建了收费公路和桥梁。在继续兴建黄石公园时，杰伊·库克中标并取得了公司经营权。

在库克的计划中，最重要的是筹集资金来投资参股兴建铁路，黄石地区远离市中心，将来一定是一个具有经济潜力的地方。之后，事实证明了这一交通投资的确带来了可观的经济效益。在整个过程中，政府始终处于指导和监督的位置，也正如美国环保基金会的一名律师所说，保护环境是一种短期难以见到效果的投资，而且是为公众服务的行为，政府、企业和公众都应该有付账的观念。不仅要为维护环境付账，还不应该依赖于政府机构来尽保护生态环境的职责。

2. 案例之二：生态土地的企业开发与保护

在生态环境保护中，土地问题一直是很多企业家和政府交涉的热点。在美国，土地经营者不需要拥有与土地有关的全部权利，只需要有与经营土地有关的一些授权。无论在何种情况下，保护土地、限制土地用途是土地经营者的一项义务。在购买土地经营权时，给予土地拥有者的利益是直接以价值体现的，对土地的保护权也有清楚的规定。在捐赠土地经营权时，经济利益只与土地价值及税有关，对土地的保护权往往有更直接的规定。蒙大拿州土地经营协会为许多土地经营者提供了如何获得土地拥有者关注的真实实例。从 1978 年到 1993 年，蒙大拿州土地经营协会逐渐拥有了超过 5 万公顷的私人土地。比如，一块土地用于农业生产从经济上不再合算，则土地拥有者可以将土地授权给协会。然后，协会将这些土地授权给土地经营者从事其他经营。这种做法使土地的价值随时受到关注，并可以及时进行调整，最后达到维护总的经营目标和保护土地的目的。

从这些土地的生态经营方式得到启示，一些环境保护主义者发现，给土地拥有者提供一些生态开发技术，不要单一强调环境保护，可避免土地拥有者对环境保护的抵触。这样一来，环保企业家也很愿意投资一些保护自然景观的区域开发计划。因此，为了保护生态环境，需要重新调整经济布局，调节市场和生产。允许和鼓励环境资本经营者重新安排土地的用途，有利于经济和环保协调发展。强制性的环保法规并不总是有效的，建立一种环境保护和经济开发相协调的法律机

301

制会更有效地保护人类的自然生态环境。经验和事实证明，利用私有资本投资，即环境资本投资，对一个国家的生态环境保护和改善日益恶化的生态环境状况将会起到重要的作用。对投资者来说，在环保领域中的利润动机与在商业中的利润动机同等重要，但除了经济效益外，投资于环境保护还会创造社会效益和环境效益。所以，只要建立适于投资经营的机制，资金问题政府就不必过分担心。但是，当政府的政策不鼓励私人发展生态产业，而只重视公共部门的管理作用时，环境保护的投资者就会受到限制，对环境保护的效果也受到影响。

（二）加拿大的"绿色计划"及金融支持

1990 年，加拿大联邦政府提议要发展可持续发展森林，并宣布了一项 30 亿加元投资的绿色计划，计划 10 年内把 16% 的加拿大国土建造成国家公园。1992 年加拿大国家林业大会提出了"国家林业战略——可持续的森林"，预示着加拿大开始在全国推行"可持续发展"原则，计划在 2000 年前建成一个世界瞩目的保护区网络。

二、亚洲国家生态环境建设投融资体系构建的实践经验

（一）日本的"治山计划"及金融支持

二战后，日本针对本国自然灾害频发的特点，提出"治水先治山，治山先造林"的政策思想，制定了《治水紧急措施法》和《防护林建设临时实施法》，并在 1960～1986 年先后完成了 6 期治山计划。到 1991 年，总投资已经达 19 700 亿日元。在收入调节上，日本把全部收入归林业部门，赤字由政府补贴，收入盈余就累积到下一年使用。日本政府还成立了林业公积金，下面各级林业部门使用时向各级财政部门申请，后来又通过发行公债等多种金融模式取得林业发展资金。政府对一般造林补贴成本的 40%，对特殊林地改良补贴 70%。日本对林业工作人员进行培训，为林业产业提供低息贷款，其中为造林提供年息 3.5% 的优惠贷款，还债期为 20～35 年。而且林业税率也比较低，仅为其他行业税率的 23.3%。

（二）亚洲其他部分国家和地区的经验

尼泊尔 1980 年初开展喜马拉雅山南麓高原生态恢复工程，这项工程借鉴了印度乡村林业模式和我国在退化高原地区植树造林的成功经验。工程耗资 2.5 亿美元。工程开展几年后，为尼泊尔 573 万人提供了全年所需薪材，并为 13.2 万

头牲畜提供了足够的饲料，同时使尼泊尔粮食产量增加了约1/3。

除此之外，菲律宾的"全国植树造林计划"和韩国的"治山绿化计划"等都在生态环境保护及改善方面做出了很大贡献。其中，大部分的费用支出都是由国家财政拨款或通过税收减免等措施实现。

三、对构建生态环境建设投融资体系的启示

由以上经验可以看出，美国、加拿大、欧洲及亚洲一些国家的生态工程建设之所以取得较大成功，主要有以下几个方面的共性，这也是对我国生态环境建设和投融资体系构建的重要启示：

（一）生态治理及投融资支持的针对性很强

各国从本国的实际出发，针对某一领域的生态系统破坏，通过集中投资、集中治理的方式，逐步扭转恶化的生态系统，最大限度地减少生态环境破坏给国家和社会带来的损失。我国幅员辽阔，生态环境问题多种多样，各种生态问题日益显现。因此，必须因地制宜、有针对性地规划或设计相应的生态建设或生态治理工程，集中财力物力，加大治理力度，尽快改善并扭转我国生态环境恶化的局面。

（二）政府要保证在地区生态环境建设中居于主导地位

上述各国区域生态环境建设成功的重要保证，便是政府特别是中央政府的大力支持和投入。生态建设提供的是社会公共产品，这决定了在市场经济下政府公共财政"买单"和国家推进生态建设的职能。我国生态环境建设同样具有社会公共产品的属性，由于我国很多地方财力薄弱，因此，必须确立生态建设工程中央政府资金投入的主体地位，在保障国家投入的同时，政府应通过经济政策的扶持，引导全社会力量参与区域生态建设，通过减轻税赋、给予补贴等财政手段引导农户及社会力量投入到生态保护建设中去。

（三）引入市场机制，以环境资本运营来带动生态环保企业发展

诸多事例表明，综合考虑经济效益和环境效益会鼓励环保企业家寻求经营和管理自然资源的新途径。生态环境的改善，使人们的消费越来越倾向于接触大自然。对优美环境和风景的追求，使环保企业家看到了广阔的市场，对生态产业的投资也随之增加。当政治和法律因素有利于环保企业家的发展时，私有经济就成

为建立环境保护体系中一个不可忽视的力量。政府应该创造条件，采取适当的政策措施，鼓励环保企业家解决环境问题。正如利奥波德提倡的观点：充分利用私有或民间资本投资来改善日益恶化的生态环境状况。在环境保护的运动中，私有或民间资本经营会逐渐受到公众的支持，最后可能会对环境保护起到主导作用。对投资者来说，在环保领域中的利润动机与在商业中的利润动机同等重要，因为在环境保护上的投资还会带来意想不到的环境效益和社会收益。所以，只要建立适于投资经营的机制，资金问题政府就不必过分担心。

（四）严格的管理和规范的立法是保证生态建设投融资成功的重要手段

无论美国还是其他国家，都通过立法的形式确保了参与工程建设各方的权利责任和义务关系，为工程顺利进行奠定了扎实的基础。此外很多国家在开发生态工程的过程中，制定、执行的一套严格有效的管理制度确保了工程资金使用的效益。

结合世界各国区域生态工程建设的经验和我国过去生态建设的教训，新时期我国生态环境建设过程中应确保政府投入的主导地位。在重视生态建设的同时，注重当地经济的发展，并通过合理的管理、监督、激励机制，确保工程建设成效，促进经济、社会与生态、资源、环境的可持续发展。

总而言之，国内外的成功案例均表明：有效的投融资政策的制定实施是使生态环境保护得以发展的保证，而且越是发达国家，越注重生态环境的建设，因为这是一项可持续发展的投资，是国家长治久安的基础。在投融资政策的制定中，既要体现政府的主导作用，同时必须充分重视市场的功能，建立一个有利于环境资本运营体制，既能够完善生态补偿机制，又可以使生态资本运营市场合理化。这些经验措施给我们提供了很多参考。

第三节 完善我国生态环境投融资保障体系

一、建立向生态环保倾斜的货币金融政策体系

区域经济发展不平衡是我国现代化过程中必须面对的难题和障碍，也是我

国货币金融政策进行区域化、差异化调整的现实基础和客观根据。以往，我国货币金融政策的运用更多的是着眼于总量调节，实行的是根据国民经济总体运行情况制定出来的统一的货币金融政策。由于忽视政策作用客体在发展环境、发展基础、发展条件等方面存在的差异，使得这种政策在不同区域产生了不同的金融推动力，加大了各地区金融和经济发展的差距。为缩小这种差距，中央政府应当重视货币金融政策的结构调整功能，实行地区差别化的货币金融政策，正确引导金融资金在生态环境保护领域的投入，增强金融政策对生态环境领域的支持。

（一）实行倾斜的货币调控政策

一是合理降低生态弱势地区商业银行的法定存款准备金比率，并对生态弱势地区进行政策倾斜，比如用存款准备金率调节该区域的资金配置，增加西部地区的投资，实行地区差异化的存款准备金制度，使西部生态弱势地区的存款准备金率低于东部发达地区，进而实现资金配置区域结构的适度平衡；二是放宽商业银行重复贷款的限制条件；三是降低环保企业申请贷款时自有资本比率的条件；四是实行对西部生态弱势地区进行政策倾斜的措施。

（二）实行倾斜的资本监管政策

加大资本监管政策倾斜力度。具体包括：一是中央银行降低在生态弱势地区设立金融机构的条件，增加一些区域性商业银行和非银行金融机构的数量，提高金融效率；二是支持国家开发银行等政策性金融机构对生态环境建设实施投融资政策优惠的措施；三是探索组建区域性、生态环保专业银行，业务范围主要是办理生态环境恢复和建设以及治理污染的政策性贷款和贴息业务；四是用财政资金作引导，吸收社会资金，组建资源开发、科技开发、生态开发等区域性投资发展基金。

（三）实行倾斜的投融资政策

根据历史经验来看，在地区开发的早期阶段，在一些投资周期长、投资额巨大的基础设施和产业，或是一些前景不明的新兴产业，相比民间投融资，政府投融资更具有优势。因此中央政府也可根据生态环境建设的需要，优先允许一些财政收支状况相对较好的省、市级政府发行地方公债，为生态环境建设项目融得资金。

二、探索新型生态环保建设投融资主体

生态环保建设的投融资除了中央政府、地方政府的财政拨款，以及相关金融机构的政策性融资之外，还应大力引入企业及民间资本的投入，探索新型生态环保投融资主体，可以使企业和民间资本成为生态环境投融资的主导力量之一。用企业组织模式进行生态环境建设投融资，可以建立生态建设有限公司、生态产业投资基金、生态信托投资公司三种形式的创新模式。

（一）成立生态建设有限公司

生态建设有限公司是企业进行生态工程建设投融资的一种组织形式。企业参与生态建设投融资，依靠现代企业制度平台，把资金、环境、人力等资源在现代企业制度下结合起来，高效组织各种生产要素，完成生态环境重建。在重建过程中不仅可以创造利润和价值，还能够取得不错的社会效益、经济效益和生态效益。因为生态重建工程投融资规模对管理有一定要求，所以大型企业集团为最优选择。大型企业集团拥有雄厚的实力，不仅有充裕的资金进行集中投资，还拥有许多技术、人才和装备，能够对生态重建项目进行有效管理。

（二）建立生态建设产业投资基金

产业投资基金也称风险投资基金，是直接给未上市公司提供资金支持，并进行资本经营、管理、监督的一种投资制度，是与证券投资基金相对等的类型，属于直接投资。它集中社会闲散资金用于对有较大发展潜力的新兴企业进行股权投资，并对受资企业提供一系列增值服务，通过股权交易获得较高的投资收益。具体构思如下：

基金设立方式：生态重建产业投资基金是生态重建相关企业等实业机构、证券公司或信托投资公司等金融机构作为发起人，以私募方式发起设立的封闭公司型产业投资基金。

投资方式：基金通常以股权形式进行投资，一般不控股所投资企业，在个体投资方式上，基金通常根据所投资企业的发展阶段的不同，用认股权、优先股或转换债券等方式来进行投资。

资金的变现途径：产业投资基金是一种新的金融创新工具，应享受一些政策优惠，通过基金的退出机制，有效实现基金收益。基金退出的现实路径主要有公开上市、股权协议转让等。

（三）成立生态建设信托公司

生态建设信托公司的融资方式：生态建设投融资体制改革的关键是通过参与投资者的商讨后，提出好的融资计划和公平的风险、收益共享方案，还可以引入信托方式，设立信托公司。信托公司作为项目投融资中介，接受分散投资者的资金信托，可以用以下几种方式参与生态重建项目融资。一是贷款信托：信托公司发行债权型收益凭证接受投资者信托，汇集受托资金，分账管理，通过项目融资贷款的方式对生态重建项目提供支持，项目公司用项目的经营权质押和机器设备等实物抵押。二是发行企业债券直接融资：以项目公司为载体发行市政债券，降低项目对银行资金的依赖，降低项目失败对银行体系的冲击。三是融资租赁：生态重建项目中可以运用融资租赁手段购置机器设备。《信托投资公司管理办法》规定，信托投资公司所有者权益项目下依照规定可以运用自有资金存放于银行或者同业拆放、融资租赁和投资。

投资方案结构设计：信托公司负责整个项目投融资设计并成功发起成立项目公司。一是以资金信托方式通过股权和债权融资进行支持项目：在设定的信托期内，募集的所有形式对生态重建项目公司进行资本金投入，或用贷款信托的方式向项目公司贷款。二是用债券和发行股票的方式直接集资：生态建设公司通过直接上市，向资本市场发行股票融资。三是信托公司负责项目的投资、建设、管理和运营，受托人是项目股东，参与公司的组织建立及发展管理。作为投资主体的项目公司，主要负责项目建设及经营过程中的财务运转，由营运公司对具体项目进行操作。

三、探索生态产权制度改革，实行政府生态购买

（一）实行生态环境重建的产权制度改革

在市场经济中，必须清晰界定产权，不然就会造成法律纠纷事件，进一步影响所有权，从而影响生态环境的资源投资、保存和管理。产权要安全，如果产权随时都可以被剥夺，是不可能进行长期投资的。此外，产权还必须是法律上可转移的。如果所有权不能转移，所有者就不太情愿进行长期投资。而且，合理的市场机制要求稀缺资源能够自由地投向最有效途径，产权的自由转移可以保证这一点。

我国政府对于生态环境的建设和恢复做出了不少的努力，然而并没有调动广大群众对于生态保护与建设的积极性，仅靠政府独自支撑，其必然是事倍功半

的。因此政府要把市场机制引入生态环境建设，鼓励生态环境重建。要使地方人民成为生态环境重建的微观主体，就要分离所有权与经营权，建立一个明晰产权的制度环境。例如，可建立生态经济核算制度和生态效益补偿制度，对西部地区预防洪涝、涵养水源、提供下游清洁用水者，受益者应提供相应的补偿。按照生态效益的好坏对经营者进行相应的补贴，可以有效提高经营者的生态意识。生态资源产权越清晰，生态环境才能慢慢形成良性循环。

（二）转变政府角色，通过政府生态购买，鼓励民间环境资本运营

在生态环境建设中，政府投入了很大精力，但仍然收效甚微。一方面由于生态环境恢复和重建是一项巨大的工程，加之经济利益及错误观念所致，其恶化所带来的影响非短时间内为人力所改变；另一方面管理机制欠缺，主要表现为：与生态相关的资金投入、信息和管理事务大多以各级行政单位为基础，为争资金、创政绩，地方政府策略性地利用虚假信息骗得上级政府的资金投入。有的地方政府层层剥皮，使用于生态方面的资金或被挪用，或被低效、错误配置，其结果使生态相关产业始终难以走上良性循环的道路。因此，可借鉴美国环境资本运营的成功经验，在我国政府必须介入生态重建领域时，选择一种对产业资本进入具有激励作用的手段来启动环境市场，通过产业资本进入来改善市场环境，并且利用厂商自我选择过程把环境产业纳入整个市场体系中，再由环境产品市场交换体现生态环境价值，实现资金流的循环；同时，把区域、产业、就业和贫困问题联系起来，通过产业途径集中解决生态环境重建问题。并且在此过程中，减少生态环境产业生产成本、管理成本和各种风险。因此，政府生态购买可以有效地改善和保护生态环境。

实现政府生态采购有效性的途径是：政府在某些地区进行经营权拍卖，市场决定价格。可对条件好的经营区域实施经营权实施拍卖。对于一些具有潜在旅游价值、生物资源价值地区，让厂商按自己的产业关联性对其进行价值确认和价值发现，投标获取经营权，企业中标后投入资金进行生态环境建设，并进行规定年限的经营开发；规定年限结束后，政府按照附带环境标准对该区域进行赎回购买。前一部分收益为政府所有，后一部分收益为政府支出。除此之外，政府购买的合同可以作为资本市场融资的凭证，进一步把资本投入环境领域。避免了过去政府提前投入，事后达不到目标又无法追偿的风险。

四、建立科学的生态补偿机制

我国目前在实践中已对生态补偿多有探索，但距离建立反映生态资源稀缺性

的生态补偿机制还存在较大差距，生态环境的重要性没有被完全货币化体现。建立合理的生态补偿机制，需要处理三个问题：

（一）生态环境资源产权界定

生态环境产权界定是建立生态补偿机制的前提条件。界定生态环境资源产权的五个要求：一是要加强社会经济主体的生态环境产权意识建设，培养生态资源资产意识，并将生态资源与其他资产一同进行规范管理，补齐与管理的法律法规的缺位；二是政府的示范性可以促进生态环境产权的规范化；三是建立经济激励机制，健全资源税制，建立生态环境资源代价共担机制；四是建立生态环境产权的形成管理机制；五是加强国际合作，建立跨国、跨地区的生态环保组织，建立网络化和国际化的管理体系，建立协调机制解决区域间的环境矛盾。

（二）评估生态补偿中的生态资源价值

除了科学界定生态环境产权之外，还必须准确地评估生态补偿中的生态资源价值。目前有以下几种常见的评估方式：

效果评价法：计算生态环境资源效果的定量值。例如，通过替代市场法，通过每年森林涵养水源、造氧总数，可得出"影子价格"，即为森林资源的环境价值。

收益损失法：从生态环境资源效益的损失角度评价其收益。如森林保护土壤的收益评价，可通过土壤退化而放弃使用的机会成本来衡量森林减少土壤侵蚀方面的价值。

旅行费用法：即建立旅行费用——游憩需求模式，把旅游者支付的旅行费用作为内涵价格，可以用作具体旅游地的评估，目前发达国家多使用此方法。

随机评估法：用访问或调查问卷形式询问消费者最大愿意支付生态环境商品的量，进而推出其经济价值。

在实践中往往需要综合多种方法来衡量生态环境资源的价值，从而确定出科学的补偿金额的形式。

（三）生态补偿资金的建立途径

（1）生态补偿费与生态补偿税：政府征收生态补偿费税，建立生态补偿基金。

（2）生态补偿保证金制度：建立相关法律法规，如矿产法、环境保护法、复垦抵押金制度等来恢复与复垦一些矿区，进一步完善生态保证金制度。

（3）国家与各级财政生态专项补偿：如减免农民农业税、教育附加费、特产税等，来鼓励正确的环境行为方式。

（4）优惠信贷：以低息贷款的模式向有利于生态环境的行为和活动提供一定的投资资金，鼓励当地居民从事保护生态环境的行为活动，可以周转使用资金，提高资金利用率。

（5）其他途径：建立促进补偿的市场机制，如建立排污权交易市场，帮助企业之间相互补贴；建立生态补偿捐助机构接受社会各界的捐赠；发行生态补偿彩票等，多渠道地筹集资金。

五、积极培育生态资本市场

（一）积极培育生态环保类上市企业

通过证券市场支持，鼓励和推荐效益好的生态企业上市。国家对这些企业给予政策优惠，用政策引导和支持这些企业上市发行股票，引导社会资金和企业通过社会融资渠道筹集和扩张资本，增强企业竞争力。环保企业可跟政府、企业、银行合作投资，也可跟国内外企业合作投资等。

（二）发行生态专项债券和专项彩票

结合债券在当前金融市场中的重要性和特殊性，在综合考量西部生态重建实际情况的基础上，可发行中长期生态建设专项债券。可考虑发行重点生态建设项目债券、旅游开发债券、生态开发与环保债券、生物技术开发债券、水电工程建设债券等。

彩票是一种新的融资方式，可结合已发行彩票的内容和功能，发行西部生态建设彩票，如林业生态建设的重点工程项目彩票、旅游资开发彩票、生态环保彩票等，这些在国外行之有效的筹集社会公益事业发展资金的方式和方法，可在西部大力开展，筹集西部生态重建的公益基金，以促进西部生态环境重建。

（三）积极发展生态产业基金、产业投资基金和生态区域开发基金

从美日德等发达国家开发落后地区的经验看，建立国家区域发展基金是具备可行性的。不仅可以吸纳社会大量资本和外资涌入，而且可以把消费资金转化为生产建设资金，同时降低使用投资基金在建项目的债务率，减轻债务负担，加快建设速度，降低融资成本，加大开发力度。基金使用范围主要倾向于生态脆弱地

区的环境保护、岗位培训、基础设施建设、农村扶贫、企业投资补贴等。

六、生态环境建设的融资方式创新

（一）ABS 融资方式

资产证券化融资（简称 ABS 融资）是以项目资产为基础，以该项目未来收益作担保，通过发行高档债券在金融市场上筹集资金的一种融资方式。基本条件：一是所选定的生态建设项目必须有稳定的未来现金收入流量，容易把握还款期限和条件，且资产具有一定质量保证。二是在证券到期时，资产证券的购买者和持有人可以获得本金、利息。这就要求在选择生态重建项目进行 ABS 融资时必须建立项目阶段性评估指标体系，以测评项目实施的效果和收益状况。

ABS 融资优点：第一，融资风险较低。发行 ABS 证券的依据不是依据项目公司全部的法定财产，而是以被证券化的资产为标准，购买者和持有人在证券到期时收取本金和利息，如果担保资产遭到违约，而资产发起人或购买人（如投资银行）的偿还义务不超过该资产限额，降低了项目公司的运营风险。第二，融资成本不高，安全性高。ABS 方式运作只涉及原始投资人、投资者、证券承销商等少数几个主体，不需政府的许可、授权。第三，"有限追索权"决定了使用 ABS 方式融资的前提条件是必须有可靠的可预期的未来现金流收入。在国内市场上发行 ABS 债券，投资风险较低的优势可以充分调动投资者的热情，同时为很多机构投资者如社保基金、保险基金、互助基金、退休养老基金等提供良好的投资渠道，达到互利双赢的局面。

（二）BOT 融资方式

BOT 方式是项目融资，国内外有很多大型项目如公共设施建设多采用这种融资建设方式。它由 20 世纪 80 年代土耳其总理奥扎尔首先提出，是 build（建设）—operate（运营）—transfer（转让）的缩写，据世界银行《1994 年世界发展报告》，BOT 方式还有其他两种具体方式：一是 BOOT（built-own-operate-transfer），即建设—拥有—运营—转让。一个项目公司集资建大型项目，建成后在规定的期限内拥有所有权并进行经营管理、获取收益，项目在期满后交回给政府。二是 BOO（built-own-operate），即建设—拥有—经营。这是政府赋予项目公司的特许权，建设并经营一些设施设备。通常说的典型的 BOT（built-operate-transfer）即是建设—运营—转让。采用 BOT 方式进行融资，是通过政府或机构为投资者

311

提供许可证，应允投资方承建某生态项目，项目完成后在约定期限内独立经营管理、获取收益，期满后无偿把项目交还给政府或机构。

采用 BOT 方式的优点：一是可以减轻政府直接的财政负担。通过私企筹资、建设、经营的方式，来参与管理生态建设项目，其融资的责任和义务都在私企组织，政府不必承担债务。二是转移政府风险到私营机构。生态建设项目建设周期长，有很多不确定因素，如通货膨胀等，所以工程建设中经常有投资和预算不一致的情况出现。三是可以提高项目的运营效率。一方面，BOT 方式组建生态项目公司，召集各方专家建设项目，避免了政府建设生态环保设施能力不足的情况；另一方面，BOT 项目大多关系到巨额资金的投入，存在项目周期长的风险，所以贷款机构对项目公司的要求比政府要求更加严格，项目公司也会加强管理来减少风险等。四是可提前满足社会公众需求。使用 BOT 方式进行生态环保建设，在外商或私营企业的带动下，提前建成一些政府无力投资的基础设施，从而促进社会生产力的提高。

（三）PPP 融资方式

PPP 模式（public private partnership），是政府与私人组织之间合作建设公共设施或提供某种公共服务，在规定协议的基础上，彼此之间友好合作，通过签订合同来明确双方的权利和义务，以顺利完成合作。这种模式以其政府全过程参与经营的特性在国内外引起了广泛关注。PPP 模式比较适用于公益性的污染废弃物处理或其中的某一环节，如有害废弃物处理和焚烧处理与填埋处置生活垃圾的环节。

广义 PPP 可以分为外包、特许经营和私有化三大类，其中：外包类 PPP 项目一般都是政府投资，私人承包整个项目中的个别职能，例如只负责工程建设，且政府支出实现获益。特许经营类 PPP 项目指私人参与部分或全部投资，并与公共部门合作分担风险、共享收益。私有化类 PPP 项目是由私人部门全权负责此项目，由政府监管，通过向用户收费来获利。

（四）联合生态融资

在提高生态建设组织化的过程中，越来越多的企业、公司一起投入到生态建设中，从事生态建设的中、小型企业与农户携手使用，共同建设，形成"公司 + 基地 + 农户"等多样化的联结机制。生态建设者不再单独融资，而是集体联合融资，联合筹集生产要素。联合融资是速效方式、融资对象的混合体。针对融资组织方式的变化，应改变金融机构组织方式和贷款担保方式以适应挑战。金融机构互通交换业务、协同合作，形成各种金融机构联合体，并与政府担保或农户联保相结合开展联合融资业务，设计、开发联合融资的业务和技术。具体如下：

（1）开展小额抵押、质押业务：针对广大生态重建者资产规模小的特点，开展小额房屋抵押，生产资料（汽车、拖拉机等）抵押的业务，方便广大生态重建者融资；

（2）开展担保式的小额贷款：在政府审查通过，出具信用和担保证明后，生态建设者可向金融机构申请小额贷款；

（3）开展农户联保贷款的业务：农户相互担保，然后一起和金融机构签订合同后，农户再向金融机构申请贷款；

（4）开展投工投劳、投生产要素的融资业务：一些地方政府开展生态工程是以一定资金和物质为启动资金，以"投工投劳""投生产要素"来筹集生产要素；同时一些生态建设联合体，如"公司＋基地＋农户"建设联合体，也是以投工投劳、投生产要素的融资方式来筹集生产要素和资金；金融机构还可能通过成立生态经营投资公司和绿色典当行来开展投工投劳、投生产要素的融资业务；

（5）开展以将来收益为抵押的无资本融资业务：一些贫困落后地区，群众十分贫穷，几乎一无所有，很难进行生态建设。政府先设法筹集一笔资金和物质，贷给贫困的生态建设者，到收益时，融资者连本带息地偿还投资公司或生态经营投资公司，以此来开展业务；

（6）开展现金和实物混合的融资业务：生态重建者可实行"有钱出钱，有物出物，有力出力"的融资方式，筹集资金和生产要素。金融机构可建立相应物质储备体系和实物与现金折算替代体系，迅速将实物折现以满足实物和现金混合的融资需求。

（五）引进国际信贷

西部大开发需要建设的大量项目可以利用外商投资来筹建。除了传统的合资、全资、外商独资、举借外债、转让项目经营权以及 BOT、ABS、TOT 等投资方式，重视跨国公司投资，鼓励外资金融企业设立分支机构，以扩大西部地区生态环境重建中利用外资的渠道。

国际机构越来越重视环保问题。今后 15 年，全世界对"绿色工程"贷款的投资银行数目将增加 2 倍，银行把环保项目作为贷款直接投资。政府应抓住机遇引进国际信贷，发展保护生态产业。环保投资公司可作为法人吸引外资，也可作为中介人、担保人帮助企业吸引外资。

（六）合同能源管理

合同能源管理（EPC——Energy Performance Contracting）是节能服务公司以

契约形式与用人单位约定节能项目计划，节能服务公司提供必要的服务给用能单位，用能单位以节能效益支付节能服务公司的服务的一种机制。以减少能源费用来支付节能项目全部成本的节能投资模式，允许客户透支收益为工厂和设备升级，来降低运营成本；或者节能服务公司承诺一些节能项目的效益、承包整体能源费用提供节能服务给客户。

其类型主要有：

节能效益分享型，在约定期限内用户和节能公司互相分享节能效益的一种合同类型；能源费用托管型，用户委托节能公司改造节能管理能源系统，并按约定将交节能服务公司管理能源系统的能源费用，节约的能源费用交节能服务公司；节能量保证型，节能服务公司向用户提供节能服务并保证项目节能效益；融资租赁型，融资公司购买节能服务公司的设备服务，给用户租赁使用，定期向用户收租；混合型，是由以上4种类型的随意组合的合同类型。

第二十三章

中国科技创新政策保障

第一节 我国生态文明建设科技创新政策体系的状况和问题

一、我国生态文明建设科技创新政策体系的现状

在资源节约与环境友好型社会、节能减排、生态文明建设等战略的建设过程中，我国投入到绿色科技的研发资金大幅增加。"十一五"期间国家科技计划累计发放节能减排研发经费超过 100 亿元（科技日报，2010）；围绕环境保护公益行业科研专项支持的经费达到 7.8 亿元；水体污染控制与治理科技重大专项投入资金 112.66 亿元（环境保护部，2011）。"十二五"期间，我国将进一步提高绿色科技领域的财政投资，环境保护科技领域的中央财政投资预算为 220 亿元（环境保护部，2011），是"十一五"期间 60 亿元的 3 倍多；水专项总经费 141.3 亿元，其中中央财政经费预算 51.5 亿元，地方配套 89.8 亿元。

尽管我国没有提出明确的绿色科技创新战略，但在可再生能源、坚强智能电网、战略性新兴产业、绿色建筑、新能源汽车等方面的战略安排，开辟出了与传统产业不同的绿色科技市场，进一步使得绿色创新、绿色技术走向产业化发展的道路。

315

1. 可再生能源发展

2005 年 2 月,我国颁布《可再生能源法》,确立了可再生能源发展的法律地位。2007 年国家发改委印发的《可再生能源中长期发展规划》,确定了可再生能源发展的长期目标和重点领域。这两个法律法规有力促进了我国可再生能源产业的快速发展和技术进步。2010 年 4 月,《可再生能源法(修正案)》开始实施,确保了可再生能源发电全额保障性收购制度的实行,并设立可再生能源发展基金促进可再生能源的发展。2012 年 8 月,国家能源局印发《可再生能源发展"十二五"规划》,大幅提升了中长期规划中关于太阳能发电、并网风电、太阳能热水器等的开发利用目标,确定了可再生能源开发的重点任务和其他可再生能源开发重点。

为了使该计划具有可行性,我国制定了有关政策。我国成为第一个建立风电行业上网电价的非欧盟国家。2007 年 7 月,国家电监会发布《电网企业全额收购可再生能源电量监管办法》来推动可再生能源发电全额保障性收购。2009 年,我国开始实施"金太阳示范工程"和"太阳能屋顶计划"补贴项目,以此来解决太阳能光伏制造业产能过剩的问题。我国还通过提供低息贷款和激励机制,支持国内可再生能源公司,帮助它们扩大生产能力并向国际市场进军。国家开发银行给各类可再生能源公司提供了巨大的授信额度(中国绿色科技组织,2011)。在法律、规划和政策的支撑下,中国可再生能源投资大幅增加,2004 ~ 2012 年累计投资达 2 573 亿美元,2012 年新增投资 660 亿美元,成为全球最大可再生能源投资国。根据《可再生能源发展"十二五"规划》预算,"十二五"期间,我国可再生能源投资总需求为 1.8 万亿元(国家能源局,2012)。国家科技计划对可再生能源技术的创新给予了大力支持。《国家中长期科学和技术发展规划纲要(2006 ~ 2020)》将可再生能源低成本规模化开发利用作为重点领域的优先主题。《国家"十二五"科学和技术发展规划》也将可再生能源作为未来科技投入的重点。2012 年 3 月,科学技术部印发《太阳能发电科技发展"十二五"专项规划》和《风力发电科技发展"十二五"专项规划》,确定了"十二五"期间,太阳能和风能发电科技发展的目标和重点任务。

2. 建设坚强智能电网

能效目标、国家能源结构中可再生能源比重的上升、发电与需电间的远距离输电、电动汽车充电基础设施的发展等,现有的电网无法全面应对这一高标准的技术挑战。鉴于此状况,我国政府于 2009 年通过了国家电网公司的《坚强智能电网规划》,计划在 2020 年前建设一个完整、可靠、高效的智能电网。国家电网公司同时发布了投资总额为 3.45 万亿元的 11 年投资计划,用于建设坚强智能电网。该计划侧重改进整个产业链,尤其是建设特高压骨干电网。投资计划分试点、建设和产业化三个阶段。第一阶段（2009～2010年）主要制定发展规划和各种技术标准，并开展试点工作。2010年6月，《智能电网关键设备（系统）研制规划》和《智能电网技术标准体系规划》相继发布，统筹规划和设定了坚强智能电网技术。2011年，国家电网开始建设阶段（2011～2015年），包括城市和农村地区的超高压（UHV）线路和配电网络，双向沟通、远程监控和电动汽车充电设施。

南方电网也把建设坚强智能电网作为重要战略目标之一。南方电网公司从国家的层面来解决急需的关键技术，把研究解决规模化间歇性能源与分布式电源接入问题作为"十二五"科研问题的一个主线。南方电网以后十年大概分两个阶段，第一个阶段是规划、研究和示范，第二个阶段是示范、推广和完善。2013年11月，南方电网公司与中国移动公司续签战略合作协议，用4G技术建造一个高效可靠的智能电网。

坚强智能电网的建设需要攻克一系列技术难题，如大容量储能系统、大规模集中接入间歇式能源并网技术、智能配电与用电技术等。通过智能电网建设，推动我国技术领域创新并且为推动第三次工业革命的能源互联网的建设提供相关的技术。

3. 发展战略性新兴产业

2010年9月，国务院常务会议审议并通过了《国务院关于加快培育和发展战略性新兴产业的决定》，明确重点培育和发展节能环保、高端装备制造、新能源、新材料、新一代信息技术、生物、新能源汽车七大战略性新兴产业。基本发展目标是到2015年，使战略性新兴产业形成健康发展、协调推进的基本格局，推动产业结构升级，使增加值占国内生产总值的比重达到8%左右，到2020年增加到15%左右。随后，各省市也相继颁布战略性新兴产业规划，制定配套政策促进战略性新兴产业的发展。《国民经济和社会发展第十二个五年（2011～2015年）规划纲要》明确提出"把战略性新兴产业培育发展成为先导性、支柱性产业"。2012年7月，国务院印发《"十二五"国家战略性新兴产业发展规划》，确定了发展目标、重点方向和发展路线图。

《国家"十二五"科学和技术发展规划》将"大力培育和发展战略性新兴产业"作为单独一节，指出要把突破一批支撑战略性新兴产业发展的关键共性技术作为科技发展的重中之重。2011年3月，中国科学院发布《支撑服务国家战略性新兴产业科技行动计划》，讨论围绕七大战略性新兴产业，加大资金投入，调动全院科技力量，开展产业技术和前沿技术研究，开展技术集成创新、工程化示范，为战略性新兴产业培育和发展提供科技支撑与服务。

4. 推动绿色建筑发展

"十一五"期间，我国绿色建筑评价标准和标识制度的建设已经为绿色建筑的发展奠定了基础。2006 年，建设部颁布的《绿色建筑评价标准》成为我国第一部绿色建筑国家标准；2007 年 8 月，出台《绿色建筑评价标识实施细则（试行）》《绿色建筑评价技术细则（试行）》；2008 年 6 月，住房和城乡建设部修订《绿色建筑评价标识实施细则（试行）》，并编制出台《绿色建筑评价标识使用规定（试行）》《绿色建筑评价标识专家委员会工作规程（试行）》，这意味着我国绿色建筑评价标识制度正式实施。

"十二五"以来，我国开始大力推动绿色建筑的发展。2012 年 4 月财政部、住房和城乡建设部出台《关于加快推动我国绿色建筑发展的实施意见》，确定了绿色建筑的发展目标和要求，并提出了高星级绿色建筑财政政策的激励措施。2012 年 5 月住房和城乡建设部印发《"十二五"建筑节能专项规划》，要求大力推动绿色建筑发展，普及绿色建筑。2013 年 1 月，国务院办公厅 1 号文件转发《绿色建筑行动方案》，要求在"十二五"期间，完成新建绿色建筑 10 亿平方米；截至 2015 年末，20% 的城镇新建建筑达到绿色建筑标准要求；同时还对"十二五"期间绿色建筑的方案、政策给予明确支持。

5. 新能源汽车

2007 年 11 月 1 日，《新能源汽车生产准入管理规则》开始实施，标志着我国新能源汽车市场化的开始。2007 年 12 月，国家发改委发布的《产业结构调整指导目录（2007 年版）》，将新能源汽车纳入鼓励范围，享受鼓励政策。2009 年 1 月，国务院原则通过《汽车产业振兴规划》，紧跟其后的是《节能与新能源汽车示范推广财政补助资金管理暂行办法》《关于开展节能与新能源汽车示范推广试点活动的通知》，以及在 13 个城市正式启动的电动汽车"十城千辆"项目。2012 年 6 月，国务院印发《节能与新能源汽车产业发展规划（2012～2020 年）》。该规划制定的新能源汽车的产业化目标是：到 2015 年，纯电动汽车和插电式混合动力汽车累计产销量力争达到 50 万辆；到 2020 年，纯电动汽车和插电式混合动力汽车生产能力达 200 万辆、累计产销量超过 500 万辆，燃料电池汽车、车用氢能源产业与国际同步发展。2013 年 7 月，国务院常务会议要求政府公务用车、公交车率先使用新能源汽车。8 月初，国务院发布《关于加快发展节能环保产业的意见》，提出政府普通公务用车要择优选用纯电动汽车，并加大公共服务领域新能源汽车示范推广范围。

自 2009 年启动新能源汽车市场化进程以来，新能源汽车销量不断增加。但占市场销量比重仍然偏低，与《节能与新能源汽车产业发展规划（2012～2020 年）》设定的到 2015 年 50 万产销量的目标相去甚远，2013 年新能源汽车销售量与美国仍有很大的差距，也低于同期的日本。性能不佳、初始成本较高、充电设施不足、商业模式不成熟等阻碍了电动汽车在中国的推广。未来新能源汽车的市场前景取决于电池技术进步（包括成本下降）、商业模式创新、基础设施建设和政策扶植力度，其中技术进步是市场拓展最为关键的因素。

二、我国生态文明建设科技创新体系的问题

相对于欧美国家建立的系统完备的包括法律法规、环境标准和标识制度、环境技术验证制度、碳交易制度、排污权交易制度、资源税费等有利于绿色科技创新的制度体系，我国促进绿色创新的保障制度建设严重滞后，在促进绿色创新的各个环节均面临制度缺失和不完善的问题。

（一）绿色创新资源过于分散，未形成协同创新体制

目前，我国还没有制定专门的促进绿色创新的制度，而是将绿色创新纳入到科技、环境、能源、工业、建筑、交通等领域的制度中。绿色技术创新的投入管理部门分散在科学技术部、环境保护部、国土资源部、财政部、国家发展和改革委员会、工业和信息化部、国家自然科学基金委员会等部门。不同部门投入的创新资源零散地分布于大中型企业、高校和科研院所，存在交叉重复、统筹协调难、使用效率不高等问题，尚未形成系统有效的产学研协同创新机制。

（二）绿色标准和标志制度不完善

目前，我国环境标准和能效标准面临着标准偏低、更新慢、缺乏法律约束力等问题。环境标志产品认证过程中只考虑制造生产过程对环境的影响作用，对产品的全生命周期的考虑较少；环境标志的社会认知度和信任度也不高。能效标识有两套等级划分方法，有的产品则划分为 5 个等级，有的则划分为 3 个等级，容易使消费者混淆，而且造成了一些企业的投机行为。

（三）缺乏绿色技术验证制度

环境技术验证制度对具有商业潜力、创新技术的资源进行第三方科学、公正的测试和评价，获取环境技术的性能数据和技术特征，编制技术验证报告，供技术的潜在购买者在购买时参考。经过认证的技术在项目立项、融资、扩大市场方面更容易得到认可，能够有效推动绿色新技术的市场化。目前，我国还没有建立环境技术验证制度，对绿色技术的验证和评价主要是通过召开专家评审会或函审的形式进行，以定性评价为主，从而影响了最终评价结果的正确性。

（四） 缺乏保护绿色技术创新的完善的知识产权制度

现在世界上很多绿色低碳核心技术的知识产权汇聚在欧美等发达国家手中，因此他们也是制定规则方，且轻而易举地占据了全球绿色低碳经济市场的制高点。我国不仅需要花费巨资购买大量的欧美国家的绿色低碳技术装备，而且很多技术遭遇知识产权壁垒，需要为一些技术支付巨额的专利费，制约着我国绿色产业的发展。而且，绿色知识产权制度的不完善，未使绿色技术创新主体的权益得到有效保障，降低了绿色创新的积极性。

（五） 企业环境信息披露制度不完善

重点污染企业和上市公司环境信息披露制没有强制性的法律保障，缺少对环境信息公开主体的责任的惩罚规定，企业信息披露的内容、格式、范围和信息生成的方法缺乏一致规范的要求。很多企业在披露信息时产生降低信息披露质量的行为，不仅披露的信息量较少、资料不全面，而且存在刻意隐瞒关键信息或披露虚假信息的问题。

（六） 绿色消费激励制度不完善

长期以来，我国的制度建设和政策制定更加重视生产端的清洁生产和绿色发展，而忽视消费端的消费者行为的规范和引导。公众的绿色消费意识普遍不高，对绿色产品的需求低，使生产者缺乏投入资金进行绿色创新并生产绿色产品的积极性。我国还缺少明确的法律条文推动绿色消费。国家各部委也没有下设专门部门推动绿色消费。除了建立了节能环保产品政府采购制度外，还没有建立其他的促进绿色消费的制度。而且节能环保产品政府采购制度自身还有待完善。

（七） 缺乏绿色创新和绿色产业发展监测、统计和评价制度

有关绿色创新和绿色产业发展等一系列制度的缺失造成了我国一直难以精确了解绿色创新产业的发展状况，无法诊断绿色创新和绿色发展面临的问题和障碍，不利于相关制度和政策的制定和改进；也使我国针对绿色创新和绿色产业发展的评估十分困难，难以对地方政府和企业的绿色创新和绿色产业发展监督和进行激励。

第二节 建立生态文明科技创新政策
保障体制的国际经验

一、欧盟绿色创新的战略措施和制度安排

(一) 绿色创新战略和计划

欧盟是绿色创新最重要的支持者和实践者,且在诸多领域处于领先地位。据估计,欧盟大约占有世界上 30% 的环境技术与服务营业额,40% 的可再生能源营业额,50% 的循环工业营业额 (Barsoumian et al.,2011)。欧盟在绿色创新方面所取得的成就与其长期将绿色创新作为重要发展战略并投入巨资开展绿色技术研发密不可分。

2000 年,欧洲理事会里斯本峰会制定了欧盟第一个十年发展战略——"里斯本战略"(Lisbon Strategy)。该项战略以建设包容性社会、可持续发展、振兴经济作为三大支柱。由于"里斯本战略"实施初期效果不佳,2005 年欧盟重启"里斯本战略"指出要依靠绿色创新、环境技术及自然资源的可持续管理,使环境政策对经济增长和就业领域做出积极贡献。这是继"里斯本战略"之后,欧盟委员公布的第二个十年发展战略——"欧盟 2020 战略"。该战略强调通过科技创新和发展绿色经济为欧洲经济发展注入新的活力,并实现可持续发展 (European Commission,2010)。欧盟研发框架计划 (EU Research Framework Program) 为绿色创新提供了数额庞大的资金支持。欧盟第一框架计划就把环境领域列为该计划的重要领域,经费总额达 2.6 亿欧元;在第六框架计划中,有 21 亿欧元优先用于发展可再生能源、环境与交通;第七框架计划预计有 100 亿欧元用于发展环境技术 (Kemp,2011)。2011 年 11 月公布的 2014～2020 年的研究与创新框架计划——"地平线 2020"设定了三个战略目标:卓越的科学 (预算 246 亿欧元)、产业界的领袖 (预算 179 亿欧元) 和应对社会的挑战 (预算 317 亿欧元)。应对社会的挑战战略所关注的六大挑战中有三大挑战直接与绿色创新有关,包括:(1) 安全、清洁和高效能源;(2) 智能、绿色和集成交通;(3) 气候行动、资源效率和原材料。在两个十年发展战略和研发框架的支撑下,欧盟启动了一系列绿色技术领域的项目和行动计划,促进欧盟及各成员国的绿色创新。

321

2004 年，欧盟实施了"环境技术行动计划"（ETAP），主要挖掘环境技术的潜力，改善环境并提升欧盟竞争力。ETAP 主要集中在三大领域：促进技术研究与市场需求的有效结合；改善市场条件；全球层面的行动。

2006 年，欧盟启动"竞争力与创新框架项目"（2007～2013 年）。其中，设立"绿色创新评估项目"，负责建立绿色创新指标，促进成员国间有关绿色创新的理解与交流，随后又启动了"绿色创新观测平台项目"（Eco-innovation Observatory），为欧盟乃至全球的绿色创新交流提供集成化平台。为了进一步促进"环境技术行动计划"，2007～2013 年，"竞争力与创新框架项目"共投入 36 亿欧元促进绿色创新，重点关注气候变化、能源与资源的使用效率、健康与人口变化。2007 年 11 月，欧盟委员会通过"战略性能源技术计划"，确定了未来十年欧盟要攻克的关键能源技术，以及为了实现 2050 年远景目标，欧盟未来十年必须攻克的关键技术。2009 年 10 月，"战略性能源技术计划"正式出台，计划在原有投入的基础上增加两倍资金，即每年投入 80 亿欧元用于能源技术研究。为了应对金融危机，2008 年 12 月，欧盟各成员国一致同意，发起了"欧洲经济复苏计划"，将绿色技术作为经济复苏计划的重要支撑。其中 50 亿欧元经费中的一半用来资助低碳项目。2009 年 3 月，欧盟宣布，在 2013 年前出资 1 050 亿欧元支持"绿色经济"，促进就业和经济增长，使欧盟在"绿色技术"领域处于世界领先地位。

为落实"欧盟 2020 战略"目标，2011 年 12 月欧盟启动新的"绿色创新行动计划"，旨在占领绿色技术制高点、保持绿色创新世界领先水平，以及提升绿色工业世界竞争力。该行动计划提出了促进欧盟绿色创新的七项关键行动，包括：（1）通过制定环境政策与立法促进绿色创新；（2）通过支持示范项目、公私合作伙伴项目，推动极具前景但尚未有效进入市场的环境技术的市场化；（3）制定和修订新的标准，扩大绿色创新市场需求；（4）使用金融工具和服务支持中小企业的绿色创新；（5）促进国际合作，推动欧盟各国绿色创新研究的整合，推动全球统一的绿色市场和有效的监管体系的建立；（6）支持绿色技术相关的课程培训和能力建设，满足绿色创新对劳动力市场的需求；（7）继续强化欧洲创新伙伴关系，促进绿色创新知识的转移及转化（European Commission，2011）。

（二）推动绿色创新的制度和政策

在绿色创新战略的支撑下，欧盟的绿色创新已落实到一系列制度、政策文件和项目。欧盟从四个领域推动绿色创新：从研发到市场；改善市场环境；全球行动；面向未来。欧盟成员国分别从这四个领域采取措施、建立制度、制定政策促进绿色创新。调查显示，欧盟各成员国都制定了促进绿色创新的相关政策

（Kemp，2011）。

各成员国采取的所有政策放在一起是包含 28 项具体政策的政策矩阵。这些政策又可以分为四类：市场型政策工具、信息型政策工具、命令/控制型政策工具（研发计划、法律法规、规划等）、混合型工具。其中，以市场型和信息型政策工具为主。但加强环境技术的研发、示范和推广，促进绿色产业的发展，培育商业和消费者意识是现阶段各成员国采用的最普遍的政策措施。

二、美国绿色创新的战略计划和制度安排

（一）绿色创新战略和计划

美国从 1993 年开始制定并于 1995 年发布"国家环境技术战略"，其目标为：到 2020 年"地球日"时，废弃物要减少 40%～50%，每套装置消耗原材料减少 20%～25%。1994 年发布的《面向可持续发展的未来技术报告》，体现了美国政府对环境技术的空前重视。奥巴马上台以来，接连推出了以清洁能源和新能源汽车为核心的绿色新政，致力于使美国在未来全球绿色经济中占据主导地位。

第一，对清洁能源创新投资。十年内投资 1 500 亿美元支持清洁能源技术的研发和示范，包括可再生能源、高能效照明、储能、绿色建筑、碳捕获和封存、抗扩散核反应堆等。

第二，支持发展先进车辆技术。主要措施包括拨款 20 亿美元，加快私营部门的投资步伐，建立具有国际竞争力的汽车电池和电动车配件产业；提供高达 7 500 亿美元的税收抵免，鼓励消费者购买电动车；投资 4 亿美元做好交通电气化配套设施建设；设立 250 亿美元贷款基金，发展先进车辆技术。

第三，支持研发新一代生物能源，减少石油消费，减少温室气体排放。美国政府在《2009 美国复苏和再投资法案》中设立了 8 亿美元资助基金和 5 亿美元贷款担保金，加速发展纤维素和藻类等生物燃料清洁技术。

第四，促进能效产业的发展。《2009 美国复苏和再投资法案》与国家能源政策将促进提高能效的新技术、新工艺、新工作的大幅增长。为"绿化"联邦政府建筑拨款，并为支持州和地方政府的可再生能源、能效和节能工作拨款 63 亿美元。

第五，注重下一代清洁能源创新人才的培养。2009 年，美国政府开始重视清洁能源人才教育与培养方面，采取了学术机构与创新公司结成伙伴关系等措施，鼓励学生从事清洁能源研发工作，并提出了"重塑美国能源科学与工程学优势"教育计划。2011 年 3 月，美国政府发布《能源安全未来蓝图》，要求创新走

向能源未来："在清洁能源领域成为世界领袖是强化美国经济、赢得未来的关键。为了实现这个目标，我们要为已有的创新技术营建市场、资助开发下一代技术的前沿基础研究。"

2012 年 3 月，美国能源部联合商务部宣布投资 1 200 万美元启动 i6 绿色挑战计划，给国内最具创新观念的六个团队，推动技术商业化和产业发展，促进绿色创新经济的发展。

2013 年 3 月，奥巴马在其连任后的首次能源政策讲话中，宣布未来十年投入 20 亿美元到计划创立的能源安全信托基金中，强调不能让其他国家在能源方面超过美国，要高度重视相关行业的发展，让美国成为绿色创新的先导者。

2013 年 6 月，美国能源部宣布，要采取竞争的方式，由通用等汽车公司组织管理的美国先进电池联盟将以获得千万美元拨款为契机，加快在能源应用方面的发展，争取发展高效、高性价比的电池技术与电动汽车。其中能源部的投资将与私营部门 1∶1 匹配。

（二）绿色创新制度和政策

美国已经建立了十分完备的保护环境和促进绿色创新的制度和政策体系，包括研发、技术验证、环境绩效标准与立法、融资、市场工具、采购、环境意识与培训、全球行动等。

风险投资是美国资本市场最活跃的因素。20 世纪 90 年代后期，随着清洁技术的深入人心，风险投资将清洁技术和替代能源作为新的投资领域。据 Money Tree 报告显示，清洁技术领域成为风险投资成长最快的领域之一，2004 年清洁技术为第 7 大风投领域，次年超过半导体，成为第 5 名。同时，对该技术的投入资本也由 2004 年的 400 万美元增长近 10 倍到 2008 年的 4 100 万美元，成为风险投资的热点所在。

第三节 发展我国生态文明、构建科技创新
政策保障体系的理论建议

根据我国绿色创新面临的体制机制障碍，以及制度建设现状和存在的问题，我国需要从下述八个方面建立完善促进我国绿色创新的制度保障，激励政府与市场共同促进发展绿色创新制度体系。

一、建立国家绿色发展"政产学研"协同创新联盟

建立国家绿色发展"政产学研"协同创新联盟可以作为一个有效的协同创新平台，汇聚各种创新资源，通过有效的合作、协调和互动，充分发挥政府部门在统筹、投资和配套政策制定方面的优势，高等院校和科研院所在技术、人才及科研基础设施方面的优势，企业在生产和市场化方面的优势，以及中介机构在融资和信息方面的优势，联合开展绿色创新政策的制定、绿色技术的研发和市场化，可以极大地提高绿色创新效率。

发挥政府作为主导部门的带动协调作用，成为绿色创新领域的核心支柱。政府是绿色创新及其产业化制度和政策的制定者、执行者，需要发挥其对绿色创新的支持和引导作用，推动重点领域绿色发展协同创新联盟的建立。政府制定绿色创新制度和政策时，需要调动大学、科研机构、企业及行业协会的力量，通过多方协商，为绿色创新和绿色产业的发展营造最有利的制度和政策环境。

发挥企业的市场主体作用，成为绿色创新领域的指南针。企业是各类绿色新兴技术的主要受益者，能够及时洞悉市场需求和变化，并及时调整发展战略。企业作为市场的主体具有灵活性和敏感性，应该充分地发挥其配置科技创新资源的决定性力量，但是由于我国绿色技术创新领域引导性不强，认知不够，从而导致企业内部动力不足，缺乏关注度，绿色技术创新弱。需要通过教育、宣传和能力建设，让企业认识到在资源环境约束日趋加剧、环境标准日益严格、公众环境意识日益提升的背景下，开展绿色技术创新在节约生产成本、提升企业品牌、开拓新的市场、创造新的利润空间方面的重要意义。

发挥高校和科研机构的知识、技术、人才和科研基础设施的支撑作用。高校和科研机构作为国家储备人才的重要基地，对新理论具有一定的科学敏感度和知识包容度，人力、物力、财力的支撑是企业发展绿色创新理论坚实的后备力量。他们可以根据企业需求，开展绿色技术的研发，也可以作为企业开展绿色技术研发的平台，进行协同创新。同时，高校和科研机构也需要调整学科设置，承担培养高质量的绿色技术创新人才的重任。

发挥中介机构的协同服务支持作用。咨询机构能够向企业实时传递信息，保证信息的准确性和及时性，并能够整合行业资源；金融机构可以为企业的绿色创新提供信贷服务；法律事务所可以为企业提供法律咨询；会计事务所可以为企业提供专业的财务分析。不同中介机构的资源整合能够为企业开展绿色技术创新排忧解难，实现有效分工，从而能够实现绿色技术创新的快、稳、准，降低风险性。

由于绿色技术涉及的学科领域和政府主管部门较多，在全国层面可以建立多个国家级的绿色发展"政产学研"协同创新联盟，实现"绿色＋"，将绿色技术应用到各个领域，同时，提高地方政府的认知，并采取政策鼓励地方政府进行绿色技术创新联盟的建设。

二、完善绿色标准和标识制度

政府部门需要发挥主导作用，引导产学研各方面共同推进国家重要绿色技术标准的研究、制定或更新。通过制定国际领先或国内领先水平的标准，促进优胜劣汰，激励绿色创新，提高绿色产品的整体水平。除了建立全国统一的基础性绿色标准外，还需要考虑不同地区环境容量和环境功能区划的要求，制定分区标准，确保绿色标准的统一准确性和分类指导性。此外，各相关部门还要组织专家积极参与国际环境、能效、碳排放等领域标准的制定，推动我国绿色技术标准的国际化，抢占全球绿色技术话语权。

提升绿色标志法律地位，推动绿色标志立法机制，采用法律保护的方式，将环境标志和能效标识标准和程序纳入法律保护，改进并完善程序，将环境性能的标志产品和能效标识产品的优势体现在生命周期中的各阶段。同时，为各领域制定绿色标志发展的倾斜政策，发挥政府的政策优势，吸引各领域参与到环境标志制度的运行发展中。例如可以给申领环境标志的企业优惠贷款政策、项目招标加分策略予以奖励，为企业提供适度减免税优惠等，实现国家、政府、企业共赢。

三、建立绿色技术验证制度

对于绿色技术验证制度方面，我们可以借鉴欧美等西方国家的先进经验，引以为用，采用以政府为主导，验证评估机构、专家小组等多方参与的绿色技术验证制度，从而使验证制度更加稳定可靠。政府部门主要负责技术验证的指导、监督、审计和审批，确保认证过程和数据的可信性；验证评估机构的主要职责是制订验证计划、开展验证并编制验证报告，在全国层面可设立多家验证评估机构以引入竞争和淘汰机制。专家小组由验证技术对应的行业专家组成，可以建立专家库，从专家库中选择，并分别代表技术开发者、技术购买者、行业协会、地方政府等的利益主体，主要负责审议技术文件并提出建议；技术供应商提出验证申请并配合验证工作。

绿色技术涉及的面广、技术种类多。绿色技术验证制度的建设需要多个部门、多个行业协会、多个验证机构和多领域专家共同努力。结合我国政府部门的职能和绿色技术的分类特征，可以建立多个技术验证中心。例如，环境技术验证中心，由环境保护部作为主管部门，开展清洁生产、污染物检测、污染治理等方面的技术验证；能源和低碳技术验证中心，以国家发展和改革委员会作为主管部门，开展可再生能源、清洁能源、节能、低碳等领域的技术验证。

为了保证验证制度的科学化和规范化，需要制定支撑绿色技术验证的配套的指南、程序、标准、规范，并建立绿色技术验证的激励机制，如在绿色技术验证制度建设的初期，验证费用可以由政府承担，待制度成熟后，再由受益方承担相关费用。

此外，为了提升我国绿色技术的水平、提高我国绿色技术在国际上的话语权，尽量避免日后的国际绿色贸易壁垒，加快由制造大国转为技术强国的脚步，我国应尽早培养人才、提升实力，加入环境技术验证国际工作组织，并参与环境技术验证制度国家化和标准化工作。

四、加强知识产权保护，制定绿色产业战略

强化知识产权保护、制定绿色产业专利战略是我国技术成为国际标准的基本保障，用法律保护技术从而实现有法所依、有法必依，不仅能够保护我国绿色技术专利，还能降低国际国内的风险和冲突，有效避免盗版和剽窃。根据我国现实状况，借鉴世界知识产权局国际专利分类修订工作组的相关文件，在国际产权组织中申请我国绿色技术专利分类号，开展绿色技术创新，稳步合理地发展绿色产业技术；同时，在我国专利法中也应该将"绿色性"纳入条例。此外，在一些可能对资源环境造成重大影响的技术领域研究制定技术的"绿色标准"，作为专利授权与否的强制标准。构建绿色知识产权公共服务平台和绿色技术专利数据库，提供国际绿色技术专利动态信息以及绿色关键技术和产品专利检索、分析和预警服务，使技术平台公开化，更好地服务于市场需求方；建立一定的专利监督机制，保证绿色技术专利的法制性。另一方面，采用多样化、多渠道的方式引导市场主体学习利用专利信息，从理论探索到实际应用，服务于社会。

五、建立企业环境信息强制披露制度

建立完善企业环境信息强制披露机制，建议由环境保护部牵头制定《国家重点污染源监控企业环境信息披露管理办法》，由环境保护部和证监会共同制定《上市公司环境会计信息披露管理办法》，明确各类企业环境信息披露的内容、指标、格式和信息生成方法；在《环境保护法》修正案中增加企业相关环境信息的

有效数据条文，在企业申报和运行中必须披露环境信息并采取违规惩罚机制；在相关领域增加环境监督和惩罚条文，确保将环境保护性纳入各领域中从而实现绿色技术与各行业的有效融合发展，对于纳入国家重点污染源监控企业的上市公司，采取管理、警告、惩戒等管理机制，确保信息披露，规范企业的发展；建立企业环境信息披露的审核机制，对上市公司进行经济审计的同时，对于披露虚假信息的企业予以严惩。为了提高国家重点污染企业和上市公司环境信息报告的真实性、透明性，应重视发挥公众和舆论监督的作用，建议建立全国性的重点污染监控企业和上市公司环境信息报告数据库和网络平台，将全国重点污染企业和上市环境信息报告进行实时监控，实现监督部门、公众和 NGOs 等的多重监控。

六、建立绿色创新和绿色产业发展监测与评估体系

建议工业和信息化部联合环保部、国家统计局及相关科研机构，开展绿色创新和绿色产业发展监测与评价指标体系研究，建立《绿色技术创新监测和评价指标》《绿色产业发展监测与评价指标》，并将绿色创新和绿色发展关键指标纳入国家统计局的统计制度。由国家权威研究机构开展绿色创新和绿色产业发展年度评估，评估全国和区域绿色创新和绿色产业发展情况，发布《国家绿色创新评估报告》《国家绿色产业发展评估报告》，评估并发布全国及各省市绿色创新和绿色产业发展进度，为各个地区的绿色产业发展政策和创新提供了指导性意见。

七、建立和完善绿色消费制度

力争在相关部委建立和完善绿色消费推动机构。如可以在国家发展和改革委员会资源节约和环境保护司下增设绿色消费处，统筹我国的绿色消费推动工作；在环境保护部宣传教育司增设绿色消费宣传教育处，引导民众和企业进行消费，普及绿色消费知识，提高人们的认知度和主观意识；在财政部经济建设司增设绿色消费处，负责绿色消费补贴政策的制定和实施；在商务部市场运行和消费促进司增设绿色消费营销处和消费监督处，负责宣传绿色消费品，吸引民众，同时规范市场，保证可持续发展。

加强政府绿色采购制度的应用落实，发挥政府在绿色消费中的先锋示范作用。建议修订完善我国的《政府采购法》，将政府部门绿色采购制度法制化，明确规定绿色采购的内容及要求，将原本未归入政府强制采购节能产品制度的环保和低碳标志的产品纳入政府采购清单，并将一些类别的环境标志和低碳标志产品纳入政府强制采购清单，大幅提高节能、低碳、环保产品在政府采购中的比重。

充分发挥节能、环保和低碳标志标准的作用，推动进入公共采购平台的企业实施绿色供应链管理。

采用多种方法、多方渠道加强绿色消费宣传，激励民众绿色消费的热情。通过公益广告，大力宣传环保标志、能效标识、低碳标志，使这些绿色标志获得民众的广泛认可。建立绿色消费积分制，凡是购买环保、节能和低碳标志产品的消费者，按照产品的节能、环保和低碳性能，可以获取相应的积分，可以用这个积分购买公交卡、缴纳电费等，提高民众购买绿色标志产品的积极性。

第二十四章

中国其他保障制度和措施

第一节 法治体系保障

一、完善生态立法

健全我国生态法律法规是生态文明建设的首要一步。目前，我国生态环境保护法的大致框架已经成型，环保法、大气污染法、土壤保护法、海洋保护法等多项法律法规已经建立。我国已深刻认识到保护环境是每个国家乃至每个人义不容辞的责任和义务，并在 2005 年通过了第一部《可再生能源利用法》，这极大提高了可再生能源的利用率。此外我国积极参与了多次国际公约，在大气变暖问题上积极承担应有的责任和义务。

但是，相比发达国家，我国目前生态领域的法律法规仍不够健全。主要表现在：首先，我国宪法没有把"可持续发展"作为生态环境保护的指导思想。而且也没有将环境保护法广泛推行，宣传力度较小，人民知晓度低。其次，我国的环境保护法法规不够完善，覆盖范围小，主要涉及的是污染治理，有关生态环境保护的措施较少。有些新问题如核污染、光污染也没有涉及。最后，缺少程序立法来保证环境保护法的顺利执行。

为此，应该从以下几方面完善立法：第一，应当把"保护生态环境"写入宪法，给社会大众树立起"可持续发展"的理念，自觉践行保护环境的义务。第二，倡导生态平衡原则，要求经济发展、人口规模等都要与生态相适应，把生态环境保护写进文化、政治、法律中。第三，制定细致的法律法规，具体到生物多样性保护、生态安全、生态化学影响等方面。第四，将《环保法》修改为《资源环境保护法》，把生态环境保护写进去。第五，注重环保经济在不同门类法律中的作用，将经济发展与生态文明建设真正结合起来。

二、规范生态执法，严格生态司法

在我国现有的生态法律下，依然存在各种问题：监管不严、执法不力、违法惩治不及时、法律漏洞大等多项问题。具体表现为：一是在查处生态环境保护的违法事件中，地方保护主义色彩浓厚，人治大于法治等多项轻视法律的现象仍然存在。二是执法不严，很多法律执行者秉承着"大事化小，小事化了"的原则去执法。三是执法过于随意。一方面由于法律制定不够完善和具体，另一方面也有公职人员依据手中职权为自己谋私益，出现了"漫口开罚单"的现象。四是执法人员没有认清自己的职责所在，因地方保护主义或关系社会而在执法中让步、退却。五是"平时喝茶看报，有事才去摆样"，很多执法人员的作风不好，只有专项行动下来时才去主动执法。要想把生态执法做到位，就要严格惩治散漫执法人员、打压违法现象，才能创建一个健康有序的生态执法环境。

因此，为了严格执法、端正执法作风，本书提出下面几点措施：

第一，提高执法工作人员的法律知识，建立一支执法有序的工作人员队伍。执法人员队伍的水平，直接关系到"法律究竟是一纸空文还是一份公民共同的约定"。要定期对执法工作人员进行培训，树立起为国家和人民服务的意识，提高执法人员的专业性、自觉主动性，培养他们法律至上的理念，确保他们正确执法、合理执法、公正执法。

第二，完善环境管理模式。目前我国的环境管理模式是根据不同行业切割开来的。如农业部门管理农业污染，工业污染纳入环保部门管理范畴，污水处理由建设部门负责。这样分散地进行污染管理，造成了污染治理的行政代价高，且存在重复治理、管理职权重叠等现象。由于权力、利益的争夺，造成环境治理的行政成本很高，但是管理上又是职权重叠、互相推诿，行政管理效率低，因此需要建立健全管理体制，首先，应当组建一个生态环境资源部，合并国土资源部和环保部，由生态环境资源部统一管理，提高行政效率。其次，地方环保系统实行垂直领导。地方各地人民政府不再监管环境保护，由环境保护部门单独管理，避免造成职权交叉。

第三，组建完善的保护生态环境的组织体系。生态环境问题不单纯是环境问题，还牵扯到经济、政治、文化等多个方面，因此需要文化水平高的人来找到正

331

确的方向去解决生态环境保护问题，来保证法律的顺利实施，维护社会公众的合法权益，实现社会的公平公正。国家有关部门可以建立一个组织专门负责处理生态环境保护案件，以提高生态执法、司法的质量。

第四，严格执行破坏生态环境责任追查制。尤其对于违法排污和恶意破坏生态环境的违法行为，加大惩处力度，端正执法作风，严惩各类有关生态环境保护的违法事件。强化严格执法意识，实行生态环境责任追究制度。同时，建立环境公益诉讼制度，使公民能够找到合适的途径进行法律监督，完善公民监督制度，来更好地确保生态环境保护法律的顺利实施。

三、完善生态环境补偿和法律援助机制

首先，应当构建一个破坏生态环境法的惩罚法律制度。中国环境绿皮书《中国环境的危机与转机（2008）》显示，很多地方的环境污染已经超过了环境承载量，长久下去有可能造成环境的根本性破坏，无法逆转。因此，环保部门应当马上制定相关条例法规、建立环境补偿制度、环保法律援助制度等一系列制度来保护生态环境。而且由于生态污染者经常属于强势方，政府需要加大力度来打击这些破坏生态的行为，开设维权中心，普及生态法律意识，建立生态维权组织，帮助被污区域和受害群体维权，为构建社会主义和谐社会而共同努力。

其次，把生态文明普及到教育中来。通过在学校普及生态环境教育，把保护生态文明的理念根植于每个人心中；同时通过各种新闻媒体宣传生态保护的必要性，将生态保护这一理念根植在人民生活的方方面面，增强社会公众的责任感和忧患意识、法律意识。

总而言之，保护生态环境不仅是我们的责任，更是我们的义务，保护生态环境即是拯救我们人类自己。通过建立生态环境保护法律体制，可以更好地促进人与自然和谐相处、共同发展。

第二节 公众参与制度保障

一、使社会大众参与到生态文明建设中的必要性

在建设社会主义生态文明社会时，不但要社会公众身体力行地参与进来，更

要参与到生态环境保护制度的制定中去。因为保护生态环境跟我们每个人息息相关，跟我们的经济生活、文化生活、政治生活也都互相联结。生态环境保护体制，不仅需要政府去严格执行，更需要我们每个人共同参与进来。公众和社会组织要守法、执法，同时也要监督着执法机构，积极参与到完善生态环境保护体制的建设中来。只有公众参与进来，制度才是真正的制度，否则就只是一纸空文、一个形式。因此，让公众参与到生态文明制度建设中来的必要性主要有以下几点：

第一，社会公众是推行生态文明建设的中坚力量。政府负责制定法律，但是法律的维护和实施需要我们大家一起努力来执行和监督。以我国的政治发展、经济发展状况来看，我国的生态文明建设主要是从上而下地推行。最近几年，政府制定了有关环境保护的一系列措施，在环境保护方面做了很多努力，但是由于执行力度不够，我国的生态环境保护局势并没有从根本扭转。主要就是因为公众参与度不够高，政府和公众也没有拧成一股绳来共同促进生态文明建设。仅仅依靠政府的一臂之力，难以解决中国复杂、多样的生态环境问题。而且从世界范围来看，生态文明建设最大的力量都来自于公众，政府只是起到了引导、推广、监督的作用，有些地域的环境保护发展历程甚至是从公民自发保护环境然后倒逼政府去治理实施的过程。

第二，使公民有效地监督政府，来保证政策的顺利实施。生态文明建设的理念是为了实现保护环境和促进经济发展的双赢，有些地方为了经济利益最大化而忽视了生态环境保护，轻视公众利益。而且，部分政府干部更是为了自己的私利铤而走险，在缺乏监督的情况下，政府官员可能以"公共利益"之名，行"个人利益"或"小集团利益"之实。也就是说，政府有时候也会有失误，也需要监督。解决这一问题，一方面要改变政绩考核机制，另一方面要充分发动群众对政府进行有效监督，促进社会更加公平公正。

第三，社会公众参与制度建设是制度设计优化的体现。随着民主社会的进程，公众想要参与并监督管理制度的愿望越来越强烈，尤其是环境与人类矛盾日益加剧的今天，将公众参与纳入制度化轨道，有助于解决公众参与愿望增强与制度提供空间较小的矛盾。我国制度目前不够健全，公众参与渠道较少、相关法律法规不够健全、环境问题却日益严重，这一系列矛盾促使着我国公共参与制度的日益完善。

二、完善生态文明公众参与制度的重要条件

参与到生态文明建设中来。生态文明建设制度的确立和社会公众的参与热情

密切相关，最近几年我国社会公众参与生态文明建设的积极性有了很大提高，但生态文明建设制度仍不够健全。从主体条件看，主要表现在：一是对公众参与的认识度不够；二是公众参与的能力较低；三是公众参与的公共精神不足。解决这些问题，归根结底是要解决政府和公众的关系。政府虽然处于上层地位，但是具体政策的实施还是离不开社会公众的参与，所以要双方互利合作、共同推进生态文明建设。具体条件包括如下三个方面：

首先，理念的转变。政府主动管理，公众积极参与，缺少任何一个机制，都将是一潭死水。同时要树立生态意识和环境意识。因此，必须加强生态文明宣传教育。促进生态环境教育立法，积极在学校开展有关生态文明建设的课内外活动等。

其次，参与能力的提高。一方面，公众要加强在生态文明建设方面的培训和认知，提高自己参与活动的能力。另一方面，政府要主动引导，重视公民的参与，公民的积极性才会调动起来，才能提高公众生态文明建设的效率。

最后，公共精神的培育。公共精神是一个合作共赢的精神，大家互相包容，共同进步。公共参与是公众精神的外部表现，公共精神是公众参与的内部升华，两者互利共生，缺一不可。一方面，公众参与活动的过程中，付出的同时也会收获很多，公众精神得以升华。另一方面，公共精神要在公众参与的过程中才能培养出来。因此，政府要提供良好的公众参与事务的平台，培养高尚的公众精神，鼓励越来越多的人参与进来，更好地完善生态文明建设制度体制。

三、完善公众参与生态环境保护的保障制度

生态环境保护制度，除了公众的积极参与，还需要有一个强有力的制度进行保障，我国目前的生态环境保护制度还不够健全，存在着诸多问题亟待解决，比如，缺少参与生态环境保护的渠道、政府机构对生态环境保护不够重视、公众无法及时反馈消息，责任追究机制不够完善，导致了公众参与积极性不高。制度不够完善是公民参与度低的重要原因。对于政府而言，要使公众积极参与到环境保护中去，除了政府方面的宣传、推广等还需要公众参与保护生态环境时完善的制度保障，没有制度保障就难以保证公众的参与动力和热情。

因此，为了创建生态文明公众参与制度，政府要对公众参与生态环境保护做出良好保障，主要体现在以下几个方面：

第一，保障公民的环境权。环境权是公民的一项重要权利，也是公民参与生态环境保护制度的法律保障。环境权包括参与权、知情权、救济权等，抛开整体强调其中的任何一方面都是不全面的。公民参与权是环境权的重要组成部分，人

人都有享受自然环境的权利。环境权应当写入宪法，为公众参与生态环境保护提供更多的保障，目前，我国已出台了关于公众参与环境保护的相关法律，如《环境保护法》《环境影响评价公众参与暂行办法》《中华人民共和国政府信息公开条例》等，但这些法律法规模糊不清，造成了问责机制的松懈。

2013 年在全国政协十二届一次会议上，多名政协委员联名递交了《关于生态文明和环境权入宪的提案》，认为环境权写入宪法能够提高环境权的法律地位，使环境权得到法定执行，同时把环境权进一步细化，有利于生态环境保护制度的进一步完善和发展，促进社会公平公正，构建社会主义和谐社会。

第二，为公民参与生态环境保护构建一个完善的平台。生态环境公民参与制度必须通过一些机制才能更好地发挥出它的作用，主要包括：一是信息公开机制。信息公开是公民参与生态环境保护机制的基本条件。信息公开不仅指政府部门的信息要公开，还指企业关于有关影响环境污染的信息的公开。公开生态环境信息，才能让公众更好地明确现有的生态环境状况、该重视什么、该从何处着手治理、明白政府的管理方向和成果，形成政企民三者之间的有力合作，并且从新闻媒体等多个渠道可以更好地督促政府和企业。让污染企业在市场上遭到惩罚，让负责任的企业获得发展。现在，环境信息公开这一措施，是继命令控制监管、市场环境监管后的第三次在环境管理方面的重大举措。二是公众参与的反馈机制。如果政府对社会公众的响应冷漠对待，久而久之就会造成公众的积极性减退，会降低公民参与机制的互动有效性，因此要对公民参与机制收到的信息进行及时回应。三是公众参与的责任追究机制。一个制度能否得到很好的执行，除了这个制度本身的完善程度外，最重要的就是要有相应的监督体制。因此，应当建立严格的责任追查制度，做到执法必严、违法必究，才能调动公众参与的积极性。四是环境公益诉讼体制。这不但是公众参与环境保护制度的保障，也是公民环境权的保障。五是环境诉讼机制。环境诉讼机制是公民有效参与生态环境保护的重要举措，加强环境公益诉讼机制建设，要减轻公众在诉讼活动中的花销费用。

第三，建立和健全社会团体组织，尤其是非政府组织，具有数量多、成员多等优势。公众势单力薄，团体组成的组织更加具有优势。在当今社会，公众参与方式需要一定的团体和组织去承担运行，而就历史经验看来，当今社会、个人与国家的关系中，个人组织淹没在社会关系中，社会组织淹没在国家政府下。因此，在现有的管理下，我们要重视党和政府的领导作用，更要关注团体组织不可小觑的号召力和执行力，这样才能更好地使社会公众参与进来。目前，这种状况得到一定程度的改变。2011 年 1 月 11 日，环保部出台《关于培育引导环保社会组织有序发展的指导意见》，要推动社会环保组织的组建和有序开展活动、健康发展，发挥在生态环境保护中的重要作用。到 2008 年，中国民间环保组织已经

335

有 3 500 多家，如："公众与环境研究中心"，制定出第一个公益性的水污染数据库，"中国水污染地图"开通使用，可以有效地对企业污染进行监督管理，对生态环境保护作出了重要的贡献。2007 年在厦门发生的 PX 事件，也是政府和公众互助合作的成功案例。2013 年 3 月 20 日，中国环境与发展国际合作委员会在北京启动了媒体与公众参与政策专题研究，有效地促进中国的生态环境保护政策的优化和完善。经过社会大众和政府共同的努力，相信生态文明公众参与制度会发挥出越来越大的作用。

第六篇

中国生态文明
制度建设的实
证研究：以湖
南省为例

第二十五章

湖南生态文明制度建设现状分析

第一节 湖南生态文明制度建设的必要性和紧迫性

一、加强生态文明制度建设是实现美丽湖南的迫切需要

工业化作为现代化进程的必经阶段，加快了经济的增长并提高了人民的生活水平。然而，工业化带来的环境问题日益突出，严重威胁着人类的健康。目前，湖南省工业发展与资源环境的矛盾激化，湖南大多企业仍由传统工业主导，消耗着大量资源；科技创新力量薄弱、经济外向度较低、农业产业化进程缓慢等问题没有较大改观，各种重要资源的供给，包括煤、电、油、气、土地、资金，长期短缺，给湖南带来了巨大的挑战。

随着经济增长，湖南缺煤缺电缺油缺气形势更为严峻。一是原煤刚需缺口增大：2016 年湖南原煤生产量为 2 374.18 万吨标准煤，消费量为 11 443.53 万吨标准煤，缺口达 9 069.35 万吨标准煤，缺口主要以电煤为主①。二是成品油供需矛盾凸显。2016 年，原油加工量 840.6 万吨，比 2015 年下降 4.2%，湖南汽油、煤油、柴油和燃料油消费量分别为 575.76 万吨、55.44 万吨、712.97 万吨和 94.05 万

---

① "湖南省经济和信息化委员会"官网，http://www.hnjxw.gov.cn/xxgk_71033/。

吨，分别从省外购入 347.43 万吨、3.71 万吨、425.56 万吨、69.18 万吨①。三是电力供需偏紧。2013 年，全省发电量为 1 284.7 亿千瓦时，同比增长 4.5%。用电量 1 582.99 亿千瓦时，电力缺口达到 298.29 亿千瓦，占全省用电比重的 16.2%②。此外湖南清洁能源占比偏低，导致湖南以煤为主的能源结构在短期内难以改变，近年来湖南电力主要来自火力和水力发电，而因此产生的环境问题也将更加突出。

经济高速增长的同时，湖南环境质量问题也日益突出。2017 年，湖南省省会城市长沙在全国重点监控城市中环境空气质量排名有所提升，在 74 个城市中排名 24 位，全省 14 个市州所在城市环境空气质量平均优良天数比例为 81.2%。污染天数中，轻度污染占 15.9%，中度污染占 2.3%，重度及严重污染占 0.6%（严重污染占 0.06%）。影响城市环境空气质量的主要污染物是 PM2.5。2004 ~ 2013 年，湖南省发生铅、镉污染事件共 11 件，占全国 63 起的 17.5%，是全国铅、镉污染事件发生最多的地区。湖南省 26% 的耕地、27% 的农田灌溉水和 25% 的农田大气受到不同程度的污染。被重金属污染的耕地面积 1 420 万亩，占 25%，中重度污染面积约 470 万亩，占 8%，轻度污染面积约 950 万亩，占 17%③。

传统的工业生产模式如不进行升级和改良，环境污染的问题将继续恶化，人们赖以生存的资源将枯竭，各种社会问题将逐渐凸显，人民群众对美好环境的期待将无法满足，全面建设小康社会的奋斗目标也无法实现。加速推进资源节约型和环境友好型社会建设，加快生态文明制度改革，已成为实现美丽湖南的迫切需要。

二、加强生态文明制度建设是湖南落实科学发展观的重要行动

生态文明是人类社会今后发展的趋势。生态文明制度建设不仅体现了我国对环境问题的重视与关注，还为湖南实践科学发展观提供了行动指南，推进生态文明制度建设，是今后全省工作重点，是经济发展和生态保护的必然趋势。牢固树立生态文明观念，加强生态文明制度建设，加快转型发展，是湖南落实科学发展观的一项具体实践。

三、加强生态文明制度建设是湖南构建和谐社会的必然要求

长久以来，湖南良好的生态环境让其在全国人民心中树立了珍贵的品牌和形

---

① "湖南省统计局"官网，http://www.hntj.gov.cn/tjsj/。
② 《湖南省 2013 年国民经济与社会发展统计公报》，http://www.sei.gov.cn/ShowArticle.asp? ArticleID = 239195。
③ 湖南省环保厅官网，http://www.hbt.hunan.gov.cn/new/index.html。

象，经过不懈的努力，湖南省为加强生态文明建设奠定了坚实的基础，并获得了广泛认可。经验告诉我们，只有生态文明建设才是我们民族的未来。从大局来看，想要全面建设小康社会，构建富强、民主、绿色、和谐的湖南，就要既遵循经济规律，又要遵循自然规律，把保护环境的理念落实到行动上，探索出一条经济发展与生态文明建设齐头并进的发展道路，为全国的生态文明建设提供经验，实现美丽湖南梦。①

四、加强生态文明制度建设是国家综合配套改革试验的迫切需要

2007 年 12 月国家批准成立长株潭城市群和武汉城市圈两个全国资源节约型、环境友好型社会建设综合配套改革试验区，承担为国家探索转变发展方式、建设生态文明新路子的重大使命。

2009 年 9 月，国家《促进中部地区崛起规划》把资源节约、环境友好作为中部崛起的重要目标。《国家新型城镇化规划》要求中部地区确保流域生态安全和粮食生产安全，对长江中游城市群建设提出了形成经济充满活力、生活品质优良、生态环境优美的新型城市群的新目标。

2013 年 11 月，习近平总书记来湖南视察，对湖南提出新的希望：湖南要以其独特的区位优势，改变传统的生产模式，加快经济转型，优化经济结构，提高综合竞争力，开辟一条结构合理、方式优化、区域协调、城乡一体的发展新路。

2016 年 12 月，国家颁布《自然资源统一确权登记办法（试行）》，要求湖南、黑龙江等八省，以不动产登记为基础，构建自然资源统一确权登记制度体系，对水流、森林、山岭、草原、荒地、滩涂以及矿产资源等所有自然资源统一进行确权登记，逐步划清全民所有和集体所有之间的边界，划清全民所有、不同层级政府行使所有权的边界，划清不同集体所有者的边界，划清不同类型自然资源的边界，进一步明确国家不同类型自然资源的权利和保护范围等，推进确权登记法治化。②

2018 年 5 月，习近平出席全国生态环境保护大会并发表重要讲话，提出要加大力度推进生态文明建设、解决生态环境问题，坚决打好污染防治攻坚战，推动

---

① 湖南省环境网，http：//www.hbt.hunan.gov.cn/xxgk/zdly/hjjc/hjzl/hjzlgb/201803/t20180306_4967260.html。
② 湖南省国土资源局，http：//www.gtzy.hunan.gov.cn/xxgk/zcfg/zcjd/201705/t20170519_4400673.html。

我国生态文明建设迈上新台阶。①

因此，资源节约型、环境友好型社会和生态文明是中国模式、中国经验、中国道路的重要组成部分，是国家交给湖南的重大任务，湖南加快推进两型社会建设，是在为全国探索经济发展方式转变、生态文明建设的新路子。

第二节　湖南生态文明制度建设现状

在两型社会建设的基础之上，湖南省率先探索生态文明建设道路，探索了生态文明制度建设的新路子，率先构建了两型社会建设标准体系，创新了领导体制，完善了工作机制，健全了法规政策，引领两型社会与生态文明建设。

根据十八大和十九大所提出的生态文明制度建设要求及湖南实践，我们将从自然资源资产产权制度建设、自然资源用途管制制度建设、生态保护红线制度建设、主体功能区制度建设、资源有偿使用制度建设、生态补偿制度建设、生态环境保护管理体制建设、生态文明考核评价制度建设八个方面进行阐述。

一、湖南自然资源资产产权制度建设现状

近年来，湖南加快了自然资源资产产权制度建设步伐，并取得了一定的成效。

土地资源方面：一是推进农村土地确权登记发证。目前全省已开展地籍调查面积约 18.1 万平方公里，占全省应发证面积的 93.6%；已开展地籍调查的村民小组约 40.4 万个，占总数的 91%；调查宗地数 128.7 万宗，约占宗地总数的 85.6%。二是推进宗地统一编码工作。编制了《湖南省宗地统一代码编制工作实施方案》《湖南省宗地统一代码编制工作实施细则》。三是对完善登记农村土地承包经营权，保证土地合法合规合理流转。

林业资源方面：一是全面开展林权登记。全省近 80% 的集体林地确权到了农户。在郴州宜章、汝城、资兴、桂东四县（市）启动划定生态红线试点。二是推进集体林权制度改革，湖南广大农村地区普遍开展了集体林权制度改革，近 80% 的集体林地确权到了农户，广大农民拥有了自己的林地财产权。

矿业资源方面：加强矿业权管理，完善了矿业权出让、转让、抵押登记等制度。

---

① 绿网，http://www.czt.gov.cn/Info.aspx? ModelId=1&Id=44964。

二、湖南自然资源用途管制制度建设现状

在国土资源管理方面：一是严格落实用途管制制度。编制实施各级土地利用总体规划和矿产资源规划，合理确定土地用途，优化全省土地利用结构和布局，对耕地实行特殊保护。合理划分矿产资源可采区、禁采区、限采区，合理投放探矿权、采矿权。二是落实最严格的耕地保护制度。强化各级政府土地管理和耕地保护责任并加强考核，试行耕地保护离任审计制度，严格落实占补平衡和先补后占。探索实行耕地易地补充制度。三是加强建设用地总量调控。严格执行新增建设用地计划，加强建设用地项目预审和用地审查报批，强化建设用地批后监管，控制建设用地总量，严格限制农用地转为建设用地。

政府通过出台《湖南省林地保护利用规划（2010—2020 年）》，加强森林资源管理，明确了林地面积在 1.93 亿亩以上、森林覆盖率在 57.0% 以上、活立木总蓄积达到 4.74 亿立方米以上的保护目标；同时对林地的使用方式和使用路径加强了管理，对林地征收转用实行审批制度，并作为建设用地审批的前置程序；落实森林采伐限额制度和采伐许可证制度；加强对自然保护区的建设和管理等。

三、湖南生态保护红线制度建设现状

1. 实行了分级分类管控措施

一是重要生态功能区保护红线，面积为 22 422.09 平方公里，占全省总面积的 10.59%；二是生态敏感区红线，总面积为 16 724.41 平方公里，占全省总面积的 7.90%；三是禁止开发区红线（主要为国家级自然保护区核心区和缓冲区），面积为 3 633.09 平方公里，占全省国土总面积的 1.72%；四是生态保护空缺区红线，面积为 13 630.08，占全省国土面积的 6.43%。

通过上述不同类型生态红线区域叠加得到两套生态功能红线方案，分别为小方案和大方案。小方案总面积为 42 095.29 平方公里，占全省面积的 19.88%。大方案总面积为 55 725.37 平方公里，占全省总面积的 26.31%。

2. 确立了严格的水资源保护红线

通过设立水资源开发利用控制红线保障水资源利用量；通过设立水效率控制红线不断提升水资源的利用效率；通过设立水功能区限制纳污红线控制水体受污染程度。

3. 建立了"长株潭"城市群生态绿心

长沙、株洲、湘潭三个城市的结合部被设定为生态绿心。根据总体规划，受到保护的地区一共为 525 万平方公里，实行禁止开发 120 平方公里原生态地区，积极推进湿地与森林公园的建设，构筑生态隔离、绿色屏障，打造了国内外独一无二的城市群"绿心"。

四、湖南主体功能区制度建设现状

2012 年，湖南省制定出台了《湖南省主体功能区规划》，从城市化建设、农业发展、生态安全等方面，确立了湖南省未来国土空间开发的"一核五轴四组团"为主体的城市化、"一圈一区两带"为主体的农业、"一湖三山四水"为主体的生态安全三大战略格局和重点开发区域、农产品主产区、重点生态功能区、禁止开发区域四类主体功能区。

五、湖南资源有偿使用制度建设现状

（一）率先在全国全面推行资源性产品价格改革

1. 水价改革①

一是改革水价分类方法。将之前的五类水价简化为三类水价（特种用水、居民用水、非居民用水），化繁为简使水价更加科学合理，实现工商用水同价。14 个市州除衡阳外都已实现工商用水同价。

二是对居民用水推行阶梯式水价。以长沙市为例，对居民用水每户月 15 吨以内执行第一阶梯价格，15～22 吨执行第二阶梯价格即纯水价（不包括随水征收的水资源费、污水处理费、垃圾处理费等）加 50%，22 吨以上加 100%。实行阶梯水价的稳定用水户接水点（表、户）在政策执行后的一年中，用水量得到了有效控制。

三是对非居民用水实行超定额累进加价。以长沙市为例，超定额 20% 以内为第一级纯水价，加价 50%，超定额 20%～40% 为第二级，加价 100%；超定额 40% 以上为第三级，加价 150%。

四是调整全省水资源费征收标准。全省水资源费征收标准调整到省"十二

---

① 湖南省水利厅：《关于加快城市供水价格改革有关问题的通知》，http：//www.xxpi.com/Article/ShowArticle.asp？ArticleID＝10570。

五"末应达到的最低标准。其中：地表水由每立方米平均约 0.025 元调整到约 0.1 元，地下水由每立方米平均约 0.08 元调整到约 0.2 元。实施后，湖南省水资源费征收金额将从实施前的每年 1 亿元左右增加到每年 7 亿多元。

五是将《湖南省农村集中供水价格管理试行办法》适用于湖南全省。对湖南省境内县城以下的乡、镇、村各类投资建成投入运行的农村集中供水价格进一步规范，促进农村节约用水。

2. 电价改革

全省按分档电量电价试行居民阶梯电价。从 2017 年元旦开始，按照准许成本＋合理利润原则，第一档电量以内，工商业用户用电价格将降低 0.0157 元/千瓦时，其他用户不做调整；第二档电量区间，电价比第一档每千瓦时多 0.05 元；第三档电量，比第一档电价每千瓦时多 0.30 元。对第二档、第三档电量分春秋季和夏冬季核定不同额度。一方面，通过电价改革，使工商业用户每年可减轻用电负担 11.3 亿元。另一方面，通过构建科学的输配电价体系，设计合理的价格形成和价格结构，可以有效解决这些问题，并有利于让全体用户在同一起跑线上参与电力市场竞争，真正做到"还原电力一般商品属性"，使得发电、售电环节可通过市场竞争形成。[1]

3. 气价改革

居民生活用气量以 600 立方米为节点，不高于 600 立方米的用量，每立方米 2.45 元；对于超出 600 立方米的部分用量则是提高价格到 3.00 元每立方米。按照国家发改委部署，长株潭三市非居民用气提高至 3.48 元/立方米，上涨 16%，调整后市场反应总体平稳，按目前年用气量 600 立方米划线分两档的方案，90% 以上的居民用户不会增加负担[2]。

目前，湖南省是全国唯一全面推行居民水电气阶梯价格改革的省份。2005～2017 年，湖南省单位 GDP 能耗从 1.40 吨标准煤/万元降至 0.66 吨标准煤/万元，累计下降了 52.9%。[3]

（二）全面实行国有建设用地有偿使用制度

限定和规范划拨用地，严格控制协议出让，严格落实经营性用地和工业用地招拍挂出让制度，目前湖南省土地招拍挂出让比例达到 90% 以上。全面实行国有建设用地网上交易。2013～2017 年，全省出让土地实现土地 154.8 万亩，价款

[1] 红网，http://hn.rednet.cn/c/2017/01/20/4197189.htm。
[2] 湖南省物价局官网，http://www.nxgov.com/zfmh/5531/5532/5627/5628/5631/content_97882.html。
[3] 湖南统计局，http://data.hntj.gov.cn/sjfb/tjnj/17tjnj/indexch.htm。

5 843 亿元①。

（三）矿业权市场日益规范

从 2003 年开始，推进矿业权市场化配置，对新立矿权，除湖南省政府批准外，全部采取招拍挂方式出让。对原无偿取得的矿权，在申请延续变更或转让时，重新核定储量，进行价款评估，以协议方式有偿出让。目前，湖南省已有偿出让和处置采矿权 9 541 个，实现价款 70 多亿元。其中采取招标拍卖挂牌方式出让的采矿权 1 835 个，收取价款 37.27 亿元。湖南省与 14 个市州都建立了国土资源交易中心，实行交易公开制度，大力推行网上招拍挂制度。加强对矿权评估、储量评审等中介服务机构的管理，规范中介服务行为②。

六、湖南生态补偿制度建设现状

湖南省积极开展了流域生态补偿方面的实践探索。长沙市针对具体问题出台了相关政策文件，建立了流域生态补偿专项基金账户，搭建了流域生态补偿管理系统平台，并已实际运行。东江湖被纳入国家重点流域和水资源生态补偿试点。

湘江流域生态补偿已开展系列工作。一是流域交接断面监测体系基本建立。近年来，我省安排 2 000 多万元在湘江流域干流和一级支流 13 个跨市界断面建设了 88 个水质自动检测站。同时，省环保厅将制定湘江流域水质目标考核生态补偿监测实施办法，落实各断面水质监测的职责，保障监测数据准确可信。二是出台《湖南省湘江流域生态补偿（水质水量奖罚）暂行办法》。使湘江出现的水污染事故赔偿、下游对上游水质优于目标值补偿双向担责，对流域内 3 475 万亩生态公益林实施生态补偿。省级公益林补偿集体和个人部分每亩由原来的 12 元提高到 20.5 元。③

总体看，在湘江流域开展水质目标考核生态补偿的条件基本成熟，但即使实施过程仍存在考核依据问题，即单纯考虑水质而未考虑水量（水源涵养很重要）。这种依赖政府行政命令式的、单纯水质性生态补偿，可能存在效率损失和区域利益空间失衡的问题，应深化探索，建立以市场化为基础、生态综合绩效为依据的补偿机制。

---

① ②　湖南省国土资源厅官网，http：//www.gtzy.hunan.gov.cn/。
③　搜狐，http：//www.sohu.com/a/106825182_393135。

（一）农林生态补偿现状

目前按照国家标准进行补偿，中央对国家级公益林集体和个人补助标准为每年每亩 15 元，国有林部分每年每亩补偿 5 元①，远低于林农每年抚育管护的成本（据测算，每亩林地每年抚育管护费用至少需要 95 元以上）。同种粮农民相比，林农种树补助明显低于粮农种地补助。现国家对种粮农民实施了种粮农民农业支持保护补贴（77.63 元/亩）和农机具购置补贴的"二补贴"政策，另对种植双季稻的粮农每亩补贴 58.8 元，对种植油菜的农民还实施了每年每亩 10 元的直补，农民种植粮食每亩补贴在 77.63 元以上。而林农经营管护的林地纳入国家重点生态公益林的，每亩仅得到中央 15 元的生态公益林补贴，生态产品没有受到应有的重视，生态效应没有得到应得的补偿。

（二）洞庭湖湿地生态补偿现状

洞庭湖地理位置特殊，处在长株潭城市群和武汉城市群综合改革实验区之间，其生态补偿机制和模式的研究，旨在恢复并优化洞庭湖的生态功能，进一步完善湖南区域发展总体布局，实现该区域经济、社会、环境和谐共赢。随着"退田还湖，平垸行洪和移民建镇"工程的落实，以及《湖南省湿地保护工程总体规划》《湖南湿地保护用地规划》《洞庭湖"4350"工程湿地恢复工程规划》《东洞庭湖国家级自然保护区湿地恢复工程总体规划》等地方性法规和条例的推行，缓解了湖区的洪水威胁，对洞庭湖的生态功能的恢复起到了积极作用。

七、湖南生态环境保护管理体制建设现状

（一）生态环境保护行政管理体制现状

为了提高生态环境保护的效率和效果，湖南建立了环保厅负责统筹，其他厅局与地方政府协调的生态环境保护管理体制。环保厅做好顶层设计，对省生态环境保护作统一规划和协调工作，相关厅局部门分工负责专项环境保护管理，如表25-1 所示。

---

① 土流网，https：//www.tuliu.com/read-68455.html。

表 25 – 1 　　　　　　　　　湖南省各厅局生态环境保护职责表

单位名称	职责
环保厅	拟定并组织实施环境保护规划、政策和标准，组织编制环境功能区划，监督管理环境污染防治，协调解决重大环境问题
发改委	为湖南省制定宏观的经济规划，也包括环境战略和计划
两型办	全面统筹、谋划、协调长株潭两型社会建设改革试验区的规划引领，产业化的资源利用体制建设，政策支持，体制、机制创新等各项工作
财政厅	负责审批与环境项目、计划相关的贷款和金融配置
建设厅	负责城市环境问题，尤其是水源供给、废水处理、固体废弃物的管制等环境基础设施
水利厅	负责控制水土流失、地下水质量，以及城市以外的分水岭管理
农业厅	负责管理农业化学物质、水生自然保护区、农业生态多样性以及草地，同时还负责对乡镇企业的管理
卫生厅	负责监控饮用水的质量以及相关病疫的发生
林业厅	负责管理森林资源，包括动植物多样性的保护
科技厅	负责协调全省各项环境研究计划，包括与省内外伙伴的合作

　　表 25 – 1 表明了湖南省各部门环境保护的相关职责，可以看出，在环境保护的机构中，以环保厅为主导，其他各部门承担相应的职责。湖南省投入大量财力物力成立两型生态社会研究院，聘请相关专业人员从事管理、监督、指导、统计分析、科学研究和环境教育的工作。这样的职能体系和人员配置，在我国湖南省"经济发展速度快、管理手段弱、环境意识有待提高"的转轨时期，不可否认地发挥着积极的作用。但是，这一生态环境保护管理体制也表现出"部门分散、地方分割、条块分离"的问题，难以有效推动环保工作的深入开展。

（二）重点区域生态环境保护制度现状

　　目前，湖南省已启动大气污染防治条例的起草并出台。把长株潭三市作为一个大气污染治理单元，开展大气污染联防联控。按照国家新修订的《环境空气质量标准》，提前一年构建全省环境空气监测网络，长沙、株洲、湘潭、岳阳、常德、张家界等 6 市 PM2.5 监测数据向社会实时公布。2015 年新增新能源发电装机 100 万千瓦以上，其中：风电 100 万千瓦，太阳能发电 20 万千瓦。全省 39 台 20 万千瓦以上火电机组全部完成烟气脱硫设施建设，提前一年完成计划。长株潭地区率先建成 62 条机动车尾气排放简易工况法检测线，开展机动车尾气监测工作，对于尾气不达标的车辆，予以不能通过年检的处罚；2015 年起限制黄标车进入主城区。

八、湖南生态文明考核评价制度建设现状

湖南省委、省政府坚持建设科学合理的生态文明考核评价制度。

（一）改革领导干部考评机制，完善经济社会发展考核评价体系

发挥绿色考评制度的引领作用，优化政绩考核的"指挥棒"和引领发展的"风向标"。通过探索建立绿色 GDP 评价体系，把资源消耗、环境损害、生态效益等指标纳入评价范围，对 14 个市州进行测算。落实好主体功能区规划的基本要求，将全省 122 个县市区的功能进行明确定位，将绿色 GDP 考评制度的理念和要求准确转达到各个县市区，并监督其制度的实施。

（二）严问责、严执法、严赔偿，推动各项制度落实

从严问责，建立生态环境损害责任终身追究制。对造成环境持续恶化、不完成主要污染物总量减排任务或发生重大环境违法事件导致大范围新建项目限批等，都要进行问责。从严执法，加强立法，探索设立资源环境法庭，探索建立环境监测、污染控制、形成处罚一体的环境联合执法机制。

第三节　湖南生态文明制度建设存在的主要问题

一、制度设计不健全

一是尚未形成生态文明制度建设的顶层设计方案，如指引全省生态文明制度建设的"湖南省生态文明制度建设总体方案""湖南省生态文明制度建设实施方案"等尚未出台。

二是生态文明相关专项制度尚未建立健全。如湘江流域生态补偿制度尚未出台，目前补偿标准太低，生态产品没有受到应有的重视，生态效应没有得到应得

的补偿，补偿资金使用仍有待进一步规范；国土空间规划缺位，土地、城乡建设、水、林业等规划的科学性有待提高，统筹协调不够，不能有效清晰地划定生产、生活、生态空间开发管制界限。

三是部分已有生态文明制度存在交叉重叠等不合理现象。由于部分保护区的空间布局具有重叠现象，导致生态文明制度存在交叉重叠等不合理现象，生态保护的系统性、整体性和严格性不足，没有形成经济发展和生态保护协调开展的格局，降低了生态保护的效率，阻碍了建设生态文明社会的步伐。

二、制度执行不到位

一是生态文明制度全面实施推广难度很大，受认识水平、管理基础、资金制约、权属矛盾等多方面因素影响，实施推广工作遇到很多实际困难。二是不同的管理职能分散在政府的各个部门，相互之间没有统一有效的监督管理机制。三是缺乏相关法律法规对生态文明制度建设实施的保驾护航。

三、部分政府职能转化不到位

一是部分地市仍片面追求经济增长。政府职能转变的重点是减少权力对微观经济活动的帮助，着力提高对生态文明制度建设的保障。但实践中，仍有一些地市片面追求经济增长，GDP增长率仍然是地方政府绩效评价的最重要指标，而忽视了对生态文明的建设和保护。二是部门保护主义仍然存在。各部门往往从自己部门的狭隘利益出发，采取消极态度，不支持、配合其他部门开展工作，阻碍了生态文明制度建设乃至美丽湖南梦的实现。

四、财政保障力度需加大

基本公共服务均等化是推进生态文明主体功能区形成的前提条件和重要手段，这需要完善的公共财政体系作为保障。在我省现行财政转移支付制度中，体现基本公共服务均等化目标的一般性转移支付规模偏小，专项转移支付过多且交叉重复，缺乏统筹管理。同时，生态补偿机制不完善，补偿范围较窄，标准偏低。另外，相关的投资、产业、土地和人口政策也亟待根据不同主体功能区的功能定位对现有政策进行调整完善，制定符合主体功能区要求的分类指导政策体系。

五、公众参与不足，缺乏有效的第三方监督

目前在生态文明制度实施、监督方面主要依赖"行政法律干预"（国家环境法律、法规、政策调控）和"经济刺激"（环境费、税、信贷调整），政府主导的形式缺乏独立有效的第三方监督，容易造成寻租的行为。而生态文明制度的实施切身影响公众的生活，公众有强烈的愿望参与到监督与治理当中，缺乏有效的参与机制会导致公众的不理性行为，激化政府与公众的矛盾，更不利于制度实施和监督的展开。

第四节　湖南生态文明制度建设的机遇与挑战

一、湖南生态文明制度建设的机遇

（一）生态文明建设是国际潮流

生态文明代表着人与自然的和谐共处，建设生态文明就是造福人类。面对全球的资源短缺、环境恶化、生态系统退化的严峻形势，生态文明作为人类文明发展的一个新的阶段，已被世界各国认可和采纳，成为国际的潮流与导向。通过生态文明的建设，重新审视人、自然、经济三者之间的关系，牢固树立保护自然的生态文明理念，不断促进人与自然和谐发展。

（二）国家高度重视生态文明制度建设

生态文明建设是伟大中国梦的重要组成部分，代表低碳的生产方式和健康的的生活方式，是人与自然和谐相处的价值取向。党和国家出台了一系列重要文件推动生态文明建设，"十八大"报告对"十七大"报告关于生态文明表述进行继承与深化，把生态文明建设上升到前所未有的高度。

（三）湖南"两型社会"建设先行先试的政策机遇

湖南省长株潭两型社会建设综合配套改革试验区，肩负着为国家探索"两型

社会"建设新路的重任，主要任务是以节约能源资源、保护生态环境为切入点，以转变发展方式、实现又好又快发展为目的，通过改革创新，走出一条有别于传统模式的工业化、城市化发展新路，为中部乃至全国体制改革和科学发展发挥示范和带动作用，这与生态文明建设相契合。为保障改革试验顺利推进，中央给了湖南在资源节约、环境友好方面先行先试的权力，为湖南创新生态文明建设机制，实施低碳经济战略提供强有力的政策保障。按照国家部署，湖南已经在推进资源节约、环境保护等方面取得了实质性进展，两型社会改革建设的全面推进，为探索生态文明制度建设奠定了坚实基础。

二、湖南生态文明制度建设的挑战

（一）认识提高有一个过程

事物不断发展，认识不断深化。在湖南省，从领导到普通群众，对生态文明的认识都有一个不断深化的过程。不同的发展阶段有不同的任务，认识的着眼点不同。当前，湖南省一个最突出的矛盾是生态环境质量下降与经济增长之间的矛盾，这个矛盾不解决好，会酿成社会矛盾。随着湖南省对生态文明的认识不断加深，省政府计划取消79个县市区GDP的考核，研究、寻找替代性考核办法，尤其根据各地的主体功能，强化生态文明指标的分量。

（二）转型发展有一个过程

人类文明是一个由原始文明—农业文明—工业文明—生态文明的历史过程。当前湖南正处于工业化进程的中后期阶段，工业化加速推进与资源环境约束的矛盾突出。煤炭燃烧排放的二氧化硫、氮氧化合物、烟尘分造成了严重的空气污染，80%的大气污染和50%的水体污染是由煤燃烧引起的。面对环境污染和经济发展，湖南省的选择只有一个，那就是：走可持续的发展新路，建设生态文明。

（三）综合治理有一个过程

生态环境治理难度大、成本高、周期长，是一个长期而复杂的过程。国外经验表明，大气污染、水污染、土地污染治理都需要20~30年。根据发达国家经验，一个国家或者地区在经济高速增长时期，环保投入达到1.5%以上才能有效控制污染，达到3%才能使环境明显改善。湖南省投入大量人力物力构建环保责任体系。根据十八届三中全会的要求省政府划定了生态红线，积极探索流域生态补偿机制，已开展了湘江流域生态补偿系列工作。同时湖南省创新湿地保护体制机制，编制了《湖南省湿地保护总体规划》；完善污染物排放许可制度，发布实施《湖南省排污许可证管理暂行办法》。湖南省正从多方面入手治理生态环境。

（四）政策落实有一个过程

从思想变成思路，从思路变成决策，再从决策变成政策，最后到政策落到实处，都有一个过程。落实各项生态文明政策，一方面湖南省要加强部门间政策制定和实施的协调配合，推动落实这些政策；另一方面，要因地制宜，选择合适的地区开展相关试点。在政策落实过程中，要不折不扣、抓紧实施，又不能操之过急，也不可能一步到位。

第二十六章

湖南生态文明制度建设的总体思路和发展目标

第一节　湖南生态文明制度建设的指导思想

以邓小平理论、"三个代表"重要思想、科学发展观为指导，深入贯彻党的十八大和十八届三中全会精神，以建设美丽湖南为目标，以体制机制改革创新为内生动力，以实现生态保护、民生改善和区域发展共赢为出发点和落脚点，以长株潭城市群国家两型社会综合配套改革试验区为重要平台，以重大生态工程为有效载体，率先建立起系统完备、具有湖南特色、可供复制推广的生态文明制度体系，为全国推进生态文明建设提供示范样板。

第二节　湖南生态文明制度建设的指导原则

湖南省坚持把以人为本、改革创新、统筹协调、因地制宜作为指导原则。以改革为动力，通过体制机制和观念创新，形成促进又好又快发展、增进人民福祉的制度优势，同时根据两型社会发展要求，突出优势兼顾周边，带动全省科学跨越发展。

第三节　湖南生态文明制度建设的主要思路

生态文明制度体系覆盖资源节约利用和环境保护全过程，涉及生产和消费的各方面。湖南生态文明制度建设的思路是，依据"绿色湖南"建设这一核心目标，围绕建立现代生态文明治理体系、推进两型社会体制机制创新、完善生态环境源头保护制度、推动资源能源高效利用、提高生态环境质量和健全生态环境保护管理体系的战略重点，要把资源消耗、环境损害、生态效益纳入经济社会发展评价体系，通过建立相应的法律保障、管理体制及关键制度，实现顶层设计与基础实践的结合，形成对应的目标体系、考核办法、奖惩机制，实现湖南生态文明。湖南省生态文明制度建设思路见图 26 - 1。

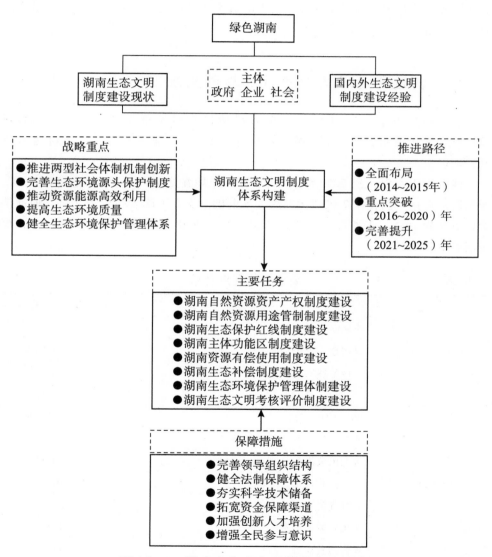

图 26 - 1 湖南省生态文明制度建设思路

第四节　湖南生态文明制度建设的战略目标

通过构建并实施源头严防、过程严管、后果严惩的全过程全方位生态文明制度体系，争创生态文明制度建设新优势，为生态文明建设注入强大活力与动力，实现资源节约利用、环境友好发展，不断落实并完善生态文明制度建设，最终建成绿色湖南。

一、实现资源节约利用（目标值见表 26-1）

土地利用方面，到 2020 年，全省耕地保有量不低于 377 万公顷，确保 323.53 万公顷基本农田数量不减少、质量有提高，土地整理复垦补充耕地 3.33 万公顷以上。

能源利用方面，到 2020 年，单位 GDP 能耗在 2010 年的水平上下降 16%，能源需求总量控制在 3.7 亿吨标准煤，水电供电煤耗下降 60 克/千瓦时，原油消费比重达到 10%，天然气消费比重达到 13%，非化石能源消费达到 16.4%，煤炭消费下降 7%。

表 26-1　　　　　　　　　资源节约利用目标

		2020 年目标值
土地利用	耕地面积（万公顷）	377
	农用地（万公顷）	323.53
	土地整理复垦补充耕地（万公顷）	高于 3.33
		2015～2020 年
能源利用	单位 GDP 能耗	年均下降 16%
	能源需求总量（亿吨标准煤）	低于 3.7
	水电供电煤耗（克/千瓦时）	下降 60
	原油消费比重	达到 10%
	天然气消费比重	达到 13%
	非化石能源消费	达到 16.4%
	煤炭消费比重	下降 7%

		2020 年
水资源利用	总需求水量（亿立方米）	352.23
	万元 GDP 用水量（m³/万元）	90
	生活用水保证率	95
	灌溉水有效利用系数	0.65
	水功能区水质目标达标率	95

资料来源：土地利用：预测数据来自《湖南省土地利用总体规划（2006～2020）》。

能源利用：预测数据来自《湖南省"十二五"能源发展规划》，单位 GDP 能耗、能源需求总量（亿吨标准煤）、水电供电煤耗（克/千瓦时）、原油消费比重、天然气消费比重、非化石能源消费、煤炭消费比重在"十一五"能源发展取得的成绩的基础上，按照能源综合效率按均速预测得到 2020 年数据。

水资源利用：预测数据来自《湖南省"十二五"水资源综合利用研究》。水资源利用预测在用水变化趋势、需水定额分析的基础上，考虑水资源合理开发潜力约束、纳污约束、河道内生态用水环境约束等因素，采用趋势法、份额比例法、人均综合用水估算法、用水增长率法、弹性系数法等几种方法，对生活、生产和生态用水户分别预测。考虑未来技术进步因素和节水水平，预测过程中对不同节水力度的需求及供水状况进行分析比较后确定推荐方案。

水资源利用方面，到 2020 年，用水总需求量控制在 352.23 亿立方米，万元 GDP 用水量控制在 90 立方米，生活用水保证率达到 95%，灌溉水有效利用系数达到 0.65，水功能区达标率达到 95% 以上。

二、实现环境友好发展

随着湖南省"四化两型"战略的纵深推进，经济社会实现了持续快速发展，为湖南省实现环境友好发展提供了重大机遇。到 2020 年，气体污染物排放方面，单位 GDP 二氧化碳排放下降 17%，化学需氧量排放总量降低 15%，二氧化硫排放总量降低 16%，氮氧化合物排放总量降低 20%。固体废弃物排放方面，工业固体废弃物利用率达到 85%。废水污染物排放方面，城市废水处理率达到 90%，工业用水重复利用率达到 70%。重金属污染排放方面，湘江流域在 2013 年重金属污染排放量的基础上降低 50%，非湘江流域维持在 2013 年的水平上。环境友好发展目标见表 26-2。

表 26 - 2　　　　　　　　　　　　环境友好发展目标

		2015 ~ 2020 年
气体污染物排放	单位 GDP 二氧化碳排放	下降 17%
	化学需氧量	下降 15% 以上
	二氧化硫	下降 16% 以上
	氨氮化合物排放量	下降 20% 以上
固体废弃物排放	工业固体废弃物利用率	达到 85%
废水污染物排放	城市废水处理率	达到 88%
	工业用水重复利用率	70%
重金属污染排放	湘江流域	降低 50%（较 2013 年）
	非湘江流域	不超过 2013 年水平

资料来源：三废排放：气体污染物排放、固体废弃物排放及废水污染物排放预测数据来自《湖南省"十二五"环境保护规划》，2010 年化学需氧量、二氧化硫和氨氮化合物排放量的环保指标值分别为 134.1 万吨、71 万吨和 16.95 万吨，2020 年数据在 2015 年基础上做保守预测。2010 年工业固体废弃物利用率达到 81%，保守预测 2020 年上升 7 个百分点，达到 88%。

重金属污染排放：预测数据来自《湘江流域重金属污染治理实施方案》，2020 年的一部分指标数据是在"十二五"规划的基础上，采用相同或相近的增长率（下降率）进行预测。

三、实现绿色湖南建设

到 2020 年，绿色发展方面，能源强度下降 35% ~ 40%，工业增加值用水量下降 38%，化学需氧量下降 15%。循环发展方面，主要资源产出率提高 16%，资源循环利用产业总值 2 250 亿元。低碳发展方面，低碳产业产值达到 230%，非化石能源比重提高到 16.4%，单位 GDP 能耗降低 16%，森林覆盖率达到 65%，森林蓄积量达到 5.24 亿立方米。绿色湖南建设目标见表 26 - 3。

表 26 - 3　　　　　　　　　　　　绿色湖南建设目标

		2015 ~ 2020 年
绿色发展	能源强度	下降 35% ~ 40%
	工业增加值用水量	下降 38%
	化学需氧量	下降 15%
循环发展	主要资源产出率	提高 16%
	资源循环利用产业总产值（亿元）	2 250

续表

		2015～2020 年
低碳发展	低碳产业产值	达到 30% 左右
	非化石能源比重	达到 16.4%
	单位 GDP 能耗	降低 16%
	森林覆盖率	达到 60%
	森林蓄积量（亿立方米）	5.24

资料来源：绿色发展与循环发展：预测数据来自《湖南省循环经济发展战略及近期行动计划》，2020 年数据为在此基础上所做的保守推测。能源强度及工业增加值用水量数据是参考国家平均水准进行预测。

低碳发展：预测数据来自《湖南省"十二五"林业发展规划》。"十一五"期间，森林覆盖率由 55% 提高到 57.1%，保守估计 2020 年达到 60% 左右。"十二五"规划中指出低碳产业产值和非化石能源比重分别达到 20%、11.4%，单位 GDP 能耗降低 16%，在此基础上保守推测得出 2020 年的指标值。

四、制度全面落实

制度的全面落实是生态文明建设的重要保障。到 2020 年，保障机制方面，生态文明建设占党政绩效考核的比重达到 45%，生态文明建设支出占省财政支出比例达到 25%。制度落实方面，项目节能评估审查执行率达到 85%，项目环境影响评价执行率达到 90%，环境信息公开率达到 80%，禁止开发区面积达到 1 500 万亩。生态文明制度实施目标见表 26－4。

表 26－4 生态文明制度实施目标

		2015～2020 年
保障机制	生态文明建设占党政绩效考核的比重（%）	45%
	生态文明建设支出占省财政支出比例	25%
制度落实	项目节能评估审查执行率（%）	达到 85%
	项目环境影响评价执行率（%）	达到 90%
	环境信息公开率（%）	达到 80%
	禁止开发区面积（万亩）	1 500

资料来源：主要是结合湖南省的实际情况，并参考其他省份生态文明建设实况进行预测。

第二十七章

湖南生态文明制度建设的战略重点与推进路径

第一节　湖南生态文明制度建设的战略重点

一、以长株潭试验区为龙头，继续大力推进两型社会体制机制创新

（一）深入推进试验区第二阶段改革

在长株潭地区开展生态环境保护联动机制建设试点、环境公益诉讼试点、县区资源环境法庭设立试点、环境污染损害惩罚性巨额赔偿试点、湘江沿线企业排污口公示试点等。深化和完善产业准入和退出机制、联合产权交易平台、资源性产品价格、农村环境治理、排污权交易、生态补偿、大气监测与联防联治、绿色建筑、绿色出行、绿色 GDP 评价等十大重点改革。

（二）总结、提升和推广长株潭试验区成功改革模式和经验

全面推行居民水电气阶梯价格制度，完善居民阶梯电价政策，逐步在全省推行阶梯水价，对所有开通管道天然气的市县推进居民阶梯气价改革。推进非居民

用水电价格改革。全面推行排污权有偿使用和交易，探索企业间排污权交易模式，完善排污权交易竞价机制。全面推行绿色出行改革，加强城市步行和自行车出行系统建设，扩大自行车租赁系统试点。全面推广长株潭三市农民安置、城市建设、园区开发、新农村建设、道路建设等可持续节约用地模式。

（三）完善区域协调发展机制

坚持分类指导，完善差异化区域配套政策，按照"三个率先"总目标，发挥长株潭产业、人才、科技等优势，加快推进长株潭全面小康社会建设，引领和示范全省转型创新发展。

二、以主体功能区定位为依据，完善生态环境源头保护制度

全面完成省级主体功能区规划，形成完整的主体功能区规划图，加快出台与主体功能区建设相适应的差异化区域发展产业和财政政策、绩效考核体系，积极推动国家主体功能区试点示范建设，开展市县空间规划改革试点，推动经济社会发展规划和长株潭城市群生态环境保护规划等，力争成为全国第一批"宽带中国"建设试点。

通过探索制定并且实施不动产登记办法，加强储备土地登记管理和土地集中整治中的土地权属管理。探索编制国土空间规划，严格落实用途管制制度。健全自然资源资产产权制度，实行资源有偿使用制度，完善自然资源产权市场。完善自然保护区、风景名胜区管理体制。争取在条件适宜的地区开展建立国家公园体制试点。

三、以加强资源节约为突破口，推动资源能源高效利用

（一）落实最严格的耕地和水资源保护制度

严格规划和永久保护基本农田，完善耕地数量和质量占补平衡机制。创新农村土地整治模式，开展"先建后补、以补促建"的土地整治模式试点。推进集约节约用地，建立工业用地和居住用地合理比价机制，将城市人口密度、园区经济密度、土地利用率、单位面积土地产出强度纳入新型城镇化考核重要内容。从用水功能区、用水效率和用水总量三方面入手，进一步完善指标体系和评价机制，并出台更为严谨有效的用水政策，推动科学合理的水市场建设，提高居民节水意识。

361

（二）完善清洁低碳技术创新推广应用体系

整合省内清洁低碳技术创新平台、组织开展重金属污染、土壤修复、雾霾治理、尾矿渣治理等重大科技攻关。完善清洁低碳技术推广机制，组织实施餐厨垃圾、生活垃圾、建筑垃圾资源化利用和两型住宅、地（水）源热泵、高效节能环保锅炉等重大技术推广专项。完善支持生态经济、生态产业发展的政策。推行政府绿色采购制度，完善支持鼓励政府保障型住房、政府投资项目、大型公共建筑等新建项目优先采购和使用清洁低碳技术和产品的政策措施。实施绿色消费的政策，研究制定遏制过度包装、奢侈消费和浪费行为的综合经济政策措施。

四、以加强污染整治为着力点，提高生态环境质量

（一）着力推进以长株潭为重点的大气污染防治

建立完善大气污染防治工作责任机制和检测预警应急体系。启动《大气污染防治条例》起草工作。建立长株潭大气污染联防联控机制，通过签署大气污染防治分工合作协议提高大气防控治理能力。加快淘汰落后产能，实施落后产能企业"烟囱落地"工程。针对城市建设施工污染问题，尝试在长株潭三市设立收费试点。建立机动车船尾气检测治理、绿色标识管理和加快淘汰黄标车等工作机制。

（二）着力推进以湘江流域为重点的重金属治理

实施湖南省"一号重点工程"第一个"三年行动计划"，完善投资项目环保硬约束监督管理和"一支笔"审批制度。完善湘江流域污染治理和环境保护管理体制，强化政府统筹、部门联动推动全流域多方协同机制，推进长株潭水务一体化。

（三）着力推进以畜禽及渔业养殖为重点的农村面源污染治理

完善农村环境连片政治机制，推进 10 个县（区）的农村环境综合治理整县（区）和重点乡镇、问题村综合治理，积极争取纳入国家"农村环境整治整省推进"试点。研究出台促进畜禽规模养殖污染治理、秸秆综合利用与焚烧污染防控的政策措施。

（四）建立市场化的生态环境保护新机制

加强主要污染物排放总量和分解落实机制研究，研究制定相关管理办法。改革污水处理费征收管理办法。完善企业环境信用等级评价制度，全面挂钩企业税收、金融信贷、项目审批、资金安排等方面。推进环境污染责任保险和环境服务业改革试点。推进资源税改革，争取纳入国家环境费改税试点。创新生态文明投融资体制，研究出台生态环境类财政资金，完善绿色信贷政策，推行合同能源管理、合同环境服务、PPP 等模式，携手社会资本共同建设生态文明。

五、以完善监管体系为重点，健全生态环境保护管理体制

（一）建立和完善生态文明建设监管和考评体系

进一步完善生态环境监测网络，针对大气、土壤、水体等自然资源，编制相应的自然资产负债表。完善绿色 GDP 评价体系，在长株潭三市开展绿色 GDP 评价试点。针对禁止开发区建立系统配套的政策体系，建立健全国家级重点生态功能区财政支持的正常增长机制和考核奖惩机制。

（二）积极探索建立生态环境损害责任终身追究制和环境污染事故责任追究制，实施严格的生态环境损害赔偿和刑事责任追究制度

构建"司法机关 + 职能部门 + 公众参与"的联动机制。首先，将资源节约与生态环境保护统筹考虑，省高院、高检察院在现林业法庭、林业检察处的基础上，充实力量，组建"资源环境法庭""资源环境监察处"，负责审判林业、渔业、水利、环境污染、生态破坏等领域的资源环境民事、行政和刑事案件，指导重大疑难案件、发布典型案例，为我省生态文明司法活动提供基础性、规则性、方向性指导。其次，根据十八届三中全会《决定》"独立进行环境监管和行政执法"的要求，研究组建"资源环境警察"队伍，开展生态文明建设的行政执法。

第二节 湖南生态文明制度建设的推进路径

需要用长远的眼光来看待生态文明建设，这项工程既不能一蹴而就，也不能

简单地以某几项指标作为成功与否的标志，而是要全面地、彻底地改变社会对人类与自然环境关系的认知，并从制度上进行完善，以实现传统的自然资源利用方式的改变，构建可持续发展的、良性的资源利用模式。根据国家要求和湖南实际，我们提出湖南生态文明制度建设的三步走路径，如图 27 - 1 所示。

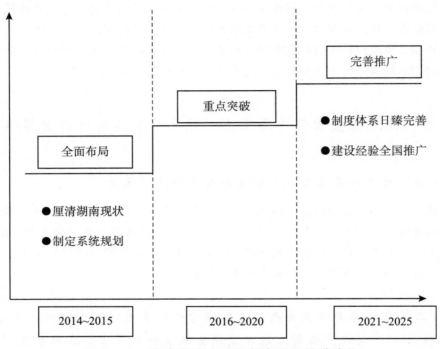

图 27 - 1　湖南省生态文明制度建设推进路径

一、湖南生态文明建设的全面布局阶段（2014～2015 年）

（一）厘清湖南现状

以落实资源节约、环境友好的基本国策，服务国家生态文明建设重大战略需求为宗旨，系统梳理我省现有的生态文明建设领域各类制度，明确各类生态文明制度的运行领域及效用，结合资源能源与生态环境现状，明确制度缺口，对我省生态文明制度体系建设的重点和难点有充分和清晰的认识，为后期制度的补充和完善提供依据，以探索生态文明建设融入经济建设、政治建设、文化建设和社会建设的建设路径。

（二）制定系统规划

顶层设计：政府应当明确自身地位，以市场经济为核心，充分尊重市场经济运行规律，以国家生态文明建设规划为指导、以环境承载力为基础、以尊重自然生态为准则、以发展循环经济为动力、以湖南有色金属等优势资源为保障，全面启动各项改革，制定系统性的资源使用规划，初步建立支撑生态文明制度体系建设的政策法律体系和体制机制框架，把握生态文明制度体系建设的大方向，完成顶层设计。

组织设计：基本建立健全服务于生态文明建设的组织结构体系，保障有组织有序的统筹；尽快成立"经济体制与生态文明体制"专项小组，以开展各类资源的确权工作，也便于各组织部门的权责划分。

进程设计：明确我省生态文明建设必须经过全面布局、重点突破和完善提升三个阶段，制定相应的阶段任务时间表，以便前期的建设铺垫、当期的考核评估及后期的战略布局调整，保证我省生态文明制度建设能够有序稳妥开展。

二、湖南生态文明建设的重点突破阶段（2016~2020年）

（一）认识瓶颈

资源瓶颈：湖南资源密集型、物耗过高型产业的比重过大，导致资源日渐耗竭，部分资源的资源优势不复存在，并成为阻碍经济可持续发展的资源瓶颈。

经济瓶颈：湖南经济结构不合理，增长方式粗放，科技自主创新能力不强，基础设施（能源、交通运力等），远远落后于东部地区，成为制约湖南经济发展的主要瓶颈。

环境瓶颈：湖南省通过两型社会建设，使全省环境质量有了大步提升，但是重金属污染这一环境顽疾并没有得到根治，此外新的环境问题类似雾霾等又不断出现，农村与城市区域环境问题治理不平衡依旧存在，全省面临的环境形势依然十分严峻。

（二）汇聚优势资源

区位优势：湖南具有先天区位优势，是东部沿海产业转移重要承接地，同时又是"一带一部"重要结合部，应当抓住产业转移重要机遇，获取经济利益和共享国家政策倾斜中的福利，放大"一带一部"新优势，提高经济整体素质和竞争力，为湖南省生态文明制度体系建设提供经济支撑。

资源优势：湖南有着丰富的有色金属资源，这使自然资源产权制度、用途管制制度、保护红线制度、环境保护管理制度的建设在湖南省具有巨大的实践价值，并对我国其他省份生态文明制度体系建设的探索建设具有重大的实际价值和借鉴意义。同时，合理的资源规划与管理，将会放大湖南省资源开发与利用的效率，推动区域经济发展，收获生态文明制度体系建设的果实。

人才优势：中南大学牵头，湖南大学、武汉大学等协同的两型协同创新中心的建立，为探索绿色湖南的建设，开展生态文明建设提供了庞大的人才队伍储备。"校+政+企"的合作模式，使得人才队伍的优势能顺利应用到政府领导与企业运营之中，成为我省生态文明制度建设的源动力。

（三）突破制度瓶颈

湖南省需要充分发挥市场资源配置作用，加大改革力度，瞄准制度难点，突破瓶颈，重点攻克湖南生态文明制度体系建设主要任务，包括湖南自然资源资产产权制度建设、湖南自然资源用途管制制度建设、湖南生态保护红线制度建设、湖南主体功能区制度建设、湖南生态补偿制度建设、湖南生态环境保护管理体制建设和湖南生态文明考核评价制度建设等方面，在绿色规划、生态补偿、清洁低碳技术推广、集约紧凑型城镇开发模式推广、绿色采购、绿色 GDP 核算、面向生态的考核评价体系等体制机制改革建设等方面重点突破，取得成功经验。

湖南省生态文明制度建设重点突破如图 27 - 2 所示。

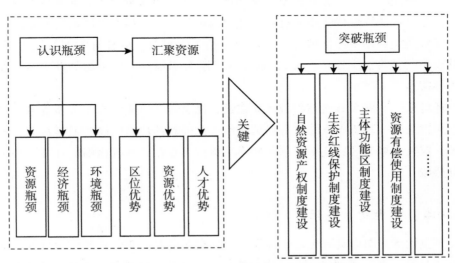

图 27 - 2　湖南生态文明制度建设的重点突破

生态文明制度建设研究

三、湖南生态文明建设的完善推广阶段（2021～2025 年）

（一）率先全国构建起完善的湖南生态文明制度体系

在全国率先构建起完善的生态文明制度体系，包括生态文明决策制度、评价制度、管理制度和考核制度，以及完备的组织、法律、科技、资金和人才保障体系。

第一，完善生态文明建设的决策制度。规范决策行为，完善决策机制，强化决策责任，减少决策失误，提高我省生态文明建设的决策的现实性、前瞻性和正确性。

第二，践行生态文明建设的管理制度。宏观上形成"五位一体"的总体布局，提升生态文明的地位。微观上，全面促进资源的节约管理，加大自然资源生态系统和环境保护力度管理，并加强对生态文明制度本身的建设管理。

第三，落实生态文明建设的评价和考核制度。以湖南现实为依据，制定重点体现自然资源生态价值的评价体系，落实相应的绿色循环国民经济核算和考核体系，落实环境责任终身追究制度。

第四，配备完整的组织、法律、科技、资金和人才保障体系。构建完善的领导组织结构，明确权责分工；推进生态文明法律法规建设，健全法律监督约束机制；鼓励校企加大研发投入，引导原始创新和重点领域的集成创新；加大财政投入，广泛引进社会资金；加强生态文明领域创新人才的培养，完善用人机制，盘活人才资源。

（二）实现湖南生态文明制度建设经验的全国推广

经过一系列先行先试与完善提升，促使湖南转变经济发展方式取得实质性进展，率先形成区域特色的集约发展、循环发展、生态发展新模式，节能、节地、节水、节材及大气、饮水等资源与环境主要指标达到全国先进水平，并形成两型社会和生态文明制度建设的先进经验，形成可推广、可复制、可操作、可示范的战略、规划、政策、模式、法律法规和体制机制，使湖南生态文明制度建设成为全国样板，引领国家两型与生态决策，推动形成生态文明建设的中国模式，实现环境优美的美丽中国梦。

第二十八章

湖南生态文明制度建设的主要任务

第一节　湖南自然资源资产产权制度建设的改革与创新

在我国产权制度中，自然资源归为全民所有和集体所有，不过细节上还没有更清晰的界定，如国土空间范围内的国土空间、各类自然资源的所有者，国家所有国家直接行使所有权、国家所有地方政府行使所有权、集体所有集体行使所有权、集体所有个人行使承包权等各种权益的边界等。因此要对自然资源资产产权制度进行改革与创新。

一、土地资源产权制度的改革与创新

（一）完善不动产统一登记制度

依照国务院出台的《不动产登记操作规范》与湖南省出台的《不动产登记暂行条例实施细则》，完善湖南省不动产统一登记制度，明确土地所有权，加快土地信息化建设力度，搭建基于地理空间框架的不动产统一登记信息平台，为了提升地籍登记规范化水平，应尽快建立并上线土地登记公开查询系统。

（二）细化土地使用权

现行的土地使用权制度中，对农村土地的管理制度没有像城市那样规范与详细，如土地登记制度、地籍管理体系以及法律保障体系，导致农村土地的产权不明晰，从而限制了其流通与保护。地籍管理体系的缺失对土地行政的管理非常不利，也不利于土地的流转。而我国频繁的土地征收冲突表明，司法体系若不能独立于政府，将大大减弱法律法规对产权的保障效果。

二、水资源产权制度的改革与创新

水资源同其他自然资源一样也是公共物品，属于集体所有，水资源的使用权即单位和个人依法对国家所有的水资源进行使用、收益的权利。实现水资源的最优配置，需要对水权种类、内容、取得方式和交易方式等方面进行合理的界定，构建完善的水权制度体系。

（一）加快推进水资源使用权确权登记

考虑到水资源的不同用途，以及现有取水证形式的取水制度，一是对目前已经具有取水证的取水用户进一步规范管理，完善确权登记工作；二是结合与其他工作同步推进进行取用水户确权登记；三是对农村集体经济组织的水塘和修建管理的水库中水资源使用权进行确权登记，水资源使用确权登记是水权分配、水权交易流转及其他相关制度的基础。

（二）探索建立湘江水权分配模式

湘江是湖南的母亲河，流经长沙、株洲、湘潭等湖南省人口密集的地区，湘江水权的分配对湘江流域各县级市区的生活生产具有重要意义。因此，探索合理有效的湘江水权分配模式，是实现湘江水资源科学配置、缓解水资源供需矛盾、推动流域经济可持续发展的重要保障。

1. 基本分配模式

水权分配模式有多种，主要有"人口配置模式""面积配置模式""产值配置模式""混合配置模式""现状配置模式""市场配置模式"等。限于篇幅此处不一一列出各种模式的具体定义与内容，表28－1列出了各种水权配置模式的特征与对比分析，我们旨在提出运用各种分配模式对湘江水权分配的改革与创新提出一些建议与借鉴。不同的分配模式适应于不同的情形，如不同的地区或不同的行业，所产生的效益和成本也有差异，取得的经济效果亦不同。

表 28 - 1　　　　　　　　各种水权配置模式特性

项目	人口配置模式	面积配置模式	产值配置模式	混合配置模式	现状配置模式	市场配置模式
适用范围	地区分配生活用水	地区分配农业用水生态用水	地区分配行业分配	各层面分配	各层面分配	富余水权分配高效率行业
公平效率	公平	公平	效率	二者兼顾	二者缺乏	效率
操作性	简单	简单	简单	复杂	简单	简单
实施难度	难度大	难度大	难度小	难度小	难度小	难度小

2. 湘江水权分配模式选择

从功能上划分，可将湘江划分为生态需求用水、基本需求用水、多样化需求用水和机动用水，水权分配模式应根据不同的用水需求进行设计。各种用水应采用分配模式如下：

（1）生态需求用水的分配模式：预留。

湘江是一个巨大的水生态系统，因此需要确保足够的水量来维持湘江生态系统的平衡，这个最低的水量就是生态需求用水。因此合理确定生态需求用水的基数非常重要，应结合生态水知识在确保湘江流域生物多样性和生态系统完整性的基础上确定生态需求用水量，对于湘江水资源的利用，应基于不威胁到生态需求用水的原则，即湘江总的可利用水资源量等于总水量减去生态需求用水量。

（2）基本需求用水的分配模式：人口分配模式。

基本需求用水是为了满足流域沿岸公民基本生存与发展所需要的水量，总的来说，人与人之间的基本需求用水是差异不大且较固定的，因此这部分需求应由政府保障，而不是通过市场来解决，并且为了公平的原则，应采取人口分配模式，按人口将基本需求用水量分配到用水户。

（3）多样化需求用水的分配模式：混合模式。

这一部分用水主要用于支持工业、农业和其他行业的生产活动，和其他私有物品一样，具有竞争性、排他性、收益关联性等特征，现实当中往往也是这部分水资源需要明晰水权与确定分配形式的。按照最优分配效率的原则，应采取市场分配模式对这部分水资源进行分配，同时也可以采用混合分配模式，因为不同地区的经济发展与制度运作的差异，难以用统一、单一的市场制度进行分配。比如说，考虑到行业差异的原因，农业生产用水需要考虑耕地面积等因素，而工业用水需要考虑产值等经济因素。混合分配模式的关键是各因素权重的确定，可以采取产值法、效率法等方法，因此需要进一步研究不同方法对水资源利用与保护以及生产效率等的影响，从而动态确定各因素的权重。

（4）机动用水的分配模式：市场模式。

机动用水是满足基本需求用水，农业、工业等生产用水后多余的可分配水量，这部分用水可以机动分配给不同用水户，以提高水资源的利用效率，应采用市场分配模式作为其分配方式。机动用水主要来源于有两个方面：一是丰水年富余出来的可分配水量；二是基本需求用水中多余出来的部分。机动用水可通过市场拍卖的形式，分配给流域的机动用水户，满足用水户的动态用水需求，同时能促进节水，提高用水效率。

三、矿产资源产权制度的改革与创新

（一）在统一省级矿产所有权基础上构建三级矿权体系

矿产资源开发是国家通过委托代理的形式委托各级地方国土资源管理部门来进行管理的，因为存在信息不对称等原因，监管不足，导致矿产资源的肆意开发、低效开发等现象屡禁不止，滋生腐败，矿产资源浪费非常严重。国土资源厅作为湖南省内的矿产资源管理部门，因其还有其他行政管理职能，对通过委托代理到各市州的矿产资源开发管理行为难以实现有效的监督，因此，有必要成立一个"湖南省矿产资源资产管理委员会"（以下简称委员会）和"湖南省矿产资源资产经营公司"（以下简称经营公司），委员会的职责来源于湖南省国土资源厅对矿产资源资产管理的职能，对湖南省矿产资源市场进行统一管理和监督，经营公司则是承担市场经营职能，对矿产资源产权进行市场化运作，通过一级市场矿产资源的出让、二级市场矿权经营、回购和储备等方式，确保湖南省矿产资源市场正常运作。

（二）矿业权契约的长期化

目前大部分矿业权契约规定了采矿权的固定时间，如三年、五年等，这将导致矿产开采的短期行为，因此应该按储量出让采矿权，如对较稀有的钨、锑和储量为中型的煤炭、金、银、铂、锰等矿产的开采，需要保证契约的长期化以及更多的控制权；对小型矿区和、金刚石、石棉等其他一般矿产资源的采矿权则不需更多控制权，而是应加强监管和环境整治工作。

四、森林资源产权制度的改革与创新

（一）明确森林资源资产产权主体的责权利边界

首先，需要处理好各级林业主管部门或地方政府对国有森林资源资产产权的权利、责任和目标，统一认识，使各层级政府在开发和保护森林资源之间达到平衡；更细一步，规范村民委员会对集体所有森林资源资产的保护和开发利用，保护农民的利益不受侵害。其次，也是以委托代理形式建立森林资源资产产权的激励约束机制，以目标责任制为原则对森林产权进行运营，加强绩效考核管理工作，做到奖惩并重。

（二）建立新型的森林资源资产产权管理体制

首先，转变政府职能，政府应适度放权，只做森林资源资产产权的监督者和考核者，而把运营管理职能下放；其次，以市场化改革为原则与目标，改变以行政手段参与森林资产产权市场运营的做法，政府只负责加强宏观管理与风险监控，遵循市场规律，让市场实现森林资源最优配置；最后，给予获得森林资源资产所有权的所有者充分自由，不干涉其经营活动，这也是能保证森林资产产权市场化运行的基本前提。

（三）建立森林资源资产补偿机制

首先，征收森林资源资产生态税，其征收对象为森林生态功能受益者、森林产品相关者以及林地占用者等；其次，实行财政转移支付补偿，并对生态脆弱区等重点林区倾斜；最后，建立森林资源资产的投融资体制，通过市场提供森林资源资产补偿资金，把社会资本引入到森林资源的开发与保护中。

第二节　湖南自然资源用途管制制度建设的改革与创新

一、土地利用管制建设的改革与创新

（一）完善国土空间规划，严格落实用途管制

完善国土空间规划，统筹经济发展、城镇建设、耕地保护、生态建设等各方

面关系，科学划定生产、生活、生态空间开发管制界限，落实用途管制制度。科学划定城镇扩展规模与边界，严格控制城镇建设用地无序扩张，严格保护永久基本农田。建立完善土地利用总体规划动态评估机制，加强交通、水利、能源等专项规划与土地利用总体规划的衔接，严控不合理的规划修改行为。完善新增建设用地计划管理模式，按照省直管县、支持县域经济发展的原则，取消市级分配环节，将计划直接下达到县、市。

（二）完善耕地保护与建设机制

通过实施耕地保护制度，稳定湖南省现有耕地面积。创新耕地占补平衡管理机制，科学合理开发和整治宜耕农用地。进一步创新农村土地综合整治模式，按照权责一致、因地制宜、慎重稳妥的原则，选择若干试点，以村集体经济组织为主体，探索"先建后补、以补促建"的土地整治模式，逐步从"政府包办"向"村组为主"转变。改革现有农村土地整治项目管理制度，将省级项目测量、设计和监理单位选取、工程招投标、项目验收等具体事务下放到市县。

实行耕地"补改结合"政策，缓解占补平衡压力。当前湖南省每年经济社会建设占用水田在10万亩左右，在适宜开垦水田的后备资源已近枯竭的情况下，这一问题如得不到解决，将直接影响各类建设用地报批，从而影响全省经济社会发展。为此，建议对确因受耕地后备资源限制，占用水田又无法直接补充水田的，实行"补改结合"，即一方面通过旱地的形式补充占用的水田，另一方通过将旱地改造为水田，从而实现耕地占补数量和质量的平衡，完成占水田补水田任务。

（三）区分土地优劣，确定保护范围

根据土地本身的特性，对土地进行优劣划分。政府设定相应的标准，所谓最好的土地，需是土壤、坡度和排水情况都最适合种植粮食、饲料和油料作物的土地。这类土地必须进行测绘，相关的测绘数据进行公布，所有的社区都能获得此类数据，以便于对这类土地进行保护。同时，对土地所涉及的其他因素也有重要的考虑，例如土地与农田之间的距离，农田的平整程度，农田大小，农田交通是否便利，相关的农业基础设施是否齐全等。根据这些因素以及法律的规定，确定值得保护的土地以及保护的范围与程度。

（四）制定农业区划，严格限制用途

农业区划是指，将农业用地按照其用途进行严格划分，这与工业用地根据用

途的分区的原理是一样的。在同一农业区域内,只能从事农业生产或者与农业生产有关的活动,严禁建设工厂、修建住宅或将土地挪作他用。农业区划范围内,土地的用途是受到严格限制的,而在农业区划周边,还根据不同的情况划分缓冲区,这些缓冲区一般包括湿地、排水区、溪岸和森林等,共同构成完整的农业的区划。

二、水资源用途管制建设的改革与创新

水资源管制主要有三方面的内容,即水资源利用的方式管制和用途变更管制。水行政主管部门通过三方面内容的管制达到严格限制各供水水源用途、各类用水的用水规律对水资源利用程度和特定水体利用方式变更的目的,从而保证水资源的使用高效、有序。图 28-1 描述了三者的关系。

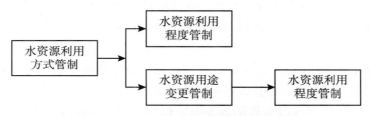

图 28-1   水资源用途管制制度框架

(一)水资源利用方式管制制度

水资源利用方式对不同水源的用水范围进行了规定,具体来说就是通过实施水功能区划,对不同的水域进行功能划分,其基本依据是水域的水资源条件、功能要求以及当地经济社会发展要求、水资源保护规划等。这与更高层面的主体功能区规划是类似的,目的就是使水资源开发与生产力布局更匹配。根据水资源的功能,可将其划分为水功能一级区和水功能二级区。具体见图 28-2。

(二)水资源利用程度管制制度

水资源利用程度管制对各行业对水资源利用程度进行了规定,通过自上而下的倒逼机制,促使工农业生产、居民生活节约用水,提高水资源的利用率,缓解我国水资源相对短缺的局面。各级政府、各行业需要对水资源的利用做好事先规划,合理配置各用途间的水资源利用程度,保证经济、社会和生态效益最大。

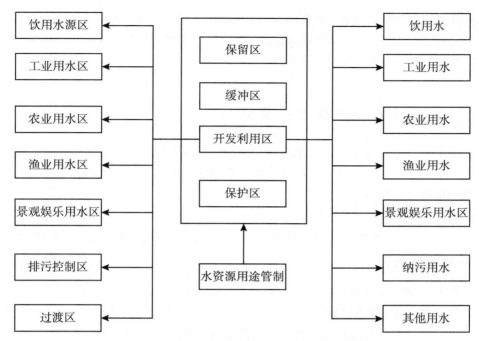

图 28 - 2　水资源用途管制与水功能区划关系

（三）水资源用途变更管制制度

前面已经提到，需要做好水资源利用规划，然而因为各种不确定性因素或计划的变更，会出现某类用途水资源过剩，而另一类用途水资源不足的局面，因此需要对水资源用途进行变更。但是在水资源用途变更的过程中，会出现如保证农业和生态环境基本需求的农业用水和生态环境用水遭到生活用水和工业用水的挤占等情形。因此，需要对水资源用途变更进行管制。

1. 水资源"农转非"管制

水资源"农转非"通过将农业水资源改作他用（一般是工业生产）可以提高水资源的利用效益，不过不能盲目对水资源"农转非"。首先，由于降水的季节性特征，禁止在灌溉季节和枯水季节或年份将农业水资源转做它用；其次，需要对农业水资源转作他用的费用做出最低规定，以保证农户的利益，并且所得转让收入的部分应以一定形式返还给当地农民；再次，将农业水资源改作他用的量不是无限的，需要做出最高限制；最后，水资源"农转非"的对象具有优先劣后，总的来说，居民生活用水优于公共生活用水和工业用水，无污染行业优于低污染行业，低污染行业优于高污染行业。

2. 生态环境用水的用途变更管制

水是生命之源，是维持整个生态环境稳定的重要元素，所以需要对生态环境用水的变更作出严格的限制，如果因为用途变更后而破坏整个生态环境，将是不可挽回的过失。因此，除非特殊情况，一旦某水体规划为生态环境用水，则不能随意改变其用途，如果变更其用途，需要按照严格的法定程序，并由政府全权负责。

三、建立健全林地用途管制制度

湖南省森林资源丰富，然而近年来因为过渡的采伐与保护的缺失，森林资源受到严重侵害，加强对森林、林地、湿地资源的管控，建立健全湖南省林地用途管制制度迫在眉睫。

（一）严格林地用途管制制度落实情况监督，防止有林地逆转和林地非法流失

首先，做好森林资源档案建设工作，在全省范围内开展森林资源规划设计调查，建立湖南省森林资源数据库，做到对每一个山头、每一个林地都有记可查、有图可看，并根据林地用途变更进行实时更新。其次，加强监督检查，监督林地使用、开发、利用和权属变更情况，同时通过即时更新森林资源数据库，保障湖南省森林资源数据库的实时性和准确性。再次，要加强对森林资源流转的监督，防止和纠正森林破坏和国有森林资源资产的流失。最后，继续监督湖南省林权登记工作的进行，保护好林权权利人的合法利益。

（二）严格征占用林地审核制度监督，依法规范林地利用行为

林地的征占主要来源工程项目的建设，对此需要严格按照规定程序进行，按规定缴纳森林植被恢复费，林业主管部门则要认真履行职责，严格审核，并确保收取的森林植被恢复费用于森林保护。最重要的是，为了确保林地总量的动态平衡，因工程项目征占用林地的，需要确保恢复不少于因占地而损失的森林面积，森林保护同时也是土壤、水资源、生态环境的保护，因此需要林业、国土、水利、环保等部门的协作配合，同时林地的征用也涉及各个部门的职能范围，因此征占用林地审核制度的实施也需要各个部门的配合。

（三）加大对破坏林地案件的督查力度

第一，加大对毁林开垦和非法占地行为的打击力度。凡是出现上述违法行为的，要严格按照有关规定，同时追究违法者和相关领导的责任；第二，丰富监督手段，联合利用行政层级监督、人大监督和舆论监督，针对某些查处难度较大的

案件，如打着建设国家、省重点工程的旗号或地方行政的干预的案件，可以合理利用电视、网络、报纸等新闻媒介进行曝光，利用社会舆论施压，促进案件的查处；第三，做好查处的跟踪监督工作，对所有破坏森林资源的违法行为绝不姑息，要一查到底。

四、建立省立公园制度

（一）改革管理体制，整合相关职能

各级国土资源部门及地质公园管理处是代表政府行使地质公园管理的职能部门，但当一个地区既是地质公园，又是自然保护区、风景名胜区、森林公园时，应当成立统一的管理机构——地质公园管理处或地质公园管理委员会，该管理机构由地质公园所在的市州县政府组织成立，在国土部门的监督指导下，联合社区居民、市场化公司对地质公园进行管理。

（二）建立资源的有偿使用机制

地质遗迹等景观资源是一种不可再生的资源，资源归国家所有，经营者有偿使用，并对公园的保护负有保护及治理责任，相关职能部门及管委会等对其进行监督管理。

（三）完善地质公园保护与开发投资方式

目前大多数地质公园保护与建设的资金来源于政府投资，渠道单一且不能满足实际需要。因此要拓宽投资渠道，吸引社会资本参与到地质公园的保护与建设中，可以设立股份制投资开发公司，在政府监督考核下具体负责地质公园的保护与开发建设，既能解决公园保护建设资金不足的问题，也能提升地质公园的运行效率与服务质量。

第三节 湖南生态保护红线制度建设的改革与创新

一、健全三条基本线

生态功能保障基线、自然资源利用上线以及环境质量安全底线三条基本线构

377

成生态保护红线，三者又简称生态功能红线、资源利用红线以及环境质量红线。其主要作用有：一方面，可以有效维护国家以及地方区域的生态安全，还可以促进经济社会的可持续发展；另一方面，在很大程度上对人民群众的健康起到了保障作用。

（一）构建生态功能保障基线

生态功能保障基线，其重要作用有二：一是最大程度上维护自然生态系统服务的持续和稳定；二是保障国家、区域生态的安全。生态服务保障基线应该与生态保护规划、区划的基本要求大体相符，可以延缓甚至完全遏制生态系统退化，并进一步完善生态服务功能，保障基本生态系统服务供给。生态功能保障基线的界定和执行主要作用在于保护自然生态系统，这一系统对于人类的繁衍与发展、社会经济的发展以及社会的可持续发展具有关键作用。

在对于湖南省重点生态区域的保护过程中，为了保障这类保护能够落到实处，应当从以下几个方面进行：一是划定生态功能基线空间范围，这一范围主要是从国家及省级重要生态功能区、脆弱区、生态敏感区或者是已建各类禁止开发区等区域中进行选取；二是明确重点，对于不同类型区域生态保护的重点进行界定，同时对当前的现状以及问题进行分析；三是判定核心区域，通过对生态系统服务的重要性、生态敏感性以及脆弱性进行评价，进而再判定出生态保护的核心区域来，并利用空间叠加以及制图技术对其进行最后的综合界定分析，最终形成生态功能保障基线；四是实时落地，以实地调查的形式，对生态红线的实际分界线进行复查，同时形成一套严格的配套管护制度，以保障保护工作的实施落地。

（二）建立环境质量安全底线

环境质量安全底线，指的是最低的环境管理限值，这一底线的设定与严格执行主要是为了保障人类居住环境以及身体健康，让我们可以生活在一个安全、健康的基本生存环境之下，保障空气质量、水源质量以及粮食质量。环境质量安全底线必须与当地的环境功能区划、环境质量管理要求保持一致，从而才能达到防范环境污染的效果。当下，湖南省的环境质量标准体系已经基本建立，这一体系也相对来说比较完善，但是，必须更加重视环境质量、人民健康等问题，在现有体系的基础上，坚守环境质量安全底线，并进一步对其健全与完善。

1. 明确和完善环境质量达标红线

对于环境质量达标红线的界定，一是以不同区域的环境系统结构以及功能差异为基础；二是要考虑目前的经济以及社会发展战略布局；三是以该区域的环境容量以及环境质量标准（土壤、水、大气等）作为依据。综合以上三点，来考虑并合理规划所在区域的环境功能，从而确定环境质量达标红线。

2. 进一步强化区域总量控制红线

进一步强化区域总量控制红线可以分为三步，第一，以环境质量达标为基础，坚守质量达标这一底线；第二，参照当前我国的污染物排放总量控制政策，并根据不同区域的不同特点进行分析；第三，以污染物排放与环境质量这二者的关系作为评估，对各个区域的污染物排放量进行有效评估。以此可以更好地限定各个区域的减排指标，更加严格地规定各区的排放量以及排放标准。

3. 努力构筑环境风险防控红线

一方面，以环境功能区当中的环境质量目标以及不同区域的不同特征作为依据，建立健全各个不同区域的环境风险预警机制，从而落到实处地保证饮用水水源地的环境安全；另一方面，及时有效地控制危险化学品、重金属等资源污染。依据这两方面，建立并进一步完善环境与健康风险评估体系与应急响应机制，推进环境风险全过程管理。

（三）建立自然资源利用上线

自然资源利用上线，更好地节省资源能源，从而使得能源或者资源（水、土地等）可以实现最大程度利用的最高要求。建立与执行过程中必须以当前经济的转型发展的基本需求作为基础，同时还要充分考虑当下资源环境的承载能力。根本目的与作用在于完成资源利用方式最根本的转变，从而全面推动社会的可持续发展、绿色发展与低碳发展。

二、实施分级管理控制的综合体系

在资源环境系统中，各式各样的环境问题都会对生态环境的安全产生影响，这当中就包括环境要素，如水、大气等，陆地、海洋各个领域中从污染产生再到污染循环，这当中的各个环节都会产生环境问题。因此，生态、大气、水以及海洋等环境当中的要素都可以作为生态红线系统结构的基础，并充分考虑当中的敏感性、脆弱性以及各个保护目标的重要性差异，从而可以界定各个要素和领域环境保护的强度等级，为分级管控配置相应的配套区域，以此形成并实施分级管控综合体系（见图 28 - 3）。

生态红线体系，各种类型的不同环境要素都应当囊括在内，同时，还应当包括领域红线。换个角度看，对各个区域的生态环境安全、健康会有影响的不同要素以及领域也应当囊括进该体系中来。综上所理解，生态红线体系应当包含三大支系，即大气环境分级控制体系、水环境分级控制体系以及生态环境分级控制体系。另外，在城市生态红线体系中，环境风险、噪声环境、土壤环境以及海洋环境等其他环境要素及领域也应当囊括进来。

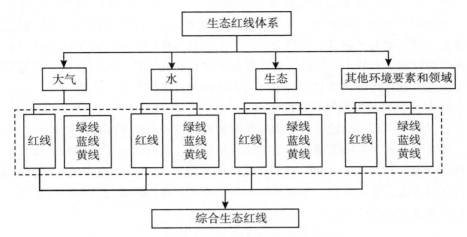

图 28 - 3　生态红线划分基本思路

生态红线是个分级管控的体系。在管控要求当中，各种不同的强度，各要素和领域环境分级控制体系的划分不同，可分为红线区（禁止区）、黄线区（限制区）、蓝线区（警戒区）和绿线区（引导区）（见图 28 - 4）。

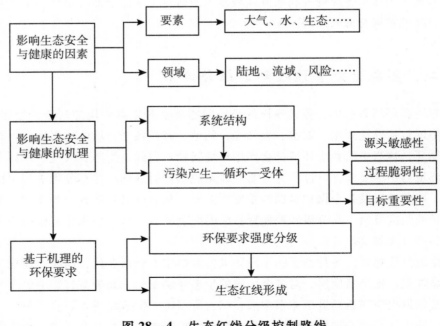

图 28 - 4　生态红线分级控制路线

在红线体系中，红线区域为最核心部分，也就是说这一区域是严格禁止开发的，如世界文化自然遗产、自然保护区、森林公园等。这一类区域可以建设成为保护自然文化资源的重点区域，或者是建设成为珍贵动植物基因资源保护地。

黄线区域我们将其界定为限制开发的区域，这一区域分为两类，一类是农产品主产区，也就是这一类区域耕地较多，适合发展农业，因此，从保护我国农产品安全的角度来看，将区域发展重点界定为农业综合生产，其他类型的如工业等在这一类区域中就进行适当的限制，不允许进行大规模的开发；另外一类称为重点生态功能区，即这一区域生态系统比较脆弱或者应当需要重点发展生态功能，同时，该类区域也不适合发展高强度的工业，因此，其首要发展任务也应当是生态产品生产。

蓝线区是可进行适当开发的区域，但是对开发程度、资源消耗与环境污染程度划定严格警戒线，在此区域的开发活动不可超过该警戒线。

绿线区域是引导开发区域，此类区域是人口密级区域，是人类活动生产的主要场所。因此，该类区域的产业结构应当适当调整，往创新性新兴产业、高技术产业发展，从而从产业振兴以及技术改造方面进行转变，使得区域内各要素能够合理分配，达到强化产业配套能力的效果（见图 28 - 5）。

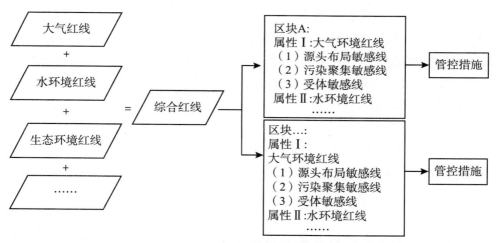

图 28 - 5　生态红线综合管理

三、实施综合管理与分领域、分要素管理相结合的管理方式

综合管理是针对红线区域而言。在红线区域中，综合生态红线体系图的形成是通过各要素（领域）空间图层的叠加落实而成。在综合区域中，我们实行差异化管理模式，也就是说，对红线区域当中的每一个地块，逐个分析并明确其划定

红线的原因。如假设某一块被划分为红线，首先就需要界定该地块是哪一种生态红线类型，其次再分析属于哪一种敏感性，最后再依据被判定为红线的敏感性原因对相应地管控要求进行匹配。

在红线区域综合体系的基础上，还需分别建立大气环境红线分级管控体系、水环境分级管控体系等分级管控体系，每个体系有其自身管理特点，施以不同的管理措施。

第四节　湖南主体功能区制度建设的改革与创新

一、优化产业政策

（一）严格市场准入制度

首先，进一步明确不同主体功能区优先发展、限制发展和禁止发展的产业，对不同主体功能区进入的产业进行严格限制。重点生态功能区的矿产资源开发、基础设施建设和发展适宜产业项目审批之前，须进行主体功能适应性评价，评价不合格的审批不能通过。

（二）建立产业退出和转移机制

对于不符合产业准入政策、资源消耗大、环境污染重的企业或产业，一是直接取缔或关闭，二是通过产业转移的方式，转移到其他地方。

（三）实施差异化的区域产业政策

对于重点开发区域，建立产业引导目录，通过招商引资、自主培育等方式，加强基础设施及配套设施建设，大力发展符合主体功能定位的产业，主要有技术密集和资本密集的高新技术产业，能提升就业水平的劳动密集型产业等；对于限制开发区域，以生态保护为主，可以适当进行开发，发展的产业主要为生态农业、特色产业等，加强农业的科技化操作水平，并注重对当地生态的保护；对于禁止开发区域，严格禁止工业开发，可根据当地自然条件，并在政府的严格监管下，发展生态旅游产业。

二、优化国土空间开发制度

（一）建立统一衔接的空间规划体系

理清主体功能区规划、城乡规划、土地规划、生态环境保护等规划之间的功能定位，主体功能区规划应作为国土空间开发的基础，在湖南省主体功能区规划的基础上构建定位清晰、功能互补、统一衔接的空间规划体系。改革规划体制，在市县层面实现"多规合一"，一个市县一张规划图，一张规划图管100年。

（二）根据不同主体功能区分类实行严格的土地管理政策

重点开发区域土地利用政策。为了促进城镇化和工业化发展，可以适当扩大建设用地供给，不过前提是耕地总量不减少。同时，加快推行土地有偿使用政策，通过盘活存量低效用地，释放有效的土地供给。

限制开发区域土地利用政策。限制开发区域的供开发的土地总量和发展的产业均需严格的控制和限制，同时对土地用途进行严格管制，如加大对农产品主产区的保护，建设用地规模不得过大。对重点生态功能区，其土地开发必须符合生态保护的要求，且不能变更用作其他用途。新增建设用地项目必须符合主体功能定位，且主要用于发展特色产业以及基础设施、公共设施。

禁止开发区域土地利用政策。合理划分禁止开发区域的土地范围，严格保护生态用地。禁止开发区域的土地开发利用必须符合政府对该禁止开发区域的主体功能定位。保证耕地不受侵害，土地承包经营权登记证上记录基本农田情况，禁止将基本农田改作他用。

三、创新考核制度

按照中组部的相关文件和我省生态文明体制改革实施方案的要求，创新考核制度，建立有利于推进生态文明建设的科学绩效评价体系。

（一）突出生态文明理念

改正过去片面追求GDP的观念，将生态文明建设作为考核的重要依据，强化对各地区可持续发展能力、环境质量、水、土、森林等自然资源的利用和保护等方面指标的评价。抓紧研究试行绿色GDP评价体系。在湖南省统计局已有研究成果的基础上，抓紧完善出台 GDP 评价体系，在长株潭 3 市全面试行绿色 GDP 评价试点。

（二）实行分类考核

对地方政府和领导人实行分类考核制度，分类的标准以主体功能区划分为准。对限制开发区、农产品主产区、重点生态功能区、禁止开发区等均不考核国内生产总值等经济指标，而是重点考核它们对自然生态的保护情况，发展产业主要为农业和生态旅游业，并考核其发展状况。对国家扶贫开发工作重点县重点考核扶贫工作，而不考核其 GDP。

（三）强化考核结果运用

强化考核结果的运用，是将生态文明建设真正落到实处的重要体现，只有对地方政府和领导者施以基于绿色 GDP 的考核评价，并将考核结果作为领导干部调整、选拔任用和奖励惩戒的重要依据，才能真正调动地方政府建设生态文明的积极性。为此，需要尽快建立领导班子自然资源资产负债表及审计制度，建立对主要领导者考核自然资源损坏情况的离任审计制度、自然资源损坏责任终身追究制度，将自然资源资产的权益状况作为领导干部在任期内办理职务变动接受审计的内容之一。

第五节 湖南资源有偿使用制度建设

一、土地资源有偿使用制度建设的改革与创新

创新公共服务、公共管理用地及经营性基础设施用地的出让方式，扩宽国有土地的有偿使用面积，减少非公益性用地划分。进一步完善协议出让行为，落实经营性用地招拍挂出让制度，全面推广网上挂牌交易。加强划拨土地和出让土地改变用途管理，完善省直管土地管理办法，维护我国土地资产合法权益。强化土地储备与融资管理，切实落实土地储备审批、登记、融资、供应和资金使用的管理。工业用地的价格上调至合理范围，实行有效调节工业用地和居住用地合理比价机制。展开地下空间土地使用权有偿处理研究。实行各种以低价供地为条件的

融资政策。与此同时，健全工业用地租赁机制、退出机制、弹性年期出让机制。

（一） 推进农村土地综合整治

首先，抓好土地整理，提升农业综合生产的能力。调控基本农田规划，选定永久基本农田，创建有关耕地保护补偿机制，引导建设用地于基本农田保护区退出，促进基本农田布局集中化，增加有效的耕地范围。整体地推进农田防护林、水利农田、土地平整等建设，且大幅度提高耕地的质量，早日实现"农田成方、道路畅通、水渠配套、丛林成网"。加强人为毁坏、污染耕地的整治。加速推进我省环洞庭湖的基本农田整理和涔天河区域耕地的后备资源开发建设。

调整城乡用地比例，加强农村整治工作。遵循布局优化、节约集约用地原则，合理计划农村居民点、公益事业、产业发展等用地。改造"空心旧村"，理性开发利用退宅基地、村内废弃地及空留地，调整布局分散的自然村落，借助统一规定、统一建设等手段，构建产业规模化、居住集中化的农村发展新格局。

改善生活环境，落实基础设施配套。完善网络通信、水电供给、道路交通、医疗保障、文化教育、社区娱乐等公共服务设施，推广新能源的使用，着重去除农村"脏、乱、差"状况，实现布局合理、道路畅通、村庄绿化。

对农村土地进行综合整治，加速土地流转，实现土地规模经营集中，践行农业科学发展战略，提高农民经济收入。结合区域现实情况，调整产业结构，优化农业布局，培育主导产业，积极推广现代农业，提高科技投入，建设高效的农产品基地。采用生产、加工、出售一体化经营模式，发展产业组织合作，提高农业产业化水平。不断发展园区工业、现代物流、旅游等农村二、三产业，提供就业机会，增加农民收入。

（二） 创建城乡区域土地流转交易市场

当今中国征地制度存在一个关键性问题就是政府公权、行政权侵犯公民私权、财产权。政府需不断完善征地补偿机制，并进行征地制度改革。减少征地面积划分，合理界定公益性与经营性建设用地。在征收农村集体土地过程中，奉行同地同价等原则依法补偿。完善社会保障，处理好被征地农民住房问题、工作问题。

允许农民依法参与开发经营活动并保护农民合法正当权益。准许农村集体土地进入市场交易，实现集体土地与国有土地用途、价格、收益的同样化。改变过去以政府为主导的征地方式，借助市场机制配置自然、经济资源，为农民带来经济财富。

在规划与用途的双重管制下，准许农村集体经营性的建设土地和国有土地平等地进入非农用地市场，建立统一化的地价体系，逐步形成规则统一、地位平等的公开交易平台。并健全土地抵押、租赁、转让的二级市场，推动土地供应由单一的政府征地转让向双轨制供应转型。随着农村集体经营性的建设用地直接进入市场，政府的征地范围将相应缩小，非公益性用地的划给供应也将面临逐步减少直到取消。

针对农村集体所有的"经营性用地"，提出"在符合规划和用途的双重管制下"流转。为集体建设用地的使用权流转合法性提供法律制度保障；处理好农民集体土地产权，为集体土地进入市场提供合理保障；确立集体建设用地流转对象；制定合理的农村建设用地流转税收政策；规范农村建设用地流转的收费标准，确保土地流转工作运转正常化；健全农村集体土地的基准地价体系；逐步形成集体建设的用地流转有形市场；加速征地制度的改革，创建征地保障机制；积极宣传农村集体建设用地流转的政策，营造社会共识；健全农村集体建设用地流转收益分配机制，构建"利益共同体"；规范税费项目与标准，制定农村集体建设用地再次流转的操作办法；加强流转用地的管理，推动统一的城乡规划体系建立。

颁布《农村集体土地征收补偿条例》，以市价补偿被征收土地农民，并将被征地农民纳进社保体系中。首先，创建兼顾公与私、集体与个人的土地增值收益分配机制，达到提高个人收益的效果。其次，农村建设用地和农用地确权试点在全省加速推进。最后，减少征地区域范围，制定征地程序，健全被征地农民合理、规范、多元化的保障机制。通过减少划拨征地、非公益性用地范围，增加国有土地的有偿使用范围，从而在征地之外给市场留下足够的空间。

（三）展开土地流转改革试点

围绕农村土地市场建设、市场主体、公共基础设施、信息和金融服务等建设方面，展开农村综合性改革示范试点。

建立多元统一的农村土地市场。集体土地所有权归农民集体所有，实现农村集体所有的工业用地、农用地、未开发地和农村范围内的国有土地确权登记发证全面覆盖。

政府在坚持有偿、自愿的前提下，创建满足农民正当需求的宅基地退出补偿激励机制。并且尝试建立农村集体建设用地指标储备制度与农民通过流转方式使用其他农村集体经济组织宅基地这两种制度，从而提高农村集体建设用地的经济效益。

不断提高农民在土地增值收益中的分配比例，在依法征收农民集体所有的土地同时，确保农民生活质量有经济保证。允许农村集体建设用地依法流转，用于农民住宅小区和工业、手工业、商业等建设。其意义是让农民的土地更加灵活，买卖土地使用权方便自由，从而为新农村的建设带来更多的融资机会。

借助国有建设用地交易市场，推动城乡土地交易市场的统一化，为土地交易提供资源信息、交易平台、交易场所等服务。实现在线网络交易方式，促进城乡统一的土地交易市场网站、平台建设。农村宅基地、集体建设用地、土地承包经营权等逐步纳入城乡统一的土地交易市场中。

（四）加快土地信托流转改革

完成农村土地信托流转改革，是市场经济逐步成熟的主要体现。长期以来，农民以耕为本、精耕细作，倍加珍惜土地承包权。因此，改变土地经营方式，首先必须引导广大干部群众转变观念，着力破解土地流转困难的现状。一是宣传开道。2010年，举办了驻村干部、村干部、专业户及部分作业组参加的土地流转专业培训班，聘请专家集中讲授农村土地流转的政策、原则、程序、意义和要求，印发了农村土地信托流转的相关文件和工作要求，展开村干部农村土地信托流转学习交流。通过"讲、看、谈"，镇村干部和群众开阔了视野，对土地信托流转带来的规模效益、融资发展、农民就业增收有了比较清晰和理性的认知，从而消除了"怕失地、怕减收"等疑虑。二是提高服务。完善领导负总责、分管副职具体负责、专职员工具体落实等工作机制，设立土地信托流转工作小组。三是确权颁证。对农村承包土地实行确权颁证，是推进农村土地资本市场化运作，实现经营效益最大化的重要举措，是农村综合配套改革的深化。

建立发展机制。推进土地信托流转，必须加强引导和扶持，切实解决好经营方向和发展投入问题，确保土地流转可持续发展。一是加强产业引导。统筹土地信托流转，培育发展绿色产业，大力发展中药材、特色水果等产业。二是坚持城乡统筹发展。提高农户参与土地信托流转的积极性，关键是要在统筹城乡发展这个大政策背景下，建立起有效的发展机制，使参与土地信托流转的农民真正做到"失地不失业、减地不减收"。合理规划，统筹全局，实现产业一体化、城乡发展、土地合理利用，通过信托流转，支持各村建设绿色产业基地和生态农业基地。三是实施以奖代投。为推动土地信托流转又好又快发展，政府组织建立了以奖代投激励机制，对利用流转土地发展茶园200亩以上的企业或个人，给予相应的物质资金奖励，协助其与金融机构对接，得到金融信贷支持。此外，发挥政府在处理好土地信托流转中各类矛盾的主动性，避免社会矛盾的产生，提前解决矛盾，节省生产经营成本。

规范公司管理。过去一段时间，农村也产生过土地承包权流转方式，但是规模较小、层次较低，主要是农户和农业企业在起作用，土地流转不稳定、规范性

387

有待提高。农村土地信托流转公司成立的作用就是要实现企业、农户两者角色的流转向企业、农户、政府三者角色流转转变。通过政府市场化运作平台，农民能够享受稳定的信托收益权，投资者能够一次性获得集中连片土地的经营权。

（五）积极推广节地模式

湖南长沙探索形成的五种节地模式，基本构筑起合理用地的系统模式，获得了国土资源管理部门的支持。加快推广隆平高科集中公寓安置模式，从根本解决地级以上城市久未解决的城中村问题；莲花镇、北山镇农民向城市集中模式，实现了农村土地规模化经营；隆平高科等的高层厂房建设模式，积累了园区合理用地经验；新河三角洲人车分流模式，创新了立体利用空间的城市节地模式，开发强度提高近 50%；咸嘉新村与莲湖村农民高层公寓式安置模式，实现了生活安置、生产安置两者的分离。

二、矿产资源有偿使用制度改革与创新

按照经济社会发展的要求，立足党的十八大报告中"反映市场供求和资源稀缺程度、深化资源产品价格与税费改革、建立公共资源出让收益合理共享机制、体现生态价值与代际补偿的资源有偿使用制度"等原则，矿产资源有偿使用制度改革主要有：

（一）提高市场化程度

由于矿业权市场配置程度目前不高，需要积极探索反映市场供求状况的出让方式，即：只要具备竞争条件，有多家申请的矿业权，均采取竞争性方式出让，从源头促进资源的高效利用，发挥市场在资源配置中的关键作用。出让方式不再按矿种风险高低确定，而是依市场供求状况而定。除了规定的可以申请在先方式出让外，一律以竞争方式有偿出让矿产权，不断完善新设矿业权出让方式。

（二）有序调整矿产资源税费政策

立足矿业活动的规律特点，联系国际通行做法，按整体布局、分步落实的原则稳步推进矿产资源税费政策调整。2015 年通过修改《矿产资源法》等有关法规、理性提高矿产资源使用费与补偿费的征收标准、健全矿业权评估制度等方法方式，矿产资源税费政策调整恰当，保护国家资源性资产权益；积极尝试将矿产资源补偿费改为权利金的可行性，提前为全面改革资源税费体系做准备。同时应

完善现有矿产资源税费政策体系，推动形成有效的税费联动体系。

（三） 健全地质环境恢复治理保证金制度

落实地质环境恢复治理保证金制度宗旨在于奉行"谁破坏，谁治理，谁恢复"原则，肩负矿山的环境恢复责任，减少矿产资源的开发新增环境问题的发生。健全地质环境恢复治理保证金制度，需从以下方面开展：统一国家层面的保证金缴纳标准和统一验收标准，以保证矿山地质环境恢复管理保证金的收缴和归还有据可依；灵活调节保证金征收方式，根据矿山规模和服务年限，由现行一次征收变为分期征收，不仅能缓减企业一次性收缴的资金压力，而且能让缴存的保证金更接近地质环境整治的实际成本，有助于预防企业因保证金缴存过低而停止环境治理的情况发生。

（四） 矿产资源有偿享用的差别化政策落实

在产业上，探讨出台税费的减免政策，激发企业勘探开发战略性矿产资源的积极性，为湖南省的新兴产业发展提供资源物质保障；在区域上，遵循"少取多留"原则，在矿补费、资源税等税费和矿业权价款的分配与征收上，适度向少数民族自治和资源富集区域倾斜，以促使资源开发地区长远发展，进一步调动地方的积极性，提高矿产资源有偿享用的差别化政策的执行效果。

三、 水能资源有偿使用制度改革与创新

建立和规范水能资源有偿使用制度，围绕水能资源的稀缺性、资源产权与劳动价值三大问题，提高水能开发门槛，处理好水能开发及相关各方之间的利益关系，增强水能资源使用权让与的信息公开度，增加水能资源所在地区财政收入，从而缓解对江河的非理性开发，体现资源的经济社会规律，实现构建和谐社会与生态文明制度的建设对水能资源有限开发的要求。

（一） 水能资源有偿使用制度的推行

2008 年 1 月 1 日起开始施行的《湖南省水能资源开发利用管理条例》是湖南省的第一部水能资源管理法规。此条例规定了县级以上人民政府的水行政主管部门负责水能资源开发利用的统一督促及管理相关工作。此条例还规定，在水能资源开发利用规划一经批准之后，必须及时向社会公布相关信息且要按条例规定严格地执行。水能资源的开发与利用必须按照规划来进行。任何单位和个人不符

合规划的开发利用水能资源的项目，都不能得到审批或者核准。

（二）强化水资源费的征收管理

水能资源的价款是水能资源开发的一次性的权利金，是国家作为水能资源所有者出让开发权的费用，其基础的价格应按照单位电能投资额的大小，在项目总投资额的 0.5% ~5% 的比例范围之内确定。其基础价格是挂牌出让与协议转让的最低价格，其中也包含电源点前期勘查费用的支付和对政府出资进行的河流规划。将水能开发中收到的水资源补偿费改名为"水能资源权利金"。按发电量征收，提高用费率至每千瓦时 0.024 ~0.06 元。设立"水能资源税"，当作级差水能资源租金，根据资源的好坏对水电站的超额利润进行调节，按级差收益征税。地方政府可根据水电站的单位投资成本与水量大小来确定起征点及累进税率，这部分的税收由地方政府来负责征收并归其所有。

水能开发过程征收水资源的补偿费，作为水资源开发利用、涵养保护与规划管理的专项资金，由所属政府的水利部门专款专用。将水资源补偿费改为水能资源权利金之后，应根据权利金的性质，纳入财政预算，用于环境保护、公共服务、基础设施的建设与开发。

同时全面实施居民阶梯式的水价制度，进行污水处理费和供水水质价格体系的改革，推行供水水质优质优价政策。改变与规范污水排放制度，建立不同的排放水质与收费的标准，变更和完善目前实施的有关于达标排放的同一收费标准制度。制定合理的水权流转机制，有效地发挥市场经济在配置水资源方面决定性的作用。加大转移支付。征收的有偿使用费的 70% 用于对水区居民的补贴。

（三）加快小水电的开发利用

小水电的开发由水行政主管部门统一进行管理，按照基本建设程序来进行报批、核准，有序地开发小水电。水能资源开发使用权必须要采取公开招标、拍卖与挂牌等方式实行有偿让与，以保障能够选择有最优的开发能力及条件的开发者。各级水行政主管部门要在政府的领导下，切实与负责地做好水能资源的开发使用权有偿让与的工作。

湖南省现有二十多个市、县地方政府出台了关于加快水电开发利用的优惠政策。如郴州的汝城县、宜章县、临武县、永兴县和桂东县及资兴市，永州的江华县、江永县和蓝山县及道县，株洲的炎陵县，怀化的溆浦县等地方。各地出台的优惠政策主要是在水电建设项目的审批立项、办电形式、上网电量电价和用地及税收的征收等方面给予最大的政策优惠。

在小水电的开发过程中，应该充分地利用好市场对资源的优化配置作用，面向社会、面向市场，按精简效能和效益优先的原则，积极地推行股份制和股份合作制，以此来筹集吸收社会的民间资金。引导和鼓励各种投资主体参与水电开发，从根本上解决了小水电开发的资金问题。

四、森林资源有偿使用制度的改革与创新

（一）全面推进集体林权制度改革

一是建立完善的工作机制。组建强有力的林改工作班子，实行市州政府直接领导、乡镇政府组织实施和各部门为村组具体操作与实施提供服务的工作机制。二是不断总结历次改革经验。将改革具体措施落到实处，严防弄虚作假，确保其登记内容、数据真实性、精准性。三是突出配套改革。要想有序和规范就必须建立起完备的要素市场和林业产权交易平台，否则林农经营的山林在短期内形成财富会变得更加困难，林农造林的积极性也就难以充分调动；收费养人问题得不到解决，林业系统干部职工的主动性就不能充分的调动。配套改革是激发林改活力的关键所在。因此，必须在配套改革上下功夫。

（二）完善森林生态效益补偿制度

逐渐推进对省级、国家级湿地自然保护区与湿地公园进行生态效益补偿，在相应补偿补贴制度和标准的基础上，立足湖南省的现实情况，探讨制定出我省的林业补偿补贴制度。对未纳入国家补偿范围的重要湿地等进行生态效益补偿，对未纳入国家补贴范围的林业科研或生产经营项目进行补助，从而推进我省林业长远发展。提高财政贴息补贴比重，健全完善森林保险机制，鼓励金融机构研发与林业多种功能相适应的金融产品。加大林业科学创新研究的扶持力度。实行对林业综合利用产品、品牌创新产品的优惠税收政策，提高对劳动密集型和高附加值林产品的出口退税标准。

湖南省将建立 5 个碳汇林业示范点，建立和完善森林生态服务市场及碳汇交易市场体系。我省将重点在林地、湿地和矿山及资源使用权交易、排污权交易等多个领域逐步建立高效合理的生态效益补偿机制，逐步提高生态补偿标准，使绿色成为湖南省经济发展的一个生产力。

第六节　湖南生态补偿制度建设

一、建立健全湘江流域水环境生态补偿制度改革与创新

湘江是湖南省境内最重要的河流，湖南境内流域面积约 85 382 平方公里，水系跨永州市、郴州市、衡阳市、娄底市、株洲市、湘潭市、长沙市及岳阳市等八个地区。总流域面积 92 300 平方公里，流域内人口和 GDP 分别占全省 57.1%、73.4%，担负着沿江城市的主要饮用水源、工农业生产用水、城市生活用水、污水排放以及航运等多种功能。由于多年来的过度开发和缺乏保护，湘江流域生态功能已重担难负，近些年来频频出现危及饮用水源安全的事故。为贯彻落实《湘江保护条例》、保障湘江流域的生态安全、确保流域水资源的可持续利用，处理好流域上下之间的生态关系及利益关系，加快上游地区的社会经济发展，有效地保护上游的生态环境，以促进全流域的社会经济可持续发展，亟须建立流域水环境保护的生态补偿机制，综合运用价格杠杆和市场手段，实现流域内经济发展与资源节约、环境保护的有机统一。

（一）流域生态补偿的内涵

流域生态补偿是以实现社会公正和流域生态保护经济外部性的内部化为目的，在流域内上下游各地区之间对环境成本和效益进行重新合理再分配的行为。

（二）湘江流域生态补偿的基本原则

"谁保护，谁受益"原则。对流域内生态保护者给予一定的补偿，来调动保护者的积极性，以此解决流域生态保护"搭便车"的现象，实现流域生态环境保护外部正效益的内部化。

"谁污染，谁赔偿"原则。实行流域内污染行为征收费用手段，迫使企业、个人减少污染行为。

"谁使用受益，谁付费"原则。当受益对象不明确时，由政府通过财政补贴或转移支付"购买"这部分额外受益金额；当受益对象比较明确时，应对享受的生态利益支付一定的"成本"或"购买单价"。

"公平公正"原则。涵盖自然公平、代际公平、代内公平等内容。

补偿方式"透明、开放、灵活"原则。补偿内容要透明、手段要灵活化,补偿方式要多样化。

水量和水质相结合的原则。水只有在保证水量和水质的前提下,社会经济才可以得到持续稳定的发展。

(三) 湘江流域生态补偿机制设计

1. 总体思路

一是确定流域的尺度,湘江流域跨越省内多个地级市,可先以长株潭三市作为试点;二是制定合理的流域生态补偿实施试点计划;三是选择适宜的生态补偿手段;四是要确定流域生态补偿的各责任主体为各地方政府,确定和规范责任主体的义务和权利,按照流域内的水环境功能区划分的要求,建立流域环境协议,依照流域在各行政交界断面的水质要求,且按水质情况来区分补偿额度;五是依据上游生态保护投入和发展损失机制来确定流域的生态补偿标准。

2. 湘江流域生态补偿主客体的界定

水资源具备水质和流量两个基本要素,流域补偿也需要对这两个要素进行考虑。从时间和空间分布来看,目前湘江虽有局部水量不足的现象,但总体而言水量较为丰沛。湘江全流域都存在着不同程度的污染问题,在湘江中下游的长株潭段污染问题尤为突出。因此湘江长株潭段流域补偿以水质为补偿要素。

水质补偿按照补偿主客体关系可分为达标补偿和超标赔偿两个方面。在流域的行政交界断面,在未达到水环境功能区划要求时,上游必须向下游提供赔偿;在水质优于水环境功能区划要求时,下游必须向上游的生态建设提供补偿。

第一,达标补偿主客体关系。流域生态达标补偿主体,是流域下游区域及下游周边地区,包括一切从利用流域水资源受益的群体,一般包括工业生产用水群体、农牧业生产用水群体、城镇生活用水群体。流域生态达标补偿客体,是流域上游区域及上游周边地区实施退耕还林还草、封山育林、限制矿产开发等保护措施,为了保障向下游提供可持续利用的水资源,投入了大量的人力、物力和财力,甚至以牺牲当地的经济发展为代价。

第二,超标赔偿主客体关系。流域生态超标补偿主体,一般是流域上游区域及上游周边地区在生产和生活的过程中向外界排放污染物,是影响流域水质的群体,一般包括具有排放污染的工业企业用水、市政生活用水等。补偿主体应为自己的用水受益支付相应的费用。流域生态超标补偿客体,一般是流域下

393

游区域及下游周边地区为保障超标污水在本地区消纳后为本地区的下游提供达标的水资源，实施限制污染行业发展、淘汰关停企业、投资治理项目等措施，丧失了许多机会成本，因此排放超标污水上游的地区，应对其进行赔偿。

在湘江流域的上游地区如永州市东安县，依照《湖南省主要水系地表水环境功能区划》，为湘江下游提供Ⅱ类优质水源并确保水量充足。这类区域属于流域生态达标补偿客体，并应同时考虑水量补偿要素。在为下游提供稳定的优质水源的同时，其经济发展水平与周边地区、下游地区存在着相当差距，为确保全流域生态安全，可整合全流域能力对这类区域予以生态补偿。如果这类地区在接受补偿后，不能保证水资源要求，可对其进行停止补偿的处罚。

从前面的湘水污染排放及环境质量现状来看，湘江流域长株潭段目前主要是达标水资源供给不足，实施流域补偿试点目的是为了解决水环境功能不达标的问题，长株潭地区经济发展较为均衡，主客体关系以第1类为主，同时兼顾第2类。由于水质存在多种污染因子，因此同一上下游地区政府之间，可同时存在达标补偿和超标赔偿这两类关系。

3. 补偿依据

法律依据：《中华人民共和国环境保护法》《中华人民共和国水污染防治法》等法律法规规定，其他法规也有与区际生态补偿密切相关的规定，如《民法通则》《环境保护法》等相关规定，还有各级地方环保部门要相应制定市（地）界水体的水环境质量标准、县界水体的水环境质量标准，落实"环境质量地方政府负责"。

技术依据：以《湖南省主要水系地表水环境功能区划》为技术标准，界定长株潭三市在湘江流域水环境保护方面的义务和权利。

成本依据：以上游地区为生态环境（如水质）达标所付出的成本，其主要包含涵养水源、大力整治环境污染、治理农业非点源污染、建设城镇污水处理设施、修建水利设施等项目建设的投资，调动中下游地区的资金补偿上游地区。

损失依据：以中下游地区生态环境（如水质）没有达到上游生态环境标准则可能造成的损失计算，包括对一二三产业发展的影响，以及对人们生活水平和旅游业的发展等方面的影响。

4. 补偿方式的选择

流域生态补偿的手段可概括分为资金补偿、市场补偿、政策补偿、产业补偿和技术项目补偿等类型，不仅包括国家层面的财政补贴、财政转移支付、税收减免、税收返还，还包括国家和地方在建项目、技术交流、专业人员培训等方面的扶持等，同时可通过建立水权交易机制进行补偿的市场化运作。

针对湘江流域生态建设与环境保护特点，建议采用财政横向支付转移政策为主，其他补偿方式为辅。我们将重点探讨财政横向支付转移机制政策的设立、实施和执行。

（1）财政横向支付转移：地方政府财政负责支付被污染地区、保护地区的费用。在东部沿海省份已开展了该补偿方式的试点实施，但仅进行了超标污染赔偿，未进行达标补偿。该补偿方式能够真正把保护湘江水质的经济责任和社会责任落实到地方政府，可促使各湘江流域政府都来关心全流域的用水情况，达到提高湘江水质安全保障的目的。

（2）市场补偿：建立上下游之间的水权转让市场。下游为了获得优质水源而向上游支付一定的生态补偿费用，要求上游按照生态保护的要求进行生产。水权转让市场补偿机制是未来流域生态补偿的必然发展趋势，流域土地和生态服务产权清晰为其发展的前提条件，可为买卖双方确定一个可以交易的平台。长株潭地区未来可朝着这个方向发展。

（3）政策补偿：实行流域内异地开发政策，允许在下游适宜地区设立生态敏感地和河流发源地（一般是上游区域）的异地开发试验区，并在此试验区内开发一些上游区域因生态保护问题难以开展的污染项目，下游政府针对此问题将在土地招标、招商融资、企业搬迁等方面提供相应的政策补偿。

（4）产业补偿：治理流域上中游地区生态环境项目投资大，回收周期长。对于以追求利润最大化为目标的私人企业一般不会投资。目前大批城市工商企业投资生态环境建设在于建设原料基地、寻找有前景的投资方向从而实现盈利。因此为实现流域上游区域的产业退出和产业替代，下游地区的企业应积极参与上游地区替代产业的开发，给予所需的科技、资金和人才支持。

（5）技术项目补偿：政府可视情况在部分区域内开展一定数量的技术项目，帮助长株潭地区发展替代产业，或对无污染产业给予补助以发展壮大生态产业。

5. 实施试点方案

首先在湘江流域长株潭段实施生态补偿试点方案，补偿政策以财政横向支付转移政策为主，责任主体为长株潭三市人民政府。根据《湖南省主要水系地表水环境功能区划》（DB43/023－2005）的断面设置和水质要求，在湘江长株潭段的跨行政区交界断面开展流域补偿试点工作，补偿断面暂定为：朱亭镇断面（衡阳—株洲）、马家河断面（株洲—湘潭）、易家湾断面（湘潭—长沙）、樟树港断面（长沙—岳阳），四个交接断面水环境功能目标均为Ⅲ类标准，如表28－2所示。

表 28 - 2　　　　湘江流域长株潭交界断面水环境功能区划情况

交界断面	水域	长度（公里）	功能区类型	行政区	执行标准
朱亭镇断面（衡－株）	石湾水厂取水口下游200米至樊天洲（衡阳市、湘潭市交界处）	6.8	渔业用水区	衡东县	Ⅲ
	交界处到四水厂取水口上游1 000米处	69	景观娱乐用水区	株洲县	Ⅲ
马家河断面（株－潭）	三水厂取水口下游100米至霞湾港呷江口下游2 000米左、中岸，霞湾港取水口下游2 000米处至马家河	7.5	景观娱乐用水区	株洲市	Ⅲ
	马家河至易俗河水厂取水口上游1 000米	8.9	景观娱乐用水区	湘潭市	Ⅲ
易家湾断面（潭－长）	湘纺取水口下游200米到长潭交界处	18.4	景观娱乐用水区	湘潭市	Ⅲ
	长潭交界处至市二水厂（新址）取水口上游1 000米	12.1	饮用水水源保护区	长沙市	Ⅲ
樟树港断面（长－岳）	沩水河口北段至湘阴县樟树港	22.5	渔业用水区	望城县	Ⅲ
	樟树港至浩河口	7.4	渔业用水区	湘阴县	Ⅲ

　　建立湘江水质自动监测系统，以水质标准和监测数据来界定长株潭三市的义务和权利，明确补偿的主体和客体间的联系。当交接断面水质超过Ⅲ类标准，则由上游政府赔偿下游政府；当交接断面优于Ⅱ类标准，则由下游政府补偿上游政府。交接断面水质在Ⅱ类与Ⅲ类标准之间时，不予计算。

　　因在长株潭开展局部试点工作，株洲的上游衡阳市和长沙的下游岳阳市未纳入补偿试点，而流域的延续特性决定了生态补偿链条必须有始有终，因此建议衡阳市和岳阳市的生态补偿义务和权利由省政府暂为代替。衡株补偿和长岳补偿，转变成省株补偿和长省补偿。赔偿和补偿形式是资金赔付，赔付资金由地方人民政府财政支出。补偿资金的流向详见图28－6。

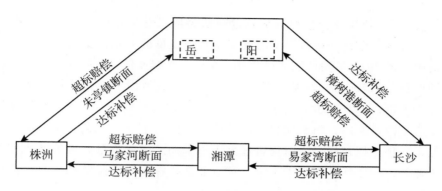

图 28 - 6　流域补偿资金走向示意图

6. 补偿项目与补偿标准的度量

补偿项目：从湘江水质分析和湘江流域污染特征来看，由于工业结构和城市布局原因，目前湘江流域长株潭段以有机物污染和重金属污染为主，因此补偿项目初期确定为：化学需氧量、氨氮、石油类，以及地表水质量标准中第一类重金属污染因子汞、镉、六价铬、砷、铅含量，补偿项目及标准限值见表 28 - 3。以后补偿项目可随湘江水质变化而每年度进行补充和删减。

表 28 - 3　　　　　　　　补偿项目地表水标准限值表

序号	地表水环境质量基本项目	Ⅱ类水标准（mg/l）	Ⅲ类水标准（mg/l）
1	COD	15	20
2	氨氮	0.5	1.0
3	石油类	0.05	0.05
4	汞	0.00005	0.0001
5	镉	0.005	0.005
6	六价铬	0.05	0.05
7	砷	0.05	0.05
8	铅	0.01	0.05

补偿标准：目前，生态补偿标准一般分为总量补偿标准和浓度补偿标准两类。

总量补偿的计算方法是，首先确定某因子单位排放量的补偿标准（万元/吨），在该因子监测浓度超标的情况下，以监测河流流量乘因子监测浓度计算出因子排放量（吨），再用排放量乘计费标准就得到单因子的补偿资金（万元），所有因子补偿资金之和就是总量补偿金额。总量补偿同时考虑了浓度和流量两个要素。但是一般情况下河流丰枯水期流量的变化范围远大于因子浓度变化范围。以 2012 年湘江湘潭段为例，6 月丰水期流量（4 154m³/s）是 11 月枯水期流量（517m³/s）的近 8 倍，马家河断面氨氮因子 6 月超标 1.2 倍、11 月超标 1.1 倍，计算得出 6 月补偿金是 11 月补偿金的近 10 倍。由此分析可知，受流量因素影响，枯水期超标因子补偿金额远小于丰水期补偿金额；但实际情况是，枯水期超标对生态损害远大于丰水期。因此流量要素的计入使补偿产生了偏差，与实际补偿需求不符。结合湘江长株潭段实际情况，建议采用浓度补偿标准。

浓度补偿以某超标因子的月平均浓度值作为有效数据，将该因子的月平均浓度值与地表水标准浓度限值相比较，按照规定的补偿标准和设计方式进行资金计算。每月进行一次补偿测算和转移支付，每年进行一次资金总体清算。

全面改善湘江水质是实施补偿机制的主要目的，而某几项因子超标是湘江水质不达标的主要矛盾，因此应对同一因子的超标赔偿标准和达标补偿标准做不同设置，超标赔偿标准应高于达标补偿标准。

（1）超标赔偿及测算方式。超标赔偿按照超过地表水Ⅲ类标准限值的倍数进行计算。根据水污染防治的要求以及治理成本，建议赔偿标准定为：化学需氧量 10 万元/倍·月；氨氮每吨 50 万元/倍·月；石油类 50 万元/·月；汞 500 万元/倍·月；镉 100 万元/倍·月；铬 100 万元/倍·月；砷 100 万元/倍·月；铅 100 万元/倍·月。

$$单因子超标倍数（倍）=\frac{断面水质要求标准限值（mg/l）}{每月单因子赔偿资金（万元）}=单因子超标倍数（倍）$$

$$×赔偿标准（万元/倍·月）×1（月）$$

$$每月总赔偿资金（万元）=各单因子赔偿资金之和$$

$$年赔偿资金（万元）=每月总赔偿资金之和$$

（2）达标补偿和测算方式。建议达标补偿按照达标的断面因子数进行计算，即如果单因子交接断面月均浓度值优于地表水Ⅱ类标准，无论优于多少，一律按照同一标准补偿，建议补偿标准为：化学需氧量 1 万元/月；氨氮每吨 5 万元/月；石油类 5 万元/月；汞 10 万元/月；镉 10 万元/月；铬 10 万元/月；砷 10 万元/月；铅 10 万元/月。如表 28－4 所示。

$$每月单因子赔偿资金（万元）=单因子赔偿标准（万元/月）×1（月）$$

$$每月总补偿资金（万元）=各单因子补偿资金之和$$

$$年补偿资金（万元）=每月总补偿资金之和$$

表 28 - 4   **各项目的补偿标准**

序号	地表水环境质量 基本项目	优于Ⅱ类水标准的补偿标准 （万元/月）	超过Ⅲ类标准的赔偿标准 （万元/倍·月）
1	COD	1	10
2	氨氮	5	50
3	石油类	5	50
4	汞	10	100
5	镉	10	100
6	六价铬	10	100
7	砷	10	100
8	铅	10	100

7. 湘江流域长株潭段生态补偿测算实例

下面分别以 2012 年 1 月和 6 月的株—潭和潭—长交接断面（马家河、易家湾）进行实例测算，见表 28 - 5、表 28 - 6、表 28 - 7、表 28 - 8。

表 28 - 5   **2012 年 1 月流域补偿资金测算**

2012 年 1 月		监测水质	Ⅱ类水质 标准	达标补偿 （万元）	Ⅲ类水质 标准	超标赔偿 （万元）
总汞	马家河	0.00002	0.00005	10	0.0001	—
	易家湾	0.000006		10		—
镉	马家河	0.05703	0.005	—	0.005	1 140.6
	易家湾	0.0097		—		194
铅	马家河	0.0001	0.01	10	0.05	—
	易家湾	0.0001		10		—
六价铬	马家河	0.002	0.05	10	0.05	—
	易家湾	0.002		10		—
砷	马家河	0.0908	0.05	—	0.05	181.6
	易家湾	0.0129		10		—
COD Mn	马家河	3.4	15	1.0	20.0	—
	易家湾	3.2		1		—
氨氮	马家河	1.23	0.5	—	1	61.5
	易家湾	1.19		—		59.5
石油类	马家河	0.048	0.05	5	0.05	—
	易家湾	0.041		5		—

表 28 - 6   **2012 年 1 月流域补偿资金小计**   单位：万元

城市之间资金补偿情况			
湘潭补偿株洲	株洲赔偿湘潭	长沙补偿湘潭	湘潭赔偿长沙
41.0	1 568.2	51	432

各城市总计收支情况		
株洲	湘潭	长沙
- 1 527.2	1 146.2	381

根据流域断面污染单因子超标补偿标准测算，2012 年 1 月，株洲应支付 1 527 万元，湘潭接受补偿 1 146 万元，长沙接受补偿 381 万元。

表 28 - 7   **2006 年 6 月流域补偿测算**

2006 年 6 月		监测水质	Ⅱ类水质标准	达标补偿（万元）	Ⅲ类水质标准	超标赔偿（万元）
总汞	马家河	0.000008	0.00005	10	0.0001	—
	易家湾	0.000006		10		—
镉	马家河	0.00169	0.005	10	0.005	—
	易家湾	0.00139		10		—
铅	马家河	0.0076	0.01	10	0.05	—
	易家湾	0.0045		10		—
六价铬	马家河	0.002	0.05	10	0.05	—
	易家湾	0.002		10		—
砷	马家河	0.0319	0.05	10	0.05	—
	易家湾	0.0196		10		—
COD Mn	马家河	2.8	15	1	20.0	—
	易家湾	3.3		1		—
氨氮	马家河	0.209	0.5	5	1	—
	易家湾	0.19		5		—
石油类	马家河	0.095	0.05	—	0.05	95
	易家湾	0.058		—		58

表 28 – 8   **2012 年 6 月流域补偿资金小计**   单位：万元

城市之间资金补偿情况			
湘潭补偿株洲	株洲赔偿湘潭	长沙补偿湘潭	湘潭赔偿长沙
56	95	56	58
各城市总计收支情况			
株洲	湘潭		长沙
– 39	37		2

按照补偿标准同理可计算得到，2006 年 6 月，株洲应支付 39 万元，湘潭接受补偿 37 万元，长沙接受补偿 2 万元。

（四） 数据监测机制

省环保局会同各市人民政府设置监测考核的断面位置。同时也要负责组织监测断面的水质，并统一对其实施监督管理。然而一般断面水质采取的是自动检测的方法，所以最后省环保局核准的断面当月水质指标值是自动监测数据的月平均值。

但是对那些不设自动监测站的断面，其水质指标由省、市环境监测机构使用人工监测的方法一周监测一次，然后所得的有效监测数据的月平均值就会成为该断面当月水质指标值。如果认为监测数据有问题，可以交给省环境监测机构去做裁定，对于那些不符合监测质量要求的数据将会做无效处理。最后省环保局需要每月 8 日将上月的各断面水质数据进行汇总统计，并将监测结果通报给省财政厅与各市人民政府。

（五） 补偿资金的筹集与管理制度

参与流域补偿的各市人民政府均设置本市流域补偿专用账户，省政府设置湖南省流域补偿专用账户。由省财政厅和省环保局对所有专用账户进行共同监管。省财政厅会同有关部门制定具体管理规定，规范补偿金账户的解缴和管理。

1. 补偿资金来源

中央及省级政府财政转移支付、中央财政专项拨付资金，用于流域补偿；地方人民政府可适当提高水资源费征收标准和污水处理费标准，用于流域补偿；省、市环保局对超标排污、闲置污染设施等违法行为的罚款，用于流域补偿；市级财政专项拨款，用于流域补偿；在完善流域内自动监测系统后，各市人民政府可将部分补偿资金分摊落实至各县（市）区人民政府。

401

2. 补偿资金用途

补偿资金是由各级地方人民政府用于环境保护的引导资金或者是污染防治资金，做到真正的专款专用，不可挪作他用。省财政厅、省审计局和省环保局对各地方人民政府的资金使用情况进行共同监督。补偿资金专项用于：

水污染防治项目建设，包括城镇污水处理厂、工业污染治理项目、污水管网等；湘江及沿岸生态的恢复和建设，包括水源地保护、湿地保护、水源涵养林、农村面源污染治理、农村生态保护等；自动监测系统的建设和运行；产业补偿，包括对淘汰退出的企业和停产限产企业的合法补偿。

（六）实施步骤及总体方案

一是准备阶段，省环保局组织制定补偿试点工作方案，报省政府批准，省政府成立专门工作机构，负责试点方案组织实施，着手建立省市相关工作协调机制，建设湘江水质自动监测系统。

二是实施阶段，省环保局负责水质监测，省财政厅负责资金操作，长株潭三市政府对试点方案予以认真落实执行。

三是总结推广阶段，省政府对试点工作进行评估及验收，召开经验总结会，向湘江干流其他城市以及重要支流推广试点经验。

（七）湘江流域生态补偿实施的保障机制

1. 法律保障

湘江流域生态补偿实施的保障机制有序实行，有利于政治、经济、社会的稳定发展。以法律的手段来确保政府有关生态补偿的政策和方针得以贯彻和执行，可将湘江流域生态补偿内容提交省人大审议通过，将其纳入《湘江流域保护管理条例》中，形成长效机制。

2. 技术保障

湘江流域生态补偿建立在监测技术基础之上，只有及时、准确、全面的监测数据才能保障补偿机制公平和高效地实施。要解决目前的手动监测方式存在的监测频次少、自动化程度低、数据代表性差等问题，湘江水质自动监测系统建设必不可少，其建设可分为水质自动监测系统控制中心和自动监测站点。

水质自动监测项目至少应包括流量、水温和八项补偿因子（化学需氧量、石油类、氨氮、镉、汞、六价铬、铅、砷），同时在技术允许情况下，尽可能增加监测因子，以完善目前的湘江水质联合预警机制。水质自动监测站点的建设内容包括仪器系统建设、站房建设和公用工程建设，初步设计《湘江干流省辖市交界断面水质自动监测系统初步建设方案》。省级财政承担系统控制中心建设经费和自动监测站仪器购置经费，并给予其他建设一定补贴。

3. 组织保障

由省政府成立流域生态补偿的领导机构和工作机构，工作机构成员单位包括省财政厅、省环保局、省监察局以及各地方人民政府等相关部门。该专项机构对流域生态补偿工作进行全面统管、监督和实施，包括机构的设置调整、管理权限的分配、职责范围的划分、省市协调机制和平台的建立。

工作成员单位应明确分管领导和具体相关负责人。省环保局设置自动监控中心管理办公室，省环保监测站配备专门监测人员。地方人民政府和市州财政局、环保局、环保监测站明确专人负责该项工作的实施和开展。

4. 监督保障

设立跨行政区流域环境保护仲裁制度。在跨行政区域发生水污染纠纷事件，由上一级人民政府组织相关环境保护行政主管部门进行有效的协商解决；当协调不能有效得到解决时，报上一级人民政府进行裁决。由省人民政府统一对外公布补偿机制实施情况，营造良好的舆论氛围，形成"超标赔偿为耻、达标补偿为荣"的荣辱观，促进地方人民政府更加关注和投资湘江流域生态保护。

二、农业资源生态补偿制度改革与创新

（一）建立耕地生态补偿制度

保证耕地红线不被突破，保护土地权益。耕地生态补偿制度的实质就是将耕地非市场价值充分体现，让受益者来支付此费用，采取有效方式对保护者进行经济上的补偿，为保护耕地的生态功能和社会经济提供良好的激励作用。

提供社会公共服务、保护耕地资源是耕地生态补偿的主要目的。随着经济、社会、生态的发展，一些大型企业也应成为补偿对象主体，特别是占用耕地的企业、个人，更应该为开发复垦耕地支付一定数量的税费。通过设立相应的建设基金，扩充补偿资金的来源和渠道，使更多的企业、个人以补偿主体的身份出现在耕地生态保护建设过程当中。

耕地的补偿对象一方面是以农民和农村集体经济组织为主体直接参与耕地保护并产生外部效益或因耕地保护而导致当地经济和个人利益受损的地方政府与个人，另一方面以耕地资源本身作为补偿的对象，包括由于耕地资源的开发而对生态环境产生的破坏，对耕地占用要实行"占一补一"补偿方式。再者，国家作为耕地生态补偿主体的同时，也是耕地生态补偿的对象。因为包括耕地资源在内的

大部分自然资源都属于全民所有，凡是使用和享受耕地资源及其服务功能的社会组织与个人都应向国家支付适当的补偿费，为国家进行耕地保护与生态补偿提供资金支持。

耕地补偿标准以农民生产性土地的丧失、复垦开发后耕地生态服务功能的增加而产生的价值作为补偿的额度的标准依据。按补偿物来定义划分，耕地补偿途径大致有：资金补偿、物质补偿、智力补偿、政策支持补偿及项目补偿。我们提倡：当今耕地生态补偿应坚持以资金补偿为主，以其他补偿方式为辅，同时在补偿模式上参照四川成都市建立耕地保护基金，对补偿对象建立相应标准的经济补偿模式，也可通过投入资金，以改进整治项目管理，实施提升耕地质量的建设性补偿模式，由各地根据现实情况选择具体操作模式。

（二）落实绿肥生产补贴政策

绿肥是指经动植物废弃物、生物物质、植物残体加工而来的有机肥料，这些特点契合循环经济型生态农业发展的要求。发展绿肥生产是加强生态文明建设，推进农业节能减排，提高耕地综合生产能力，促进农业持续发展的重大举措。为此，湖南省政府印发了《关于恢复发展绿肥生产的意见》，建议省人民政府按照生态补偿机制出台绿肥种植补贴政策，通过政府补贴提高绿肥生产和留种的经济效益，降低留种风险，激发广大农民发展绿肥生产的工作积极性。

扩大绿肥生产规模，将绿肥生产项目优先纳入循环经济发展范畴，鼓励生产推广使用有机肥料，促进绿肥行业的健康发展，是实现农业废弃物的资源化和产业化的良好契机。改进生产工艺，降低生产成本，提高产品质量和经济效益；对施用绿肥产品的农民进行定额补贴，采用以奖代投、产品直接补贴等方式，提高商品绿肥的市场占有率。

（三）加大秸秆还田生态补贴

湖南秸秆资源丰富，常年总产量达 4 200 万吨，秸秆资源利用比例仅为 50% 左右，秸秆就地焚烧与随意丢弃现象普遍。为了控制秸秆等废弃物露天燃烧导致的城区 PM2.5 季节性重度污染，从长株潭区域 PM2.5 污染调查分析，PM2.5 浓度峰值大主要受周边地区秸秆露天燃烧的影响，亟须出台相应措施有效减少城市及周边区域的农作物秸秆的违规露天燃烧。实践证明，应用秸秆腐熟剂是加速秸秆腐熟，方便稻田耕作与秧苗移栽，提高秸秆利用率，减少秸秆焚烧现象的良好措施。因此，建议省人民政府出台秸秆还田生态补贴政策，加速稻田秸秆催腐还田技术推广。

（四） 建立节水农业技术补偿机制

颁布促进湖南节水农业发展的法规，充分发挥政策的推动促进作用；广泛融资发展节水农业，建立企业、政府和农民相结合的节水农业多元化投入机制，增加财政资金在节水农业示范区建设、高标准农田建设等方面的投入比重；创建"先建后补、民办公助、以奖代补"的节水农业技术推广奖补机制，扩大高效节水设备购置补贴的范围，争取将湖南纳入国家节水增粮行动和旱作节水农业示范工程投资计划。

（五） 建立农产品污染产地生态修复补偿机制

其一，加强低积累品种筛选及修复治理技术完善组装，进一步组织科研院所技术力量，对已有的技术进行补充完善，特别是要加强包括低积累水稻品种的筛选和技术组装与集成；其二，在大田开展进一步验证和示范，建立一批示范样板；其三，掌握水稻等农作物对重金属吸收积累的规律，为污染产地的修复治理和产品重金属污染超标控制提供技术保障。

第七节 湖南生态环境保护管理体制建设

一、湖南生态环境保护行政管理体制的改革与创新

（一） 强化政府环境监管的主体地位

当前的主要问题，是环境管理和污染防治责任不清、分工不明，环境保护责任难以落实。一是理清环境保护责任体系，完善"国家监察、地方监管、单位负责"和"统一监管、分工负责"的监管体系，加强环境监管和严格执法，提高部门监管力量；二是创建监管排放污染物的环保管理制度，对农业、工业、生活、交通等全部污染源排放的所有污染物进行统一监管，采用统一标准、区域联防联控的治理方式；三是建立责任追究体系，将责任落实到具体个人，以国家机关及其行政管理人员为规制对象，拟定政府环境责任追究办法、政府及其职能部门相关责任人员责任追究办法，以及政府及组织部门任命的相关企事业单位相关

负责人责任追究办法。

（二）建立独立而统一的监管机构体系

为破除当今环境保护管理体制的弊端，有必要以"独立而统一的环境监管"为目标、生态系统管理为前提进行全方位的体制改革。联系湖南实际情况，将现行的环境监管机构进行职能重组，吸取国内外环境监管体制的教训和经验，建立由发改委、国土资源厅、林业厅、环保厅、两型管委会等组成的生态文明建设监管体系。

发改委以抓节能和温室气体减排，推进可持续发展为主要工作。包括组织拟订全省经济发展计划，参与保护生态、环境建设，协调生态建设、能源节约和综合利用等重大问题，组织实施节能减排重大项目活动。

国土资源资源厅统一行使水源、土地、矿藏、野生动植物等所有自然资源资产所有者职责，行使所有土地资源用途管制职责，并负责非再生自然资源的保护监管工作。将林地、草地、湿地等所有土地资源的确权登记等职能并入国土资源资源厅，林业、农业等部门必须将保护林地、草地等职能纳入现行国土资源资源厅，发改委等部门则须将能源开发、资源节约合理利用等职能并入国土资源资源厅。国土资源资源厅的基本职责是行使土地资源和石油、煤等非再生自然资源的国家所有权职责，并负责资源开发、节约、保护的监督管理工作，确保自然资源的长久利用。

林业厅负责所有国土空间生态用途管制职责，统管草原、森林、湿地等生态系统、景观环境要素等生态保护监管工作，对山水林田湖进行一体化的建设与保护。

环保厅主要负责对工业点源、交通线源、农业面源等排放的污染物和大气、土壤、水等所有纳污环境的统一监管。环保厅的基本工作是对污染防治工作进行统一监督管理，确保环境质量的良好。

两型管委会主要负责统揽全局、协调长株潭城市群"两型社会"试验区改革建设中的机制创新、发展规划、体系建设等各项工作。主要包括自然资源的开发利用以及生态建设；协助有关部门建立生态补偿机制，抓好长株潭生态绿心及湘江生态经济带的环境保护和生态建设工作。

（三）建立部门间和地区间的关联机制

针对部门间和地区间在实施监管职能过程中产生的冲突问题，为增强环境监管的顺畅性、统一性和有效性，有必要建立相应的关联机制体系。就当前来说，重点是要建立协调机制、监督机制、考评机制和矫正（纠错）机制等几种机制。

一是矫正（纠错）机制，主要是指建立一种旨在解决行政机关间权限争议的诉讼制度。此外，为切实规范政府行为，真正落实政府责任，有必要健全和完善对政府官员的环境责任终身问责机制，对不按照环境法律法规要求进行科学决策和不履行环境监管法定职责的政府主要领导，追究其相关责任。

二是协调机制，主要是指部门与部门之间对于有关问题的职能协调、工作衔接和联合行动机制，用以协调地区之间和部门之间在行使环境监管职能时可能发生的权力、利益上的冲突。如湖南《贯彻落实〈大气污染防治行动计划〉实施细则》中强调，进行以 PM2.5 为代表的大气污染的防治应建立区域联防联控的协调机制，从协同减排、防治机动车污染、优化区域经济布局、提高清洁能源利用率和加强预警检测等方面着手防治大气污染。

三是监督机制，主要是指在行政系统内部和外部加强对有关地方政府和职能部门执行国家环境法律法规和政策的监督。主要包括环保部门的执法不作为行为、地方政府对环保部门的不当干预行为。须强化行政系统外部监督，通过信息公开和公众参与，尤其是环境行政公益诉讼等途径，发挥网络媒体、人大代表、政协委员、环保专家和一般公民等社会力量的作用，加强对政府及其职能部门的外部监督，以确保其科学决策、严格执法。另外，在行政系统内部，要建立上级监察部门、环保部门和同级审计部门对地方政府及环保部门的监督。

四是考评机制，主要是指建立对资源节约、污染防治、生态保育等生态文明建设的活动进行考核和评价的机制，从而对有关政府和部门形成正向的激励和逆向的倒逼效应。至于具体的设计，可依 2013 年中组部《关于改进地方党政领导班子和领导干部政绩考核工作的通知》的要求，将环境成本、资源消耗和生态效益纳入政府政绩考核范围，建立绿色生态的考核评估和人事选拔制度，设立环境、资源和生态等方面受损的鉴定评估专业机构。

二、湖南生态环境保护市场调节体制的改革与创新

（一）强化企业的环境治理主体地位

解决"违法成本低，守法成本高"的难题。一是加快规章制度修订和完善，使规章制度成为企业环境行为的基本准则和底线。二是全面执行环境质量标准与污染物排放标准，环保部门依据排放标准严格新、改、扩建项目环评审批，将其作为日常环境监管和行政执法的直接依据，纳入排污许可证的许可内容。三是增强环保法律法规刚性，健全环境污染和生态破坏的民事责任追究制度，加大违法处罚力度。增强环境刑事责任追究的威慑力，追究企业法人和排污直接责任人的

刑事责任，提高企业违法成本。四是强化环境污染损害赔偿、评估、鉴定相关制度建设，建立环境司法鉴定机构标准规范，创建第三方鉴定、评估相关机构，培训专门人员，开展试点探索。

（二）建立区域流域环境污染与破坏联防联治机制

湖南省应遵循主体功能区定位，统一环境功能区划、统一环境执法标准、统一环境监测考核，加强环境监测预警、环境执法监督、环境法规政策标准三大体系建设，建立生态同建、污染同治、责任明确、行动一致、成果共享的区域流域环境污染与破坏联防联治机制。

建立区域流域环境污染与破坏联防联治机制，必须做到"四个统一"：一是统一主体功能定位。通过国土空间规划部门划定生态、生产、生活空间管制界限和用途。国家已经颁布了主体功能区定位，就湖南而言尚待细化完善。主体功能区定位，是联防联治最基本的遵循。二是统一环境功能区划。立足经济社会发展状况，从空间整体出发，把规划区分为不同功能的环境单元，确定具体的环境目标，然后按目标管理执行。比如说，湘潭和长沙湘江段的交界断面的水质，必须要满足Ⅲ类水质以上，而湘潭不能自定为Ⅳ类，或在交界处建工业园、办污染企业，因为湘潭与长沙的交界断面的下游就是长沙市的饮用水源保护区。如果湘潭交界断面水质达不到Ⅲ类，湘潭市必须采取措施满足功能区划要求。省环保厅、质量技术监督局在2003年颁布全省水环境功能区划情况，区域环境功能区划目前正在制定之中。三是统一环境执法标准。各个区域流域必须严格执行法规和环境标准，不能自行其是，搞地方保护主义。比如说，淘汰落后产能问题，湘潭淘汰了而株洲不淘汰，落后产能就会转移到株洲，因此，必须步调一致，统一环境执法标准。四是制定完善统一的环境监测规范和考核办法，不能自己说了算，必须由上一级环保部门监督考核。

（三）完善污染物排放控制制度

湖南省应以提高环境质量为目标，资源环境承载力为基础，实行企事业单位污染物排放许可制度；其次，及时公布环境信息，完善公众参与举报制度，发挥社会监督的作用；再者，严格实行赔偿制度。要求对造成生态环境损害的责任者给予相应惩罚，强化排污者的经济、社会责任。

1. 污染物排放总量控制制度

环境承载力即环境容量，环境容量即允许排放的总量，这是三者间的逻辑关系。一般要求是排放总量小于环境容量。环境容量是依据环境质量标准推算出来的，在不同的季节，不同的水质、气象、地质条件下是变动的。总量控制涉及两

教育部哲学社会科学研究重大课题

攻关项目

个总量：一个是区域流域环境质量允许排放的总量，另一个是企事业单位个体排放的总量，个体排放总量加无组织排放量必须小于控制的排放总量，即使所有的排污单位都做到了达标排放，但排放总量超过了控制总量，也要削减，而且新建项目要受到制约。

2. 排污许可证制度

省政府 2014 年颁布的《湖南省主要污染物排污权有偿使用和交易管理办法》规定：企业按年度向政府缴清排污权有偿使用费，在权利方面拥有相应排污指标的使用权、收益权和占有权；已缴纳排污权有偿使用费的企业可以向排污权交易机构申请领取有效期为五年的排污权证。每年第一季度排污单位需到交易机构办理年度复核或变更登记等手续，有效期满后需向原发证机构重新申请换证。

当前，湖南 7 650 余家企业已基本分配核定初始排污权，全省排污单位共缴纳排污权有偿使用费 5 407 万元，市场交易金额 4 900.4 万元。虽然交易管理办法明确今年我省试点范围在原来的长株潭的基础上，再增加湘江流域八市所有企业，但实际交易实施范围仍在长株潭地区，受试点范围限制，新增项目申请指标不多，对减排指标的需求少，导致市场交易频次和金额少。

三、湖南生态环境保护重点专项制度改革与创新

（一）完善生态环境保护管理体制

1. 落实农产品产地环境管理工作

展开农产品产地土壤污染调查，针对土壤样品与农产品样品成分检验结果，制定对应的修治方案，在湘江流域、资水流域等重点镉污染县市区以及涉镉工矿区附近，选点（每点 100 亩左右）将低积累的水稻品种、水稻后期的水分管理模式、土壤调理剂等"水稻镉污染超标控制技术"集成组装配套，进行进一步验证和示范，推动研究成果尽快应用于生产。

2. 推进农村清洁工程建设

针对平湖农区、山地丘陵农区、城郊农区的资源分布与地形特点，以整体行政村为实施单元，建设不同特色的农村清洁工程项目，促进生产、生活废弃物循环利用。以农业部"美丽乡村"创建为契机，加大宣传力度，争取国家、省有关部门进一步关注强化农业清洁生产技术模式探索、应用推广和支持。积极推广农业清洁生产技术，丰富清洁生产内容，通过"清洁生产"带来的产业环境的改变，带动生活环境的改变，并逐步加大清洁生产在项目投入中的比重。在有条件的村镇结合农村清洁工程示范建设，因地制宜开展三种模式的试

第二十八章　湖南生态文明制度建设的主要任务

点，打造清洁的"一村一品"、有效防控农业面源污染、不断总结农业可持续循环利用的经验。

3. 依法开展外来物种管理

开展入侵物种现状情况工作调查。着重查明自然环境中外来物种种类、发生面积和危害情况，准确摸清家底；开展集中性灭毒除害行动。控制外来入侵物种水葫芦、空心莲子草等的危害；建立监测预警机制。在全省主要交通干线、接壤地段上建立 15～25 个监测外来物种据点，完备外来入侵物种监测预警网络。

4. 强化农业生物多样性保护管理

应全面展开国家重点保护野生果树、野生药材等资源调查，加强对种类、分布、数量和生境状况等调查，并对分布点进行定位，提交区域分布图册，主要包括地理位置、分布区域、面积和分布图，建立信息数据库。加强监督监管力度。重点抓好国家Ⅰ级、Ⅱ级保护农业野生植物采集、出口的审批管理，防止对珍稀野生植物资源的破坏；建立健全监测预警长效机制，针对湖南省已建成的原生境保护区，锁定定位监测点，重点监测被保护物种生长密度、生长规律、生育特性等，并根据监测情况作出相应保护措施。

5. 推动循环农业管理

探索农业生态补偿方向、范围、环节、内容等，总结经验模式。推广农业资源循环利用技术。以秸秆资源化利用、废旧地膜回收为切入点展开示范，逐步建立健全高效的农业生产模式。抓好循环农业试点示范。抓好农业湿地综合利用示范区建设，展开新的农业湿地项目申报。开展农村节能建筑建设。指导完成节能建筑示范工程建设项目"整村整建"部分工程，扩大新式节能砖在湖南省农村推广和应用的力度和范围，提高农村节能减排能力，为"建设社会主义新农村"奉献力量。

（二）构建湘江流域生态环境第三方治理机制

1. 湘江流域生态环境前期治理成效

从多年的湘江流域生态环境治理实践来看，主要采取的是传统的政府主导一元治理模式。在这一模式中，政府是生态环境治理的责任主体，治理的资金主要来源于政府补助。一方面，政府采用环境管制方式，强制限制污染排放；另一方面，政府将项目投资决策权、财务自主权、治理效果评判权集于一身。

针对湘江流域的生态环境问题，各级政府部门高度重视，加大流域生态环境的整治力度。经过多年的治理，在产业结构调整、城镇生活污染控制、工农业面源污染控制等方面，均取得了阶段性成果。在经济快速发展的同时，湘江流域生态环境有所改善，湘江流域一些污染物指标稳定或有所好转。

然而从目前的总体治理效果来看，治理成效还远未达到预期目标，在政府主导一元治理模式下，政府受制于资金来源短缺且单一、政策目标权衡、公众参与程度不高、信息与知识不足等因素，遭遇技术、资金、经验和监督管理等多方面的困难，政府难以独立支撑。总体来说，湘江流域农业、工业的发展仍未摆脱重污染、高能耗的粗放式传统发展模式，技术、传统结构等方面都有待进一步完善。通过对国内外流域治理的成功案例的总结提炼发现，具有以下几点经验值得借鉴：以生态修复为基础前提，以治理机构为重要依托，以市场化为运作模式，以产业调整为主攻方向，以区域协作为有力抓手，以公众参与为根本原则，以法律制度完善为根本保障。

2. 湘江流域生态环境第三方治理的模式

湘江流域生态环境污染治理不仅是政府的责任，也是全社会共同的责任。而治理机制的创新无疑是关键环节，第三方治理模式显然为创新湘江流域生态环境治理机制提供了十分有益的治理思路。

与传统的政府一元主导模式不同，生态环境第三方治理属于"政府主导、企业参与、市场化运作"的公私合作（PPP）模式。在这种模式中，政府、企业、社会都是生态环境治理的责任主体。生态环境第三方治理实际上就是从生态环境的管理、治理权与监督权的分离开始。通过将市场原则注入政府实践，采用政府与社会化、专业化环保企业签订协议框架或合同的方式，将政府服务内容细化外包，让渡部分治理的特许权，使政府"集约瘦身，轻装上阵"，所承担的职责更加精粹紧要，以便集中做好引导与监管角色。

3. 第三方治理的特色优势与应用价值

这一模式的主要优势与应用价值体现如下：一是充分发挥政企双方的综合优势，有效解决资金问题。二是可以发挥企业在环境治理技术与项目运作上的经验，有效解决核心技术问题。三是可以强化政府对治理全局的把控与治理效果的评判，有效解决治理监管问题。

4. 湘江流域生态环境第三方治理机制的构建

市场化运营模式。政府以合同的形式，通过委托治理服务、托管运营服务等形式，将环境污染治理交给第三方，政府负责政策支持、法规制定和治理监管。

资金筹措和技术保障机制。完善融资机制和技术保障机制，综合发挥政府与企业双方的优势，解决资金与技术难题。

环保法治机制。制定严格、完善的法律、法规和规划，明确各方地位、职责与权利，使流域治理各方面都有法可依，形成健全的法制机制。

行政协调机制。建立跨部门、跨行政区域的行政协调机制，建立省级领导牵头的跨部门流域生态环境第三方治理工作联席会议制度，确保工作顺利推进。

环境监管机制。坚决进行严格的环境监管，切实做到有法必依、执法必严、违法必究。

四、湖南生态环境保护公众参与制度改革与创新

（一）强化公众的环境监督主体地位

一是加强公众监督的基础保障。完善公开信息制度，强制实施执法环境监管、环境情况、污染源等信息。不定期地对政府环境信息公开工作进行审核、督察。加强环境违法行为公众监督制度，完善社会公示、环保听证、环境举报、环境信访等制度，健全环境舆论回应、舆论监督机制。二是完善环境教育宣传制度。构造环境教育体系，健全针对排污企业和环境违法企业领导人的强制教育制度。三是完善非政府机构环保培育机制。降低非政府环保机构入门门槛。建立环保非政府机构与环保部门定期交流、合作与协调支持机制。决策过程尽量多听取环保非政府机构的意见，自觉地接受环保非政府机构的咨询与监督。四是建立和完善关于环保公益的诉讼制度，拓宽诉讼主体，完善操作进程。制定损失评估和责任鉴定制度，科学界定环境责任主体、污染原因、损失程度、弥补方案和赔偿金额等。

（二）建立与完善环境信息披露与公布制度

建立和健全环境信息公布制度，完善举报机制，这是公众参与保护环境，完善举报机制和社会监督的基础。保护环境是每个公民的责任和义务。我们需要深入广泛地传播自然文明理念和环境保护知识，促使其上课本、进社会、进工厂，提升全民环境保护意识。强化环境信息透明化，扩展公开范围，完善公开形式，保障公众的知情权、参与权和监督权。对于涉及民生、社会关注度比较高的建设工程环评审批、环境的质量检测、企业污染的排放等相关信息及环境状况、突发环境事件和重要政策措施，必须及时公开，主动向社会各界人士通报。对于涉及有关群众利益的建设工程和重大决定，有必要广泛听取公众意见和建议。同时也要引导相关企业进一步加强社会责任感，客观真实地公开环境信息，监督企业公开污染物按规定排放自行监测的信息。

环境信息公布主要是两个方面：一方面是环保部门公布大气、水、土壤等环境质量信息，环境执法、行政许可等信息；而另一方面则是企事业单位公布有关

污染物排放的信息。目前这项制度还没建立起来，环保部门公布的是有限的环境信息，企业还没有公布。

健全举报制度，鼓励公民、法人以及其他社会组织就环保问题进行举报和监督，切实保护举报人的合法权益。全方位实施环保投诉举报热线畅通工程，精心准备有关环境权益被侵害群众的信访工作，加强督办受理落实力度。发挥好公众、新闻媒体和社会团体的监督作用，构建全民参与的行动体系，推广一系列有关绿色健康文明的生活方式。加强舆论导向，积极主动地回应民众关心的环境问题。

第八节　湖南生态文明考核评价制度建设

党的十八大明确强调，"我们要加强生态文明制度建设，要建立反映生态文明需要的目标体系、考核方法、奖惩制度"。党的十八届三中全会还提出，"要纠正单纯地以经济增长速度作为评定政绩的偏向，加大环境损害、加大资源消耗、生态效益等一些指标的权重"。在全国组织工作会议上习近平总书记强调，"要改进考核手段和方法，重点考查生态效益、民生改善、社会进步等方面，再也不能简单地以 GDP 增长率来论英雄了"。然而，对于现有领导干部考核大多都以国民生产总值作为主要指标，忽略了不同地区的发展条件、发展基础和区域主体功能区规划的区别。因此，应当以主体功能区定位作为相关依据，建立生态文明建设分类考核制度。

第一，生态文明建设分类考核是一个改变政府执政理念的"导向仪"。

政绩考核导向的转变是政府执政理念转变的基础。政绩与 GDP 捆绑是导致领导干部以牺牲生态环境谋取经济发展的重要原因。生态文明建设考核指标将明显加大资源节约、环境友好、民生改善等方面的权重。建立生态文明建设分类考核有助于引领不同区域实行差异化的发展，使领导干部树立正确的政绩观。

第二，生态文明建设分类考核是五位一体协调发展的"平衡翼"。

随着我国经济建设的不断深化，特别是近些年我国自然环境损害和资源过度消耗趋势加剧，以 GDP 为中心的政绩考核体系弊端百出，GDP 数量难以反映经济发展的资源环境成本。因此，建立生态文明建设分类考核机制，一方面有助于平衡不同地区之间的利益纷争，另一方面有助于形成全面、科学的领导干部考核体系。

第三，生态文明建设分类考核是实现生态文明建设的一台"助推器"。

中央和地方都已经制定了明确的《主体功能区规划》，自党的十八届三中全会以来，有关于生态文明制度的改革也一直在紧锣密鼓地推动。只有让领导干部从 GDP 考核的指挥棒下脱离出来，实施真正的差别化考查，并且将考查的结果作为领导干部晋升和奖惩的重要依据，才能将生态文明体制改革建设落在实处，才能有效推动区域生态环境保护的发展。

一、湖南生态文明建设分类考核的基本思路

（一）区域划定实行横向分类

湖南省委、省政府提出"将大力推进长株潭城市群、罗霄山和武陵山连片特困地区、湘南地区、洞庭湖生态经济区四个区域的协调和发展，让其能成为支撑湖南省全面建成小康社会的四大支柱"，这四大区域的定位是由自身的资源禀赋和区位条件决定的。因此，地州市按照四大区域进行分类。县市区根据所在地州市类别和所属主体功能区进行分类，湖南省将县级行政区作为基本单元，以全省国土空间划分为限制开发区域（农产品重点生态功能区和主产区）、重点开发区域（城市化建设区域）和禁止开发区域。横向分类有助于设计因地制宜的考核评价指标体系，有助于反映不同区域的发展基础和发展条件，使生态文明建设考核更加科学、公平、有效。

（二）指标确定实行纵向分层

按照"指标有区别、权重有差异"的原则，考核指标纵向可分为三级指标，一级指标要体现导向性，强调生态与政治、经济、文化、社会"五位一体"发展；二级指标要体现系统性，强调准确把握生态环境、生态经济、生态政治、生态社会、生态文化的重点，全面表征这五大领域的内涵；三级指标要体现差异性，摒弃传统的一套指标考核全体的思路，强调在不同的区域和主体功能区设定不同的考核目标值和权重，甚至设置具有区域特色的考核指标，体现各区域的资源禀赋、经济发展和社会发展水平的差异。

二、湖南生态文明建设分类考核机制的设计

完善的生态文明建设考核制度应该从谁来考核、如何考核、考核什么、考核结果如何使用等方面入手。

（一）完善考核主体，明确谁来考核

在现行领导干部考核体系中，考核评价主体主要是上级党委组织部门，自上而下的考核使得被考核对象被动参与考核，缺少双向的沟通及协商，导致对区域突出问题和矛盾把握不准。同时，缺少企业、社会组织、公众对被考核对象的考核和评价。因此，在生态文明分类考核中，第一，要建立以上级党委组织部门考核为主，企业、社会组织、公众联合考核为辅的机制，既重视"顶层设计"，也重视"基层参与"，发挥非政府组织对生态文明建设考核的推动作用，引导公众参与对领导干部生态政绩的考核过程。第二，基于分类考核的基本思路，要充分发挥被考核者的主动性，在区域特色指标或指标权重方面广泛征求被考核者的意见，准确设定具有区域特色的指标。

（二）完善指标体系，明确考核什么

第一，强调主体功能区的定位设置差异化的指标。从总体来看，加强对各地区公共服务水平、可持续发展能力、社会发展和管理水平、开发强度、环境质量、耕地保有量和森林增长等方面的考核。从具体的方面来看，在重点开发区域，应当重点考核地区生产总值；对于禁止开发区域，应当要重点考核依法治理的状况、保护目标完成程度、污染"零排放"情况和需要保护对象完好程度等指标。第二，需要考核的指标权重应当"有升有降"。这样既可以加大环境保护、生态效益、资源节省等各个方面的权重指标，用以强化这些指标对于经济类指标的约束，又要降低地区 GDP 以及其增长率当作领导干部考核的核心指标，甚至可以在开发被限制的区域、生态脆弱的国家扶贫工作重点区域取消有关 GDP 以及增长率考查。

（三）完善考核方式，明确如何考核

第一，坚持综合考核。单一以 GDP 为核心的考核方式容易导致领导干部只重视投资开发类指标"立竿见影"的效果，而忽视保护环境所带来的"造福子孙"的效果。因此，在生态文明建设考核中，既要重视显绩，也要重视潜绩，对于领导干部的生态政绩的考核要着眼于长期绩效。要充分考虑行政边界与自然边界之间的关系，建立跨区域联合考核机制。第二，坚持动态考核。静态考核容易忽视区域发展的条件、生态文明建设的基础，导致对领导干部的实际绩效过高评价，而且也不利于客观对比生态文明建设的绩效。因此，在生态文明建设考核中，既要重视"客观条件"，也要重视"主观努力"，强调发展基础与现期业绩

之间的动态比较，强调考核的动态化，以指标值的变化幅度来衡量生态文明建设所取得的效果。第三，坚持系统考核。将生态文明建设考核纳入到领导干部年度考核、任职考察、换届考察等多个领域中，形成多元一体的考核方式。

（四）完善追责机制，重视考用结合

只有生态文明建设的考核结果得到科学有效的使用，真正纳入领导干部职位晋升或惩处的要素中，考核工作才能彰显其作用力。在党的十八大和十八届三中全会中都明确地提出"将生态环境业绩列入领导干部离任审计"，因此，第一，要加快编制自然资源的资产负债表，建立主要领导和干部对于关于自然资源资产损益状况的离任审计制度。地方行政领导在任期结束时须进行自然资源资产损益情况的审计，评估在其任期之内自然资源资产的增（减）值状况。第二，建立严格的责任追究制度。针对考核审计结果，将其划分为不合格、合格、良好、优秀四个等级，明确规定每个等级所要对应的职责，以此作为领导干部奖惩、升降、去留、追责的依据。对考核不合格者可降职使用，形成严厉的倒逼机制，推进生态文明建设与区域经济的共同发展。

第二十九章

湖南生态文明制度建设的保障政策与措施

第一节 完善领导组织结构 全面推进建设进程

一、强化领导小组、专项小组与专家咨询小组的职能

第一，应进一步完善和强化生态文明制度建设领导小组办公室的职能，对生态文明制度建设工作进行综合协调与统筹规划。在省政府办公厅、省发改委等单位的牵头作用下，各部门齐抓共管，相互协调配合，共同推动生态文明建设工作。领导小组应研究制定生态文明制度改革建设的总体方案及具体的实施方案，把各项任务落实到各级政府有关部门的年度计划，并加强对实施过程与结果的综合评估和监督。

第二，生态文明改革专项小组在生态文明建设工程中需要充分协调各方，发挥统筹作用。专项小组要充分把握国家有关生态文明体制改革的建设思路和方法，结合湖南本省实际情况，制定本省的生态文明体制改革方案，推动工作有序高效开展。

第三，建立健全生态文明制度建设专家咨询小组工作机制，为各级政府实施相关决策提供科学依据，使各项工程能够更好地得到落实，从而更有利于生态文明制度建设目标的实现。

417

二、明确分工，深化生态文明制度改革

生态文明制度建设的复杂性决定了单一性的按照行业进行分割操作的决策与管理体系不能适应其多样化的需要。所以，应建立多目标、多维空间、多部门的综合决策与管理机制，帮助各个政府机构理顺关系、弄清机制，进一步强化各级政府环保部门和资源管理部门相关的自然资源行政监管和资产管理职能。省国土资源厅、省环保厅、省水利厅、省农业厅、省林业厅等各相关部门要建立互相协调、分工负责的环境监督管理和工作运行机制。

各市州委、各市州人民政府，省直机关各单位应结合实际认真贯彻执行《省直有关部门贯彻实施党的十八届三中全会〈决定〉和省委十届九次全会〈实施意见〉重要举措分工方案》中有关生态文明制度建设的各项要求，深化两型社会建设综合配套改革，推动生态文明制度创新。同时，明确重大工程建设管理的具体分工，将生态文明制度建设的各项任务逐级分解，落实到各部门和各市级单位，推动建设工作有序高效展开。

当前，不少地方对生态文明制度建设的思想认识还不到位，工作职权不清楚，工作条件缺乏，很难承担起生态文明制度建设的职责和使命。为了确保部门工作可以更加高效稳步地推进，应定期开展生态文明制度建设相关监管人员的培训，提高其业务素质。通过分级制定周密的培训计划，分层次、多形式的培训，使其更加适应生态文明制度建设工作的需要。

三、明确责任，建立健全目标责任考核机制

建立健全湖南省生态文明制度建设目标责任考核机制，将主要任务和相应指标分解落实到各级政府部门，切实开展生态文明建设工作。同时，切实加强和改进各级党委和政府对生态文明制度建设工作的领导，进一步明确其在加快生态文明制度建设过程中应承担的任务职责，制定并出台《湖南省环境保护职责规定》及相关的问责制度。积极探索，建立生态环境损害责任终身追究制和环境污染事故责任追究制，对失职渎职的单位和个人严肃追究责任。

应坚持"科学性、代表性、可行性、兼容性"的原则，综合考虑经济、社会、制度等多层面因素，选取经济发展、社会发展、科技进步、资源节约、环境保护、社会责任等多方面的指标，构建生态文明制度建设的综合评价指标体系，作为建设成效评价的主要依据。同时，完善工作考核制度。建立包括经济、环境、社会、行政等各个领域在内的新型考核指标体系，将体现生态文明制度建设

要求的有关指标纳入其中，加大有关生态环保领域指标的考核权重，对工作成效
明显的部门进行表彰奖励，对工作成效不足的部门进行相应处罚。

第二节　健全法制保障体系　优化产业发展环境

一、加强法制建设，建立健全政策法规与相关规划

法制建设是生态文明制度建设的基础性工作。第一，应将生态文明制度建设
的总体规划提交省人大审议，使其具有法律效力，以确保实施的连续性。第二，
编制并完善与生态文明制度建设总体规划配套的专项规划、重点区域规划、重点
产业规划，并做好城市总体规划、国民经济和社会发展中长期规划的衔接工作。
第三，认真贯彻执行国家有关法律、法规，完善环境资源配套立法，建立和完善
有利于生态文明建设的地方法规体系。制定出台大气污染防治、土壤污染治理、
饮用水源地保护、污染物总量控制、环境污染损害赔偿等政策法规。

二、强化执法，健全监督约束机制

认真贯彻落实国家、省有关环境保护、生态建设的一系列法律法规。加大现
有环境保护和自然资源管理法律、法规的执法力度，推进联合执法、区域执法、
交叉执法等创新执法方式，并充实基层环保执法力量。探索建立环境监测、污染
控制的有效监督机制，形成处罚一体的环境联合执法机制，深化环境保护行政执
法改革试点。

三、明确产业政策导向，促进产业结构调整与优化升级

建立符合生态文明建设要求的产业政策体系，是生态文明建设制度建设的重
要内容。近几年来，湖南省经济环境不断优化，产业发展步入良性循环阶段，以
先进制造业为代表的产业升级转型方兴未艾，高新技术产业发展势头良好，有效
推动了全省产业变革发展，保证了经济的快速发展。所以，为了进一步构建与
"科学发展观""两型社会"建设要求相适应的产业标准体系，各政府部门应根

据国家关于重点产业布局调整和产业转移的指导意见，综合运用法律法规、产业政策及环保监管等手段，明确不同产业的能耗、水耗、投资强度、单位用地产出、容积率等指标的限值，以标准化手段，严格控制企业投资项目的环评和审批环节，加速淘汰污染严重、产能落后的相关企业。

同时，要抢占先机，跟踪最新高新技术的发展以及产业前沿。大力培育和发展战略性新兴产业，如在安排技术改造和节能减排资金、土地开发利用等方面给予它们一定的支持，以吸引资源节约、环境友好、高附加值的企业落户，推动产业结构的优化升级。同时，以生态文明建设制度建设为契机，加强产业发展的立法、执法，规范产业的市场行为，优化市场环境，保障产业与市场健康发展。

第三节　夯实科学技术储备　提升科技创新水平

一、鼓励科技创新，提升科技创新的支撑能力

第一，积极推进湖南省企业和生态文明制度建设单位与科技主管部门、国家级科研院所和各著名大学的联系，并和这些单位建立稳定的或阶段性的项目合作关系，以增强科研能力，实现人才、信息和资源的开放互动，促进产学研的紧密结合和科技水平的提高。

第二，通过筛选专利和信息查询等方式引进成熟的新技术和新方法，并在可再生能源、坚强智能电网、战略性新兴产业、绿色建筑、新能源汽车等方面进行战略安排，开拓相关领域的绿色技术市场，从而促进绿色创新和绿色技术的产业化，推动生态文明制度建设的进程。

第三，通过整合创新资源，强化企业的创新主体地位，积极建立会商、共建、协调机制，研究创新项目、开展创新活动，促进创新资源的高效配置和综合集成，精心打造湖南省的环境科研技术创新平台，提升科技创新的支撑能力。

二、加速科技成果转化，推动绿色新技术的市场化

建立健全环境技术验证制度，加强清洁生产、污染物检测、污染治理、可再生能源、清洁能源、节能、低碳等方面的技术验证工作，并推动认证技术的相关项目得到立项、融资。强化知识产权保护，加强对创新技术的保护、转化

和管理，促进市场主体的专利转化运用。同时，对一些可能会给资源环境造成重大影响的技术领域研究制定技术的"绿色标准"，作为专利授权与否的强制标准。

三、加强科技创新服务体系建设，提高创新服务能力

建立开放共享的科技创新公共服务平台，大力发展技术评估、产权交易、成果转化等科技中介服务机构，促进技术转移。

推进专业化特色化科技中介服务，培育骨干科技中介机构。加强面向高新技术产业的科技中介服务机构，培育一批信誉高、专业服务水平好、开拓能力强的骨干科技中介服务机构。要重点发展技术集成、产品设计、工艺配套等共性技术服务以及高新技术企业孵化等科技中介服务业务，打造科技中介机构服务品牌、精品服务项目，增强市场竞争力。

增强公共技术服务能力。以共性技术创新为目标，整合现有公共科技资源，实现公共科技资源的社会共享。加强公共技术服务平台的建设，为企业提供共用技术服务，培育新型协会组织。打造湖南省的科技信息网、生产力促进中心、知识产权协会等技术成果交流平台，引导形成以科技成果转化、科技信息咨询、知识产权服务为主的科技创新服务体系。

加强各类科技孵化器建设。制定与实施推进孵化器发展的战略与激励政策，积极探索具有湖南特色的孵化器发展机制与发展模式，大力建设园区科技平台和创业中心等科技孵化器，整合土地、资本和政策等多种资源，为创新人才和创业企业营造出"人才—技术—环境"三位一体的良好创业条件和氛围，协同推进孵化器的快速发展。

第四节 拓宽资金保障渠道 满足建设资金需求

一、完善财税政策，增强资金供给能力

建设湖南省生态文明制度需要完善科学的财税政策体系作为重要保障。第一，应该把对生态文明制度建设的相关投资列入财政预算，逐步加大公共财政投入力度，建立健全公共财政体制和公共服务投入稳步增长机制；第二，对生态文

421

明制度建设有重要积极影响的项目应给予资金和财税政策上的支持，调整和优化公共财政支出结构，适当向环境保护领域倾斜、向生态文明建设项目倾斜，充分发挥公共财政的导向作用；第三，通过实施差异化的区域财政政策，对于重点开发的区域，如长株潭城市群，实施税收优惠、投资补贴、加速折旧、贴息等政策。

二、健全投融资机制，多方筹措建设资金

投资总量不足、投资效率较低是目前生态文明制度建设投融资面临的主要问题。生态文明制度建设是一项复杂而巨大的系统工程，所以要多渠道、多层次进行建设资金筹措。

因此，应加快生态保护融资平台建设。首先，可以通过特许经营、投资补助、政府购买服务、政府资金引导、政府让利等多种形式，通过 PPP 等融资建设模式，积极引导民间资本参与和运营生态文明制度建设项目。其次，对于高新技术、绿色低碳、可循环的产业，政府应该加大扶持力度，鼓励金融机构给予更多的支持，对于技术落后、污染严重的行业则要进行信贷控制，优化信贷结构。

三、设立生态文明制度建设基金，专款专用

建立生态文明制度建设基金，政府部门除了每年在财政预算中按照建立公共财政的要求安排生态文明制度建设的资金外，还应该成立专项的建设基金。首先，应建立项目库，策划和储备一批重大的生态文明制度建设项目，争取将各重大的建设项目优先纳入国民经济社会发展计划，统筹安排使用，并组织实施。同时，加强生态文明制度建设各种专项基金的征收管理，完善资金管理体制。

四、设立自然资源与环境补偿专项基金

建立健全自然资源与环境补偿机制，设立自然资源与环境补偿专项基金。同时，政府应按照新的排污收费条例，逐步实行按排污总量进行收费的办法，对企业并逐步向城镇居民依法、全面、足额开征排污费。对于所征收的各种资源和环境保护税费，应集中用于生态文明制度建设。

第五节　加强创新人才培养　打造建设人才队伍

一、加强创新人才培养体系建设

第一，应通过为高校和科研院所创造良好的学习环境和条件，培养大批具有创新精神和实践能力的应用型、复合型、研究型人才，以适应生态文明制度建设的需要。同时，省内外高等院校和科研院所应凭借其硬件设施，建立比较稳定的工业人才培训基地，为全省组织、人事、教育、劳动保障和工业经济主管等部门及单位的人员提供更加便利高效的培训机制。

第二，应加强对广大干部的培养。采取多种方式，加大培训力度，提高培训质量，不断提高广大干部的整体素质。培养干部学会运用市场的方式来谋求经济与社会发展，并培养其项目操作能力。通过持续开办生态专题培训班，分期培训在职公务员、管理人员和工程技术人员等，提高他们的生态环境意识和专业素质。

第三，应加强对企业家的培养。要根据生态文明制度建设的具体情况，培养一批有进取心、有事业心、懂经营、会管理的企业家，鼓励他们将生态意识融入其生产、管理当中，以提高企业抗风险和持续发展的能力。

二、制定优惠政策，吸引创新人才

第一，要突出引才重点，根据生态文明制度建设的实际需要，重点引进相关的专业技术人才和管理人才。第二，要拓宽人才入湘渠道。进一步加大院地合作力度，鼓励有条件的企业借助"外脑"，设立研发机构。第三，要强化引才主体的作用。企业是吸纳人才的主体，应该落实人才引进政策，确保人才引得进、留得住、用得好，从而形成人才引进的聚集效应。第四，要大力提拔现有人才。重视对现有人才的任用，特别对真正懂经济、懂生态文明建设的人才应予以重用。

三、完善用人机制，盘活人才资源

第一，重视发挥现有人才作用。建立人才信息库，积极对人才供求状况、人

423

才引进状况、人才服务状况展开动态跟踪。第二，建立科学合理的分配机制。坚持劳动、资本、技术和管理等生产要素按贡献参与分配的原则，逐步实现分配形式的多元化。第三，大力激励广大干部和各类专业人才参与生态文明制度建设的机制与环境，并逐步完善艰苦边远地区津贴制度，提高补贴标准。

第六节　增强全民参与意识　实现"协同治理"格局

一、加强公众宣传教育，开拓教育途径

生态文明制度建设是一项长期的涉及大众切身利益的巨大工程，生态文明制度建设进展的顺利与否与公众的支持和参与密不可分，因此要加强宣传，使公众对生态文明制度建设的意义有更加深刻和广泛的认知，同时提高公众的环境意识，促进生态文明制度建设健康发展。

将生态文明宣传教育融入国民教育工作中去，进入各级党校、行政学院教学计划和党政干部培训体系。积极引导、促进环保社会组织及社会公众依法、理性、有序参与生态环境保护。积极开展生态文明示范创建系列活动，积极推进国家生态文明试点示范区建设。探索建设生态文明标准体系，争取一批两型"湘标"上升为"国标"。

二、鼓励公众积极参与，加强社会监督

生态文明制度建设的过程中，应将生态文明制度建设专业队伍、社会团体以及公众参与相结合起来，通过积极的引导，使生态文明制度建设变成全体市民的自觉行动。进一步公开政府信息，方便公民和社会组织参与到政府决策和监管工作中来，提高政府生态建设和环境管理能力，完善社会环境治理机制，使政府的自然资源保护统一监管和环境保护的独立监管和行政执法真正发挥出其效能。

主要从以下几个方面开展工作：一是建立公众参与机制，二是强化社会监督机制，三是发挥新闻媒介的舆论监督作用，四是制定与实施生态教育与公众认知方案。

参 考 文 献

［1］ Jules Pretty, Hugh Ward. Social Capital and the Environment ［J］. World Development. 2001. 29 （2）： 209 – 227.

［2］ Kemp R, Parto S, Gibson R B. Governance for sustainable development： moving from theory to practice. International Journal of Sustainable Development， 2005， 8 （1/2）： 12 – 30.

［3］ Mebratu D. Sustainability and sustainable development： historical and conceptual review. Environmental Impact Assessment Review， 1998， 18 （6）： 493 – 520.

［4］ WCED. Out Common Future. London： Oxford University Press， 1987.

［5］ 安锦：《我国生态环境保护财政补贴制度研究》，载《经济论坛》2009年第9期。

［6］ 包存宽、王金南：《基于生态文明的环境规划理论架构》，载《复旦学报（自然科学版）》2014年第3期。

［7］ 包庆德：《论生态存在与生态意识》，载《北京林业大学学报》（社会科学版）2005年第1期。

［8］ 本报评论员：《建设生态文明 宣传教育先行》，载《中国环境报》2013年第6期。

［9］ 卞文娟：《生态文明与绿色生产》，南京大学出版社2009年版。

［10］ 蔡道利：《健全自然资源资产产权与用途管制制度》，载《广西日报》2013年第12期。

［11］ 蔡永海、谢滟檬：《我国生态文明制度体系建设的紧迫性、问题及对策分析》，载《思想理论教育导刊》2014年第2期。

［12］ 曹宝、秦其明、王秀波、罗宏：《自然资本：内涵及其特点辨析》，载《中国集体经济》2009年第12期。

［13］ 曹海霞：《我国矿产资源产权的制度变迁与发展》，载《产经评论》

2011 年第 3 期。

[14] 曹虹剑、罗能生：《我国矿产资源产权改革的探讨——以湖南省为例》，载《上海经济研究》2008 年第 3 期。

[15] 曹祖涛：《完善我国土地用途管制制度》，中国政法大学博士学位论文 2004 年。

[16] 曾先锋、李国平：《我国各地区的农业生产率与收敛》，载《数量经济技术经济研究》2008 年第 5 期。

[17] 常俊杰、王晓峰、孔伟、张宁、张晖：《西安市生态文明建设度评价》，载《城市环境与城市生态》2009 年第 6 期。

[18] 陈安宁：《论我国自然资源产权制度的改革》，载《自然资源学报》1994 年第 1 期。

[19] 陈洪波、潘家华：《我国生态文明建设理论与实践进展》，载《中国地质大学学报》（社会科学版）2012 年第 5 期。

[20] 陈江昊：《生态文明建设内涵解析》，载《陕西社会主义学院学报》2007 年第 17 期。

[21] 陈军、成金华：《中国生态文明研究：回顾与展望》，载《理论月刊》2012 年第 10 期。

[22] 陈文婕：《我国低碳技术创新的锁定效应与对策》，载《光明日报》2010 年 3 月 30 日。

[23] 陈晓红：《科学构建"两型社会"标准体系》，载《人民日报》2011 年 9 月 1 日。

[24] 陈晓红：《以体制机制改革创新推进"两型社会"建设》，载《人民日报》2012 年 11 月 1 日。

[25] 陈晓红：《以"两型社会"建设改革推进生态文明建设工程的实践与思考》，载《中国工程科学》2013 年第 11 期。

[26] 陈学斌：《我国生态补偿机制进展与建议》，载《宏观经济管理》2010 年第 9 期。

[27] 成为杰：《主体功能区规划"落地"问题研究——基于 19 个省级规划的分析》，载《国家行政学院学报》2014 年第 1 期。

[28] 辞海编辑委员会：《辞海（1999 年版彩图本）》第 3 卷，上海辞书出版社。

[29] 丛颖睿：《关于完善中国碳排放权交易制度的思考》，载《中国城市经济》2012 年第 1 期。

[30] 崔如波：《生态文明建设的基本路径》，载《重庆行政》2008 年第 6 期。

［31］寸黎辉：《加强环保法律意识，保护地球生态环境》，载《保山师专学报》2004 年第 5 期。

［32］邓翠华：《关于生态文明公众参与制度的思考》，载《毛泽东邓小平理论研究》2013 年第 10 期。

［33］邓可祝：《环境补贴研究》，载《特区经济》2007 年第 5 期。

［34］丁丁：《论坛排放权的属性》，载《法学杂志》2012 年第 9 期。

［35］段小莉：《生态文明规划建设的框架构想》，载《产业与科技论坛》2007 年第 6 期。

［36］樊杰：《中国主体功能区划方案》，载《地理学报》2015 年第 2 期。

［37］樊杰：《主体功能区战略与优化国土空间开发格局》，载《中国科学院院刊》2013 年第 2 期。

［38］范斐、孙才志、王学妮：《社会、经济与资源环境复合系统协同进化模型的构建及应用》，载《系统工程理论与实践》2013 年第 2 期。

［39］范颖：《中国特色生态文明建设研究》，武汉大学博士学位论文，2011 年。

［40］冯朝柱：《江阴生态文明建设的途径与启示》，载《黑龙江生态工程职业学院学报》2009 年第 5 期。

［41］高红贵、汪成：《论建设生态文明的生态经济制度建设》，载《生态经济》2014 年第 8 期。

［42］高吉喜、黄钦、聂忆黄、徐美健：《生态文明建设区域实践与探索：张家港市生态文明建设规划》，中国环境科学出版社 2010 年版。

［43］高乐华、高强：《海洋生态经济系统界定与构成研究》，载《生态经济》2012 年第 2 期。

［44］高珊、黄贤金：《基于绩效评价的区域生态文明指标体系构建——以江苏省为例》，载《经济地理》2010 年第 5 期。

［45］高中华：《环境问题抉择论——生态文明时代的理性思考》，社会科学文献出版社 2004 年版。

［46］龚昌菊、庞昌伟：《值得借鉴的国际生态文明制度》，载《理论导报》2014 年第 2 期。

［47］顾钰民：《论生态文明制度建设》，载《福建论坛·人文社会科学版》2013 年第 6 期。

［48］郭凯：《山东省主体功能区政策体系研究》，山东师范大学博士学位论文，2013 年。

［49］郭芮：《我国碳排放权交易市场存在的法律问题及相关建议》，北方工业大学硕士学位论文，2012 年。

427

［50］ 郭索彦：《基于生态文明理念的水土流失补偿制度研究》，载《中国水利》2010年第4期。

［51］ 郭卫平：《创新思路切实抓好环境宣教》，中国环境报2014年1月29日。

［52］ 国务院：《关于实行最严格水资源管理制度的意见》，http：//news.idoican. com. cn/ykrb/html/2012 - 02/17/content_3686658. htm？ div = - 1，2012. 2.

［53］ 国务院关于印发"十二五"控制温室气体排放工作方案的通知，http：//www. gov. cn/zwgk/2012 - 01/13/content_2043645. htm。

［54］ 海兰：《日本环境保护措施对我国环保管理的启示》，载《现代经济信息》2009年第4期。

［55］ 韩锦绵、马晓强：《论我国水权交易与转换规则的建立和完善》，载《经济体制改革》2008年第3期。

［56］ 何隆德：《澳大利亚生态环境保护的举措及经验借鉴》，载《长沙理工大学学报》（社会科学版）2014年第6期。

［57］ 何燊：《关于加快生态文明制度体系建设的几点建议》，载《发展研究》2014年第2期。

［58］ 何燕：《我国排污权交易制度的不足与完善》，载《湘潭大学学报》（哲学社会科学版）2007年第5期。

［59］ 贺雪峰：《农民利益－耕地保护与土地征收制度改革》，载《南京农业大学学报》（社会科学版）2012年第4期。

［60］ 红网综合：《两型湖南今朝更好看——在生态文明体制改革上的思与行》，http：//gov. rednet. cn/c/2014/11/26/3532773. htm。

［61］ 洪小琴：《改革和完善我国环境税费制度实现污染减排》，载《海峡科学》2008年第7期。

［62］ 侯佳儒、王倩：《突破环境执法困境推进生态文明建设》，载《环境经济》2013年第1期。

［63］ 侯佳儒：《论我国环境行政管理体制存在的问题及其完善》，载《行政法学研究》2013年第2期。

［64］ 侯翎：《我国集体林权流转制度分析及发展对策建议》，载《国家林业局管理干部学院学报》2014年第2期。

［65］ 胡宝清、严志强、廖赤眉等：《区域生态经济学理论、方法与实践》，中国环境科学出版社2005年版。

［66］ 胡海容：《解决环境侵权行为外部性的新思路》，载《社会科学家》2009年第2期。

［67］ 胡洪彬：《社会资本视角下的生态文明建设路径》，载《四川行政学院

学报》2009年第2期。

［68］胡继连、葛颜祥：《黄河水资源的分配模式与协调机制——兼论黄河水权市场的建设与管理》，载《管理世界》2004年第8期。

［69］胡荣桂：《环境生态学》，华中科技大学出版社2010年版。

［70］胡铁松：《最严格水资源管理制度内涵分析》，实行最严格水资源管理制度高层论坛优秀论文集2010年。

［71］湖南经济与信息化发展委员会：《湖南省"十二五"能源发展规划》，http：//www. hyjxw. gov. cn/jxw/jjyx/xxgyh/f5175604 - e9a3 - 4967 - 81cf - 1df7f0f 99610. shtml。

［72］湖南省2014年国民经济和社会发展统计公报：http：//www. hnfgw. gov. cn/hgzh/zfgzbg/58789. html。

［73］湖南省郴州市林业局：《湖南省"十二五"林业发展规划》，http：//www. czs. gov. cn/lyj/zwgk/ghjh/content_388382. html。

［74］湖南省发改委、湖南省水利厅联合课题组：《湖南省"十二五"水资源综合利用研究》，http：//www. hnfgw. gov. cn/site/QYGH1/22182. html。

［75］湖南省发展和改革委员会网站：《湖南省循环经济发展战略及近期行动计划》，http：//www. hunan. gov. cn/zwgk/ghjh/fzgh/201402/t20140211_1029490. html。

［76］湖南省环境保护厅：《湖南省"十二五"环境保护规划》，http：//www. hunan. gov. cn/zwgk/ghjh/fzgh/201301/t20130125_819727. html。

［77］湖南省人民政府：《关于在长株潭两型社会建设综合配套改革试验区推广清洁低碳技术的实施方案》，http：//www. hnfgw. gov. cn/gmjj/zyhj/35255. html。

［78］湖南省人民政府：《湖南省土地利用总体规划（2006～2020）》，http：//www. guotuzy. cn/html/1311/n - 158572. html。

［79］湖南省水利厅：《湖南省水利厅关于深化水利改革的实施方案》，http：//www. hnwr. gov. cn /slxw/ggl/201407/t20140714_79699. htm。

［80］《湖南省统计年鉴（2013）》，http：//hntj. gov. cn/sjfb/tjnj/13tjnj/index-ch. htm。

［81］《湖南省湘江流域生态补偿（水质水量奖罚）暂行办法》，http：//www. hnwr. gov. cn/szyc/szybh/201501/t20150120_80896. htm。

［82］湖南省政府网站：《湘江流域重金属污染治理实施方案》，http：//www. hnfgw. gov. cn/hgzh/zdzxgh/31214. html。

［83］《湖南省主体功能规划区》，http：//www. hnfgw. gov. cn/site/ZXGH/36039. html。

［84］《湖南省主体功能区规划出炉　确立国土空间开发三大格局_湖南频道_

红网》，http：//hn. rednet. cn/c/2012/12/26/2860502. htm。

　　[85]　环保部：《国家生态保护红线—生态功能基线划定技术指南（试行）》，http：//www. zhb. gov. cn/ zhxx/hjyw/201401/t20140128_267354. htm。

　　[86]　黄蓉生：《我国生态文明制度体系论析》，载《改革》2015年第1期。

　　[87]　黄锡生、史玉成：《中国环境法律体系的架构与完善》，载《当代法学》2014年第1期。

　　[88]　黄晓云：《从制度上保障生态文明建设》，载《绿叶》2013年第1期。

　　[89]　霍艳丽、刘彤：《生态经济建设：我国实现绿色发展的路径选择》，载《企业经济》2011年第10期。

　　[90]　纪昌品、汤江龙、陈荣清：《耕地保护政策的内涵及其公平与效率分析》，载《国土资源科技管理》2005年第3期。

　　[91]　姜纯成：《基于可持续发展的水资源产权配置研究》，中南大学博士学位论文，2005年。

　　[92]　姜学民、徐志辉：《生态经济学通论》，中国林业出版社1993年版。

　　[93]　蒋高明：《怎样理解生态文明》，载《中国科学院院刊》2008年第1期。

　　[94]　蒋小平：《河南省生态文明评价指标体系的构建研究》，载《河南农业大学学报》2008年第1期。

　　[95]　解振华：《发挥法治引领作用 推动循环经济发展》，载《宏观经济管理》2014年第12期。

　　[96]　金芳：《西部地区的生态文明发展模式与策略研究》，载《中国农村观察》2008年第2期。

　　[97]　晋海、韩雪：《美国水环境保护立法及其启示》，载《水利经济》2013年第3期。

　　[98]　克利福德·科布、王韬洋：《迈向生态文明的实践步骤》，载《马克思主义与现实》2007年第6期。

　　[99]　孔凡斌、廖文梅、郑云青：《集体林权流转理论和政策研究述评与展望》，载《农业经济问题》2011年第11期。

　　[100]　李国平、张焕、丁岩林：《国外环境损害赔偿归责体系对我国的启示》，载《环境保护》2013年第7期。

　　[101]　李国平、周晨：《我国矿产资源产权的界定：一个文献综述》，载《经济问题探索》2012年第6期。

　　[102]　李惠斌、杨雪冬：《社会资本与社会发展》，社会科学文献出版社2003年版。

　　[103]　李庆瑞：《实行最严密的环境法治为生态文明建设提供保障》，载

《环境与可持续发展》2014 年第 2 期。

[104] 李胜兰、曹志兴：《构建有中国特色的自然资源产权制度》，载《资源科学》2000 年第 3 期。

[105] 李寿德：《排污权交易的条件、功能与存在的问题解析》，载《科研管理》2003 年第 6 期。

[106] 李晓东：《我国无居民海岛产业准入政策探析》，载《海洋开发与管理》2013 年第 2 期。

[107] 李秀龙：《湘江水资源管理法律制度创新》，中南林业科技大学 2013 年版。

[108] 李燕玲：《国外水权交易制度对我国的借鉴价值》，载《水土保持科技情报》2003 年第 4 期。

[109] 李义松：《低碳经济背景下的碳排放权交易制度框架研究》，载《制度建设》2013 年第 13 期。

[110] 李莹、霍桃、刘蔚：《"十二五"环境宣传教育怎么做？——〈全国环境宣传教育行动纲要（初稿）〉专家座谈会发言摘登》，载《中国环境报》2010 年第 2 期。

[111] 李长健、罗洁：《基于和谐视角的选择性行政行为制度探索》，载《天水行政学院学报》2009 年第 4 期。

[112] 廖海伟、林震、肖轲：《我国生态文明城市指标体系的比较研究》，载《全国商情·理论研究》2010 年第 12 期。

[113] 刘兵红：《自然资源损害赔偿制度的国际考察及启示》，载《生态经济》2013 年第 4 期。

[114] 刘登娟、邓玲、黄勤：《以制度体系创新推动中国生态文明建设——从"制度陷阱"到"制度红利"》，载《求实》2014 年第 2 期。

[115] 刘绵绵：《生态文明的理论解读与建设的思路探讨》，载《中共青岛市委党校，青岛行政学院学报》2008 年第 1 期。

[116] 刘胜华：《生态文明下的产业结构升级与建立绿色产业体系》，载《胜利油田党校学报》2008 年第 3 期。

[117] 刘书俊：《可持续发展环境法律》，化学工业出版社 2007 年版。

[118] 刘湘溶：《论生态意识》，载《求索》1994 年第 2 期。

[119] 刘衍君、张保华、曹建荣、陈伟：《省域生态文明评价体系的构建——以山东省为例》，载《安徽农业科学》2010 年第 7 期。

[120] 刘永湘：《中国农村土地产权制度创新论》，四川大学 2004 年博士学位论文。

［121］罗伯特·D.普特南：《使民主运转起来》，江西人民出版社 2000 年版。

［122］罗丽：《美国排污权交易制度及其对我国的启示》，载《北京理工大学学报》2004 年第 1 期。

［123］吕红迪、万军、王成新等：《城市生态红线体系构建及其与管理制度衔接的研究》，载《环境科学与管理》2014 年第 1 期。

［124］吕华鲜：《基于生态文明的文化遗产可持续发展研究——以横县鱼生文化为例》，载《广西师范大学学报》（哲学社会科学版）2009 年第 4 期。

［125］吕凌燕：《中外环境税法比较研究》，载《社会科学》2006 年第 5 期。

［126］马道明：《生态文明城市构建路径与评价体系研究》，载《城市发展研究》2009 年第 10 期。

［127］马家昱、段强：《论资源用途管制法律制度》，河南省政法管理干部学院学报 2001 年版。

［128］马康：《废弃矿山生态修复和生态文明建设浅论以北京门头沟区为例》，载《科技资讯》2007 年第 35 期。

［129］马寅：《对我国生态补偿机制存在问题的探讨及对策研究》，载《东方企业文化》2010 年第 12 期。

［130］梅珍生、李委莎：《武汉城市圈生态文明建设研究》，载《长江论坛》2009 年第 4 期。

［131］苗培君：《滕州市严格落实耕地保护制度》，载《山东国土资源》2009 年第 3 期。

［132］聂文星：《国际环境管理综述》，载《科技进步与对策》，2005 年第 11 期。

［133］潘璐璐：《长株潭环境学习曲线与节能减排潜力初探》，中南林业科技大学 2011 年版。

［134］裴丽萍：《可交易水权论》，载《法学评论》2007 年第 4 期。

［135］彭鹏：《河北省实行工业用水效率控制红线措施研究》，河北工程大学，硕士研究生学位论文。

［136］钱俊生、余谋昌：《生态哲学》，陕西人民教育出版社 2000 年版。

［137］钱争鸣、刘晓晨：《中国绿色经济效率的区域差异与影响因素分析》，载《中国人口·资源与环境》2013 年第 7 期。

［138］乔丽：《矿区生态文明评价及预警模型研究》，载《再生资源与循环经济》2011 年第 4 期。

［139］秦成逊、任鑫圆、吴慧、徐绍华：《生态文明制度建设研究综述》，载《昆明理工大学学报》（社会科学版）2014 年第 1 期。

[140] 秦书生：《我国企业生态文明建设的困境与对策分析》，载《沿海企业与科技》2008年第10期。

[141] 秦天宝：《论我国水资源保护法律的完善》，载《环境保护》2014年第4期。

[142] 曲福田、田光明：《城乡统筹与农村集体土地产权制度改革》，载《管理世界》2011年第6期。

[143] 《全国环境宣传教育行动纲要（2011—2015年）》，载《环境教育》2011年第6期。

[144] 饶胜、张强、牟雪洁：《划定生态红线创新生态系统管理》，载《环境经济》2012年第6期。

[145] 邵继红：《健全我国环境法中的公众参与制度》，载《统计与决策》2002年第3期。

[146] 《深化价格改革 促进"两型社会"建设》（1），http：//www.crd.net.cn/ 2013 -12/13/content_9804895.htm。

[147] 沈国明：《国外环保概览》，四川人民出版社2002年版。

[148] 沈满洪、谢慧明：《生态经济化三问》，载《环境经济》2013年第3期。

[149] 沈满洪：《论美丽中国建设》，载《观察与思考》2013年第1期。

[150] 沈满洪：《努力建设美丽中国》，载《中共浙江省委党校学报》2012年第6期。

[151] 沈满洪：《生态文明视角下的政绩考核制度改革》，载《环境经济》2013年第9期。

[152] 沈满洪：《生态文明制度的构建和优化选择》，载《环境经济》2012年第12期。

[153] 沈满洪：《水权交易与政府创新——以东阳义乌水权交易案为例》，载《管理世界》2005年第6期。

[154] 沈子华：《政府实施耕地保护经济补偿的方法创新——成都建立耕地保护基金制度》，载《西北工业大学学报》（社会科学版）2002年第3期。

[155] 生态文明：《与改革同行》，载《环境保护》2014年第1期。

[156] 宋言奇：《社会资本与农村社区生态环境保护》，载《重庆工商大学学报》（西部论坛）2008年第18期。

[157] 孙淑清：《生态城市规划中的生态文明建设初探》，载《环境科学与管理》2009年第5期。

[158] 孙佑海：《健全完善生态环境损害责任追究制度的实现路径》，载

《环境保护》2014 年第 7 期。

[159] 孙钰:《生态文明建设与可持续发展——访中国工程院院士李文华》,载《环境保护》2007 年第 21 期。

[160] 唐澎敏:《论公众参与环境保护制度》,载《湖南省政法管理干部学院学报》2001 年第 6 期。

[161] 陶德田:《加强生态文明宣传教育　努力为建设美丽中国鼓与呼》,载《环境教育》2013 年第 1 期。

[162] 田培炎、蒋兆康:《论权利与效率——种法律经济学观点》,载《法学研究》1992 年第 6 期。

[163] 汪劲:《中国环境法原理》,北京大学出版社 2000 年版。

[164] 王彬彬:《西部地区生态文明建设的空间形态研究》,载《统计与决策》2009 年第 3 期。

[165] 王彩凤:《企业环境绩效与经济绩效关系研究》,天津理工大学硕士学位论文,2008 年。

[166] 王灿发:《论生态文明建设法律保障体系的构建》,载《中国法学》2014 年第 3 期。

[167] 王恩旭、武春友:《基于超效率 DEA 模型的中国省际生态效率时空差异研究》,载《管理学报》2011 年第 3 期。

[168] 王贯中、王惠中、吴云波、黄娟:《生态文明城市建设指标体系构建的研究》,载《污染防治技术》2010 年第 1 期。

[169] 王桂忠:《对生态旅游发展与生态文化发掘的认识》,载《河北林果研究》2008 年第 4 期。

[170] 王华:《中国社会资本的重构》,载《天津社会科学》2004 年第 5 期。

[171] 王辉文:《可持续发展视野下我国政府环境保护管理体制创新研究》,湘潭大学 2009 年版。

[172] 王金南、孙秀艳:《生态文明建设需建跨部门协调机构》,载《人民日报》2013 年 11 月 23 日。

[173] 王金南等:《构建国家环境红线管理制度框架体系》,载《环境保护》2014 年第 1 期。

[174] 王金南等:《迈向美丽中国的生态文明建设战略框架设计》,载《环境保护》2012 年第 23 期。

[175] 王金霞、黄季焜:《国外水权交易的经验及对中国的启示》,载《农业技术经济》2002 年第 5 期。

[176] 王菊萍:《我国环境教育的发展及其制度选择》,南京林业大学硕士

学位论文，2007 年。

[177] 王军、周广礼：《公众参与促进生态文明制度建设》，载《中国发展》2014 年第 2 期。

[178] 王开明：《瑞士的环境保护一瞥》，载《世界环境》1999 年第 3 期。

[179] 王凯、侯爱敏、王悦、李学东、李欣、何新兵：《基于生态文明背景下的古村落整治规划初探》，载《小城镇建设》2009 年第 11 期。

[180] 王凯：《以环境文化推动生态文明建设》，载《环境教育》2009 年第 4 期。

[181] 王鹏祥：《论我国环境保护公众参与制度的完善》，载《行政与法》2008 年第 4 期。

[182] 王萍：《德国的环境保护及其对我国的启示》，载《世界经济与政治论坛》2006 年第 2 期。

[183] 王如松、胡聃：《弘扬生态文明深化学科建设》，载《生态学报》2009 年第 3 期。

[184] 王如松：《生态文明建设的控制论机理、认识误区与融贯路径》，载《中国科学院院刊》2013 年第 3 期。

[185] 王如松：《城市生态文明的科学内涵与建设指标》，载《前进论坛》2010 年第 10 期。

[186] 王如松：《更新观念是生态建设核心》，载《德州日报》2010 年 12 月 16 日。

[187] 王曙光：《发达国家环境保护投融资经验和启示》，载《青春岁月》2010 年第 24 期。

[188] 王树义、周迪：《生态文明建设与环境法治》，载《中国高校社会科学》2014 年第 2 期。

[189] 王松霈、迟维韵：《自然资源利用与生态经济系统》，中国环境科学出版社 1992 年版。

[190] 王晓冬：《排污权交易制度的国际比较与借鉴》，载《税务与经济》2009 年第 2 期。

[191] 王晓欢、王晓峰、秦慧杰：《西安市生态文明建设评价及预测》，载《城市环境与城市生态》2010 年第 2 期。

[192] 王新程：《推进生态文明制度建设的战略思考》，载《环境保护》2014 年第 6 期。

[193] 王辉文：《可持续发展视野下我国政府环境保护管理体制创新研究》，湘潭大学，2009 年。

［194］王毅、苏利阳：《解决环境问题亟须创建生态文明制度体系》，载《环境保护》2014 年第 6 期。

［195］王毅：《推进生态文明建设的顶层设计》，载《中国科学院院刊》2013 年第 2 期。

［196］危丽、杨先斌：《我国森林资源资产产权制度存在的问题及对策研究》，载《中国人口资源与环境》2006 年第 5 期。

［197］《我国温室气体排放状况及相关政策措施》，http：//www. chinaenvironment. com/view/ViewNews. aspx？k = 20001101105537915。

［198］吴次芳、谭荣、靳相木：《中国土地产权制度的性质和改革路径分析》，载《浙江大学学报》（人文社会科学版）2010 年第 6 期。

［199］吴岚平：《我国广告产业准入制度研究》，载《中国媒体发展研究报告》2006 年第 11 期。

［200］夏光：《加快建设生态文明制度体系》，载《政策》2014 年第 1 期。

［201］夏光：《建立系统完整的生态文明制度体系——关于中国共产党十八届三中全会加强生态文明建设的思考》，载《环境与可持续发展》2014 年第 2 期。

［202］夏光：《生态文明与制度创新》，载《理论视野》2013 年第 1 期。

［203］夏光：《再论生态文明建设的制度创新》，载《环境保护》2012 年第 23 期。

［204］夏光：《制度建设是生态文明的软实力》，载《环境经济》2013 年第 1 期。

［205］《湘江北去》，http：//hnrb. voc. com. cn/hnrb_epaper/html/2015 – 03/24/content_952945. htm？div = 0。

［206］项荣：《英国水资源环境保护审计的特点及启示》，载《工业审计与会计》2010 年第 5 期。

［207］肖金成、申兵：《我国当前国土空间开发格局的现状、问题与政策建议》，载《经济研究参考》2012 年第 31 期。

［208］谢地：《论我国自然资源产权制度改革》，载《河南社会科学》2006 年第 5 期。

［209］谢阳村、张艳、路瑞、温勖、巨伟、马乐宽、续衍雪：《美国水环境保护战略规划经验与启示研究》，载《环境科学与管理》2013 年第 11 期。

［210］新华网：《坚持节约资源和保护环境基本国策 努力走向社会主义生态文明新时代》，http：//news. xinhuanet. com/politics/2013 – 05/24/c_115901657. htm，2013. 5。

［211］新华网：《坚定不移沿着中国特色社会主义道路前进，为全面建成小

康社会而奋斗》，http：//www.xj.xinhuanet.com/2012－11/19/c_113722546.htm，2012.11。

[212] 徐冬青：《生态文明建设的国际经验及我国的政策取向》，载《世界经济与政治论坛》2013 年第 6 期。

[213] 许敬、胡继连：《水资源用途管制制度研究》，载《山东农业大学学报》（社会科学版）2009 年第 1 期。

[214] 郇庆治：《论我国生态文明建设中的制度创新》，载《学习论坛》2013 年第 8 期。

[215] 郇庆治：《强化制度顶层设计 推进生态文明建设》，载《环境教育》2012 年第 12 期。

[216] 闫献伟、夏少敏、茜坤：《论我国水资源保护的法律制度的完善》，水资源可持续利用与水生态环境保护的法律问题研究——2008 年全国环境资源法学研讨会论文集，2008 年。

[217] 杨波、尚秀莉：《日本环境保护立法及污染物排放标准的启示》，载《环境污染与防治》2010 年第 6 期。

[218] 杨锦琪：《构建低碳技术创新的政策体系》，载《科技广场》2011 年第 8 期。

[219] 杨昱：《我国环境法立法体系的相关问题与完善建议》，载《法制与社会》2014 年第 7 期。

[220] 杨源：《把生态文明建设纳入制度文明建设的轨道》，载《环境保护》2013 年第 23 期。

[221] 姚荣、张娜：《探讨实施最严格水资源管理制度》，载《水科学与工程技术》2012 年第 1 期。

[222] 叶红玲：《最严格的耕地保护制度是什么——从十八年的土地管理史看我国土地管理体制、政策的发展变化与核心趋势》，载《中国土地》2004 年第 1 期。

[223] 佚名：《贵阳创立首部"生态文明城市指标体系"》，载《领导决策信息》2008 年第 43 期。

[224] 于付秀：《环境外部性问题的政府管制研究》，电子科技大学硕士毕业论文，2006 年。

[225] 于珊珊：《湘江流域资源环境承载力测度》，湖南师范大学，2013 年。

[226] 余翔：《公共支出、金融发展与环境绩效》，重庆大学博士毕业论文，2010 年。

[227] 余燕：《浅析如何提高公民的环保意识》，太原城市职业技术学院学

报 2012 年版。

[228] 俞海、任勇：《中国生态补偿：概念、问题类型与政策路径选择》，载《中国软科学》2008 年第 6 期。

[229] 岳世平：《新加坡环境保护的主要经验及其对中国的启示》，载《环境科学与管理》2009 年第 2 期。

[230] 张宝文：1974 年国际粮农组织提出"food security"（食品安全）的概念。由于当时我国处于短缺经济时期，居民的主要食物来源就是粮食，grain（谷物），所以就把这个词翻译成"粮食安全"。目前居民食物消费正越来越多元化，所以应该改回国际粮农组织的叫法——食品安全，张宝文（农业部副部长）。

[231] 张朝辉：《法国 德国生态环境保护的经验与启示》，载《武汉建设》2012 年第 3 期。

[232] 张高丽：《大力推进生态文明 努力建设美丽中国》，载《求是》2013 年第 24 期。

[233] 张国中、魏怀东、周兰萍、丁峰、胡小柯、陈芳：《我国自然保护区与生态文明》，载《甘肃科技》2008 年第 21 期。

[234] 张焕林：《完善最严格水资源管理制度体系的措施探讨》，载《人民长江》2012 年第 24 期。

[235] 张劲松：《生态文明十大制度建设论》，载《行政论坛》2013 年第 2 期。

[236] 张久恒：《论生态意识的基本特征》，载《江淮论坛》1988 年第 6 期。

[237] 张巧巧：《在校大学生环保意识调查与分析——以宁波大学为例》，载《兰州教育学院学报》2009 年第 1 期。

[238] 张撬华、胡宝清、韦严：《生态文明示范市指标体系构建及建设途径研究——以崇左市为例》，载《广西师范学院学报》（自然科学版）2010 年第 4 期。

[239] 张权：《湖南省城乡建设用地总量控制及其差别化引导》，湖南师范大学 2013 年版。

[240] 张艳：《我国环境税费制度的研究》，载《法制与科学》2009 年第 11 期。

[241] 张永亮、俞海、夏光、冯燕：《最严格环境保护制度：现状、经验与政策建议》，载《中国人口·资源与环境》2015 年第 2 期。

[242] 张玉珍、洪小红：《低碳生活与生态文明关系的探讨》，载《科技创新导报》2010 年第 17 期。

[243] 长沙晚报：《湖南 2014 年试点先建后补、以补促建土地整治模式》，http：//www.chinanews.com/sh/2014/05 - 09/6152346.shtml。

［244］赵丹、王如松：《城市生态基础设施的整合及管理方法研究》，城乡治理与规划改革——2014中国城市规划年会论文集（07城市生态规划），2014年。

［245］赵建军：《制度体系建设：生态文明建设的"软实力"》，载《中国党政干部论坛》2013年第12期。

［246］赵建军：《生态文明的内涵与价值选择》，载《理论视野》2007年第12期。

［247］赵树丛：《为实现中国梦创造更好生态条件——深刻领会习近平同志关于生态文明建设的重要讲话精神》，载《国土绿化》2013年第10期。

［248］赵雪雁：《社会资本与经济增长及环境影响的关系研究》，载《中国人口·资源与环境》2010年第20期。

［249］郑冬梅：《海洋生态文明建设——厦门的调查与思考》，载《中共福建省委党校学报》2008年第11期。

［250］郑华、欧阳志云：《生态红线的实践与思考》，载《中国科学院院刊》2014年第4期。

［251］中共昭通市委党校课题组：《昭通市生态文明建设研究》，载《中共云南省委党校学报》2009年第3期。

［252］《中国21世纪议程——中国21世纪人口、环境与发展白皮书》，中国环境科学出版社1994年版。

［253］中国行政管理学会、环保部联合课题组等：《建立生态文明制度体系研究》，载《中国行政管理》2015年第3期。

［254］中国行政管理学会、环保部宣教司联合课题组、刘杰：《建立生态文明制度体系研究》，载《中国行政管理》2015年第3期。

［255］中国行政管理学会环境保护部宣传教育司联合课题组：《如何建立完整的生态文明制度体系》，载《环境教育》2014年第10期。

［256］中国经济网：《市县规划"多规合一"启动试点》，http：//www.ce.cn/xwzx/gnsz/gdxw/201412/06/t20141206_4061222.shtml。

［257］中国科学院可持续发展战略研究组：《2014中国可持续发展战略报告——创建生态文明的制度体系》，科学出版社2014年版。

［258］中国新闻网：《生态补偿机制建设工作报告：中央财政补偿增长迅速》，http：//www.chinanews.com/gn/2013/04－23/4757842.shtml。

［259］中新网：《湖南大力推进生态文明体制改革 多项"国字号"试点落户》，http：//www.huaxia.com/ly/lyzx/2014/11/4160940.html。

［260］周宝湘：《完善我国环境税收制度的探讨》，载《税务研究》2006年第5期。

［261］周传斌、戴欣、王如松：《城市生态社区的评价指标体系及建设策略》，载《现代城市研究》2010 年第 12 期。

［262］朱冬亮、肖佳：《集体林权制度改革，制度实施与成效反思》，载《中国农业大学学报》（社会科学版）2007 年第 3 期。

［263］朱皓云、陈旭：《我国排污权交易企业参与现状与对策研究》，载《中国软科学》2012 年第 6 期。

［264］朱松丽、李俊峰：《生态文明评价指标体系研究》，载《世界环境》2010 年第 1 期。

［265］朱坦、高帅：《新常态下推进生态文明制度体系建设的几点探讨》，载《环境保护》2015 年第 1 期。

［266］朱玉林、李明杰、刘旖：《基于灰色关联度的城市生态文明程度综合评价——以长株潭城市群为例》，载《中南林业科技大学学报》（社会科学版）2010 年第 5 期。

［267］朱增银、李冰、高鸣、田爱军：《太湖流域生态文明城市建设量化指标体系的初步研究》，载《中国工程科学》2010 年第 6 期。

［268］左其亭、李可任：《最严格水资源管理制度理论体系探讨》，载《南水北调与水利科技》2013 年第 1 期。

后　记

本书是教育部哲学社会科学研究重大课题攻关项目（批准号：13JZD0016）"生态文明制度建设研究"的主要研究成果，研究团队还得到国家自然科学基金创新群体项目"复杂环境下不确定性决策的理论与应用研究"（项目号71221061）、国家自然科学基金重点项目"面向环境管理的嵌入式服务决策支持理论与平台"（项目号71431006）、教育部哲学社会科学研究重大课题攻关项目"两型社会建设标准及指标体系研究"（项目号10JZD0020）以及其他省、部和企业委托的重大课题的大力支持，在此，衷心感谢教育部、国家自然科学基金委员会以及其他省、部相关科研管理部门和有关企业对团队科研工作的大力支持。在研究过程中，参考了大量的国内外有关研究成果，衷心感谢所有参考文献的作者！衷心感谢经济科学出版社为本书的出版进行的精心细致的修订与整理。

陈晓红院士主持了与本书相关的课题研究工作，提出了本书中的主要思想和学术观点，制定了本书的详细大纲，组织了本书的整理过程，并对全书进行了统稿、改写和最终定稿。参加相关课题研究和书稿整理工作的还有任胜钢、李大元、周志方、粟路军、王傅强、李喜华、汪阳洁、周智玉、唐湘博、易国栋、黄森龙、张维东等。衷心感谢团队所在的"两型社会与生态文明"协同创新中心，中南大学、湖南商学院、湖南省长株潭两型试验区工委、管委会、湖南大学、湖南省社会科学院、湖南省人民政府发展研究中心、湖南科技大学等协同单位的贝兴亚研究员、唐宇文研究员、刘友金教授、蒋建湘教授、游达明教授、袁兴中教授、陈云良教授等成员积极参与课题讨论与相关研究工作，并对本书的写作提出了许多宝贵的意见与建议。

生态文明制度建设是一个系统的工程，需要长期的积累与总结反馈，同时还有很多新的问题值得我们去深入探讨与研究，作者水平有限，定有不足之处，恳请读者不吝赐教。

教育部哲学社會科学研究重大課題攻關項目
成果出版列表

序号	书　名	首席专家
1	《马克思主义基础理论若干重大问题研究》	陈先达
2	《马克思主义理论学科体系建构与建设研究》	张雷声
3	《马克思主义整体性研究》	逄锦聚
4	《改革开放以来马克思主义在中国的发展》	顾钰民
5	《新时期　新探索　新征程 ——当代资本主义国家共产党的理论与实践研究》	聂运麟
6	《坚持马克思主义在意识形态领域指导地位研究》	陈先达
7	《当代资本主义新变化的批判性解读》	唐正东
8	《当代中国人精神生活研究》	童世骏
9	《弘扬与培育民族精神研究》	杨叔子
10	《当代科学哲学的发展趋势》	郭贵春
11	《服务型政府建设规律研究》	朱光磊
12	《地方政府改革与深化行政管理体制改革研究》	沈荣华
13	《面向知识表示与推理的自然语言逻辑》	鞠实儿
14	《当代宗教冲突与对话研究》	张志刚
15	《马克思主义文艺理论中国化研究》	朱立元
16	《历史题材文学创作重大问题研究》	童庆炳
17	《现代中西高校公共艺术教育比较研究》	曾繁仁
18	《西方文论中国化与中国文论建设》	王一川
19	《中华民族音乐文化的国际传播与推广》	王耀华
20	《楚地出土戰國簡册［十四種]》	陈　伟
21	《近代中国的知识与制度转型》	桑　兵
22	《中国抗战在世界反法西斯战争中的历史地位》	胡德坤
23	《近代以来日本对华认识及其行动选择研究》	杨栋梁
24	《京津冀都市圈的崛起与中国经济发展》	周立群
25	《金融市场全球化下的中国监管体系研究》	曹凤岐
26	《中国市场经济发展研究》	刘　伟
27	《全球经济调整中的中国经济增长与宏观调控体系研究》	黄　达
28	《中国特大都市圈与世界制造业中心研究》	李廉水

序号	书　名	首席专家
29	《中国产业竞争力研究》	赵彦云
30	《东北老工业基地资源型城市发展可持续产业问题研究》	宋冬林
31	《转型时期消费需求升级与产业发展研究》	臧旭恒
32	《中国金融国际化中的风险防范与金融安全研究》	刘锡良
33	《全球新型金融危机与中国的外汇储备战略》	陈雨露
34	《全球金融危机与新常态下的中国产业发展》	段文斌
35	《中国民营经济制度创新与发展》	李维安
36	《中国现代服务经济理论与发展战略研究》	陈　宪
37	《中国转型期的社会风险及公共危机管理研究》	丁烈云
38	《人文社会科学研究成果评价体系研究》	刘大椿
39	《中国工业化、城镇化进程中的农村土地问题研究》	曲福田
40	《中国农村社区建设研究》	项继权
41	《东北老工业基地改造与振兴研究》	程　伟
42	《全面建设小康社会进程中的我国就业发展战略研究》	曾湘泉
43	《自主创新战略与国际竞争力研究》	吴贵生
44	《转轨经济中的反行政性垄断与促进竞争政策研究》	于良春
45	《面向公共服务的电子政务管理体系研究》	孙宝文
46	《产权理论比较与中国产权制度变革》	黄少安
47	《中国企业集团成长与重组研究》	蓝海林
48	《我国资源、环境、人口与经济承载能力研究》	邱　东
49	《"病有所医"——目标、路径与战略选择》	高建民
50	《税收对国民收入分配调控作用研究》	郭庆旺
51	《多党合作与中国共产党执政能力建设研究》	周淑真
52	《规范收入分配秩序研究》	杨灿明
53	《中国社会转型中的政府治理模式研究》	娄成武
54	《中国加入区域经济一体化研究》	黄卫平
55	《金融体制改革和货币问题研究》	王广谦
56	《人民币均衡汇率问题研究》	姜波克
57	《我国土地制度与社会经济协调发展研究》	黄祖辉
58	《南水北调工程与中部地区经济社会可持续发展研究》	杨云彦
59	《产业集聚与区域经济协调发展研究》	王　珺

序号	书　名	首席专家
91	《城市新移民问题及其对策研究》	周大鸣
92	《新农村建设与城镇化推进中农村教育布局调整研究》	史宁中
93	《农村公共产品供给与农村和谐社会建设》	王国华
94	《中国大城市户籍制度改革研究》	彭希哲
95	《国家惠农政策的成效评价与完善研究》	邓大才
96	《以民主促进和谐——和谐社会构建中的基层民主政治建设研究》	徐　勇
97	《城市文化与国家治理——当代中国城市建设理论内涵与发展模式建构》	皇甫晓涛
98	《中国边疆治理研究》	周　平
99	《边疆多民族地区构建社会主义和谐社会研究》	张先亮
100	《新疆民族文化、民族心理与社会长治久安》	高静文
101	《中国大众媒介的传播效果与公信力研究》	喻国明
102	《媒介素养：理念、认知、参与》	陆　晔
103	《创新型国家的知识信息服务体系研究》	胡昌平
104	《数字信息资源规划、管理与利用研究》	马费成
105	《新闻传媒发展与建构和谐社会关系研究》	罗以澄
106	《数字传播技术与媒体产业发展研究》	黄升民
107	《互联网等新媒体对社会舆论影响与利用研究》	谢新洲
108	《网络舆论监测与安全研究》	黄永林
109	《中国文化产业发展战略论》	胡惠林
110	《20 世纪中国古代文化经典在域外的传播与影响研究》	张西平
111	《国际传播的理论、现状和发展趋势研究》	吴　飞
112	《教育投入、资源配置与人力资本收益》	闵维方
113	《创新人才与教育创新研究》	林崇德
114	《中国农村教育发展指标体系研究》	袁桂林
115	《高校思想政治理论课程建设研究》	顾海良
116	《网络思想政治教育研究》	张再兴
117	《高校招生考试制度改革研究》	刘海峰
118	《基础教育改革与中国教育学理论重建研究》	叶　澜
119	《我国研究生教育结构调整问题研究》	袁本涛王传毅
120	《公共财政框架下公共教育财政制度研究》	王善迈

序号	书　名	首席专家
121	《农民工子女问题研究》	袁振国
122	《当代大学生诚信制度建设及加强大学生思想政治工作研究》	黄蓉生
123	《从失衡走向平衡：素质教育课程评价体系研究》	钟启泉 崔允漷
124	《构建城乡一体化的教育体制机制研究》	李　玲
125	《高校思想政治理论课教育教学质量监测体系研究》	张耀灿
126	《处境不利儿童的心理发展现状与教育对策研究》	申继亮
127	《学习过程与机制研究》	莫　雷
128	《青少年心理健康素质调查研究》	沈德立
129	《灾后中小学生心理疏导研究》	林崇德
130	《民族地区教育优先发展研究》	张诗亚
131	《WTO 主要成员贸易政策体系与对策研究》	张汉林
132	《中国和平发展的国际环境分析》	叶自成
133	《冷战时期美国重大外交政策案例研究》	沈志华
134	《新时期中非合作关系研究》	刘鸿武
135	《我国的地缘政治及其战略研究》	倪世雄
136	《中国海洋发展战略研究》	徐祥民
137	《深化医药卫生体制改革研究》	孟庆跃
138	《华侨华人在中国软实力建设中的作用研究》	黄　平
139	《我国地方法制建设理论与实践研究》	葛洪义
140	《城市化理论重构与城市化战略研究》	张鸿雁
141	《境外宗教渗透论》	段德智
142	《中部崛起过程中的新型工业化研究》	陈晓红
143	《农村社会保障制度研究》	赵　曼
144	《中国艺术学学科体系建设研究》	黄会林
145	《人工耳蜗术后儿童康复教育的原理与方法》	黄昭鸣
146	《我国少数民族音乐资源的保护与开发研究》	樊祖荫
147	《中国道德文化的传统理念与现代践行研究》	李建华
148	《低碳经济转型下的中国排放权交易体系》	齐绍洲
149	《中国东北亚战略与政策研究》	刘清才
150	《促进经济发展方式转变的地方财税体制改革研究》	钟晓敏
151	《中国—东盟区域经济一体化》	范祚军

序号	书 名	首席专家
152	《非传统安全合作与中俄关系》	冯绍雷
153	《外资并购与我国产业安全研究》	李善民
154	《近代汉字术语的生成演变与中西日文化互动研究》	冯天瑜
155	《新时期加强社会组织建设研究》	李友梅
156	《民办学校分类管理政策研究》	周海涛
157	《我国城市住房制度改革研究》	高 波
158	《新媒体环境下的危机传播及舆论引导研究》	喻国明
159	《法治国家建设中的司法判例制度研究》	何家弘
160	《中国女性高层次人才发展规律及发展对策研究》	佟 新
161	《国际金融中心法制环境研究》	周仲飞
162	《居民收入占国民收入比重统计指标体系研究》	刘 扬
163	《中国历代边疆治理研究》	程妮娜
164	《性别视角下的中国文学与文化》	乔以钢
165	《我国公共财政风险评估及其防范对策研究》	吴俊培
166	《中国历代民歌史论》	陈书录
167	《大学生村官成长成才机制研究》	马抗美
168	《完善学校突发事件应急管理机制研究》	马怀德
169	《秦简牍整理与研究》	陈 伟
170	《出土简帛与古史再建》	李学勤
171	《民间借贷与非法集资风险防范的法律机制研究》	岳彩申
172	《新时期社会治安防控体系建设研究》	宫志刚
173	《加快发展我国生产服务业研究》	李江帆
174	《基本公共服务均等化研究》	张贤明
175	《职业教育质量评价体系研究》	周志刚
176	《中国大学校长管理专业化研究》	宣 勇
177	《"两型社会"建设标准及指标体系研究》	陈晓红
178	《中国与中亚地区国家关系研究》	潘志平
179	《保障我国海上通道安全研究》	吕 靖
180	《世界主要国家安全体制机制研究》	刘胜湘
181	《中国流动人口的城市逐梦》	杨菊华
182	《建设人口均衡型社会研究》	刘渝琳
183	《农产品流通体系建设的机制创新与政策体系研究》	夏春玉

序号	书　名	首席专家
184	《区域经济一体化中府际合作的法律问题研究》	石佑启
185	《城乡劳动力平等就业研究》	姚先国
186	《20 世纪朱子学研究精华集成——从学术思想史的视角》	乐爱国
187	《拔尖创新人才成长规律与培养模式研究》	林崇德
188	《生态文明制度建设研究》	陈晓红
	……